国家科学技术学术著作出版基金资助出版

华南古天然气渗漏沉积型锰矿

周　琦　杜远生　等　著

科学出版社

北　京

内 容 简 介

本书以作者多年对锰矿的研究为基础，运用系统的科学思维对华南地区的南华纪锰矿裂谷盆地古天然气渗漏沉积成矿系统的新理论、勘查系统的新方法进行全面的介绍。书中基于野外观察的地质事实和地球化学等证据，阐明以“内生外成”为核心的锰矿成矿系统理论基础，建立锰矿裂谷盆地古天然气渗漏沉积成矿系统，提出华南南华纪锰矿成矿的新观点；成功实现锰矿成矿系统向勘查系统的转化，建立古天然气渗漏沉积型锰矿床深部找矿预测模型，特别是通过整装勘查区推广应用和实践检验，实现我国锰矿地质找矿有史以来的最大突破。

本书充分体现“实践、认识、再实践”的全过程，可供从事矿床学、锰矿勘查地质学、矿山地质学等领域的地质勘查、教学、科研和管理的人员参考。

审图号：GS（2019）807 号

图书在版编目（CIP）数据

华南古天然气渗漏沉积型锰矿/周琦，杜远生等著．—北京：科学出版社，2019.4

ISBN 978-7-03-055576-2

Ⅰ.①华… Ⅱ.①周… Ⅲ.①锰矿床-矿床成因-华南地区 Ⅳ.①P618.320.1

中国版本图书馆 CIP 数据核字（2017）第 284463 号

责任编辑：李建峰　何　念/责任校对：董艳辉

责任印制：彭　超/封面设计：苏　波

科 学 出 版 社 出版

北京东黄城根北街 16 号

邮政编码：100717

http://www.sciencep.com

武汉精一佳印刷有限公司印刷

科学出版社发行　各地新华书店经销

*

开本：787×1092　1/16

2019 年 4 月第　一　版　印张：20 1/2

2019 年 4 月第一次印刷　字数：480 000

定价：239.00 元

（如有印装质量问题，我社负责调换）

序　一

锰是国家十分紧缺的战略矿产，国务院《找矿突破战略行动纲要（2011—2020年）》将锰矿列为重点矿种之一，提出了三年、五年、八到十年的勘查目标任务。但长期以来，受国外传统的、建立在稳定克拉通背景条件下的外生沉积成锰理论长期影响，缺乏适合我国复杂地质背景条件下锰矿成矿的创新理论与勘查技术，导致我国锰矿找矿一直未能取得较大进展，保有资源量急剧下降，静态保障程度不足15年。

周琦研究员长期在黔渝湘毗邻的武陵山区从事南华纪锰矿地质找矿与研究工作，他干一行、爱一行、钻一行。在野外地质调查研究工作中，他善于观察、肯动脑筋，在贵州松桃大塘坡锰矿区的菱锰矿体中，发现了6亿多年前，古天然气渗漏喷溢导致的如被沥青充填的气泡状构造、底辟构造、渗漏管构造、软沉积变形纹理和渗漏喷溢口群等系列罕见地质现象，找到了创新锰矿成矿理论研究与找矿预测方法的突破口。通过与中国地质大学（武汉）杜远生教授长期的产学研协同创新，取得了一系列锰矿成矿理论与深部锰矿找矿预测方法的原创性成果。特别是近年来在具体指导贵州铜仁松桃及重庆秀山等锰矿国家整装勘查区实现了我国锰矿地质找矿有史以来的最大突破，改变了国家锰矿勘查开发格局。①发现华南南华纪锰矿是一种新的锰矿床类型，锰来源于深部，伴有深部古天然气的上涌，在水体中形成沉积锰矿床，作者称之为“古天然气渗漏沉积型锰矿床”。建立了锰矿裂谷盆地古天然气渗漏沉积成矿模式，揭示了该类型锰矿床“内生外成”成矿规律。②通过构造古地理恢复分析，发现罗迪尼亚（Rodinia）超大陆裂解背景下，南华裂谷盆地内部在大塘坡早期由“一个隆起（天柱-会同-隆回）、两个次级裂谷（武陵和雪峰）”构成，锰矿形成于次级裂谷盆地中心，查明了华南南华纪大规模锰矿成矿作用地质背景。③结合深部地球物理资料，提出了华南南华纪锰矿成矿区带的划分方案，发现了南华纪武陵巨型锰矿成矿带，为华南南华纪锰矿勘查工作部署和找矿预测提供了理论依据。④研发了古天然气渗漏沉积型锰矿床深部找矿预测的地质找矿模型、地球物理找矿预测模型和地球化学找矿预测模型组合，解决了厚覆盖层条件下深部隐伏锰矿床的找矿预测难题。⑤通过近年具体应用实践，新发现的亚洲最大（世界前五）的松桃普觉（西溪堡）超大型锰矿床和松桃道坨、松桃高地、松桃桃子坪4个世界级超大型锰矿床，新发现超大型锰矿床数约占全球超大型锰矿床总数的1/3，同时，也改变了世界超大型锰矿床主要分布在南半球的格局。古天然气渗漏沉积型锰矿床，已成为我国最重要的锰矿床类型和全球三大主要锰矿床类型之一。

此外，南华纪锰矿裂谷盆地古天然气渗漏沉积成矿理论与找矿预测方法，推广应用到贵州遵义二叠纪锰矿整装勘查区已取得良好效果。相信《华南古天然气渗漏沉积型锰矿》一书的出版，将会对我国锰矿和其他类似矿床的成矿理论研究和找矿提供有益的帮助和借鉴。

希望周琦研究员及其所率领的团队，以南华纪锰矿研究思路和方法，对贵州及毗邻区震旦纪、寒武纪超大型磷矿、重晶石矿及镍钼钒矿等成矿系列继续进行深入研究，争取取得新的创新性成果。

丁悌平（签名）

2018 年 11 月 20 日

序　二

锰是我国十分紧缺的战略矿产之一。找寻新的锰矿基地一直是地勘部门的重点工作。周琦研究员长期从事华南南华纪锰矿勘查与研究，在其丰富的实践经验的基础上，多年来一直与中国地质大学(武汉)杜远生教授进行产学研合作，以华南黔东地区南华纪"大塘坡式"锰矿为主要研究基地，进行深入系统的调查研究。在研究中，他们发现，传统的理论观点难以解释华南锰矿成矿特点。通过多年的现场精细观察、分析、研究、论证，终于发现华南南华纪"大塘坡式"锰矿是一种新的锰矿床类型——古天然气渗漏沉积型锰矿床。

通过近20年的艰苦努力，终于形成了原创性的锰矿成矿理论和通过锰矿国家整装勘查区实践检验的重大成果：

一是查明了华南南华纪大规模锰矿成矿作用的独特地质背景。通过构造古地理恢复分析，提出了在罗迪尼亚(Rodinia)超大陆裂解背景下，南华裂谷盆地在大塘坡早期是由"一个隆起(天柱-会同-隆回)、两个次级裂谷(武陵和雪峰)"构成，锰矿形成于次级裂谷盆地中心。

二是建立了锰矿裂谷盆地古天然气渗漏沉积成矿系统模式。提出该成矿系统是由地内子系统与表层子系统耦合作用形成，同沉积断层是两个子系统联系的纽带和通道。锰质来自壳幔深部，成矿作用与深部富含无机成因烃类气(流)体密切相关。

三是实现锰矿成矿系统向锰矿勘查系统的转换。依托锰矿成矿系统，建立了古天然气渗漏沉积型锰矿床深部找矿预测的地质、地球物理、地球化学等关键技术组合，即锰矿勘查系统。解决了厚覆盖层条件下深部隐伏锰矿床的找矿预测难题。

四是在国家整装勘查区实践中，新发现武陵山锰矿巨型成矿带。新发现4个超大型锰矿床和6个大中型锰矿床，新增资源量达6.2亿t，实现我国锰矿地质找矿史上的最大突破。同时，古天然气渗漏沉积型锰矿床已成为我国最重要的锰矿床类型和全球三大主要锰矿床类型之一。

《华南古天然气渗漏沉积型锰矿》一书系统介绍了对华南南华纪古天然气渗漏沉积型锰矿成矿理论研究与整装勘查实践应用所取得的主要成果，这是一个实践—理论—再实践—再理论的成功范例，也是进行"地球系统-成矿系统-勘查系统"整合研究的典型例证。相信该书的出版，对我国类似成矿背景的锰矿床及其他矿床的成矿理论研究和找矿会提供有益的启发和借鉴。

我祝贺本书的出版，并向作者致以敬意。

翟裕生

2018年11月20日

前　言

“无锰不成钢”，同时锰在动力电池、磁性材料等战略新兴产业不断拓展，已成为居铁、铝之后排位第三的大宗金属。虽然我国是全球最大的锰矿石及锰系材料生产、消费大国，但锰矿石对外依存度超过60%，因此锰矿成为国家十分紧缺的战略矿产之一。作为一名在华南武陵山区从事南华纪锰矿成矿与找矿研究已逾30年的地质科技工作者，深感责任重大，期望通过自己与团队的艰苦努力，在锰矿找矿方面，实现为祖国“多找矿、找大矿、找富矿”的梦想。

20世纪80年代以来，露头的锰矿体发现殆尽，寻找深部隐伏锰矿又缺乏创新理论支撑，传统的成矿理论与常规技术方法难以奏效，深部找矿技术难度很大，导致锰矿资源量一直负增长，多数矿山面临关闭。国外的一些锰矿成矿理论与成矿模式，如别捷赫金的“沉积锰矿相变模式”、Force的“浴缸边”模式、Roy的“锰泵”模式等，均建立在稳定克拉通背景的外生沉积成锰作用条件下，难以解释华南地区南华纪锰矿不在大陆边缘成矿，而是在次级裂谷盆地中心成矿的现象，故不能具体指导华南地区锰矿的找矿预测工作。

20世纪80年代，我在贵州松桃大塘坡矿区锰矿体中发现了很多难以解释的地质现象，长期百思不得其解。通过现代海底甲烷渗漏喷溢现象的发现获得启发：意识到这些罕见的地质现象（如被沥青充填的气泡状构造、底辟构造、渗漏管构造、软沉积变形纹理等）正是6亿多年前天然气渗漏喷溢留下的证据，菱锰矿可能是古天然气渗漏喷溢形成的产物。这一想法得到了导师——中国地质大学（武汉）杜远生教授的支持，并于2008年完成了“黔东地区新元古代南华纪早期冷泉碳酸盐岩地质地球化学特征及其对锰矿的控制意义”的博士学位论文。

进而，我们以黔东为主要研究基地，并拓展到渝东南、湘西、湘中、鄂西南和黔东南等地区。特别是牵头实施的贵州省铜仁地区锰矿国家整装勘查，于2012年列入了国家找矿突破战略行动计划——贵州铜仁松桃锰矿国家整装勘查区。如何进一步建立和完善锰矿裂谷盆地古天然气渗漏沉积成矿系统，研发深部隐伏矿找矿预测模型，并通过整装勘查区的实践检验找到锰矿，实现预期目标，是我们团队面临的巨大考验。我们通过近十年的努力，取得了成功，实现了为祖国“多找矿、找大矿、找富矿”的梦想。

本书的主要特色和重点：①发现新的锰矿床类型——古天然气渗漏沉积型锰矿床；②华南南华纪早期锰矿大规模成矿地质背景的研究；③揭示华南南华纪早期特殊的构造古地理格架特征；④锰矿大规模成矿作用与南华纪Sturtian冰期—间冰期古全球变化的关系探讨；⑤华南南华纪锰矿成矿区带的划分，特别是新发现的武陵巨型锰矿成矿带特征；⑥运用成矿系统的研究思路，建立“锰矿裂谷盆地古天然气渗漏沉积成矿系统与成矿模式”，提出锰矿成矿系统是由地内子系统与表层子系统耦合作用形成的，揭示锰矿独特的“内生外成”成矿规律；⑦基于古天然气渗漏沉积型锰矿床成矿系统，研发了一套适合华南南华纪古天然气渗漏沉积型锰矿床找矿预测的地质-地球化学-地球物理找矿预测模型;⑧依托锰矿科技创新成果和贵州铜仁松桃锰矿国家整装勘查区实践检验平台,带动商业性勘查资金投入验证圈定的深部找矿预测靶区,团队成功发现了以亚洲最大的锰矿床——松桃普觉(西溪堡)超大型锰矿床为代表的松桃道坨、松桃高地、松桃桃子坪4个世界级超大型锰矿床和一批大中型锰矿床,新发现的超大型锰矿床数,约占世界超大型锰矿床总数(13个)的1/3,实现了我国锰矿找矿有史以来的最大突破,改变了我国乃至世界的锰矿勘查开发格局。

本书源于国土资源部公益性行业科研专项“上扬子地块东南缘锰矿国家级整装勘查区成矿系统与深部找矿关键技术研究及示范”(201411051);中国地质调查局“贵州铜仁松桃锰矿整装勘查区关键基础地质研究”(〔2014〕04-025-054)、“贵州铜仁松桃锰矿整装勘查区专项填图与技术应用示范”(〔2015〕02-09-01-054)、“黔东地区大塘坡期锰矿成矿地质背景综合研究”(基〔2011〕01-02);贵州省科学技术基金项目“黔东地区南华纪冷泉碳酸盐岩特征研究”(黔科合J字〔2007〕2160号);中国科学院矿床地球化学国家重点实验室开放研究基金项目“黔东古天然气渗漏沉积型锰矿床黄铁矿地球化学特征研究”(201207)和贵州省地质矿产勘查开发局103地质大队松桃西溪堡(普觉)、道坨、高地、桃子坪超大型锰矿等大型商业性勘查项目等。

锰矿预测评价科技创新人才团队的主要成员有贵州省地质矿产勘查开发局和贵州省地质矿产勘查开发局103地质大队的周琦研究员、袁良军高级工程师、张遂研究员、杨炳南高级工程师、潘文高级工程师、安正泽研究员、杨胜堂高级工程师、陈甲才工程师、张平壹工程师、田景江高级工程师、吕代和高级工程师、覃英研究员、刘雨硕士、姚希财工程师、谢小峰博士、覃永军博士等;中国地质大学(武汉)的杜远生教授、余文超副教授和博士生王萍、徐源、齐靓、周振昊等;中国地质调查局成都地质调查中心马志鑫高级工程师;重庆市地质矿产勘查开发局607地质队凌云研究员等。

本书主要执笔人为周琦和杜远生,参与写作的有袁良军、谢小峰、余文超、杨炳南、张遂、覃永军、齐靓、王萍、刘雨、覃英、潘文、凌云和马志鑫,最后由周琦统稿。图件主要由周振昊、覃永军、袁良军、余文超、刘雨等清绘完成。

在项目研究实施和本书撰写过程中,得到陈毓川、翟裕生、毛景文、侯增谦等院士和原地质矿产部宋瑞祥老部长的关心指导,特此表示衷心的感谢。

本书是我们在20世纪80年代初至21世纪初对华南武陵山区锰矿找矿探索实践的基础上,对华南南华纪古天然气渗漏沉积型锰矿床这一新的锰矿床类型有关成矿理论、深部隐伏矿找矿预测方法和具体指导找矿实践取得的突破性成果的系统总结。希望本书能对锰矿成矿与找矿研究提供有益的借鉴,促进该类型锰矿床在其他时代、其他地区有新的发现和突破。希望能对我国锰矿这一战略紧缺矿产的找矿预测和实现找矿突破有实际帮助。

周　琦

2018年10月26日

目 录

概　　述　第一章

锰(Mn)是银白色脆性金属，密度为7.3 g/cm^3，熔点为1 244 ℃，沸点为2 097 ℃；纯锰在常温下较稳定，不被氧、氮、氢侵蚀。锰不能单独构成结构材料使用，但它是钢铁工业的基本原料。锰以氧化物、氢氧化物、硫化物、碳酸盐、硅酸盐和硼酸盐状态产出。目前已知的锰矿物和含锰矿物有150种。锰矿石主要有氧化锰和碳酸锰矿(菱锰矿)，氧化锰中的六方锰矿具有放电性。

第一节　全球及中国锰矿资源概况

一、全球锰矿资源分布概况

全球陆地锰矿资源比较丰富，但分布不均，主要分布在南非、乌克兰、巴西、澳大利亚、印度、加蓬和中国等国家，其中南非和乌克兰是世界上锰矿资源最丰富的两个国家(注：乌克兰锰矿资源已枯竭，于2002年成为净进口国)。全球陆地锰矿储量在1亿t以上的超大型锰矿产地仅9处(注：不含笔者等2010～2016年在黔东松桃地区新发现的4个超大型锰矿床)，分别是：南非卡拉哈里(Kalahari)27.7亿t、乌克兰尼科波尔(Nikopol')7亿t(已采空)、巴西乌鲁昆(Urucum)6.08亿t、格鲁吉亚恰图拉(Chiatura)2.25亿t、加蓬莫安达(Moanda)2亿t、南非波斯特马斯堡(Postmasburg)2亿t(保有资源量0.15亿t)、澳大利亚格鲁特岛(Groote Eylandt)1.79亿t、乌克兰大托克马克(Bol'shoy Tokmak)1.5亿t(已采空)、中国下雷(Xialei)1.37亿t(邢万里等，2014)(图1.1)。

2013年全球锰矿石储量(折纯金属量，下同)6.3亿t，主要分布在南非1.5亿t(占24%)、乌克兰1.4亿t(占22%)、澳大利亚0.97亿t(占15%)、巴西1.1亿t(占17%)、印度0.49亿t(占8%)和中国0.44亿t(占7%)(国土资源部信息中心，2013)。全球目前主要开采的锰矿山主要集中在南非、乌克兰、澳大利亚、巴西、印度和中国等锰矿资源丰富的国家。

全球陆地上高品位锰矿(Mn含量在35%以上)资源主要分布在南非、澳大利亚、加蓬和巴西等国家。此外，世界大洋底部蕴藏的锰矿资源——锰结核，是锰的重要潜在资源。目前，海底锰结核的开采、冶炼技术已基本成熟，一旦商业上可行，便可形成新的产业，进入批量生产。全球主要锰矿国家的锰矿的平均品位一般在40%左右。

全球锰矿石的需求中心主要集中在北半球(中国、印度、日本等)，而供应中心则主要

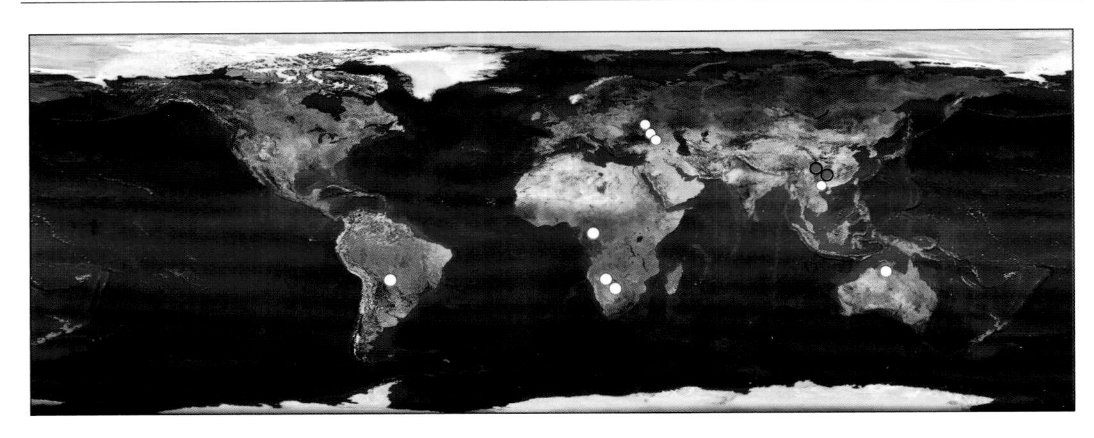

图 1.1 全球超大型锰矿床分布示意图

注:白色圆点为过去发现的超大型锰矿床位置;红色圆点为新发现的 4 个超大型锰矿床位置

集中在南半球(主要为南非、澳大利亚、加蓬、巴西等),故全球锰矿石的贸易流向是从南半球通过海运流向北半球。

二、中国锰矿资源概况

"无锰不成钢",锰矿是我国大宗战略紧缺矿产之一。截至华南黔东地区南华纪古天然气渗漏沉积型锰矿床尚未大规模突破之前的 2011 年,中国虽发现锰矿产地 460 余处,但其中资源储量超过 1 亿 t 的超大型锰矿床仅 1 处(广西下雷),大于 2 000 万 t 的大型锰矿床仅 17 处,200 万～2 000 万 t 的中型锰矿床 84 处,其余均为小型锰矿床;查明锰矿石资源储量 7.7 亿 t,保有资源储量 5.48 亿 t;锰矿平均品位为 21.4%,低于世界锰矿平均品位 10 个百分点。

中国锰矿资源地理分布极不均匀(图 1.2)。86%的锰矿资源分布在华南地区,具体沿扬子陆块东缘至东南缘、扬子陆块北缘、扬子陆块西缘和南盘江-右江成矿区分布,主要分布在贵州、湖南、广西、四川、重庆及云南等地。北方地区沿华北陆块北缘也有分布,具体分布在辽宁及河北。另在天山成矿带、祁连山成矿带也有分布。近年在新疆的玛尔坎苏地区的锰矿找矿有重大进展,有望成为中国北方的主要锰矿资源基地。

随着我国新型工业化、信息化、城镇化、农业现代化进程的加快和经济社会的不断发展,国内对锰矿的需求越来越旺盛,并逐年快速增长,中国已成为全球最大的锰矿石及锰系新材料的生产、消费大国,国际市场影响力巨大。中国自 1983 年进口锰矿,2001 年进口量达 171 万 t,此后每年进口量以平均 25%的速度增加,到 2010 年突破 1 000 万 t。2010 年以后我国锰矿对外依存度一直维持在 45%左右(图 1.3)。2014 年,我国锰矿石原矿(按平均品位 18.0%计)产量约 2 300 万 t,与 2013 年持平;成品矿(按进口矿平均品位 38.2%计)表观消费量约 2 707 万 t,比 2013 年减少 1.4 个百分点。按照锰金属量计算,2014 年我国锰矿对外依存度为 60%(陈甲斌 等,2015),2015 年锰矿对外依存度达 69%。

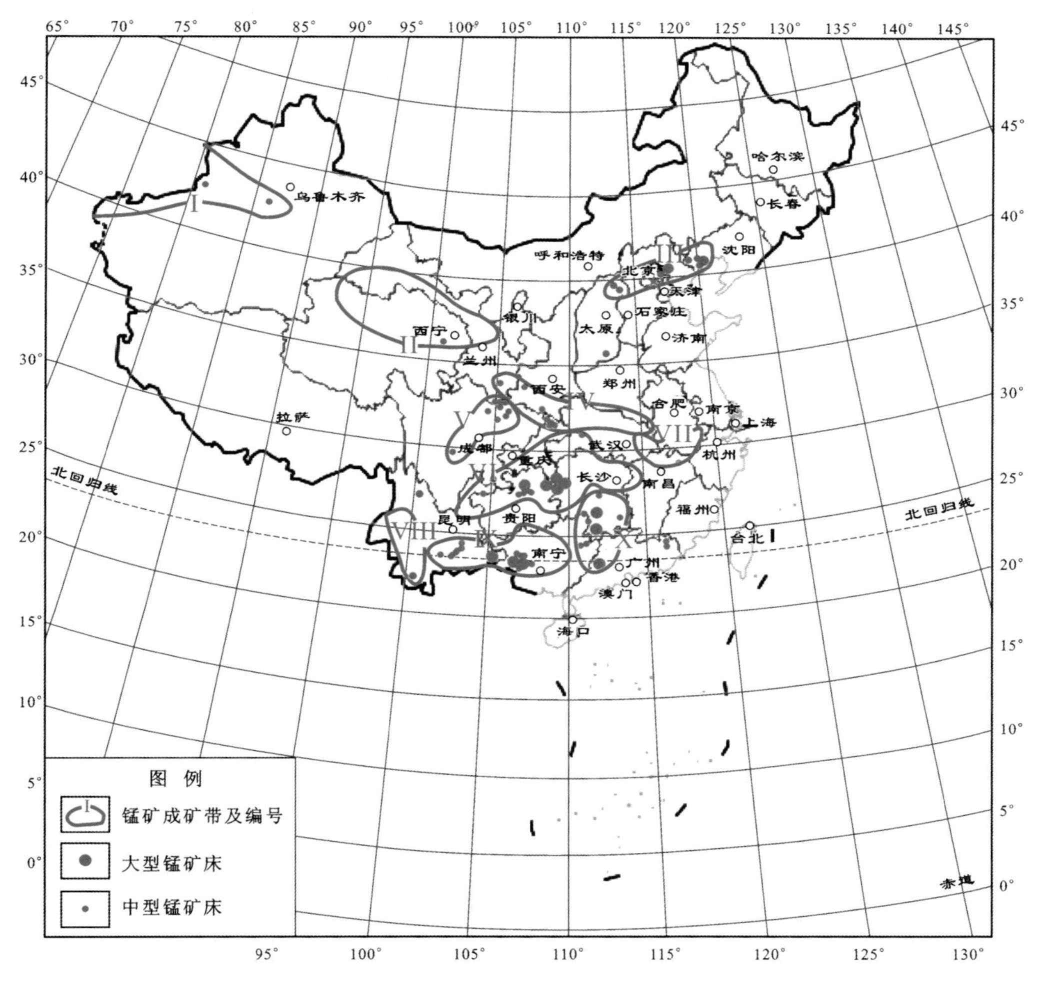

图 1.2　中国锰矿资源分布图(中国地质调查局,2013)

I 为天山成矿带;II 为祁连山成矿带;III 为华北陆块北缘成矿带;IV 为扬子陆块北缘成矿带;V 为扬子陆块西缘成矿带;VI 为扬子陆块东南缘成矿带;VII 为扬子陆块东缘成矿带;VIII 为三江南段成矿带;IX 为南盘江—右江成矿带;X 为湘桂粤成矿带

按照 2011 年国产锰矿石量 2 600 万 t,消耗资源量约 4 000 万 t 计算,全国锰矿保有资源储量 5.48 亿 t(2011 年)的静态保障程度不足 15 年,属于难以保障矿种。故国务院颁布的《找矿突破战略行动计划纲要(2011—2020 年)》将锰矿作为需重点实现找矿突破的矿种之一。

三、主要锰矿床类型

世界锰矿床类型主要有:沉积变质型、海相沉积型、火山沉积型、热液型、古岩溶堆积型、风化型等。在国外,为数甚少但规模巨大的锰矿床只是两类:一是古元古界的沉积变

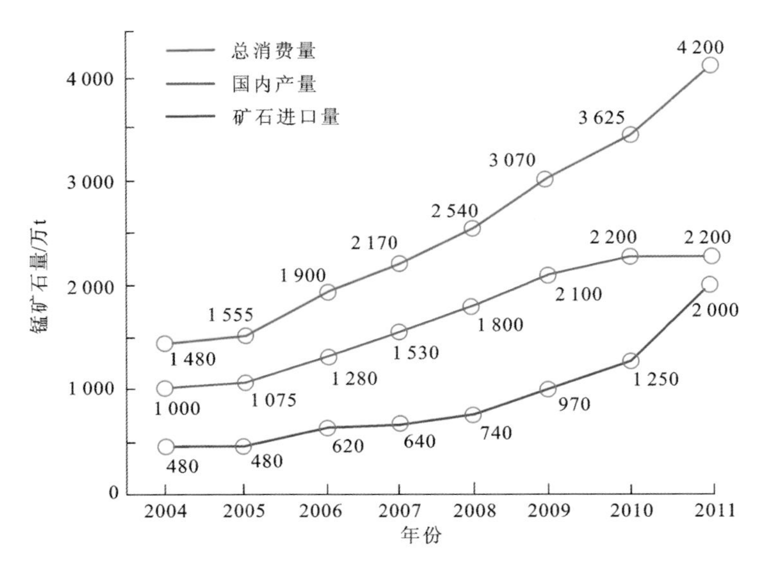

图 1.3　我国近年锰矿石进口及产量、消费量情况示意图(中国地质调查局,2013)

质型锰矿床,如南非卡拉哈里、加蓬莫安达等超大型锰矿床,矿床规模十分巨大,特别是经后期风化富集,品位更高;二是黑海地区的古近纪海相沉积型氧化锰矿床,规模也十分巨大,如乌克兰尼科波尔、大托克马克和格鲁吉亚恰图拉等超大型锰矿床,即所谓“一老一新”的锰矿形成时期。国外 8 个超大型锰矿床中有 7 个就分别属于沉积变质型和海相沉积氧化锰矿床,仅南非波斯特马斯堡超大型锰矿床属于古岩溶堆积型,但物质来源分析应来自沉积变质型锰矿床。而中国广西下雷泥盆纪超大型锰矿床,目前的主要观点还是将其划归为传统的海相沉积型锰矿床,但笔者据相关资料分析,下雷超大型锰矿床多属“内生外成”成因的锰矿床,与华南南华纪锰矿床大同小异,有待下一步深入研究。

2000 年以来,笔者所组成的锰矿产学研协同创新团队,在上扬子东缘国家重要成矿区带的武陵山地区,开辟锰矿成矿研究新方向,发现了新的锰矿床类型——古天然气渗漏沉积型锰矿床,形成了锰矿裂谷盆地古天然气渗漏沉积成矿系统理论,进而研发出深部隐伏锰矿找矿预测关键技术与模型。新发现了一条世界级的巨型锰矿成矿带——武陵锰矿成矿带和以贵州松桃普觉(西溪堡)亚洲最大、世界第五的超大型锰矿床为代表的松桃道坨、松桃高地、松桃桃子坪等 4 个世界级超大型锰矿床和一批大中型锰矿床,使全球超大型锰矿床增加至 13 个,改变了中国乃至世界的锰矿勘查开发格局(图 1.1)。古天然气渗漏沉积型锰矿床成为中国最重要的锰矿床类型,同时是继沉积变质型、海相沉积型锰矿床之后,全球最重要的三大锰矿床类型之一。

第二节 国内外锰矿研究现状

一、国外研究现状

对国内影响较广的是苏联别捷赫金院士在20世纪四五十年代系统研究乌克兰尼科波尔等超大型锰矿床后所建立的沉积锰矿相变成矿模式，即锰质主要来自陆风化，从海岸向盆地深处，随着物理化学条件变化，分别出现硬(软)锰矿(高价态锰氧化物)、水锰矿(中间价态锰氧化物)和碳酸盐矿物相(菱锰矿，低价态锰氧化物)三个相带(图1.4)。

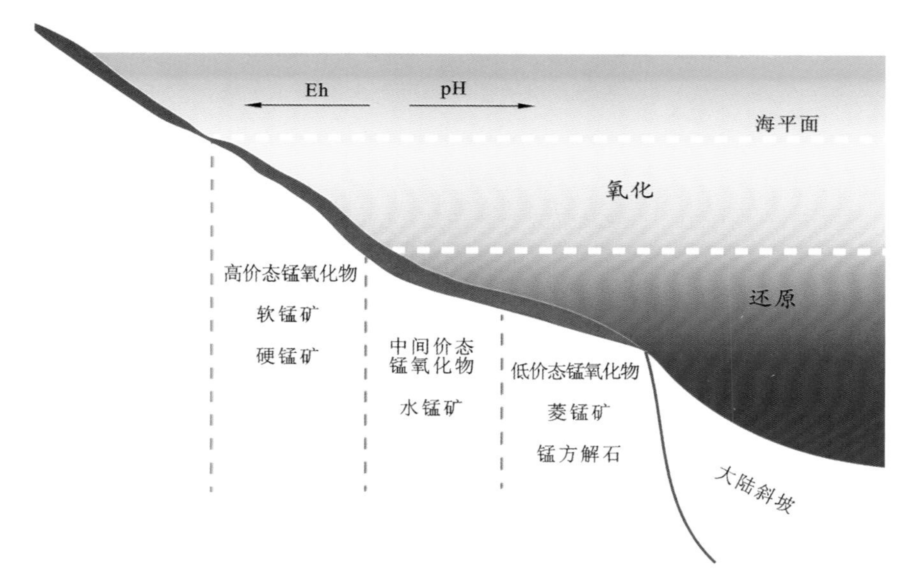

图1.4 沉积锰矿相变成矿模式(袁见齐 等，1979)

1988年，著名的印度锰矿地质学家Roy指出“印度的锰都是浅水环境下的陆源沉积物”，“火山-沉积矿床不占主导地位”。他同时指出“生物已经直接或间接地参与了锰的沉积，起到重要作用”。同年，苏联学者姆斯季斯拉夫斯基提出“原生锰矿床仅仅产生在地裂-断裂形成时的破裂作用期”，“有工业价值的自沉积锰矿床应归属于火山沉积型和热液沉积类型”(侯宗林 等，1997)。

Maynard(2003)认为Mn元素的地球化学行为与氧化还原环境密切相关，在氧化环境中会以氧化物或氢氧化物形式沉淀，而在还原环境中则会以二价阳离子的形式在溶液中呈游离态。Force和Cannon(1988)根据以上原理，并结合现代黑海中的Mn元素在水体氧化还原界限上下明显的浓度差异，提出了黑色页岩盆地中锰质沉积的形成原理。即溶解在下部缺氧水体中的锰质被上升流带入上部氧化水体中，并以锰氧化物或氢氧化物形式沉淀下来，在氧化还原界面之上大量沉淀，而在界面之下大部分锰氧化物重新溶解在缺氧水体中，部分落在盆地边缘区域的锰氧化物颗粒与沉积物中的有机质反应，形成锰碳酸盐岩。根据不同锰矿沉积中锰矿物的不同类型及岩相组合，“氧化模式”(oxic model)及“分带模式”(zone model)被提出以用来区分氧化锰及菱锰矿类型的锰矿床。据此观点，盆地中的锰质沉积主要集中于盆地边缘区域氧化还原界线附近一条狭长的带上，因此该模型又被称为“浴缸边”模型(bathtub-ring model)。

“浴缸边”模型是锰矿成矿模型中最基础的体系之一，解释了大量沉积锰矿床的形成机理。在此基础之上，锰矿成矿理论有了进一步的发展；Calvert 和 Pedersen(1996)则强调了沉积物孔隙水中锰离子含量对锰碳酸盐岩形成过程的控制作用。认为锰氧化物和氢氧化物与有机质反应的实质是在早期成岩作用阶段，埋入沉积物中的锰氧化物和氢氧化物会重新溶解造成沉积物孔隙水中锰离子浓度升高，之后与有机物分解产生的重碳酸根(HCO_3^-)反应生成碳酸锰沉积。

Roy(2006)在“浴缸边”模型基础之上提出“锰泵”模型(manganese pump model)，认为海侵作用有利于盆地内锰矿沉淀。在海侵过程往往伴随着高初级生产率，因此沉积物中存在较高含量的有机质，此外，海侵将导致海平面上升，盆地边缘被海水覆盖，为锰矿聚集提供了场所[图 1.5(a)]。Maynard(2010)对盆地水体的氧化还原分层模式进行了细分，提出在盆地水体中间会出现“最小氧化带”(oxygen minimum zone，OMZ)，将上层海水氧化带及下层还原带区分开，在近岸区域会出现一个“贫氧楔”(dysoxic wedge)，并可能发生海水上涌事件，锰沉积即形成于贫氧楔上部区域[图 1.5(b)]。

Huckriede 和 Meischner(1996)通过对现代波罗的海中含锰沉积物的成因研究后认为，富氧底流对盆地底部锰矿沉积存在控制作用[图 1.5(c)]。波罗的海存在明显海水分层，表层海水富氧但锰含量较少，底层海水缺氧含有大量溶解锰。当密度较大，富氧的海水从北海

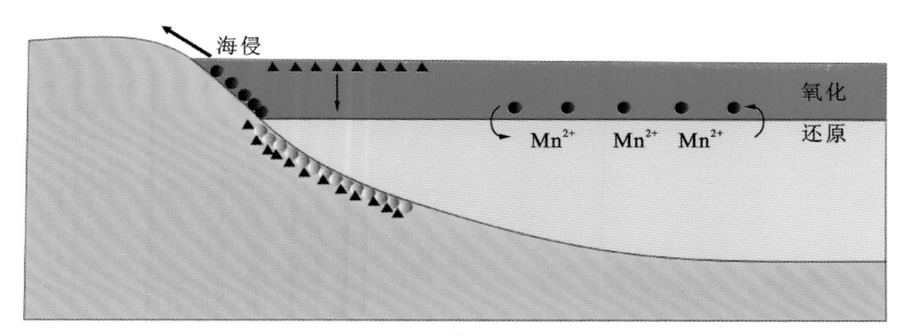

(a) “锰泵”模式(Roy, 2006)

海水上涌
氧化
贫氧带
Mn2+ Mn2+ Mn2+
最小氧化带
还原

(b) “最小氧化带”模式(Maynard, 2010)

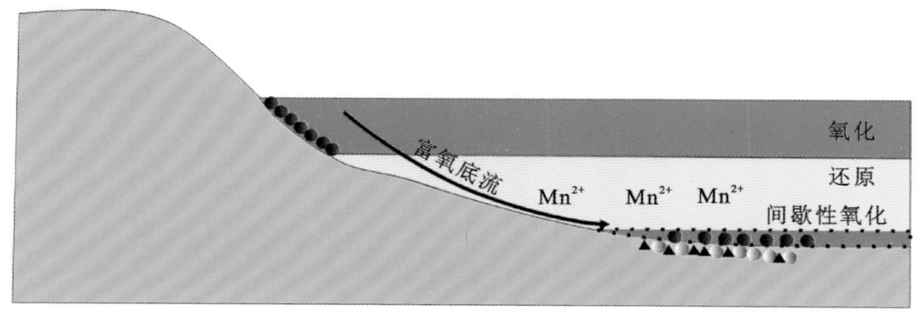

(c) “波罗的海”模式(Huckriede et al., 1996)

锰氧化物 锰碳酸盐岩 ▲有机质

图 1.5 国外主要锰矿成矿模式图(续)

进入波罗的海海域后,会发生下沉并造成波罗的海底部出现短暂的氧化环境。氧化锰颗粒在这种氧化环境中形成并进入沉积物中,造成沉积物孔隙水 Mn^{2+} 饱和,在与有机质反应后析出菱锰矿沉淀。这种由底流控制的成矿模式因此被称为“波罗的海”模式。

上述国外几种锰矿成矿作用模式大同小异,其核心均只强调外生沉积成锰作用,没有考虑锰质主要来自壳幔深部的情况。故难以解释华南南华纪锰矿床在断陷(地堑)盆地中心成矿,而在盆地边缘却无菱锰矿沉积等客观地质事实。

二、国内研究现状

(一) 锰矿成因的研究现状

20 世纪 80 年代中期以后,国内外地质学家对于锰矿的成因机制,开始了新的探索,单一的陆源锰矿成矿理论开始向多源方向过渡。国内外地质学家对锰矿地质学的探索,都是围绕 3 个基本问题进行的,即锰质来源、锰的迁移机制、锰的赋存条件。涉及大地构造学、沉积盆地分析、沉积建造、沉积地球化学及热水成矿等方面。

锰与沉积盆地的密切关系历来为地质学家所公认,对沉积盆地的研究有悠久的历史。过去人们基本上是以地槽学说为基础研究沉积盆地,沉积盆地分析仅只是作为沉积学的一个分支而发展的,其主要内容是古地理再造,研究方法实质上是传统的古地理研究方法。20 世纪 70 年代以后板块构造理论的发展使得人们开始以新的活动论观点认识盆地的性质、形成和演化,盆地发育的产物、沉积物充填形式、沉积体系的空间展布及沉积相组分与大地构造背景的关系成为研究重点。锰矿地质学家已经注意到:板块之间的背向拉张和深断裂带的转换拉张引起的离散作用,是成锰盆地形成的主要动力机制。深切地幔的基底断裂和同生断裂是控盆、控相和控矿的重要地质因素。随着盆地分析研究的进步,进一步揭示了锰质在盆地中富集的机理及赋存的规律性。通过对含锰岩系的建造古地理编图,可以全面反映各成锰阶段构造背景的演化、成锰盆地分布及其沉积的迁移、沉积体系的建造特征,揭示锰在构造-沉积域中的位置(侯宗林 等,1997)。

在锰与沉积地球化学方面,Mn、Fe、P、Si 等元素由于其相似的地球化学习性常常伴生在一起。它们的分异条件研究始终是沉积地球化学家热衷的课题。从 Eh-pH 关系图上看到，溶解 Mn^{2+} 具有较大的稳定场。在还原条件下，如果体系中增添碳酸盐就会形成比较稳定的含锰固态矿物。在海水中，CO_3^{2-} 略有增加，Mn^{2+} 就会生成菱锰矿。微生物对锰的沉积地球化学行为的影响，仍是一个有争议的问题。但在古代锰矿床中，低等藻菌与锰矿体的空间联系确实有可能存在。海域中通过沉积作用形成的海相沉积锰矿床，除了成岩阶段孔隙水胶结、交代作用外，在均匀背景场中，必须有一个 Mn 元素超浓缩富集的沉积场所及相应的地球化学场。形成锰矿床的这种过程和条件，是国内外尚未圆满解决的基础问题之一。

随着热水成锰的理论被更多人接受，在超常压、超常温条件下锰的地球化学行为将引起锰矿地质学家们的更大兴趣。在传统的矿床学理论中，原生沉积锰矿往往被归入正常沉积矿床类，即来自大陆径流的锰质，按照化学分异模式在滨浅海形成工业矿床。20 世纪七八十年代以来，现代大洋与热卤水有关的含金属沉积物、Fe-Mn 烟状物“射流”的发现，开阔了人们的视野。人们在研究古锰矿床的成因时，发现了越来越多的有关火山作用、深成热水参与的具有经济意义锰矿床的成矿证据。大洋中的锰，过去都认为来自陆地，但已经有学者列举了大量数据，说明陆源风化物中的锰绝大部分为悬浮物，而以溶液状态进入海域的只有占总含量的 0.9%。而大洋中来自内部的溶解锰却等于河流悬浮物锰的 9 倍以上，经过河流进入的溶解锰不足总锰的千分之一。通过对海底结核、锰透镜体群分布的研究，表明近热水喷溢口的锰品位显著高于其背景。锰矿石包体测温也表明，许多锰矿床形成于非常温环境。这些事实和现象的发现，为锰矿成矿作用研究提供了新思路(侯宗林 等，1997)。

1989 年著名地质学家、中国科学院院士涂光炽，根据成矿地质背景、矿物共生组合、沉积条件等多种资料，提出广西下雷超大型锰矿床属“热水沉积”成因，他认为“大量的不是陆源所能解释的海底锰堆积的发现更能使人相信，热水沉积锰矿床的重要性并不亚于陆源(冷水)沉积锰矿床”(侯宗林 等，1997)。

(二) 华南南华纪锰矿研究现状

根据成矿物质来源、成锰盆地构造环境、成矿地球化学特征，认为华南扬子地台周边及其邻区海相沉积型优质锰矿床具有明显的“内源外生”特点。认为黔湘成锰沉积盆地锰质主要源于盆地内海底扩张活动带的含锰热水循环上涌，在冰水掺和下，于滨浅海(为主)至次深海的半封闭、缺氧、还原环境中蕴集，经同生阶段化学沉积及早期成岩阶段微生物的生物化学作用富集成矿(侯宗林 等，1997)。

高兴基等(1984)根据黔东地区含锰岩系中存在厚薄不等的火山凝灰岩或层凝灰岩等特征，认为锰质来源于海底火山。杨绍祥等(2006)也认为该区的锰矿属离火山喷发中心较远的海底火山喷发-沉积锰矿床，喷发中心区分布于湘西南—湘中一带。在花垣、凤凰、古丈等地沿深断裂带也有裂陷槽分布，并在裂陷槽或地堑盆地中形成了一些规模不等的民乐式锰矿床(点)。

陈多福等(1992)、何志威等(2014，2013a，b)提出的锰矿热水沉积观点，认为该类锰矿产于具有高地热场的近岸盆地。通过锰矿石的微量元素特征与比值及图解均显示成矿过程中有热水物质的参与，锰矿矿石的 Fe-Mn-(Cu+Ni+Co)×10 的三角图解分布在热水沉积区，U、Tu 元素的对数图解也落入石化的热水沉积区，沥青反射率测定锰矿形成温度为 170～195 ℃(陈多福 等，1992)。而刘巽锋等(1983)则认为锰矿 Si、Ba、Fe、Sr 含量较低，而 Ti、Al 含量较高，这与热水沉积特征相矛盾，认为锰矿主要分布在浅水低凹地区，与潮坪沉积(藻坪)关系密切，属于藻类生物成矿。

杨瑞东等(2002)认为黔东地区锰矿成矿与"雪球地球"事件有关。通过对松桃大塘坡期锰矿的 C、S 同位素和藻类化石的研究，认为南华纪大塘坡组锰矿是在 700～695 Ma 全球性 Sturtian 冰期后形成，大气中含有很高的 CO_2 与海洋中的 Ca^{2+}、Mn^{2+} 反应，造成大量 $CaCO_3$ 和 $MnCO_3$ 快速沉淀，形成"碳酸盐岩帽"(碳酸锰)，即用"雪球地球"的观点进行解释；并认为冰期后没有形成世界分布的菱锰矿矿层，推测是富锰环境分布有限，只有局部地区由于深大断裂和热水提供了大量的 Mn^{2+}，才有碳酸锰沉积。通过对大塘坡组藻类化石研究，认为在含锰矿的层位，藻类化石很少，而锰矿层上下，微体藻类化石都很丰富，提出锰矿成矿与藻类关系并不那么密切的观点。此外，王砚耕等(1985)，对大塘坡期的沉积环境进行了研究，认为锰矿沉积属海相深水环境，菱锰矿富集于成岩阶段，是继黄铁矿形成之后经还原而成的，并认为氧化锰转变为碳酸锰的全过程中，有机质起了相当重要的作用。赵东旭(1990)则认为"大塘坡式"锰矿的矿石由菱锰矿内碎屑和碳泥质基质组成，提出在浅水沉积环境中的锰质沉积物经破碎后沿着盆地斜坡流入深水地区与碳、黏土和粉砂沉积在一起形成内碎屑菱锰矿，并认为部分矿石有递变层理，具有浊流沉积特征。

周琦等(2016，2013b，2012a，2008，2007a，b，c)在系统研究黔东地区锰矿成矿背景、菱锰矿石同位素地球化学特征和含锰岩系中系列特殊渗漏喷溢沉积构造特征的基础上，结合现代冷泉(即海底天然气渗漏)、冷泉碳酸盐岩研究思路和重大进展(陈多福 等，2004，2002)，将今论古，运用成矿系统(翟裕生 等，2010)和区域成矿理论(陈毓川，2007；毛景文 等，1999)，认为锰矿的形成与裂谷背景条件下的古天然气渗漏喷溢密切相关，锰质和天然气来自壳幔深部。发现该类型锰矿是一种新的锰矿床类型，即裂谷盆地古天然气渗漏沉积型锰矿床，具独特的"内生外成"成因。

第三节 华南古天然气渗漏沉积型锰矿资源概况

华南地区典型的古天然气渗漏沉积型锰矿床主要产于下南华统大塘坡组底部的黑色岩系中。在黔东及毗邻的湘西、渝东南和鄂西南地区，因最先发现于松桃大塘坡，故俗称"大塘坡式"锰矿；在湘中地区，与此时期相当的锰矿，俗称"湘潭式"锰矿。

1958 年上半年，贵州省松桃县组织村民近千人在大塘坡铁矿坪开采"铁矿"，终因炼不出铁而停止。1958 年 7 月，贵州省地质局 103 地质大队李伯皋工程师因开展铁矿普查而踏勘检查大塘坡矿点时，确认该"铁矿"是氧化锰矿石。1960 年 5 月和 1961 年 3 月，贵州省地质局 103 地质大队孙仁贵、邹盛荣分别负责开展松桃大塘坡铁矿坪锰矿普查。

1961 年 7 月邹盛荣首先发现原生碳酸锰矿(菱锰矿),进而确定具有工业远景。黔东及毗邻地区南华纪“大塘坡式”锰矿就这样被发现了(吴道生 等,1996)。该矿床于 1967 年初完成详查地质工作,因种种原因直到 1988 年 12 月才完成初勘工作,从 1958 年到 1988 年,前后历时整整 30 年。

松桃大塘坡锰矿床的发现,引起了毗邻的四川省、湖南省地勘部门重视。派人前往大塘坡锰矿床现场考察参观。之后湖南省地质局 405 队在相同层位分别发现了著名的花垣民乐大型锰矿床、四川省地质局 107 地质队(现重庆市地质矿产勘查开发局川东南地质大队)在秀山发现了溶溪、笔架山等中型锰矿床(当时标准均达大型矿床规模)。

与此同时,1966 年上半年,贵州省地质局 108 地质队(现贵州省地质矿产勘查开发局区域地质调查研究院)曹鸿水等在河流中见到锰矿砾石,进而溯源追索发现了著名的松桃大屋锰矿床。1966 年 8 月,贵州省地质局 103 地质大队高兴基、徐承明等在松桃大屋锰矿普查工作后期,沿大塘坡组底部含锰层位向西追索,到乌罗杨立掌村时,发现小溪河床砾石多为黑色薄膜覆盖,引起了他们的重视。故溯源追索进一步发现大量碳质页岩碎片间夹少量菱锰矿碎片,再进一步追索发现原生锰矿层,这样,著名的松桃杨立掌锰矿床被发现了(吴道生 等,1996)。通过 20 世纪 50 至 80 年代地质工作者的艰苦努力,黔渝湘毗邻地区“大塘坡式”锰矿床,逐渐成为我国重要的锰矿床类型之一。

周琦等(2012a,2007a,b,c)因在锰矿体中发现了大量被沥青充填的气泡状构造、泥火山、底辟构造等一系列罕见的古天然气渗漏沉积构造,结合 C、O、S 等同位素地球化学特征研究,发现与现代甲烷渗漏成因的冷泉碳酸盐岩十分相似,并在松桃大塘坡锰矿区,发现3 个南华纪早期的古天然气渗漏喷溢口,并构成了 1 个渗漏喷溢口群等(刘雨 等,2015)。因此,黔东及毗邻地区南华纪“大塘坡式”锰矿床,完全不同于传统的海相沉积型、沉积变质型锰矿床,也不同于火山沉积型、热液型、风化淋滤型等锰矿床,它是一种新的锰矿床类型——古天然气渗漏沉积型锰矿床,目前已成为中国最重要的锰矿床类型。同时是继传统的沉积变质型、海相沉积型锰矿床之后,成为全球最重要的三大锰矿床类型之一(周琦 等,2016)。

综上,华南南华纪锰矿床,按照代表性矿床发现的地点,一般简称为“大塘坡式”(湘中地区称“湘潭式”)锰矿床;按照成因类型划分,即古天然气渗漏沉积型锰矿床。因此,本书中“大塘坡式”锰矿,即指古天然气渗漏沉积型锰矿床。

一、黔东地区

黔东地区古天然气渗漏沉积型锰矿床主要分布贵州省铜仁市松桃县,部分分布在碧江区、万山区、印江县。其锰矿资源量均由贵州省地质局(现贵州省地质矿产勘查开发局)103 地质大队勘查评价提交,主要集中在两个时期:一是 20 世纪 60 年代初至 80 年代末期;二是 2000～2016 年。

2000 年以来,针对锰矿成矿与找矿预测的主要科学研究和系列超大型锰矿床、大中型锰矿床的发现及勘查评价工作均由笔者所组成的团队牵头完成。其中又可分为以下两个阶段。

(1) 2000～2008年:研究和勘查评价了一批地表露头或半隐伏的中小型锰矿床。初步总结了锰矿的成矿条件和成矿规律,特别是发现了"大塘坡式"锰矿中系列古天然气渗漏喷溢等特殊地质现象,开辟了锰矿成矿研究的新方向。提出了锰矿形成与南华纪早期裂解背景条件下古天然气渗漏喷溢密切相关,"大塘坡式"锰矿是一种新的锰矿床类型,即古天然气渗漏沉积型锰矿床。

(2) 2009～2016年:建立和完善了锰矿裂谷盆地古天然气渗漏沉积成矿系统理论与成矿模式、找矿预测模型。通过贵州铜仁松桃锰矿国家整装勘查区平台,进行实践检验,新发现了松桃普觉[①]、松桃道坨、松桃桃子坪和松桃高地4个世界级超大型锰矿床,松桃李家湾、杨家湾两个大型锰矿床,实现了我国锰矿找矿有史以来的最大突破,黔东地区成为新的世界级锰矿资源富集区,彻底改变了我国锰矿资源勘查开发格局。

(一) 1960～1999年

(1) 1966年,贵州省地质局108地质大队(现为贵州省地质矿产勘查开发局区域地质调查研究院)三分队曹鸿水等在进行区域地质测量中,发现了松桃大屋锰矿床。1966年8月《松桃县大屋锰矿普查简报》中估算资源量619.4万t;贵州省地质局103地质大队在贵州省地质局108地质大队工作的基础上,开展普查评价工作。1979～1983年进一步开展详查工作,1984年9月提交了《松桃县大屋锰矿段详查与普查地质报告》,提交C+D级资源量1 167.68万t(表1.1)。

表1.1 1960～1990年黔东地区提交的锰矿资源量表

序号	矿区名称		工作程度	提交的锰矿石资源量/万t				提交时间
				能利用储量		暂不能利用储量	小计	
				C级	D级	D级	C+D级	
1	大塘坡锰矿床	铁矿坪矿段	初勘	315.80	363.40	16.90	696.10	1988年
2		万家堰矿段	详查		81.23	158.11	239.34	1989年
3		举贤矿段	普查	7.29	105.11		112.40	1990年
4	杨立掌锰矿床		详查	111.28	1 362.67	24.74	1 498.69	1984年
5	大屋锰矿床		详查	228.37	802.87	136.44	1 167.68	1984年
6	黑水溪锰矿床		普查		181.87	132.77	314.64	
合计				662.74	2 897.15	468.96	4 028.85	

注:均由贵州省地质局(1983年更名为贵州省地质矿产局)103地质大队勘查提交

① 该矿区一直称"西溪堡",同时是控矿的Ⅳ级断陷盆地名称。后因国土资源管理部门进行探矿权整合,将整合后的探矿权命名为"普觉",但"普觉"并不在矿权范围内。考虑这一历史沿革,故本书统称普觉(西溪堡)超大型锰矿床。

(2) 贵州省地质局103地质大队在进行大塘坡等地锰矿勘查工作的同时，开展面上锰矿的普查踏勘。1965年，先后发现松桃杨立掌及举贤、黑水溪、石塘、凉风坳等锰矿床(点)。对其中的杨立掌矿区，通过1977～1982年的详查，于1984年1月提交了《松桃县杨立掌锰矿段详细普查地质报告》，提交C+D级资源量1 498.69万t(表1.1)。

(3) 1975～1990年，贵州省地质局(1983年更名为贵州省地质矿产局)103地质大队还对松桃乜江—黑水溪、万家堰、举贤等地及其邻区思南大坝场尧上、印江锅厂等锰矿床(点)进行了勘查，先后提交了《松桃县大塘坡锰矿床万家堰矿段详细地质报告》(1989年12月)、《松桃县举贤锰矿段普查地质报告》(1990年12月)等资料；应原贵州省冶金工业厅的要求，贵州省地质矿产勘查开发局103地质大队于1984年11月提交了《松桃大塘坡锰矿床铁矿坪详细普查地质报告》、1988年12月提交了《松桃县大塘坡锰矿床铁矿坪矿段初勘地质报告》，提交C+D级资源储量696.10万t。

(4) 1990～1999年，黔东地区无新增锰矿石资源量。

1960～1999年，黔东地区累计提交锰矿石资源量4 028.85万t。

(二) 2000～2008年

(1) 2000～2008年，贵州省地质矿产勘查开发局103地质大队在铜仁松桃地区继续发现和评价了杨家湾、石塘、西溪堡、万山下溪中朝溪、盆架山和铜仁长行坡等一批锰矿床。《贵州省松桃县西溪堡锰矿普查地质报告》，评审备案了333+334？资源量237.39万t。2005年6月提交了《贵州省松桃县石塘锰矿段普查地质报告》，评审备案了333+334？资源量52.19万t(表1.2)。

表1.2　2000～2008年黔东地区提交的锰矿资源量表

序号	矿区名称	工作程度	探明的锰矿石资源量/万t			提交时间
			333类	334?	小计(333+334?)	
1	松桃西溪堡	普查	73.45	163.94	237.39	2003年
2	松桃大坪盖	普查	137.00	114.00	251.00	2005年
3	松桃三角坡	普查	62.38	48.51	110.89	2005年
4	松桃石塘	普查	21.60	30.59	52.19	2005年
5	松桃杨家湾	详查	727.00(332)	717.00(333)	1 444.00(332+333)	2008年
6	印江关口坳	普查	7.56	28.58	36.14	2005年
7	万山盆架山	普查	129.11	115.87	244.98	2005年
8	万山中朝溪	普查	24.56	171.70	196.26	2005年
9	铜仁新田湾	普查	118.27	24.14	142.41	2002年
10	铜仁长行坡	普查	112.15	203.46	315.61	2005年
合计			1 413.08	1 617.79	3 030.87	

注：黔东地区锰矿资源量均由贵州省地质矿产勘查开发局103地质大队勘查提交

(2) 贵州省地质矿产勘查开发局103地质大队先后于2005年1月,提交了《贵州省松桃县三角坡锰矿普查地质报告》,评审备案333+334? 资源量110.89万t;2005年5月,提交了《贵州省松桃县大坪盖锰矿段普查地质报告》,评审备案333+334? 资源量251.00万t;2005年6月,提交了《贵州省铜仁市长行坡锰矿段普查地质报告》,评审备案了333+334? 资源量315.61万t;2005年7月,提交了《贵州省万山特区下溪锰矿床盆架山矿段普查地质报告》,评审备案333+334? 资源量244.98万t;2005年7月,提交了《贵州省万山特区下溪锰矿床中朝溪矿段普查地质报告》,评审备案333+334? 资源量196.26万t;2008年5月,提交了《贵州省松桃县杨家湾锰矿详查地质报告》,评审备案了332+333资源量1 444.00万t(其中332资源量727.00万t,333资源量717.00万t)。

因此,2000~2008年,黔东地区新增锰矿资源量3 030.87万t;1960~2008年,黔东地区累计提交的锰矿石资源量为7 059.72万t(其中,1960~1999年提交锰矿石资源量4 028.85万t,2000~2008年提交锰矿石资源量3 030.87万t)。

(三)2009~2016年

2009年以来,贵州省地质矿产勘查开发局103地质大队具体依托锰矿裂谷盆地古天然气渗漏沉积成矿系统理论和深部隐伏矿找矿预测模型等创新成果,在其承担的贵州铜仁松桃锰矿国家整装勘查区的找矿实践中,取得了我国锰矿找矿有史以来的最大突破,黔东地区成为国家最重要的锰矿资源基地和新的世界级锰矿资源富集区。

(1) 贵州省地质矿产勘查开发局103地质大队于2010年7月发现普觉锰矿床,2016年提交《贵州省松桃县普觉(整合)锰矿床详查地质报告》。备案的332+333锰矿石资源量为1.92亿t,其中332资源量0.35亿t,333资源量1.57亿t。

(2) 贵州省地质矿产勘查开发局103地质大队于2011年,提交了《贵州省松桃县西溪堡锰矿(外围)详查地质报告》,备案的332+333锰矿石资源量为708.74万t,其中332资源量372.54万t,333资源量336.20万t;2012年,该队在2003年提交的《贵州省松桃县西溪堡锰矿普查地质报告》、2011年提交的《贵州省松桃县西溪堡锰矿(外围)详查地质报告》和贵州省松桃县西溪堡锰矿采矿证范围的基础上进行资源储量核实,提交了《贵州省松桃县西溪堡锰矿(整合)资源储量核实报告》,核实松桃县西溪堡锰矿(整合)矿区范围内总的资源储量为1 276.31万t,扣除已消耗的资源储量(111b)144.85万t,核实备案的122b+333锰矿石资源储量1 131.46万t。

需说明的是:松桃县西溪堡锰矿(整合)与松桃普觉(整合)锰矿床实际是一个整体,西溪堡锰矿(整合)在浅部,普觉(整合)锰矿床在深部,均位于控矿的西溪堡IV级断陷盆地中。因后期冷水溪犁式正断层(F_1)破坏、拉空而分开,故103地质队在公开发表的论文中将松桃西溪堡(整合)锰矿床和松桃普觉(整合)锰矿床统称普觉(西溪堡)超大型锰矿床,故松桃普觉(西溪堡)超大型锰矿床总的资源储量应为2.05亿t(包括已开采消耗的资源储量144.85万t),为亚洲最大、世界第五的超大型锰矿床。

(3) 贵州省地质矿产勘查开发局103地质大队于2010年发现道坨锰矿床,并于2014年提交《贵州省松桃县道坨锰矿床详查报告》,备案的332+333锰矿石资源量为1.417亿t,其中 332 资源量 0.364 亿 t、333 资源量 1.053 亿 t，成为亚洲第二、世界第十的超大型锰矿床。

(4) 贵州省地质矿产勘查开发局 103 地质大队于 2014 年发现高地锰矿床，并于 2016 年提交《贵州省松桃县高地锰矿床普查报告》，备案 333＋334 锰矿石资源量为 1.17 亿 t(其中 333 资源量 0.8 亿 t)，成为亚洲第四、世界第十二的超大型锰矿床。

(5) 贵州省地质矿产勘查开发局 103 地质大队于 2012 年发现桃子坪锰矿床，2016 年提交《贵州省松桃县桃子坪锰矿床普查报告》，备案的 332＋333 锰矿石资源量为 1.06 亿 t，其中 332 资源量 0.33 亿 t，333 资源量 0.73 亿 t，成为亚洲第五、世界第十三的超大型锰矿床。

(6) 贵州省地质矿产勘查开发局 103 地质大队于 2013 年提交《贵州省松桃县李家湾锰矿床详查报告》，备案的 332＋333 锰矿石资源量为 1 863.63 万 t，其中 332 资源量 704.45 万 t，333 资源量 1 159.18 万 t。

(7) 贵州省地质矿产勘查开发局 103 地质大队于 2012 年提交《贵州省松桃县乌罗镇锰矿普查报告》，备案的 333＋334? 锰矿石资源量为 188.33 万 t，其中 333 资源量 56.73 万 t，334? 资源量 131.60 万 t。

需说明的是：松桃县李家湾锰矿床与松桃乌罗锰镇矿床实际为一个锰矿床，均是松桃杨立掌锰矿床的深延部分。因此，松桃李家湾锰矿床(含乌罗锰矿床)实际为新发现的一个大型锰矿床，332＋333＋334? 锰矿石资源量为 2 051.96 万 t。

(8) 2012 年，贵州省地质矿产勘查开发局 103 地质大队对杨家湾锰矿床的外围开展了补充详查，提交了《贵州省松桃县杨家湾锰矿床外围补充勘查报告》，新增 332＋333 锰矿石资源量 584.04 万 t(未评审备案)。因此，松桃杨家湾锰矿床的锰矿石资源量为 1 444.00万 t(2008 年提交)和 584.04 万 t(2012 年提交，未备案)，即 2 028.04 万 t，为黔东地区新发现的又一个大型锰矿床。

综上，截至 2016 年底，黔东地区已累计提交锰矿资源储量 6.645 9 亿 t，其中，①1960～1999 年，提交资源量 4 028.85 万 t；②2000～2008 年，提交资源量3 030.87万 t；③2009～2016 年，提交资源量 5.94 亿 t。笔者所率领的团队发现并勘查提交资源量 6.24 亿 t，占黔东地区累计提交的锰矿资源储量的 93.8%。

二、渝东南地区

渝东南地区南华纪古天然气渗漏沉积型锰矿床(“大塘坡式”锰矿)地质找矿工作与毗邻的黔东地区锰矿找矿工作几乎在同一时期开展，即 20 世纪 60 年代。主要分为两个时期：一是 1966～2009 年；二是 2010～2016 年。

(一) 1966～2009 年

(1) 1966～1967 年，四川省地质局 107 地质队在秀山县境内的桐麻岭背斜和秀山背斜开展锰矿普查找矿工作，先后发现溶溪乡小茶园锰矿点和钟灵乡笔架山-革里坳锰矿点、兰桥乡平茶锰矿点等。由此拉开了渝东南地区大塘坡式锰矿勘查找矿工作的序幕。

(2) 1981～1984年，四川省地质局(1983年更名为四川省地质矿产局)107地质队提交了《四川省秀山县溶溪鸡公岭锰矿床小茶园矿段详查地质报告》，探获锰矿C+D级储量977.48万t，其中C级储量605.92万t，D级储量371.56万t(表1.3)。

(3) 1988年，四川省地质矿产局107地质队提交了《四川省秀山县笔架山锰矿床详查地质报告》，探获锰矿C+D级储量892.31万t。

(4) 2000年以后，渝东南地区的锰矿找矿工作主要由重庆市地质矿产勘查开发局607地质队承担。先后提交了重庆市秀山县大茶园锰矿床(2002年)、高楼坡锰矿床(2002年)、平溪锰矿床南段(2001年)、平溪锰矿床北段(2007年)等普查报告，2005年提交了秀山县平茶锰矿床预查报告。提交的锰矿石资源量见表1.3。

表1.3　1966～2009年渝东南地区提交的锰矿资源量表

序号	矿产地	工作程度	矿床规模	资源量/万t	勘查单位	提交时间
1	四川省秀山县小茶园锰矿	详查	中型	977.48	四川省地质局107地质队	1982年
2	四川省秀山县笔架山锰矿	详查	中型	892.31	四川省地质矿产局107地质队	1988年
3	重庆市秀山县大茶园锰矿	普查	中型	810.80	重庆市地质矿产勘查开发局607地质队	2002年
4	重庆市秀山县高楼坡锰矿	普查	中型	245.50	重庆市地质矿产勘查开发局607地质队	2002年
5	重庆市秀山县平溪锰矿南段	普查	中型	236.98	重庆市地质矿产勘查开发局607地质队	2001年
6	重庆市秀山县平茶锰矿	预查	中型	338.21	重庆市地质矿产勘查开发局607地质队	2005年
7	重庆市秀山县平溪锰矿北段	普查	中型	363.00	重庆市地质矿产勘查开发局607地质队	2007年
合计				3 864.28		

1966～2009年渝东南地区锰矿勘查工作，成效显著，锰矿石资源储量稳步增加。共提交中型规模矿产地7处，累计提交锰矿石资源量3 864.28万t，其中详查两处，普查4处，预查1处。

(二) 2009～2016年

2009～2012年，重庆市秀山地区锰矿列入了国家整装勘查区，即重庆秀山国家锰矿整装勘查区，具体由重庆市地质矿产勘查开发局607地质队牵头承担。2013～2016年，贵州省地质矿产勘查开发局103地质大队、中国地质大学(武汉)、中国地质调查局成都地质调查中心和重庆市地质调查院、重庆市地质矿产勘查开发局 607 地质队组成项目团队，共同承担实施了国土资源部公益性行业专项科研项目“上扬子地块东南缘锰矿国家级整装勘查区成矿系统与深部找矿关键技术研究及示范”。

2011～2016 年，通过实施整装勘查，重庆市地质矿产勘查开发局 607 地质队在秀山县小茶园锰矿床深部找矿取得突破性进展（表 1.4）。

表 1.4　2011～2016 年渝东南地区提交的锰矿资源量表

编号	项目名称	探获资源量/万 t			
		332	333	334?	合计
1	秀山县鱼泉矿区（西段）锰矿详查	227.70	278.30	—	506.00
2	秀山县鱼泉矿区（东段）锰矿普查	—	153.04	161.22	314.26
3	秀山县老田庄矿区锰矿北段详查	87.20	244.10	37.80	369.10
4	秀山县大雁山矿区锰矿区普查	—	11.60	42.30	53.90
5	秀山县大坳坡矿区锰矿区详查	106.00	49.00	—	155.00
6	秀山县天源黄家河脚矿区锰矿区详查	21.00	43.80	117.50	182.30
7	酉阳县楠木乡红旗村红庄矿区锰矿区勘查	—	—	2.84	2.84
8	秀山县笔架山矿山密集区外围锰矿战略性勘查	—	—	309.00	309.00
9	酉阳县李溪长沙坝矿区锰矿普查	—	86.30	68.92	155.22
10	秀山县长沟矿区锰矿普查	—	247.77	325.70	573.47
11	秀山县老田庄矿区锰矿（北段）详查区外围锰矿普查	—	151.90	—	151.90
12	酉阳县李溪长沙坝矿区锰矿详查	100.00	102.00	—	202.00
合计		541.90	1 367.81	1 065.28	2 974.99

（1）鱼泉锰矿详查（西段）共探获 332＋333 资源量 506.00 万 t，其中 332 资源量 227.70 万 t，333 资源量 278.30 万 t。

（2）鱼泉锰矿（东段）普查探获 333＋334? 锰矿石资源量为 314.26 万 t。

（3）老田庄锰矿详查（北段）共探获 332＋333＋334? 锰矿石资源量为 369.10 万 t，其中 332 资源量 87.20 万 t，333 资源量 244.10 万 t，334? 资源量 37.80 万 t。

（4）秀山县长沟锰矿普查（老田庄以深），探获锰矿石 333＋334? 资源量 573.47 万 t，其中 333 资源量 247.77 万 t（矿权间 21.57 万 t），334? 资源量 325.70 万 t。

2011～2015 年，重庆市地质矿产勘查开发局 607 地质队先后开展酉阳县李溪长沙坝锰矿普查和详查、秀山县笔架山矿山密集区外围锰矿区勘查、秀山县大雁山锰矿普查、大坳坡锰矿详查、天源黄家河脚锰矿详查、楠木乡红庄锰矿勘查工作，提交的锰矿资源量见表 1.4。

通过 2011～2015 年锰矿找矿工作，秀山县小茶园深部找矿取得突破性进展，深部已探获锰矿石资源量 1 914.73 万 t 以上；已经超出了 20 世纪 80 年代小茶园锰矿详查提交的 977.00 万 t 矿石资源量；另外龙潭园锰矿普查、长沟锰矿外围普查资源量有待进一步查明，所以小茶园矿段累计资源量达到了大型锰矿床规模，结束了渝东南地区古天然气渗漏沉积型锰矿床无大型锰矿床的历史。

2010～2016年，渝东南地区锰矿勘查工作取得突破性进展，共提交中型规模矿产地6处，分别是秀山县鱼泉矿区西段、秀山县鱼泉矿区东段、秀山县老田庄矿区（北段）、秀山长沟矿区锰矿、酉阳县李溪长沙坝矿区锰矿、秀山县笔架山矿山密集区外围，新增332＋333＋334？锰矿石资源量2 974.99万t，其中332资源量541.90万t，333资源量1 367.81万t，334？资源量1 065.28万t。

综上，截至2016年底，渝东南地区已累计提交锰矿资源储量6 839.27万t，其中①1966～2009年，提交3 864.28万t；②2010～2016年，提交2 974.99万t。

三、湘西-湘中地区

湖南是我国最早（1913年）发现锰矿的地区之一，迄今已有百年历史，该地区锰矿资源丰富，是著名的"锰矿之乡"。锰矿为湖南传统优势资源，全省共有268个锰矿床（点），其中大型矿床两处、中型矿床13处、小型矿床60处、锰矿点193处。主要分布在湘西北（湘西土家族苗族自治州）、湘中（湘潭市、衡阳市、邵阳市）和湘南（零陵区、郴州市）三个地区。湖南锰矿形成时代主要有南华纪、奥陶纪、泥盆纪、二叠纪和第四纪（氧化锰）。共有8个成矿时代、15个含矿层位。但主要为南华纪古天然气渗漏沉积型，即"大塘坡式"锰矿（湖南多称"湘潭式"锰矿）。

（一）湘中地区

湘中地区氧化锰矿发现于1913年，至今已有百年的历史。从1913～1953年，主要是氧化锰矿勘查开发阶段，具体是从湘潭锰矿上五都一带开始。1953年由于氧化锰资源开采殆尽，重工业部指示矿山进行大规模压缩，并作"关闭"的打算。1953年11月，矿山几近停产的时刻，地质部委派地质专家侯德封和叶连俊先生到矿区考察。经他们研究前人的工作成果，对"扶乱冲含锰灰岩"进行现场踏勘，选择颜家冲、扶乱冲等矿场钻孔采集样品进行研究与化验，发现扶乱冲含锰灰岩品位达32.71%，经900 ℃灼烧后，含锰达50%，遂下结论：氧化锰矿层下部蕴藏着大量的原生矿——碳酸锰矿，如质量符合要求，将来可大量开采。1954年10月，经冶金部901队预查、勘探，著名的南华纪（当时称震旦纪）湘潭式锰矿就发现了。比同类型的松桃大塘坡原生菱锰矿的发现早6年。湘潭地区氧化锰矿的发现则较松桃大塘坡地区氧化锰的发现早45年。

（1）1954年10月至1958年1月：冶金工业部地质局湖南分局901队提交了《湖南湘潭锰矿地质勘探总结报告书》，探明锰矿石量907万t。并为中国同类型锰矿床的勘探提供了可借鉴的经验。

（2）1960年3月至1965年：湖南冶金地质勘探公司236队进入湘潭锰矿区继续进行勘查工作，新增锰矿储量916万t。

(3) 1978～1989 年：湖南冶金地质勘探公司 236 队在黄峰寺锰矿段深部打开了找矿局面，新增锰矿储量 230 万 t。

截至 20 世纪 90 年代初，湘潭地区累计探明锰矿石储量 1 472.00 万 t，使湘潭锰矿起死回生，再次成为中国重要锰矿基地之一。

（二）湘西地区

根据《中国矿床发现史·综合卷》(《中国矿床发现史·综合卷》编委会，2001）记载，1965 年底，地质部地质司宁奇生向湖南省地质局转达了贵州省地质局 103 地质大队在松桃一带找到大型锰矿床信息。层位相当于“湘潭锰矿”，并指出在湖南省与贵州省松桃交界的民乐地区的震旦系（注：现属南华系）分布区可能找到同类型锰矿。据此，湖南省地质局 468 队到实地检查，但未发现锰矿层。1966 年春，湖南省地质局 405 队根据贵州省地质局 103 地质大队介绍的贵州松桃大塘坡锰矿地质情况，经过对比分析后，认为在湘西泸溪、古丈、花垣等县存在和大塘坡锰矿同样的含锰层位，岩性组合也相似，有希望找到大塘坡类型的锰矿。于是组成 3 个锰矿普查组，分赴三个县进行锰矿找矿工作，很快在花垣民乐发现锰矿露头数处，认为远景较大。

(1) 1966 年至 1967 年 10 月，湖南省地质局 405 队提交了花垣民乐锰矿床详查地质报告，提交锰矿石资源量 1 515.00 万 t；1970 年至 1976 年 1 月，湖南省地质局 405 队提交了《湖南省花垣县民乐锰矿床勘探报告》，共探明锰矿石储量 2 624.18 万 t；1978 年 10 月至 1982 年 12 月，湖南省地质局 405 队提交了《湖南省花垣县民乐锰矿床详细勘探地质报告》，共获得锰矿石储量 2 969.81 万 t，并通过省储委审查，成为华南地区 20 世纪最大的“大塘坡式”锰矿床，即古天然气渗漏沉积型锰矿床。

(2) 湖南省地质局（现湖南省地质勘查开发局）405 队还相继开展了湖南古丈烂泥田、河莲、凤凰木江坪等地区南华纪“大塘坡式”锰矿普查找矿工作，提交了一批中小型锰矿床；湖南省地质局（现湖南省地质勘查开发局）407 队开展了湖南洞口、芷江、靖州、怀化、城步等地区南华纪“大塘坡式”锰矿普查找矿工作，提交了洞口江口、怀化鸭嘴岩、芷江莫家溪、靖州新厂照洞等中小型锰矿床。

截至 2015 年底，湘中-湘西地区南华纪古天然气渗漏沉积型锰矿床，共探明锰矿石资源量 8 112.40 万 t，占湖南省锰矿总资源量的 55%。

四、黔东南地区

黔东南地区南华纪古天然气渗漏沉积型锰矿床（点）主要分布在从江县高增（岜扒）、八当、小黄和黎平县龙安（与湖南靖州镇照洞锰矿毗邻），但目前工作程度较低，矿床规模较小。

(1) 贵州省地质矿产勘查开发局 101 地质大队分别于 2012 年完成从江县八当锰矿床详查工作，提交锰矿石资源量 171.82 万 t：其中 111b 锰矿石量 17.08 万 t（采空区）；

331+332+333保有资源量 154.64 万 t。

(2) 贵州有色地质六总队 2007 年 5 月至 2007 年 11 月完成的从江高增锰矿详查,估算碳锰矿 332+333 资源量 25.89 万 t;2016 年,贵州省地质矿产勘查开发局 101 地质大队开展从江高增锰矿进补充勘查工作,预计可新增锰矿石资源量 75 万 t,使该锰矿床锰矿资源量突破 100 万 t。

黔东南地区南华纪古天然气渗漏沉积型锰矿床资源量较少,总计约 300 万 t。但该区锰矿研究程度与勘查程度均较低。

五、鄂西南地区

鄂西南地区南华纪古天然气渗漏沉积型锰矿床仅分布在长阳地区。锰矿产出层位与黔东、渝东南和湘中-湘西一样,为南华系大塘坡组,但仅出露地表面积不大。典型矿床为长阳古城锰矿床,探获锰矿石资源储量 1 457.50 万 t。

六、本节总结

华南南华纪古天然气渗漏沉积型锰矿床资源储量为 8.32 亿 t,占截至 2015 年全国锰矿累计查明资源储量 13.80 亿 t 的 60.29%。绝大部分分布在黔东地区,其锰矿资源储量为 6.65 亿 t;其他依次是:①湘中-湘西地区,锰矿资源量为 0.81 亿 t;②渝东南地区,锰矿资源量为 0.68 亿 t;③鄂西南地区,锰矿石资源储量 0.15 亿 t;④黔东南地区仅有零星分布,锰矿石资源储量 0.03 亿 t。

华南锰矿成矿地质背景 第二章

我国锰矿主要分布在华南地区(图 1.2)。一是主要沿扬子陆块周缘分布,如扬子陆块东南缘、扬子陆块北缘、扬子陆块西缘及上扬子陆块内部均有分布;二是在南盘江-右江成矿区也有分布。成矿时代主要有南华纪、震旦纪、奥陶纪、泥盆纪、二叠纪等。但目前以扬子陆块东南缘的南华纪锰矿规模最大、资源量最多,是本章讨论的重点。

第一节 大地构造背景

一、区域大地构造背景

研究区主要位于扬子地块与南华活动带过渡区的江南造山带的西南段,大地构造位置跨越上扬子地块和江南地块(程裕淇,1994)。戴传固等(2010)认为北以师宗—松桃—慈利—九江为界,其北侧为扬子陆块。南以绍兴—萍乡—北海为界,其南东为华夏陆块,其间则为江南造山带。张国伟等(2013)则认为扬子地块与华夏地块之间为江南隆起带(图 2.1)。

1994 年程裕淇等在《中国区域地质概论》中将该地区划入扬子陆块与南华活动带的过渡区,大地构造位置跨越上扬子地块和江南地块,其东南为南华活动带,认为是武陵—晋宁期造山带的裸露部分,是一个受到强烈推覆作用的山链。1999 年丘元禧在《雪峰山的构造性质与演化——一个陆内造山带的形成演化模式》一书中系统地提出了雪峰山陆内造山带的观点,认为雪峰山地区的地质构造演化发生在大陆地壳的背景之上,其构造环境经历了由陆缘向陆内的变化,武陵(四堡)期至晋宁期处在大陆边缘阶段,洋陆俯冲是其造山期的主要动力学机制,其形成的造山带仍属于大陆边缘(或板缘)造山带的性质;但晋宁期以后,已逐步转为陆内,震旦纪至早古生代开始的裂陷旋回,尽管不排除其东侧有局限大洋盆的存在可能,但总体上说,已属于陆内裂陷,在加里东期裂陷旋回结束时,陆内俯冲和顺层滑脱已成为其主要的地球动力学过程和变形机制。

王剑(2000)在《华南新元古代裂谷盆地演化——兼论与 Rodinia 解体的关系》一书中认为:四堡(武陵)造山运动使古华南洋盆关闭,扬子古陆与华夏古陆拼合形成了华南统一的大陆基地,新元古代早期,华南裂谷作用开始,裂陷中心大致位于现今桂北-湘中(南)-赣北地区;认为古华南洋关闭的时间上限应小于 968 Ma,新元古代沉积的上限应小于820 Ma,华南裂谷作用从 820 Ma 左右开始,810 Ma 左右为裂谷作用的高峰期,裂谷盆地直到加里东期造山运动关闭。

任纪舜(2002)把该地区北西划为扬子(晋宁)褶皱带及盖层、南东划为加里东褶皱带

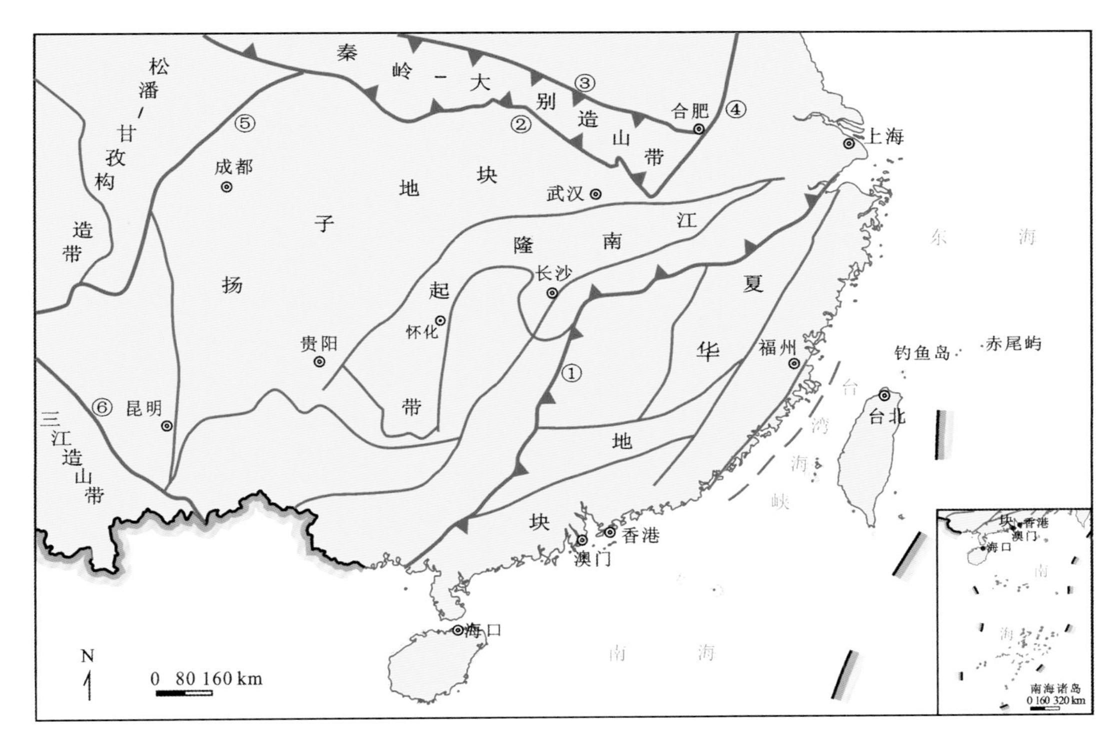

图 2.1 华南地区大地构造图(张国伟 等,2013)

①为扬子与华夏地块结合带;②为扬子地块与秦岭—大别山造山带结合带;③为华北地块与秦岭—大别山造山带结合带;④为郯庐断裂;⑤为龙门山—盐源木里断裂;⑥为红河剪切带

及盖层。2012年完成的"全国矿产资源潜力评价"的全国重要矿产成矿地质背景研究项目潘桂棠等把该地区划为上扬子古陆块,从北西向南东进一步划为扬子陆块南部被动边缘褶冲带、雪峰山基底逆推带和湘中—桂中被动边缘褶冲带。刘训在"中国区域地质志"项目中把黔东地区划为扬子陆块(克拉通)。

戴传固等(2010a,b)认为,上述研究成果极大地提高了该地区基础地质研究程度,但尚存在一些待进一步研究和探讨的问题,主要表现在黔东、湘西、桂北关于岩石地层划分方案不同(特别是前寒武系),对比关系不甚确切;多种岩浆岩(包括侵入岩及喷出岩)、岩浆系列及其大地构造背景研究程度不高;构造形迹、典型构造样式的基础资料不够充分,关于褶皱变形机理、变形序次、构造区块划分等难以做出中肯的分析论证,综合研究相对薄弱;"江南造山带"的特征及其与扬子陆块的边界、构造单元划分、区域构造演化历史,须作进一步研究;对该地区构造旋回期的研究未统一认识,对沉积盆地及其平面迁移未作系统研究,未对该地区大地构造相特征进行系统研究,对该地区各阶段发育的典型构造样式及其平面变形强度的变化未进行深入研究,未从物质结构和几何结构的有机结合来探讨该地区的发展演化规律。

戴传固等(2010a,b)通过系统研究前人关于江南造山带西南段的研究成果并结合黔东及邻区地层、岩石、构造研究，采用造山带构造分析原理与方法建立该地区的物质结构和几何结构特征，进而探讨地质演化规律，提高该地区基础地质研究程度思路，提出：北以师宗—松桃—慈利—九江为界，其北侧为扬子陆块；南以绍兴—萍乡—北海为界，其南东为华夏陆块；其间则为江南造山带，该意义上的江南造山带则包含了程裕淇(1994)划分方案原属扬子陆块的江南地块、浙西地块和南华活动带的湘桂褶皱系、钦州褶皱系。在江南造山带内以罗城—龙胜—桃江—景德镇一线为界，进一步划分出江南造山带的三个亚带(图 2.2)，即师宗—松桃—慈利—九江一线为北亚带，罗城—龙胜—桃江—景德镇一线为中亚带，北海—萍乡—绍兴一线为南亚带，其间夹黔东-湘西中间地块、南宁-长沙中间地块。认为江南造山带从早到晚经历了从活动型地壳向稳定型地壳演化，从洋陆转换阶段向板内活动阶段的地壳演化历程，洋陆转换阶段为武陵旋回(中元古代)和加里东旋回(新元古代—早古生代)，具有洋陆 B 型俯冲、弧陆碰撞造山的特点；板内活动阶段为燕山旋回(晚古生代—侏罗纪)和喜马拉雅旋回(白垩纪—新生代)，具有板内 A 型俯冲造山的特点。认为江南造山带西南段是由不同时期、不同性质的造山带亚带构成的一个复合造山带，分别由武陵期造山亚带(北亚带)，加里东期造山亚带(中亚带)和燕山期亚带(南亚带)组成。

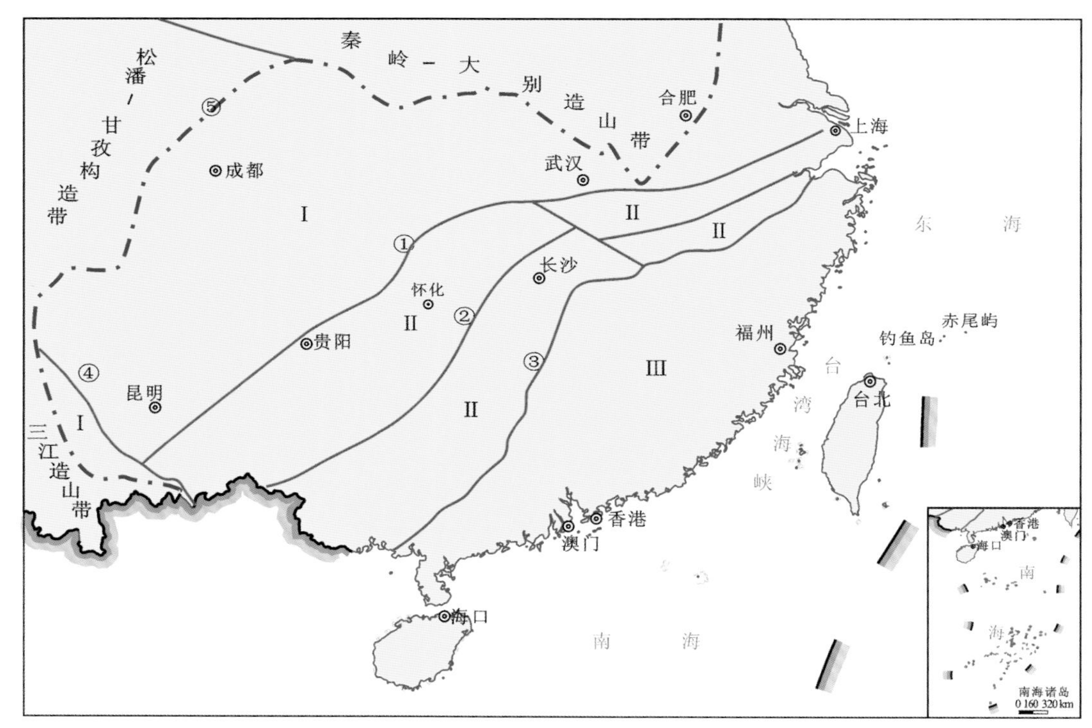

图 2.2　华南大地构造位置图(戴传固 等，2010)

①为师宗—慈利—九江断裂带；②为罗城—龙胜—桃江—景德镇断裂带；③为北海—萍乡—绍兴断裂带；④为红河断裂带；⑤为华南板块边界；I 为扬子地块；II 为江南复合造山带；III 为华夏地块

戴传固等(2010a,b)认为,黔东地区在不同时期分别位于江南造山带内带(武陵期)—江南造山带外带(加里东期)—江南造山带亚前陆(燕山期)—扬子陆块板内隆升(喜马拉雅期)等位置,从而反映出从早到晚江南造山带西南段具有向东南迁移的地质演化特点,且从西向东造山带逐渐变新。同时也反映黔东及邻区的地质特征、地质演化和发展均受江南造山带的发展、演化所控制。

二、南华纪早期大地构造背景

按照王剑等(2012)的划分(图2.3),华南新元古代沉积盆地依据其基底构造、沉积建造及地层组合特征等可划分为扬子区(由扬子东南缘及扬子西缘组成)与华夏区。扬子区可进一步划分为:①川滇分区,包括川西南与滇中地区;②湘桂分区,主要包括桂北、湖南及黔东地区;③江南隆起分区,主要指位于浙北与湘桂分区之间的赣北皖南地区,相当于俗称的"江南岛弧"带;④浙北分区。华夏区未细分。各分区同时代表了相应的次级沉积盆地。

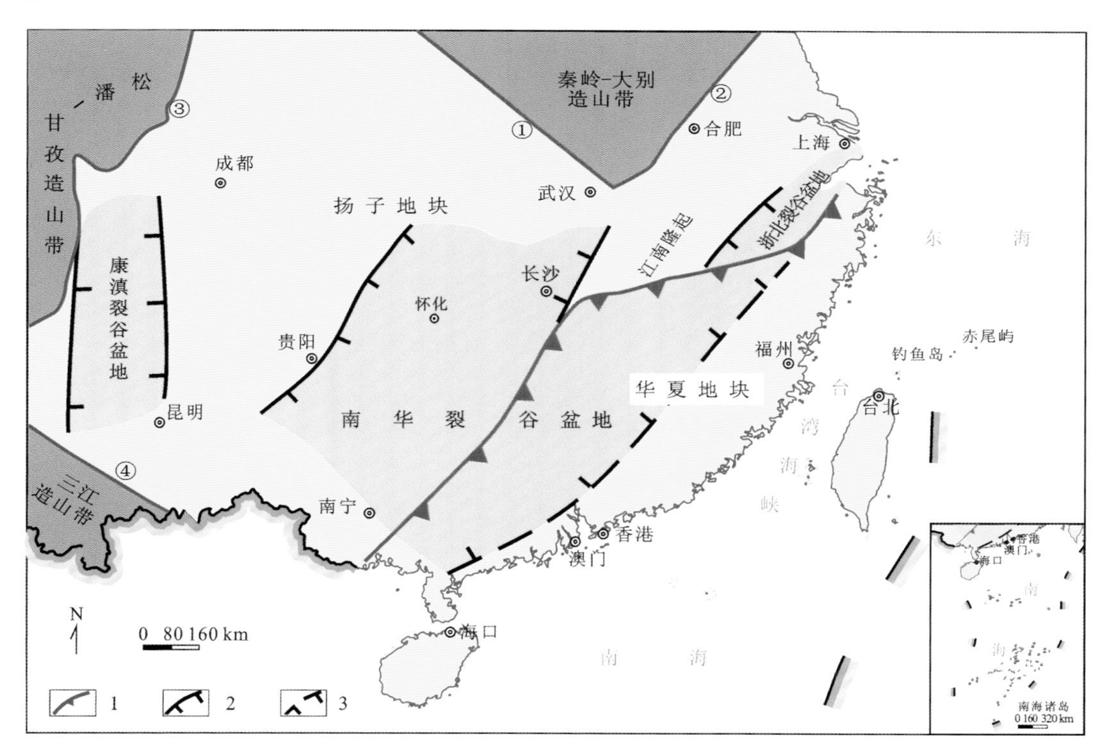

图2.3 华南大地构造图(王剑 等,2012)

1. 扬子与华夏地块结合带;2. 裂谷盆地边界线;3. 推测裂谷盆地边界线;①-②为秦岭—大别山断裂带;③为龙门山—盐源断裂带;④为红河剪切带

第二节　区域地层

华南地区新元古代至新生代地层发育，它们形成于不同的沉积环境，具有不同的沉积作用组合，产出于不同的盆地类型；发育多种类型的岩浆岩、变质岩，具有不同的岩浆岩组合和不同的变质相带，产出于不同的大地构造背景；存在多期次构造运动，有洋陆转换阶段的造山运动，也有陆内活动阶段的造山运动；构造复杂，发育有不同组合类型的构造形迹，构造线方向主要为北北东向、北东向，产出有各类褶皱、断裂和过渡性剪切带。燕山运动奠定了该地区现今主要的地质构造面貌和地貌发育的基础。

华南新元古代地层分为上扬子地层区和江南地层区。上扬子地层区可进一步划分为贵阳-遵义小区、石门-临江小区；江南地层区进一步划分为怀化-长沙小区、洞口-双峰小区、松桃-丹寨小区、锦屏-榕江小区、桂北小区。本书新元古代地层的划分及与上扬子地层区和江南地层区中各小区的地层对比见表2.1。

表2.1　华南新元古代主要地层划分和对比表

年代地层				本书	上扬子地层分区		江南地层分区				
	国际	中国			贵阳-遵义小区	石门-临江小区	怀化-长沙小区	洞口-双峰小区	松桃-丹寨小区	锦屏-榕江小区	桂北小区
新元古界	埃迪卡拉系	震旦系	上统	老堡组	灯影组	老堡组	留茶坡组		老堡组	老堡组	
			下统	陡山沱组	陡山沱组	陡山沱组	金家洞组		陡山沱组	陡山沱组	
	635Ma	Ma									
	成冰系	南华系	上统	南沱组	南沱组	南沱组	南沱组	洪江组	南沱组	黎家坡组	南沱组
			下统	大塘坡组	澄江组	大塘坡组	大塘坡组	大塘坡组	大塘坡组	大塘坡组	富禄组
				铁丝坳组		古城组	富禄组	富禄组	铁丝坳组	富禄组	
						富禄组					
				两界河组				长安组	两界河组	长安组	长安组
	720Ma	Ma									
	拉伸系	青白口系	下江群	隆里组	地层缺失		板溪群：牛牯坪组	高涧群：岩门寨组	下江群：隆里组		丹洲群：拱洞组
				平略组		碟水河组	百合垄组		平略组		
							多益塘组				
				清水江组	清水江组	张家湾组	五强溪组	架枧田组	清水江组		三门街组
				番召组	张家坝组	未出露	通塔湾组	砖墙湾组	番召组		合洞组
				乌叶组	乌叶组		马底驿组	黄狮洞组	乌叶组		
				甲路组	甲路组		横路冲组	石桥铺组	甲路组		白竹组
							宝林冲组				
		820Ma									
				梵净山群	未出露	冷家溪群			梵净山群	四堡群	

一、青白口系梵净山群/冷家溪群/四堡群

贵州的梵净山群、湖南的冷家溪群和黔桂相邻区的四堡群是研究区出露的最古老地层。三者互不连片，但相隔不远，它们同被下江期的地层(板溪群、高涧群、下江群、丹洲群)角度不整合覆盖，同时具有浊积岩建造及基性-超基性火山岩建造，发生相同的底绿片岩相区域变质。长期以来，地质学界认为可能是同一古构造地理单元同期沉积产物。

梵净山群分布在黔东北的印江、松桃、江口三县毗邻的梵净山区，位于梵净山大型穹状背斜核部，出露面积约 270 km^2。由浅变质的海相砂泥岩、细碧-石英角斑岩、层状基性-超基性岩及火山碎屑岩等组成，上被板溪群(对应下江群)甲路组角度不整合覆盖，下未露底，沉积总厚度大于 9 400 m。由下而上分为淘金河组、余家沟组、肖家河组、回香坪组、铜厂组、洼溪组、独岩塘组。下部四个组(淘金河组、余家沟组、肖家河组及回香坪组)称白云寺亚群，岩性组合为变质细碧-石英角斑岩、层状基性-超基性岩与沉积变质岩无定式互层，总厚度大于 6 200 m，总体显示伸展裂陷的构造背景，回香坪时期为裂陷极盛期；上部三个组(铜厂组、洼溪组及独岩塘组)称核桃坪亚群，岩性组合几乎全为变质沉积岩，变质砂岩、变质粉砂岩与板岩不等比互层，以砂及粉砂岩为主或以泥质岩为主的层段交替出现，总体上由下而上泥质岩减少，颜色以灰色、深灰色为主变为以浅灰色、灰绿色为主，剥蚀残余最大厚度约3 200 m，呈现出裂陷槽盆变浅并趋向闭合的趋势。

冷家溪群主要分布于湖南省的岳阳、临湘、平江、浏阳、醴陵、衡东一带及安化、桃源等县境内，以湘东、湘东北地区比较集中。此外，在湘西的常德太阳山、石门百步墩、芷江渔溪口、古丈大溪和沙鱼溪等地也有零星小面积分布。冷家溪群是湖南省出露最老的地层，由沉积韵律特别发育的一套巨厚的碎屑岩、泥质岩和凝灰质岩为主的岩层组成，普遍浅变质。底部夹白云岩、灰岩等钙质团块，顶部多砂岩。局部夹基性、中酸性熔岩。出露最大厚度超过 25 000 m。属活动型沉积，构成了褶皱基底，代表湖南省第一个沉积发育阶段。本群下未见底，上与板溪群的接触关系，自北而南由角度不整合变为平行不整合乃至整合，在湘西—湘西南一带为角度不整合接触。孙海清等(2012，2009)将冷家溪群划分为上下两个部分，下部将原雷神庙组解体为易家桥组、潘家冲组、雷神庙组；上部划分为黄浒洞组、小木坪组、大药菇组，废除“坪原组”。

四堡群主要分布在黔东南从江、桂北融水及三江地区。由厚度巨大的浅变质海相砂泥质岩夹火山碎屑岩及层状基-超基性岩组成。这套地层角度不整合于下江群甲路组或丹洲群白竹组之下，在 20 世纪 60 年代称为下板溪群，1973 年，广西地矿局区域地质调查大队改称四堡群。由于地质构造复杂及交通不便等原因，关于四堡群的研究程度较差，组的划分及对比关系尚有重大分歧。贵州省地质局开展的 1:20 万榕江幅(1959～1964 年)将四堡群由下而上分为尧等组、河村组，1985 年《广西壮族自治区区域地质志》将四堡群由下而上划分为文通岩组、塘柳岩组、鱼西组。

二、青白口系板溪群/下江群/高涧群/丹州群

贵州的下江群、湖南的板溪群和高涧群、广西的丹洲群是研究区新元古代下伏于南华纪的地层，它们是同一个大的古构造地理区块（同一个陆内裂谷盆地）中同时期的不同相区的沉积产物，其建造组合也相类同。沉积建造特征反映其经历了伸展裂陷→汇聚隆升一个大的构造演化旋回，沉积厚度几千米到上万米。在整个历史过程中，古地势西北高而东南低。扬子地层区多处于相对浅水地带，砂岩、粉砂岩相对较多，杂色岩层相对较多。江南地层区多处于相对深水地带，泥质岩相对较多，浅灰绿色岩层相对较多。

（一）板溪群

板溪群主要分布贵州境内的印江、石阡、江口、松桃、万山、遵义等地区和湖南境内的新晃—芷江—溆浦—衡阳一线以北地区。贵州境内仅划出贵阳-遵义小区，湖南境内进一步划分石门-临江小区和怀化-长沙小区。主要由砾岩、砂岩、板岩一套厚度较大的碎屑岩、泥质岩、钙质板岩、凝灰质岩（变火山岩）夹少量碳酸盐岩、碳质板岩、熔岩等组成，属于台地相沉积，赋存金、锑、铜、铁等矿产，普遍浅变质。

贵阳-遵义小区：以紫红色、灰绿色变质泥质岩为主。自下而上划分为甲路组、乌叶组、张家坝组、清水江组，下伏地层未出露，平行不整合于南华系澄江组之下。

石门-临江小区：由紫红色、灰绿色为主的浅变质砾岩、砂砾岩、砂岩、粉砂岩及板岩组成两个大的沉积旋回，厚 300～700 m。自下而上可划分为张家湾组和渫水河组两个地层单位，后湖南岩石地层清理时废弃归于板溪群。与下伏冷家溪群高角度不整合接触。

怀化-长沙小区：由灰绿色、紫红色浅变质砾岩、砂岩、板岩、层凝灰岩、碳酸盐岩、碳质板岩等组成两个大的旋回。碳酸盐岩及碳质板岩夹于下部旋回，为数很少，越往南越见增多，有时具铜矿化或夹含铜板岩。局部地区有海底喷溢的基性熔岩和中性、中酸性火山岩。总厚 752～3 803 m。自下而上划分为宝林冲组、横路冲组、马底驿组、通塔湾组、五强溪组、多益塘组、百合垅组、牛枯坪组。不整合于冷家溪群之上，平行不整合于南华系长安组之下。

（二）高涧群

高涧群主要分布在以芷江—溆浦—双峰—衡山一线以南，零陵—耒阳一线以北的洞口-双峰小区。由灰绿色、灰-深灰色、少量紫灰色浅变质砂岩、层凝灰岩、板岩组成，属于斜坡相沉积。下部夹碳质板岩、碳酸盐岩，具弱铜矿化。局部有海底喷溢的中酸性熔岩。总厚度为 3 290～4 757 m。自下而上划分为石桥铺组、黄狮洞组、砖墙湾组、架视田组、岩门寨组。与下伏冷家溪群平行不整合或微角度不整合接触，与上覆南华纪地层呈整合或平行不整合接触。

（三）下江群

下江群主要分布在以沿河—印江—石阡一线以南东的贵州境内，为一套浅变质海相砂泥质夹火山碎屑岩建造，具复理石特征，出现近源浊积岩、滑塌-滑移等沉积类型，属于斜坡相沉积。总厚度为2 100～11 000 m。在整个历史过程中，古地势西北高而东南低。北西地区多处于相对浅水地带，砂岩、粉砂岩相对较多，杂色岩层相对较多，以紫红色、灰绿色变质泥质岩为主，往往缺失下江群上部，残存厚度最小者仅约2 100 m。东南地区多处于相对深水地带，泥质岩相对较多，浅灰绿色岩层相对较多，总体以浅灰色、灰绿色变质泥质岩为主，南东地区的下江群保存最为齐全，厚度普遍大于4 000 m，最大者可达11 000 m。自下而上划分为甲路组、乌叶组、番召组、清水江组、平略组、隆里组。与下伏四堡群呈角度不整合接触，与上覆南华纪地层呈整合或平行不整合接触。

大致以玉屏—台江—凯里—丹寨一线为界，以北为松桃-丹寨小区，以南为锦屏-榕江小区。两者之间地层划分相同。

（四）丹洲群

丹洲群主要分布在桂北小区及以黎平、从江一线以东南的黔东南地区。总体以浅灰色、灰绿色变质泥岩为主，具远源沉积特征，属于盆地相沉积。自下而上划分为白竹组、合洞组、三门街组、拱洞组。与下伏四堡群呈角度不整合接触，与上覆南华纪地层呈整合接触。

三、南华系

研究区南华系出露较广，属华南地层大区。进一步划分大致以石门—大庸—保靖—印江—石阡—丹寨一线为界，南东侧归江南地层区，北西侧归扬子地层区。

（一）扬子地层区

在贵州境内划分为贵阳-遵义小区，在湖南境内进一步划分为石门-临江小区。

贵阳-遵义小区：分布于印江—石阡—丹寨一线以西地区，该系零星出露于遵义松林、开阳金中、翁昭，瓮安朵丁、白岩、余庆小腮及黄平浪洞等地，地层发育不全，岩性、岩相纵横变化大，仅有陆相澄江组和南沱组沉积。

石门-临江小区：位于保靖—大庸四都坪—石门—岳阳陆城和桐梓铺一线以北的湖南境内。主要为大陆冰川沉积型和淑洋冰川沉积型的冰碛砾泥岩、冰碛砾粉砂岩，夹少量间冰期的碳泥质岩和含锰碳酸盐岩。厚度为45～657.9 m。由下而上可划分为富禄组、古城组、大塘坡组和南沱组，底部缺失长安时期的地层。下与渫水河组平行不整合接触。

（二）江南地层区

贵州境内分为松桃-丹寨小区和锦屏-榕江小区；湖南境内划分为怀化-长沙小区、洞口-双峰小区;广西境内划分为桂北小区。

松桃-丹寨小区:贵州镜内大致以印江—石阡—丹寨一线的南东,天柱—三都一线以北为松桃-丹寨小区,自下而上划分为两界河组、铁丝坳组、大塘坡组、南沱组,是贵州较早开展南华系研究的地区之一。区内两界河组与大塘坡组第一段黑色岩系零星分布,铁丝坳组与大塘坡组二段、三段发育完好。位于该分区的松桃一带是我国著名的“大塘坡式”锰矿分布区。晚期的南沱组的岩性及厚度均具过渡色彩。

20 世纪 60 年代开始,贵州省地质局 103 地质大队发现并开展“大塘坡式”锰矿找矿工作的同时,提出了将该区下震旦统(今南华系)自下而上分两界河组、大塘坡组、南沱组的三分方案。王砚耕等(1985)和贵州省地质局 103 地质队提出了四分方案,自下而上为两界河组、铁丝坳组、大塘坡组、南沱组。

锦屏-榕江小区:贵州镜内大致以天柱—三都一线以南为锦屏-榕江小区,地层发育良好,层序完整,与下伏青白口系下江群、丹州群及上覆震旦系之间均为海相连续沉积,岩石地层单位自下而上划分为长安组、富禄组、大塘坡组、黎家坡组,沉积总厚可达 4 000～5 000 m,是我国不多的南华纪地层发育良好的地区之一。从江地区的黎家坡剖面被推荐为国际南华系候选层型剖面,也是我国最早在新元古代地层中发现的两大套冰碛岩的地区之一。

怀化-长沙小区:以石门—大庸—保靖一线以南、会同—溆浦—高涧一线以北区域划归为怀化-长沙小区,自下而上划分为富禄组、大塘坡组、南沱组。

洞口-双峰小区:以会同—溆浦—高涧一线以南、零陵—耒阳—茶陵一线以北地区划归为洞口-双峰小区,自下而上划分为长安组、富禄组、大塘坡组、洪江组。

桂北小区:广西境内为桂北小区,自下而上划分为长安组、富禄组、南沱组。

(三) 岩石地层

1. 两界河组

两界河组分布于松桃-丹寨小区。指微角度不整合于板溪群之上,整合下伏于铁丝坳组的一套砂岩、砾岩及含砾岩屑砂岩,下部夹多层白云岩透镜体,底部以砂岩、白云质砾岩透镜体与板溪群分界;顶部夹含锰白云岩透镜体。岩性主要为灰色至浅灰色中厚层至块状中-粗粒长石岩屑砂岩组成,夹少许含砾砂岩-粉砂岩及砾砂质黏土岩,或具粒序层理、双向交错层理、脉状层理、平行层理、流水波痕等沉积构造,偶见“落石”及具冰川动力结构(如冰川条痕、压坑)的砾石。

横向上,该组厚度变化很大,呈线状断续展布。通常仅有几米至几十米(如印江永义 2.3 m,江口桃映 0.95 m,镇远松柏洞、桃子沟 1.8～6.2 m,岑巩新坡 26.3 m,万山锁溪 38.2 m,铜仁苗江溪 72.54 m)。但在松桃西溪堡锰矿重点预测区,从南东往北西,两界河组的厚度迅速增厚,如石门溪(44.05 m)—西溪堡(59.19 m)—大雅堡(89.37 m)—冷水溪(大于 88.11 m,未见底)—下院子矿段 ZK4406(130.00 m),预测在桃子坪矿段至平土矿段一带,两界河组厚度也应达 400 m(该地区上覆大塘坡组厚度大于 600 m,同时菱锰矿体厚度增大)。由南东往北西岩性组合也越来越复杂,岩石中的碳质有机质及黄铁矿渐增。

其中最典型的是从南至北，白云岩透镜体从无到有，且白云岩透镜体的含量越来越多（南侧石门溪附近的两条两界河组剖面均未发现白云岩透镜体）。

在松桃大塘坡地区的两界河、猫猫岩一带，最大厚度近400 m，以灰色、深灰色及灰绿色变余长石岩屑砂岩为主，顶部和中下部均见具冰成岩特征的冰碛含砾砂岩、砂泥岩及含“落石”粉砂质页岩。此外，在石阡龙家院子附近，两界河组厚度也较大，达110.5 m，其岩性则以砾岩、含砾砂岩为主。在紧邻大塘坡的杨立掌、大屋等地，相变为厚仅十余米的深灰色、灰黄色块状冰碛泥砾岩和含砂砾泥岩，偶夹白云岩小透镜体。

2. 铁丝坳组

铁丝坳组分布于松桃-丹寨小区。铁丝坳组是相当于Sturtian冰期的沉积，随各地所处的古地理位置不同，其冰川记录和发育程度及类型均不尽相同。在松桃大塘坡一带，铁丝坳组下部为灰色、黄灰色层块状含砾杂砂岩及砾质砂岩、块状混碛岩及砾质砂岩，局部显层理。与下伏长安两界河组呈整合接触关系。中部以灰色-深灰色杂砂岩、岩屑砂岩、砾质砂岩与岩屑砂岩互层状产出，具层理构造。上部以深灰色薄层杂砂岩与粉砂质黏土岩互层为特征。

3. 长安组

长安组分布于洞口-双峰小区、锦屏-榕江小区和桂北小区，怀化-长沙小区也有分布。

长安组由王曰伦1936年命名的“长安砂岩”演绎而来。1966年广西地矿局区域地质调查大队将其厘定为“长安组”，代表桂北地区下震旦统（今南华系）下部地层。指整合或平行不整合于下江群或丹州群拱洞组、高涧群岩门寨组之上、富禄组之下的一套冰海相地层。其顶以富禄组底部的含铁板岩或赤铁矿层之底划界，底以变质冰碛含砾砂泥岩的出现划界，代表南华纪早冰期—长安冰期沉积。

贵州境内，岩性主要由块状变质冰碛含砾砂泥岩组成，下部夹较多粉砂质板岩与绢云母板岩，厚度最大1 670 m(从江甲路)。黎平、从江一带与下伏青白口系白土地组或洪洲组整合，厚度常大于1 000 m。自南东向北西迅速变薄。天柱大僚、剑河八卦河、榕江巴鲁等地与下伏青白口系白土地组或隆里组平行不整合，沿走向有尖灭缺失，厚度为0～235 m。

湖南境内，岩性主要是由含砾板岩（砾泥岩或泥砾岩）构成，次为砂岩、含砾砂岩和少量板岩及碳酸盐岩透镜体。在湘中、湘西一带与下伏高涧群或板溪群呈平行不整合接触，在双峰—祁东一带呈整合接触。厚度为1 500～2 280 m，最厚在新邵龙山一带，厚度达2 512 m，最薄在双峰—祁东一带，厚度为106～659 m，局部仅为9.6～12 m。在新化凉竹亭本组中部夹一层玄武岩，层状产出，具角砾状及条带状构造，厚度为26.1 m。

长安组与两界河组大致为相同时期沉积地层，长安组地层可能略早。

4. 富禄组

除长安组广泛分布范围以外，在怀化-长沙小区呈不完整分布。

最早由王曰伦1936年命名的“富禄砂岩”演绎而来。1966年广西地矿局区域地质调查大队将其厘定为富禄组，代表桂北地区富禄间冰期沉积。指长安组之上、南沱组之下的一套浅变质的杂色碎屑岩，底部以含铁板岩或条带状赤铁矿层与长安组分界，顶部以含锰碳质板岩与上覆南沱组分界。王砚耕等(1985)将顶部黑色含锰层位对比黔北改称大塘坡组,余者仍称富禄组。本书富禄组沿用该含义。

在锦屏-榕江小区,岩性为灰色、浅灰色、灰绿色厚层至块状变质细-中粒砂岩(岩屑石英砂岩、长石砂岩、岩屑长石砂岩、含砾砂岩等),夹粉砂质绢云板岩及不稳定的无层次(冰碛)含砾板岩、白云岩等。在黎家坡剖面上,自下而上可分铁质板岩段、变余砂岩段、变余砂岩段。在黎平肇兴、从江黎家坡等地近底部有紫红色含铁板岩,厚 85(剑河八卦河)～1 003 m(从江归勇),由南东向北西变薄。在黎平、从江一带常大于 600 m,天柱大像、剑河南明及榕江巴鲁等地则小于 300 m。

在洞口-双峰小区,富禄组与长安组为连续沉积。底部以赤铁矿、磁铁矿层为主,称江口式铁矿。中部、上部以灰绿色厚层状长石石英砂岩、含钙长石石英砂岩、石英砂岩为主,夹条带状粉砂质板岩、绢云母板岩。砂岩局部含砾,具水平层理、波状层理及冲刷交错层理。本组与上覆古城组、大塘坡组均呈平行不整合接触。当古城组存在时,本组顶部之砂岩或板岩与古城组含砾砂岩或砾泥岩的出现作为二者界线。当古城组不存在时,则本组直接与大塘坡组白云岩或碳质页岩分界。其沉积中心位于新化—通道(通道侗族自治县)一个狭窄的地带,厚度为 500～1 892 m,其中又以通道—绥宁一带为最厚,均在 1 000 m 以上。在盆地边部厚度较小,在 10～100 m。在湘潭市湘潭锰矿区(鹤岭)黄荆坪、城步等地缺失长安组,富禄组直接超覆于板溪群、高涧群之上,并呈平行不整合接触。

在怀化-长沙小区,富禄组平行不整合于青白口系之上,厚度较北西部明显减小,且变化较大,为 0～55.4 m。底部为深灰色厚层状砾岩,往上为深灰色、灰绿色厚层至块状砾岩、砾质长石石英砂岩、含砾长石石英砂岩、含砾杂砂岩、长石石英砂岩、条带状砂岩、条带状板岩、粉砂质板岩组合。发育平行层理、粒序层理、板状、槽状交错层理,基本不含铁矿层。

在石门-临江小区,富禄组为一套灰白色块状含砾长石石英砂岩、砂岩,局部夹板岩或硅质板岩。直接超覆于前南华系之上,呈平行不整合接触。岩性变化甚小,而厚度变化较大,厚度为 1～260.3 m。它以灰白色块状砂岩为特征,与上、下地层均易划分。

5. 古城组

古城组分布于石门-临江小区。由赵自强等(1985)在湖北省长阳高家堰东南5.5 km 的古城岭附近建名。其下部为冰碛砾岩,上部为砂砾岩、含砾砂质黏土岩及粉砂质黏土岩。含微古植物。杨彦钧 1984 年在研究石门杨家坪剖面后,将此剖面原划归"南沱组"的一套地层分解为:底部泥砾岩称东山峰组,其上之板岩称湘锰组,顶部的泥砾岩称南沱组。1984 年唐世喻在研究花垣县民乐锰矿时,将含锰岩系之下的泥砾岩、砂岩夹白云岩称椿木组。东山峰组、椿木组的岩性均与古城组相似,层位相当,《湖南省岩石地层》按建名的优先原则采用古城组一名。

本书将其定义为一套灰绿色冰碛砾岩(杂砾岩)、砂砾岩,上部夹粉砂质黏土岩。其底出现粉砂岩、细砂岩,与莲沱组呈平行不整合接触,与上覆大塘坡组黑色或灰色碳质页岩呈整合接触,含微古植物。在湖南古城组平行不整合于富禄组之上,整合于大塘坡组之下的一套灰黑色含砾板岩(含砾泥岩)。

区域上岩性变化较大，多为一套含砾泥岩，并可直接超覆于板溪群之上。在花垣县民乐—古丈毛坪寨一带，具明显的韵律性。下韵律层为砾岩、砾泥岩、含砾砂岩或砂岩，上韵律层为藻白云岩、白云岩、硅质岩或板岩，其比例约2∶1。

正层型为石门泥市杨家坪剖面(111°13′,29°53′)，湖南省地质矿产局区域地质调查所1988年测制。

上覆地层：大塘坡组

104. 灰黑色中-薄层条带状板岩。含 *Laminarites* cf. *antiquissimus*，*Protoleiosphaeridium solidum* 等微古植物。　3.8 m

——————整　合——————

古城组　厚3.7 m

103. 灰黑色中层状含冰碛砾石板岩，砾石含量较少，砾径较小，形状多样，成分较复杂，具层理及落石构造。含 *Trematosphieridium minutum*，*Laminaritas* sp.，*L. antiquissimus* 等微古植物。　3.7 m

……………平行不整合……………

下伏地层：富禄组

黄灰色厚层-块状变质细粒长石石英砂岩夹粉砂质泥板岩。

6. 澄江组

澄江组仅分布于贵阳-遵义小区。

源自谢家荣(1941)所称的"澄江长石质粗砂岩"。Misch(1942)称"澄江砂岩系"。命名地点在云南澄江县城附近，系指微不整合于南沱冰碛层之下，角度不整合于昆阳系灰色板岩之上的以紫红色粗砂岩为主的一套碎屑岩。1963年贵州省地质局第三综合地质队最先引用于贵州地区，代表开阳马路坪磷矿区的最下部地层。几十年来，无论是在其创名地点或其延伸引用地区，含义都有一定变动。

本书所称"澄江组"系指角度不整合覆于下江群清水江组之上、整合或平行不整合地下伏于南沱(冰碛)组的一套灰紫色、紫红色及灰绿色以砂岩为主的河流相地层，主要岩性为中-粗粒长石岩屑砂岩、粉砂岩、石英岩屑长石砂岩-粉砂岩，夹粉砂质页岩及少许凝灰岩、硅质岩、凝灰质黏土岩。砂岩中可见大型斜层理，或见平行层理和交错层理；黏土岩中往往具水平层理。

横向上，岩性、岩相、厚度变化都较大。在金沙岩孔黑石头附近由钻孔揭露的剖面上，上部128 m以砂岩为主，由灰紫色中厚层长石岩屑砂岩-粉砂岩夹粉砂质黏土岩组成；下部184 m(未见底)，以黏土岩为主，为紫红色及灰绿色含粉砂质绢云母黏土岩夹岩屑砂岩-粉砂岩。在遵义松林一带出露的澄江组即与其上部相当。在开阳县洋水、翁昭一带，在出露厚度100 m以上的剖面上，该组上部以黏土岩(页岩)为主，下部以含砾砂岩、岩屑长石砂岩为主。刘鸿允(1991)曾将其上部归于牛头山组，其下部归于陆良组。在黄平浪洞一带，澄江组出露厚度约120 m，为一套紫红色、黄灰色、褐黄色厚层-块状岩屑砂岩夹灰绿色薄层黏土岩，其上部与下部的岩石组合无明显变化。但其附近，在相距不到10 km的范围内，该组几全部由紫红色、黄灰色厚层-块状不等粒石英岩屑粗砂岩组成，厚度骤减至11.48 m(瓮安朵丁)。

代表性剖面分述于下。

1）遵义松林六井剖面

该剖面位于本小区北部,为遵义松林背斜区澄江组代表性剖面。

上覆地层:上南华统南沱组(Nh_2n)

8. 紫红色夹灰绿色冰碛砾岩。

------------ 平行不整合或微角度不整合 ------------

下南华统澄江组(Nh_1c)(可测厚度78 m)

7. 灰绿色绢云母黏土岩夹同色薄至中厚层状岩屑屑英砂岩。　3.0 m
6. 杂色中厚层夹薄层状层凝灰岩、晶屑玻屑凝灰岩,中下部夹凝灰质绢云母黏土岩。　7.8 m
5. 灰紫红色中厚层夹薄层状长石岩屑粉砂岩,底部10 cm为同色岩屑石英粉砂岩,其中含凝灰岩细砾。　18.3 m
4. 紫红色中厚层状细粒长石砂岩,上部夹同色岩屑长石砂岩,下部与粉砂岩作互层。　21.8 m
3. 紫红色具砂质条纹的绢云母黏土岩。　5.9 m
2. 上部为紫红夹灰绿色岩屑石英细砂岩;中下部为灰绿色中厚层状粉砂岩夹同色细砂岩。近中部夹0.8 m厚的灰绿色含粉砂质绢云母黏土岩。　8.0 m
1. 紫红色凝灰质砂岩与杂色晶屑玻屑凝灰岩、层凝灰岩的近等厚互层,前者之中或可见紫红色黏土岩的同生碎片,其长轴大致与层理平行。岩中斜层理较发育。厚度大于14 m(未见底)。

2）黄平浪洞剖面

该剖面位于测区东南部黄平浪洞平磨寨西南侧公路边。为浪洞-朱家山以东地区的代表性剖面,层序如下。

上覆地层:上南华统南沱组(Nh_2n)

8. 紫色、土黄色冰碛泥砾岩,下部风化较深,厚度大于10 m(与下伏澄江组接触处掩盖)。

------------ 平行不整合 ------------

下南华统　澄江组(Nh_1c)(目测厚度约120 m)

7. 紫红色厚层-块状含砾中-粗粒砂岩,夹灰绿色薄层黏土岩。砂岩中发育平行层理、交错层理及大型斜层理(楔状层理),所含砾石径3～5 mm,含量小于5%。　18 m
6. 灰色、灰绿色厚层砂岩夹灰绿色薄层黏土岩。黏土岩中往往显水平层理,往上,黏土岩夹层增多。上部尚夹两层厚1 m左右的厚层状紫色砂岩。　20.0 m
5. 灰色、褐黄色厚层-块状砂岩夹灰绿色薄层黏土岩、凝灰岩。砂岩粒细而致密、性脆,局部见平行层理。　14.0 m
4. 黄灰色、灰绿色薄层-中厚层状砂岩与灰绿色、黄绿色薄层黏土岩互层。　30.0 m
3. 紫色、暗紫红色、灰紫色中厚层-厚层状岩屑砂岩,细-中粒结构,质地坚硬,平行层理、波状纹层发育。上部夹少量黄灰色黏土岩薄层。　18.0 m
2. 灰色、黄灰色厚层细-中粒砂岩-粗砂岩,下部见含砾粗砂岩,砾石直径1～3 mm,间夹灰绿色、黄绿色薄层粉砂质黏土岩。　20.0 m

------------ 平行不整合 ------------

下伏地层：青白口系清水江组(Qb_2q)

1. 灰色、灰绿色、黄绿色薄层-中厚层状变余砂岩，变凝灰岩夹粉砂质板岩，具清晰的条纹状、条带状构造。

3）瓮安朵丁剖面

该剖面位于瓮安县永和镇朵丁附近公路边，露头连续，界限清楚，层序如下。

上覆地层：南沱组

4-5. 紫红色、紫褐色、蓝灰色含砾泥岩，砾石成分以泥质白云岩、白云岩为主，另有变余砂岩、板岩、凝灰岩。砾径为1～20 mm，含砾率20%，杂乱分布。　7.63 m

------------- ? -------------

澄江组

3. 蓝灰色、黄灰色厚层-块状不等粒长石石英岩屑粗砂岩，偶见板岩质小圆粒。　6.56 m

2. 紫红色厚层-块状不等粒长石石英岩屑粗砂岩，局部见粒径为2～3 mm的砂岩砾石，含砾率5%。　4.92 m

~~~~~~~~~~~~~ ? ~~~~~~~~~~~~~

下伏地层：下江群清水江组

1. 灰绿色中厚层状变余细-粉砂岩与薄层绢云板岩互层，夹变余沉凝灰岩，具清晰的条纹-条带状构造。　大于50 m

7. 大塘坡组

大塘坡组主要分布在松桃-丹寨小区、锦屏-榕江小区、石门-临江小区、怀化-长沙小区和洞口-双峰小区。

由贵州省地质矿产局103地质大队(贵州省地质矿产局，1987)命名，命名地点在松桃县大塘坡。大塘坡组为Sturtian冰期与Marinorn冰期之间的间冰期沉积；南沱组相当于Marinorn冰期沉积，局部夹白云岩透镜体。著名的“大塘坡式”锰矿床(即古天然气渗漏沉积型锰矿床)产于该组底部，现已成为中国最重要的锰矿产出层位，锰矿资源潜力十分巨大。

在贵州境内的松桃-丹寨小区和锦屏-榕江小区，该组厚为0～695.21 m(松桃西溪堡超大型锰矿床平土矿段ZK614孔)，多为50～100 m，变化很大。在松桃大塘坡、松桃西溪堡、江口桃映及铜仁苗江溪等地，组厚大于100 m，主要分为两个段(部分锰矿区因大塘坡组厚度较大，有时分为三段，但二段、三段难以区分，仅第三段砂质含量有所增加，局部出现粉砂岩夹层等)。

第一段习称“含锰岩系”，主要由黑色碳质黏土岩组成；底部常夹黑色碳质菱锰矿、含锰灰岩及白云岩透镜体。发育水平细纹层理。横向上不稳定，厚度为0～98.58 m，一般小于10 m。

第二段由灰色至浅灰色薄层-中厚层状粉砂质、含粉砂质页岩组成，条带状或条纹状水平层理发育，局部可见透镜状层理，下部含少许碳质，或见星点状、断线状黄铁矿细粒散布。顶部常以厚度为1～2 m的具乱层纹构造的粉砂质页岩或粉砂岩与南沱组分界。最大厚度611.13 m(松桃西溪堡超大型锰矿床平土矿段ZK614孔)。
~~~~~~~~~~~~~

很多地方(特别是黔东南地区)大塘坡组厚度小于 50 m,榕江巴鲁、黎平肇庆、从江黎家坡等地小于 10 m,岩性为深灰-黑色板岩,偶或夹含锰灰岩及薄层硅质岩,可能仅相当于大塘坡等地的下部层位。局部地区(如台江张家庄、岑巩小铺沟、剑河南明八卦河、石阡窑上、从江归勇等地)完全缺失。该组厚度的大幅跳跃变化,甚至缺失,主要为裂解背景下形成一系列断陷(地堑)盆地、隆起(地垒)的构造古地理背景所致。断陷(地堑)盆地中大塘坡组地层厚度迅速增大,而隆起(地垒)部分的大塘坡组地层厚度则大幅度减小,甚至缺失。典型岩石地层序列以松桃大塘坡两界河谷大塘坡组剖面为代表(详见第三章第一节)。

大塘坡组第二段厚度变化较大,在梵净山西侧不足 30 m(永义),在梵净山东侧大塘坡、西溪堡一带,厚度却骤增至 611.13 m。在锦屏-榕江小区,大塘坡组厚度为 0～65 m,常小于 10 m。岩性以黑色页岩为主,时夹硅质岩及大理岩化灰岩,在从江县高增乡的小黄、岜扒等地产出有“大塘坡式”锰矿。

在湖南境内,大塘坡组下部为黑色碳质页岩夹白云岩、菱锰矿,局部夹薄层硅质岩,上部为灰色板状页岩,厚度为 2～217.8 m。多直接与下伏古城组呈整合接触,当古城组不存在时,则直接与富禄组呈平行不整合接触。大塘坡组层位稳定,遍布石门-临江小区、怀化-长沙小区和洞口-双峰小区,又以湘潭—溆浦—吉首一带发育最好。在湘潭—溆浦—花垣民乐一带,下部为黑色碳质页岩,有丰富的黄铁矿,夹白云岩及菱锰矿 1～3 层,厚度为18～28 m;上部为灰色板状页岩,偶夹白云岩,厚度为 2～189.8 m。在双峰—祁东一带,本组由白云岩及硅质岩组成,厚度为 1.5 m。在通道、靖县、绥宁一带,多为深灰色条带状板岩及少量碳质页岩夹白云岩,富含黄铁矿。局部见有含铁绿泥石板岩及绢云母板岩,厚度为2～79 m。在古丈、大庸、石门杨家坪及常德一带,黑色碳质页岩夹含锰灰岩或灰绿色板岩,风化后局部为暗紫红色板岩。厚度为 3～32 m,一般为 10 m 左右。在平江—浏阳永和一带为灰色厚层条带状含凝灰质粉砂质板岩、硅质板岩夹含磷碳质板岩与含磷白云岩透镜体,厚度为 23.2 m。

8. 南沱组

南沱组广泛分布在贵阳-遵义小区、松桃-丹寨小区、石门-临江小区、怀化-长沙小区和桂北小区。

源自“南沱冰碛岩”,命名地点位于湖北宜昌三斗坪镇南沱一带的长江沿岸。1924 年,李四光、赵亚曾建立南沱组,包括下部“南沱粗砂岩”和上部“南沱冰碛层”。1963 年,刘鸿允等将“南沱组”一名限用于“南沱冰碛层”范围,沿用至今。南沱期,海水由上扬子地层分区退至江南地层分区。新化—通道一个狭长的地带(洪江组分布区),其余各地基本上露出了水面,加之气候寒冷,冰川广布。其堆积物泥砾岩、冰碛构造几乎全部经过了改造,成为泥石流或冰碛-泥石流的过渡类型。

在松桃-丹寨小区分布较广但颇为零散,岩性主要为灰色、灰绿色、黄绿(少量灰紫色、紫红色)等块状无层次(冰碛)杂砾质岩(含砾砂质板岩、含砾绢云母砂岩、砾砂质泥岩等),间或夹少量变质砂岩、粉砂质板岩。岑巩注溪、镇远松柏洞、台江张家庄等地还夹紫红色粉砂质板岩(黏土岩)。与黎家坡组比较,杂砾质岩含砾较多(普遍大于 10%,常可达 20%～30%),砾径较粗(常见有大于 10 cm 者),变质多较微弱(黏土矿物水云母向绢云母过渡)。似乎主要为冰川海岸相沉积。区内本组厚度一般为100～200 m,最小为5.7 m(石阡龙家屋基),地表出露的最大厚度达419.4 m(台江张家庄)。

2012年,贵州省地质矿产勘查开发局103地质大队在松桃普觉(西溪堡)超大型锰矿床钻孔揭露发现:南沱组与下伏大塘坡组厚度(包括含锰岩系厚度、菱锰矿矿体厚度)呈明显的正相关,当大塘坡组厚度大于600 m时,南沱组的厚度也增加约一倍,最厚可达594.16 m(如下院子矿段ZK4410孔)。

松桃—江口—余庆—麻江一线的南东地区,多大于100 m;该线西北地区常小于50 m。其上,陡山沱组底部"盖帽白云岩"分布稳定;其下,以变质冰碛砂砾岩或含砾砂质页岩的出现与大塘坡组粉砂质页岩分界,易于划分。在大塘坡期古地理单元为隆起(地垒)的部分地区,南沱组则直接平行不整合地上覆于板溪群(铜仁半溪、石阡窑上、镇远两路口、台江张家坡等地)。

在贵阳-遵义小区,该组与上覆陡山沱组及下伏澄江组为整合-平行不整合接触。局部,则以微角度不整合直接覆于下江群清水江组之上。主要由大陆冰川底碛相沉积物组成。见于遵义松林、麻江基东、黄平浪洞、瓮安朵丁等地,为紫红色夹灰绿色冰碛砾岩、灰色至灰黄色粉砂岩及紫红色、灰紫色块状冰碛含砾泥岩,层次不清,砾石含量为15%～40%,大小混杂,排列无序,砾径最大者大于1 m,小者不足5 mm,一般为几厘米至20 cm,砾石成分复杂,但主要是下伏地层的岩石,异地的中酸性火成岩也偶见。砾石形态以棱角状、次棱角状至次浑圆状为主,或见因塑性形变而呈马鞍状、熨斗状和扁枕状。砾石表面时见压坑、擦痕、磨光面等冰川动力结构。瓮安老坟嘴附近,下部夹紫红色具条带状层理的黏土岩,其中偶见含砾(坠石)。组厚为0～169 m(麻江基东),从东向西减薄,常小于50 m。清镇铁厂,开阳金中、翁昭等地缺失。

石门-临江小区(北区),南沱组为灰绿色、灰黄色、浅灰色等杂色冰碛砾泥岩及冰碛砾粉砂岩,局部夹1～2层砂质板状页岩。砾石成分复杂,大砾石较多,粒径为20 cm以上者常见。砾石形状多样,多为次棱角及次滚圆状,无一定排列方向,擦痕、刻痕、压裂、压坑及研磨砾石较普遍。胶结物多为泥质及粉砂质,不显层理。泥砾岩在湘西一带花岗岩砾石较多,大者1 m。砾石成分复杂、形态多变、滚圆度较差,表面擦痕、压裂现象明显。本区南部慈利溪口、南山坪、大庸田坪以北一带,砾石的砾径变小,局部显较清晰的纹理,厚度略有增大,总厚度为25～116 m。与下伏湘锰组整合接触,上覆地层为陡山沱组。

怀化-长沙小区(湘中区),南沱组以块状泥砾岩或砾泥岩为特征,是寒冷气候条件下的特殊堆积物,它的变化虽大,但仅限于砾石成分、大小、含量及厚度的差异。砾石成分、大小、含量变化因地而异,无规律可循。怀化袁家、沅陵黄泥溪剖面以多个旋回组成,每个旋回砾石下粗上细较为明显。冲刷粒级层,是冰川或冰川泥石流停积后,经河流冲刷而成,呈砂砾岩透镜体,见于黔阳黔城、怀化袁家、沅陵黄泥溪、荔枝溪及安化罗家斗剖面。层数最多是袁家,透镜体最大是黔城和罗家斗,长度为5～15 m,厚度为1～5 m。混杂砾石层更为普遍,块状、无粒序,砾石悬浮于基质之中。在会同分水坳、黔阳黔城、怀化袁家、沅陵楠木铺、古丈毛坪寨、益阳南坝及湘潭鹤岭等地,本组顶部均有一层厚1～3 m的含砾砂岩,并含丰富的黄铁矿。通过对湘潭鹤岭本组顶部含砾砂岩研究后认为属浅海冰水沉积物。沅陵—辰溪—古丈一带，南沱组直接平行不整合于板溪群多益塘组之上外，其余各地南沱组均与大塘坡组平行不整合接触，上覆地层为陡山沱组。

9. 洪江组

洪江组仅分布在洞口-双峰小区。

王晓青1940年在洪江—黔城调查时，将"震旦纪板溪系上部含卵石之千枚岩"创洪江系一名。洪江组与南沱组层位相当，与下伏大塘坡组、上覆金家洞组皆为整合接触，以泥砾岩为主，夹较多的板岩、砂岩，且厚度巨大为特征。以含砾板岩的出现与下伏大塘坡组碳质页岩分界，又以含砾板岩结束与上理金家洞组碳质泥灰岩分界。

在湖南省新化—通道一带，岩性以灰色、深灰色块状含砾泥岩，夹板岩、砂岩及白云岩凸镜体为特征。砾石成分复杂，花岗岩砾石较多，砾径为1～5 cm，个别达20 cm。砾石含量为5%～15%。通道一带夹板岩及白云岩透镜体，落石构造比较发育。再向北在隆回大水一带，砂岩增多，板岩减少，并有硅质板岩及凝灰质板岩。在双峰一带为灰绿色泥砾岩，块状不显层理，砾石定向构造明显，有两组不同方向的砾石构成镶嵌构造。非构造劈理十分发育，劈理的方向不定且多分叉。砾石成分复杂，计有10余种，以白云岩为主，次为砂岩、板岩、花岗岩等，并悬浮于基质之中。含量大于30%。砾径一般为1～10 cm，个别达90 cm。圆度及分选性极差，砾石形态复杂，有麻花状砾石，压裂现象普遍，擦痕、沟槽、叠瓦状构造和压坑现象明显，下部夹白云岩和硅质岩，上部夹白云岩透镜体，砾石磨圆度较好，坠石普遍。

典型剖面为通道长安堡剖面（109°52′，26°03′），贵州省地质局108地质队1977年测制。

上覆地层：金家洞组　灰色含硅质微拉白云岩。　4 m

——————— 整　合 ———————

洪江组　总厚度534.1 m

131～126. 灰色砂质含砾泥岩与纹层状砂质绢云母板岩互层。　79.8 m

125. 紫灰色条带状含碳粉砂质绢云母板岩。产微古植物 *Protoleiosphaeridium solidum*，*Leiominuscula* sp.，*L. minuta*。　19.9 m

124. 灰色含砾泥岩，顶部为变余绢云母砂砾岩。　178.3 m

123～122. 下部白色厚层含石英白云岩，上部浅灰绿色条纹状粉砂质绢云母板岩。　5 m

121. 深灰色含砾砂质泥岩，中下部夹条纹不等粒状变余砂岩。　249.3 m

120. 灰色条纹状粉砂质绢云母板岩与含砾泥岩互层。　1.5 m

——————— 整　合 ———————

下伏地层：大塘坡组　粉砂质绢云母板岩。　5.5 m

10. 黎家坡组

黎家坡组仅分布于锦屏-榕江小区。但《中国区域地质志·贵州卷》(2017)，考虑沉积相变特征，将松桃-丹寨小区中的南沱组也改称"黎家坡组"。本书考虑有利于区域综合研究与对比及历史、习惯等原因，不予采用，沿用"南沱组"名称。

原称"南沱组"，认为与长江峡区南沱组同为陆相冰川沉积。但已有资料表明本小区内该组与上覆陡山沱组底部盖帽白云岩段,下伏富禄组顶部大塘坡段均为连续沉积,且在一些剖面上其内部尚可见海相夹层,为海相冰川沉积或以海相冰川沉积为主的可能性较大,改称黎家坡组。

区域分布较广但颇为零散,由冰川海岸相近源块状冰碛岩为主组成,包括灰色、深灰色至灰绿色,局部灰紫色、紫红色块状至厚层状不显层理的变余冰碛砾岩、冰碛砂砾岩、含砾不等粒砂岩,间夹薄层状冰碛含砾砂质板岩。后者发育平整的水平层理,有时现"乱层段"构造(永义)。在岑巩注溪、镇远松柏洞等地,还见夹紫红色薄层粉砂质板岩及石英砂岩-粉砂岩透镜体。冰碛砾岩-砂砾岩中的砾石成分以变余砂岩、凝灰岩、硅质岩、石英岩较多见,偶尔尚见少许花岗斑岩、二长花岗岩砾石(岑巩新坡)。砾石直径一般在 5 cm 以下,最大达 2 m×2.6 m(江口桃映),呈次棱角状-次圆状,大小混杂,排列无序,填隙物为砂泥质,呈基底式紧密胶结。

区内本组厚度一般为 100～200 m,最小为 5.7 m(石阡龙家屋基),最大为 312 m(铜仁苗江溪)。其上,陡山沱组底部"盖帽白云岩"分布稳定;其下,以变质冰碛砂砾岩或含砾砂质板岩的出现与大塘坡组的条纹状板岩分界,易于划分。局部地区,该组则直接不整合于上覆下江群清水江组(石阡窑上)。典型剖面以江口桃映剖面为代表,层序如下(引自 1:25 万铜仁幅区调报告)。

上覆地层:陡山沱组

深灰色中厚层白云岩夹碳质页岩

——————— 整　合 ———————

黎家坡组　110.5 m

15. 灰色、灰绿色变余(冰碛)砂质砾岩,砾石含量高,一般可达 30%以上。砾石大小悬殊,分布杂乱,多为砂质胶结。　42.32 m
14. 灰色、灰黄色变余(冰碛)砾质砂泥岩,砾石含量低,为 10%～15%,砾径也小。　3.72 m
13. 灰色、灰绿色等杂色变余(冰碛)砂质砾岩。　11.15 m
12. 灰色、黄灰色块状变余(冰碛)砾质砂泥岩,砾石含量低,砾径也小。　33.15 m
11. 灰色、灰绿色变余(冰碛)砾岩,砾石含量较高,约占 35%,成分复杂,大小悬殊,砾径一般在 0.5～8 cm,大者可达 1 m。　3.15 m
10. 灰色、灰绿色块状变余冰碛含砾砂岩,砾石含量较低,为 15%,成分复杂,大小不一,一般均小于 0.5 cm,偶尔可见径 2～2.6 m 者。　10.64 m
9. 灰色、灰绿等杂色变余冰碛砂质砾岩,砾石含量较高,为 35%,砾径一般 5～10 cm,大者可达 1 m,砂质胶结。　1.06 m
8. 灰色、灰绿色薄层状变余冰碛含砾砂岩,砾石含量低,砾径也小,一般 0.1～1 cm,泥质胶结。　5.32 m

——————— 整　合 ———————

下伏地层:大塘坡组

7. 灰色至深灰色具水平纹层的绢云母页岩。

四、震旦系

研究区震旦系地层，根据其分布、发育情况，岩性、岩相及其所反映的古构造、古地理特征，大致以石门—溆浦—会同—铜仁—玉屏—三都一线为界。西北侧为扬子地层区，东南侧为江南地层区。其下统主要为一套温暖气候条件下形成含磷碳酸盐岩建造，上统主要为一套在温暖气候条件下形成的硅质岩或碳酸盐岩建造，偶见基性火山岩。与上覆寒武系整合接触，与下伏南华纪整合接触。

在贵州境内，扬子地层区又大致以印江—瓮安一线为界，进一步分为铜仁-镇远小区（范围大致与松桃-丹寨小区一致）和贵阳-遵义小区；江南地层区大致以榕江—黎平—天柱为界，进一步分为黎平-从江小区、天柱-榕江小区。总体显示了由北西的贵阳-遵义小区向南东的黎平-从江小区由台地—斜坡—台缘盆地—盆地的古地理格局。

在湖南境内，扬子地层区其下统主要为含锰、磷的碳酸盐岩、硅质岩；上统主要为温暖气候条件下沉积的以白云岩类为主的碳酸盐岩，局部产藻叠层石和微古植物。厚度为57.7～727.1 m。与下伏南沱组整合接触。依据其岩性组合差别，又大致以凤凰—沅陵—石门一线为界，进一步划分为石首-石门小区、怀化小区。江南地层区仅划分出常德-衡阳小区，范围为会同—溆浦—安化一线以南东和零陵—茶陵一线以北的广大范围。

（一）扬子地层区

贵阳-遵义小区：分布于印江—瓮安一线的北西地区，地处上扬子台地东南部台地沉积环境，岩石建造主要为要由暗灰色至灰黑色陆源细碎屑岩、碳酸盐岩、磷酸盐岩、硅质岩，可分四组：陡山沱组、洋水组（仅局部分布）、灯影组、老堡组。其中洋水组为贵州著名的黔中磷矿产出层位，灯影组顶部在织金新华一带产出有著名的新华稀土型磷矿（原戈仲伍组）。该区震旦系下伏为南华系南沱组或澄江组（局部为下江群清水江组）呈平行不整合接触，与上覆寒武系牛蹄塘组整合或平行不整合接触。陡山沱组与洋水组、灯影组与老堡组为同时异相沉积。

铜仁-镇远小区：分布于铜仁—玉屏—三都一线的北西地区，印江—瓮安一线的南东地区，位于上扬子台地与湘黔桂台缘盆地之间的斜坡地带上部，岩石建造主要为黑色黏土岩、碳酸盐岩及硅质岩，分三组：中下部白云岩及杂色页岩夹白云岩为陡山沱组，底部为盖帽白云岩。中部白云岩为灯影组，上部硅质岩夹碳质页岩为老堡组。与下伏南华系南沱组呈整合接触，与上覆寒武系牛蹄塘组或渣拉沟组整合接触。

石首-石门小区：位于凤凰—沅陵—石门一线北西，震旦纪地层由下而上划分为陡山沱组、灯影组，为一套以浅海碳酸盐岩为主的沉积，下统夹碳质板岩与硅质岩，古丈一带夹磷矿多层。

怀化小区：位于凤凰—沅陵一线南东，会同—溆浦—安化一线北西，呈楔状展布。震旦纪地层由下而上划分为金家洞组、留茶坡组。金家洞组以碳质板岩、泥灰岩夹透镜状白云岩及薄层硅质岩区别于陡山沱组，上统则以硅质岩为主。

（二）江南地层区

天柱-榕江小区：分布于榕江—黎平—天柱的北西地区，铜仁—玉屏—三都一线的南东地区，处于上扬子台地与湘黔桂台缘盆地之间的斜坡地带下部。岩石建造主要为黑色黏土岩、碳酸盐岩及硅质岩，分三组：中下部白云岩及黑色页岩夹白云岩为陡山沱组，中部白云岩为灯影组，上部硅质岩夹碳质页岩为老堡组。与下伏南华系黎家坡组呈整合接触，与上覆寒武系渣拉沟组整合接触。

黎平-从江小区：分布于榕江—黎平—天柱一线的南东地区，地处湘黔桂台缘盆地中西部，岩石建造主要由一套黑色深水沉积组成，下部以砂泥质沉积为主，称陡山沱组；上部以硅泥质沉积为主，称老堡组。前者与下伏南华系黎家坡组呈整合接触，后者与上覆寒武系渣拉沟组整合接触。

常德-衡阳小区：包括会同—溆浦—石门一线以南及零陵—茶陵一线以北的广大地域。区内下统主要为黑色板状页岩、碳酸盐岩及少量磷块岩；上统主要为温暖气候条件下沉积的硅质岩。偶见基性火山岩。厚度为 30～214 m。与下伏洪江组整合接触。

第三节 岩浆岩

一、岩浆活动期次与特征

华南地区（湘黔贵相邻区）岩浆岩出露不多，可以分为以下几期（表 2.2）。

表 2.2 华南（湘黔桂相邻区）岩浆-构造旋回基本特征表[①]

<table>
<tr><th>旋回</th><th>岩石组合</th><th>岩石系列</th><th>岩石成因类型</th><th colspan="2">构造环境</th><th>分布地区</th></tr>
<tr><td>喜马拉雅构造旋回</td><td>云煌岩、云斜煌斑岩</td><td>钙碱性煌斑岩</td><td>幔源型</td><td colspan="2">板内</td><td>—</td></tr>
<tr><td rowspan="2">燕山-海西构造旋回</td><td>大陆溢流玄武岩及以层状为主的辉绿岩</td><td>石英拉斑玄武质系列</td><td>幔源型</td><td colspan="2">板内</td><td>—</td></tr>
<tr><td>偏碱性玄武岩及层状辉绿岩</td><td>橄榄拉斑玄武质系列</td><td>幔源型</td><td colspan="2">陆内裂谷</td><td>—</td></tr>
<tr><td>加里东构造旋回</td><td>钾镁煌斑岩
超镁铁煌斑岩</td><td>钾镁煌斑岩系列</td><td>幔源型</td><td colspan="2">陆内造山</td><td>—</td></tr>
<tr><td rowspan="2">雪峰构造旋回</td><td>花岗岩</td><td>过铝质花岗岩</td><td>壳源型</td><td>后碰撞</td><td>碰撞造山</td><td>从江刚边和归林，桂北龙胜，湘西古丈、通道、黔阳、洪江</td></tr>
<tr><td>基性火山岩及超基性-基性侵入岩</td><td>拉斑玄武质系列</td><td>幔源型</td><td>弧后</td><td>岛弧</td><td>贵州从江，桂北龙胜，湘西古丈、通道、黔阳、洪江</td></tr>
</table>

① 据《中国区域地质志·贵州卷（2017）》和《中国区域地质志·湖南志》（2017）修改。

续表

<table>
<tr><th>旋回</th><th>岩石组合</th><th colspan="2">岩石系列</th><th>岩石成因类型</th><th colspan="2">构造环境</th><th>分布地区</th></tr>
<tr><td rowspan="4">武陵构造旋回</td><td>酸性脉岩</td><td rowspan="2">石英钠长斑岩</td><td rowspan="2">超酸性过铝质S型花岗岩
碱长花岗岩
正长花岗岩
二长花岗岩</td><td rowspan="3">壳源型</td><td rowspan="3">后碰撞</td><td rowspan="3">碰撞造山</td><td rowspan="4">贵州梵净山地区、贵州从江；桂北摩天岭；湖南浏阳南桥、沧溪、涧溪冲，湘西安江、隘口</td></tr>
<tr><td rowspan="2">花岗岩</td></tr>
<tr><td colspan="2">超酸性过铝质S型浅色白云母花岗岩及花岗伟晶岩</td></tr>
<tr><td>超基性-基性-中性-酸性火山岩；超基性-基性-中性-酸性侵入岩</td><td colspan="2">拉斑玄武质系列</td><td>幔源型</td><td>弧后</td><td>岛弧</td></tr>
</table>

（1）武陵期，主要分布于黔东北梵净山、黔东南从江、湘东北浏阳、湘西隘口和桂北摩天岭等地区，为一套细碧岩-角斑岩-石英角斑岩的火山岩和超基性-基性岩及酸性岩的侵入岩。

（2）雪峰期，主要分布于黔东北梵净山、黔东南从江、湘西古丈、通道、黔阳及洪江和桂北龙胜等地区，主要为一套超基性-基性岩、酸性岩侵入岩，也见火山岩。

（3）加里东期，主要分布在黔东及湖南广大地区，为煌斑岩系列。

（4）海西期—燕山期，主要有出露于贵州北西部的大陆溢流玄武岩和潜火山相辉绿岩，以及出露于贵州西南部的偏碱性玄武岩和潜火山相辉绿岩，以及湖南的广大地区。

（5）喜马拉雅（新）期，出露于贵州东南和西南部、湖南的广大地区的煌斑岩。

本书仅简要论述与南华纪古天然气渗漏沉积型锰矿密切相关的武陵期和雪峰期岩浆活动特征。

二、武陵期岩浆岩

梵净山群、四堡群和冷家溪群是贵州及邻区出露的最老地层，与上覆下江群为角度不整合接触，是武陵运动的构造层。高精度的测试数据显示属于新元古代。武陵运动的中心位置在贵州省梵净山—湖南大庸、岳阳及桂北摩天岭—湖南通道、安江、隘口—益阳—浏阳一带。该时期是扬子陆块与华夏陆块发生碰撞拼贴的过程之一。具体到贵州梵净山及从江、广西龙胜、湖南通道、古丈、岳阳及浏阳等地区而言，又各具特色。

（一）梵净山地区

1. 超基性-基性侵入岩

超基性侵入岩主要岩石类型有（含长）辉石橄榄岩、（含长）橄榄辉石岩和（含长）辉石岩等，基性侵入岩主要岩石类型包括辉长岩、辉长辉绿岩和辉绿岩等，均呈似层状。

超基性岩的地球化学特征为：$w(SiO_2)$为37.8%～47.0%；$w(Al_2O_3)$为4.7%～10.5%；$w(MgO)$为21.8%～23.6%；$w(MnO)$为0.13%～0.21%，平均为0.161%；轻稀土略为富集、重稀土未分异的右倾型配分模式；δEu既有明显的负异常，也有未显示异常；前者的Nb、Ta、Sr、P负异常更大（王敏 等，2012）。

基性岩的地球化学特征表现为：$w(SiO_2)$为47.0%～54.0%；$w(Al_2O_3)$为12.5%～15.5%；$w(MgO)$为4.2%～10.6%；$w(MnO)$为0.14%～0.26%，平均为0.19%；$w(K_2O+Na_2O)$小于5%，前者小于后者；轻稀土略为富集、重稀土未分异的右倾型配分模式；多数δEu未显示异常；见较为明显的Nb、Ta、Sr、P负异常（王敏 等，2012）。

2. 中基性-中酸性侵入岩

岩石类型主要有闪长玢岩、石英闪长玢岩。地球化学特征表现为：$w(SiO_2)$为57.6%～64.5%；$w(Al_2O_3)$为12.9%～13.3%；$w(MgO)$为0.8%～1.3%；$w(K_2O+Na_2O)$小于5%，前者小于后者；稀土总量含量较高，轻稀土、重稀土基本未分异的右倾型配分模式；多数δEu无明显负异常；见较为明显的Nb、Ta、Sr、P、Ti负异常（王敏 等，2012）。

3. 酸性侵入岩

岩石类型主要包括白云母花岗岩、黑云母花岗岩、花岗伟晶岩、长英岩、钠长岩和石英钠长斑岩。前两者为深成岩，后四者为岩脉（王敏 等，2012）。

花岗岩的地球化学特征为$w(SiO_2)$均超过67%，$w(Al)$大于12%，A/CNK大于1.1，属于高硅、过铝花岗岩。$w(CaO)/w(Na_2O)$较低。属SiO_2过饱和、钙性系列，出现石英(Q)、刚玉(C)，斜长石牌号显示为低牌号钠长石分子。白云母花岗岩的稀土总量很低，轻稀土未分异，重稀土明显分异，强烈负δEu异常，具有海鸥型稀土配分模式；黑云母花岗岩显示与基性岩石相似的右倾型稀土配分曲线模式，轻重稀土分异程度比较低，明显负δEu异常。初始地幔标准化结果显示两种类型：白云母花岗岩具有强烈的Ba、P、Ti亏损，元素含量随着相容性升高而降低，从而总体显示右倾型；黑云母花岗岩明显的P、Ti、Nb、Ta负异常，高相容元素的分异程度极低，类似于富集型洋中脊玄武岩。

4. 火山岩

梵净山地区火山岩仅见细碧岩-角斑岩-石英角斑岩系列，可进一步分为细碧岩-角斑岩-石英角斑岩和细碧岩-石英角斑岩两个亚系列。细碧岩主要有枕状细碧岩、球状细碧岩、角砾状细碧岩和块状细碧岩。石英角斑岩主要包括钠长石斑晶亚类和钠长石-石英斑晶亚类。一般呈层状或似层状整合于沉积地层中（王敏 等，2012）。

细碧岩的地球化学特征表现为：$w(SiO_2)$为52%左右；$w(Al_2O_3)$大于14%；$w(CaO)$大于8%；$w(MgO)$为7%～8%；$w(MnO)$为0.01%～0.19%，平均为0.098%；K_2O含量远大于Na_2O；轻重稀土均略分异的右倾型配分模式；未见δEu异常；见较为明显的P、Sr、Ti负异常，微弱的Nb、Ta亏损。与富集型洋中脊玄武岩十分相似（王敏 等，2012）。

5. 火山碎屑岩

梵净山地区火山碎屑岩主要有火山集块岩、火山角砾岩、石英长斑岩和火山凝灰岩，前三者为火山岩的伴生岩类。火山集块岩或火山角砾岩常呈层状或透镜状与细碧岩或细碧玢岩共生。火山凝灰岩可进一步分为基性凝灰岩、中酸性凝灰岩和酸性凝灰岩；基性（少见）和中酸性（常见）凝灰岩主要产于四堡群中部的回香坪组。酸性凝灰岩在四堡群中最为发育，从余家沟组到洼溪组均可见，其中回香坪组最为发育。

火山凝灰岩的地球化学特征：$w(SiO_2)$为50%～71%，$w(Al_2O_3)$为9%～21.5%，$w(CaO)$为0.1%～19%，而$w(MgO)$低于4.5%。除了具高钙、高铝的一件样品外，其他样品具有较高的$w(K_2O)$含量。稀土配分曲线与细碧岩相似的轻稀土分异明显，重稀土微弱分异的右倾型，也有显示富集型洋中脊玄武的稀土配分样式。火山凝灰岩比细碧岩具有较明显的δEu异常，指示其含较多石英颗粒（王敏 等，2012）。

（二）贵州从江-桂北摩天岭地区

1. 超基性-基性-中基性侵入岩

桂北地区具有完整的超基性-基性-中性侵入岩带，向北的延伸到贵州从江境内，多为单独的、出露规模较小的侵入岩体。主要的岩石系列表现为橄榄岩或辉石橄榄岩-橄榄辉石岩-辉石岩-辉长岩-辉长辉绿岩。呈岩株、岩床和岩脉等形状侵入四堡群或下江群中。这些岩体的侵入年龄既有武陵期（820 Ma左右），也存在雪峰期（760 Ma左右），但目前尚未完全理清各自期次的岩浆岩分布特点。

岩石地球化学特征：$w(SiO_2)$为38.4%～56.0%；$w(Al_2O_3)$为2.5%～16.6%；$w(CaO)$为0.4%～10.6%；而$w(MgO)$为4.0%～30.9%；$w(K_2O+Na_2O)$小于5%，前者小于后者；$w(TiO_2)$为0.34%～1.42%；里特曼指数(σ)在钙性-钙碱性范围；固结指数(SI)显示玄武岩浆具中等分异程度；$w(FeO_t)$-$w(Na_2O+K_2O)$-$w(MgO)$图解落点都在拉斑玄武岩系列区，SiO_2出现了过饱和与不饱和两种情况，CIPW标准矿物即分别出现石英(Q)或橄榄石(Ol)，可能属于拉斑玄武岩套中的橄榄拉斑玄武岩。由超基性侵入岩向中基性侵入岩的稀土元素总量(∑REE)逐渐增高，而轻重稀土比值逐渐降低，Ce_N/Yb_N值也显示逐渐降低；δEu则由负异常渐变为正常（0.48～1.01）；稀土元素配分型式为轻稀土富集的右倾型；Eu亏损由负逐渐变换为正常，具地幔岩部分熔融拉斑玄武质岩浆的特征；岩石中的Cr、Ni、Co、Cu、Pb、Zn等主要元素的含量与维诺格拉多夫（1962）岩浆岩中的元素丰度（以下简称维氏值）都较接近，超基性岩显示明显的Pb、Sr亏损。辉长岩、辉长辉绿岩、辉绿岩在$w(MgO)$-$w(Al_2O_3)$-$w(FeO_t)$图解落点跨洋中脊及大洋底部、大洋岛屿、大陆板块内部三个区域；大洋系数(KO1)为8.35～10.87，跨大陆裂谷玄武岩至大洋玄武岩范围。

2. 酸性侵入岩

主要是指出露于黔桂交界地区的摩天岭花岗岩。整个岩体呈长轴北北东向的椭圆形，南北长约44 km，东西宽约25 km，面积约1100 km^2。从江地区出露的仅是岩体的北端，向北北东倾伏，倾伏角为15°～30°，呈大型岩基侵入于新元古界四堡群中，岩体与围岩多呈折线状或锯齿状突变侵入接触，界线清晰。广西境内乌连山超基性-基性岩体见辉石橄榄岩被花岗岩穿插。从岩体切割很深的沟谷向坡顶，或从岩体的中心向边缘，大致可划分为内部相、过渡相和边缘相三个相带，其间无明显界线，表现为连续过渡关系。以内部相和过渡相的岩石出露面积较大，边缘相出露面积最小。

岩石地球化学特征：$w(SiO_2)$大于75%；$w(Al_2O_3)$为9.3%～14.1%；$w(CaO)$为0.04%～1.6%；而$w(MgO)$为0.05%～0.81%；$w(K_2O+Na_2O)$为7%，$w(K_2O)>w(Na_2O)$；$w(TiO_2)$为0.06%～0.21%；A/CNK>1.1，强过铝质，CIPW标准矿物出现的刚玉(C)；里特曼指数小于1.8，在钙性岩石范围；分异指数(DI)为88.88～92.42，反映出岩浆分异演化程度较彻底，岩石酸性程度高；斜长石牌号在钠长石范围。摩天岭花岗岩为超酸性铝过饱和花岗岩。稀土元素总量低于华南花岗岩的平均含量(250×10^{-6})；轻稀土略显富集；δEu负异常特征明显，岩浆分离结晶作用显著；分布型式出现Eu亏损明显的"V"形谷，也表明岩浆演化程度较高。

3. 基性火山岩

分布在黔桂边境雨田山—帮富山一带，见有五层基性火山岩呈层状、透镜状产出于四堡群中。岩石主要组成矿物为透闪石、阳起石、绿帘石、绿泥石，其次为角闪石、黑云母、次生石英等。

岩石地球化学特征：$w(SiO_2)$为50.8%；$w(Al_2O_3)$为14.34%；$w(CaO)$为6.76%；$w(MgO)$为6.7%；$w(K_2O+Na_2O)$为4%，前者小于后者；$w(TiO_2)$为0.06%；分异指数为34.22；固结指数(SI)为27.5；里特曼指数为2.2，在钙碱性范围；铝饱和度(AlI)为0.758，属于铝饱和度正常范围；稀土元素总量为106×10^{-6}；$\sum Ce/\sum Y$为1.6，轻稀土略有富集；δCe为0.8轻微亏损；δEu为1.0；在稀土元素配分图表现为向右倾斜的平滑曲线。

（三）湘东北、湘西北地区

1. 超基性-基性侵入岩

湖南省新元古代基性-超基性侵入岩相对最发育、岩体数量最多、规模最大。且集中出露于湘西、湘西南、湘东北及湘中地区。

武陵期的基性-超基性侵入岩主要分布在湘东北一带，在湘西、湘西南地区也发现了少数岩体。主要出露于浏阳文家市地区及南侧的南桥、涧木、文家市排定前、涧溪冲、沧溪等地，存在于冷家溪群的片岩中，变质程度深，已见十余处，呈似层状产出。岩体呈岩脉状或岩墙状产出，单个脉体厚几米至数百米，最长达4 000 m，赋存或侵入于新元古代冷家溪群地层中，多数顺层、少数斜切地层产出。岩石绝大多数呈半自形柱粒状变晶或糜棱结构，片状、眼球片状或片麻状构造；成分以阳起石、透闪石、黝帘石、钠黝帘石、角闪石等为主。

岩石地球化学特征：涧溪冲斜长角闪岩稀土总量低，仅34.88×10^{-6}～37.50×10^{-6}，轻稀土稍富集，Eu弱至中等亏损；南桥变辉绿岩重稀土元素富集，Eu弱亏损。涧溪冲变辉石岩Hf、Sc、Th等含量高于维氏基性岩和超基性岩值，其他元素介于基性岩和超基性岩之间。南桥变辉绿岩微量元素除Hf、Cr、Co等元素稍高于维氏基性岩值外，其他岩石均低于维氏基性岩值。涧溪冲变辉石岩具较低的I_{Nd}值，为0.5106；较高的$\varepsilon_{Nd}(t)$值，为4.7。

2. 中性-酸性侵入岩

主要沿雪峰弧分布，集中分布在雪峰弧北东端的浏阳—平江及南西端的城步云场里一带。以湘东北地区较多,已发现数十个岩体(图 2.4①)。

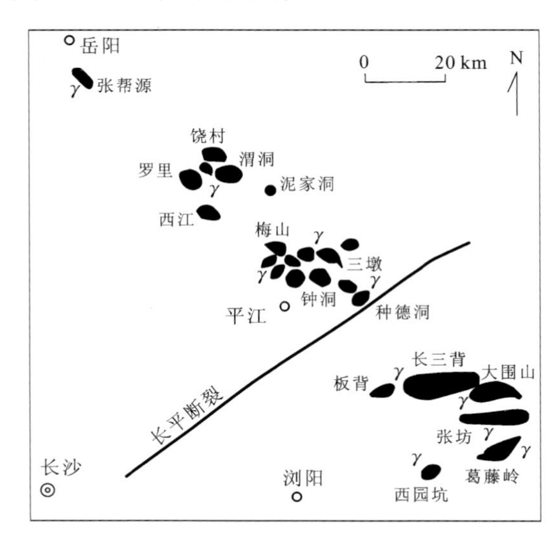

图 2.4　湘东北地区早新元古代花岗岩类岩体(γ)分布略图

花岗岩类岩体均侵入于新元古代早期地层中,被侵入沉积变质岩有明显角岩化变质作用;不同岩体被白垩纪、石炭纪等不同时期地层覆盖。岩体年代学的研究成果显示为新元古代早期末的侵入岩,相当于武陵期的产物。花岗岩类岩体从早到晚的主要岩性分别为石英闪长岩—英云闪长岩—花岗闪长岩—粗中粒斑状黑云母二长花岗岩—微细粒斑状黑云母二长花岗岩—二云母二长花岗岩等六期侵入类型。各岩体普遍有绿泥石化,相对较基性的石英闪长岩,英云闪长岩、花岗闪长岩常有帘石(绿帘石、黝帘石、斜黝帘石)化。岩石相对较基性,以石英闪长岩、英云闪长岩、花岗闪长岩三种岩石为主。湘东北地区,长平断裂之北以英云闪长岩为主,南侧以二长花岗岩居多。

岩石结构上,花岗岩类岩石以中-细粒结构为主,呈似斑状结构的主要出露于长平断裂南侧各岩体中。英云闪长岩、花岗闪长岩中均可出现有少量的白云母,部分岩石可定名二云母英云闪长岩和二云母花岗闪长岩;长平断裂南侧各岩体中,岩石中常出现有少量的堇青石,但多已被绢云母交代而仅有堇青石假象;黑云母的化学成分中,TiO_2、Fe_2O_3、FeO、MgO、CaO 等含量较高,按 Mg-Al^{VI} + Fe^{+3} + Ti-Fe^{+2} + Mn 等图解划分属铁质黑云母;F 和 Li_2O 含量低,按 Li-$Al^{VI}$$Fe^{+3}$ + Ti − Fe^{+2}Mn 图解划分属黑云母;除个别岩体和侵入岩外,含角闪石的岩体和侵入岩少;基性-超基性侵入岩体分异出的钠长岩和正长岩都含有较多辉石。岩石中普遍出现的副矿物主要是钛铁矿、锆石、独居石、石榴子石、电气石、磷灰石、帘石类矿物,磁铁矿很少;但也有区域性特点,湘东北地区长平断裂北侧的岩体副矿物种类相对较少,帘石类矿物相对较多,南侧各岩体富矿物种类较多,并以出现较多含量的石榴子石、电气石、锆石为特点。

---

① 引自《中国区域地质志·湖南志》(2017)资料。

岩石地球化学特征为：按 SiO_2 含量划分，岩石以偏中性的酸性岩-中酸性岩为主，SiO_2 含量达 70%以上的侵入岩少；早期侵入岩岩石的 MgO、CaO、Fe_2O_3＋FeO、TiO_2 含量较高，SiO_2 及 Na_2O+K_2O 含量较低；较晚期侵入岩岩石 MgO、CaO、Fe_2O_3＋FeO、TiO_2 等含量较低；湘东北地区的长平断裂以北岩体、各期侵入岩岩石 Al_2O_3 含量相对较高；长平断裂以北各岩体的除个别样点外均在 $w(Na_2O)>w(K_2O)$ 区，南侧各岩体的样点均在 $w(K_2O)>w(Na_2O)$ 区，规律性明显。

岩石稀土元素特征：总量上，除黄狮洞基性-超基性侵入岩分异物钠长岩 ∑REE 达 361.39×10^{-6} 外，其他岩石的 ∑REE 均低于维氏酸性岩值（292.10×10^{-6}）。除张坊岩体一个值 ∑REE 达 239.02×10^{-6} 以外，其他的也都低于南岭花岗岩平均值（229.68×10^{-6}，以下简称南岭花岗岩值，赵子杰 等，1989）。总的趋势为长平断裂以北各岩体、各期次侵入岩的 ∑REE 低于南侧各岩体、各期次侵入岩丰度值。轻重稀土元素（∑Ce/∑Y）为 0.99～6.58，总的趋向性特点是：湘东北地区长平断裂以北诸岩体、各期次侵入岩 ∑Ce/∑Y变化较小，早晚期次差异不明显；而南侧各岩体、各次侵入岩 ∑Ce/∑Y 变化较大，且晚期次侵入岩有相对富集重稀土元素的趋势。湘东北地区长平断裂以北各岩体、各期次侵入岩石以 Eu 不亏损-弱亏损为主，少数尚具正 Eu 异常（$\delta Eu>1$），南侧各岩体、各期次侵入岩 Eu 主要为中等亏损至较强亏损。

岩石微量元素特征：和维氏酸性岩值相比，Rb、Sr、Ba、Nb、Ta、Zr、Th、U、Be、F 等元素全部或绝大多数岩体、各期侵入次偏低，而 Cs、Hf、Sc、Cr、Ni、Co、V 等元素则全部或绝大多数岩体及侵入次较高，Cu、Pb、Zn、W、Sn、Bi、Mo 等元素丰度变化较大，以长平断裂南侧及湘西南各岩体的 W、Sn、Bi、Mo、Cu 等元素丰度总体稍高。区域上，湘东北地区长平断裂以北各岩体、各侵入岩的 Rb、Ta、Cu、Pb 等元素相对低于南侧各岩体和各期次侵入岩值。按侵入顺序，早、晚期次侵入岩一些元素的含量或元素对比值有一定变化。例如，梅仙岩体中，从早期次至晚期次的石英闪长岩→英云闪长岩→花岗闪长岩，Rb/Sr 为 0.1→0.39→0.69；长三背岩体从早次至晚次的英云闪长岩→花岗闪长岩→黑云母二长花岗岩→二云母二长花岗岩，Rb/Sr 为 3.09→2.12→2.12→12.65，总体有由早至晚 Rb/Sr 为由小至大变化趋势，南北两侧同种岩性 Rb/Sr 也有差异，同是英云闪长岩，北侧的 Rb/Sr为0.39，南侧的为 2.12，同是花岗闪长岩，北侧的 Rb/Sr 为 0.69，南侧的为 2.12。

岩石的 Sr、Nd、O 同位素特征：中，长三背、张坊岩体的 I_{Sr}达 0.7217；湘东北地区长平断裂以北各岩体 $\varepsilon_{Nd}(t)$ 为小的负值和小的正值（0 值左右），而南侧及湘西南各岩体的 $\varepsilon_{Nd}(t)$ 均为较大的负值；岩石氧同位素值 $11.1‰>\delta^{18}O>8.9‰$。

3. 火山岩

浏阳-益阳等地区：火山岩分布于浏阳南桥、益阳石咀塘及醴陵攸坞的冷家溪群地层中。在空间上呈带状-似层状顺层产出，也有部分成脉状、岩墙产出。变基性岩类，单层厚数米至数十米。与周围接触未见明显蚀变现象。且在顶部有变质流纹质凝灰岩。硅化酸性凝灰岩、凝灰质板岩系列。显示海底火山喷发特征。

岩石类型主要为绿帘石（黝帘石）阳起石（片）岩、阳起石绿帘石（黝帘石）（片）岩。具微纤状变晶、显微变晶、显微隐晶或变斑状结构；片状构造，局部残留有杏仁状、细气孔状、假流纹状或定向构造。主要矿物或成分为绿帘石、黝帘石、阳起石，次为绿泥石、石英、云母及少量斜长石晶体残留物；变斑晶为阳起石、绿帘石、黝帘石，大小为0.5～3 mm。原岩可能为中-基性火山岩类。

岩石地球化学特征：$w(SiO_2)$为50.02%～53.52%，均属中基性岩范围；在TAS图中，均位于玄武安山区；在岩石化学成分R_1-R_2图解上，位于玄武岩和安山岩过渡区内。原岩可能属玄武岩。岩石稀土总量离散于49.05×10^{-6}～102.23×10^{-6}，平均为83.58×10^{-6}；总体为轻稀土稍富集，$\sum Ce/\sum Y$为0.77～1.55，平均为1.28；Eu弱亏损，δEu为0.65～0.91，平均为0.79。在稀土球陨石标准化图解曲线为向右中等倾斜状，和洋中脊玄武岩曲线不同，而相似于地壳平均成分曲线。岩石微量元素丰度平均值和维氏值中-基性岩值相比，仅Cr、V、Hf、Sc等元素丰度较高，其他元素均低。用Zr/TiO_2-Nb/Y作相关图解，位于安山岩和安山玄武岩区，平均值样点位于安山岩和安山玄武岩区界线上，故岩石定名“玄武安山岩”比较合适。

湘西地区：主要指湘西南的古丈盘草、洪江山石洞、城步云场里等地的火山岩。火山岩赋存于新元古代地层下部、中部，与沉积变质岩呈喷发接触，围岩有接触热变质现象。古丈盘草处火山岩喷发于新元古代地层中，被南华纪冰碛砾岩、砂质板岩沉积覆盖，接触面有铁锰质氧化物层。

岩性为玄武岩，有致密状玄武岩、气孔状玄武岩、杏仁状玄武岩、角砾状玄武岩、玄武质角砾岩等之分，相互间界线突变。岩石具显微斑状、斑状、显微鳞片变晶、间隐、角砾状等结构，块状、定向、气孔、杏仁状等构造；主要矿物成分：斜长石为20%～65%，普通辉石及含钛辉石为1%～30%，绿泥石少量至30%，磁铁矿及钛铁矿等为5%，玻璃质为5%～25%。

盘草、山石洞火山岩总体属玄武岩成分范畴，仅盘草处稍酸性，$w(Na_2O)$相对较高。用硅-碱图划分，山石洞玄武岩属碱性玄武岩。云场里火山岩中，流纹岩及石英角斑岩属酸性岩，玄武安山岩属基-中性岩，流纹岩及玄武岩$w(K_2O)>w(Na_2O)$，石英角斑岩$w(Na_2O)>w(K_2O)$。

三、雪峰期岩浆岩

雪峰期的岩浆活动主要分布在黔东南的南部从江地区及毗邻的桂北地区，少数分布在贵州梵净山地区、湘西的古丈、通道、黔阳和洪江等地区。

（一）超基性-基性-中基性侵入岩

目前主要发现的有梵净山地区的辉绿岩、从江地区的辉绿岩、桂北龙胜地区的枕状玄武岩、辉绿辉长岩和湘西古丈、通道、洪江地区的辉绿岩和辉长辉绿岩。

湘西、湘西南地区，位于幕阜山—雪峰山岩浆岩带南西段，主要分布于桃源走马岗-沅江叶家山、方子垭、竹园，古丈龙鼻嘴，芦溪合水及麻阳雄山，芷江艾头坪-大洪山，中方隘口-洪江黄狮洞、新庄垅-会洞东育司，通道马龙-垅城及团山、上岩等地，呈北东—北北东带状分布。总岩体数约200个，出露面积约7 km^2。该岩带向南南西方向继续延入广西壮族自治区境内。各种岩体呈岩脉、岩墙、岩床、岩盖、岩盆、似层状等产出。单个岩体大小不一，多为宽 10～20 m，长数百米至 10 km 的长条状，出露面积最大的约 0.1 km^2。

岩体侵入于早新元古代中部、下部地层中，与围岩界线清楚，被侵入的围岩有弱-中等程度接触变质，围岩有几厘米至几米的角岩化、褪色化或钠长石化，形成石榴子石角岩，透闪石绿帘石角岩、斑点状板岩、云母石英角岩等热变质岩石。洪江颜容处，辉绿岩侵入于玄武岩中，显示出属潜火山相和火山岩相特点。部分岩体侵位于南华纪地层中，而南华纪冰碛砾岩内有这些基性-超基性岩砾石，因此，置于早新元古代晚期形成比较合适。

岩石学特征：岩性以辉绿岩和辉长辉绿岩为主，部分辉长岩，少量辉石岩、橄榄岩、辉橄岩、辉长闪长岩及闪正煌岩等。各种岩石呈相互过渡关系，较大岩体中岩石种类多，小岩体多以辉绿岩或辉长岩为主；偏中性及超基性岩为局部分异产物；且超基性侵入岩多存在岩体靠底部处。

岩石地球化学特征：按 SiO_2 含量划分，岩石以基性岩为主，部分超基性岩，少量为中性岩。有些辉绿岩按化学成分已属中性岩。同种岩石不同地区化学成分也有差异。部分偏中性的基性侵入岩[$w(Na_2O+K_2O)$]>5%，显示碱性程度较高。岩石稀土元素总量差别较大，随基性程度的增高而含量降低；轻稀土较富集；Eu 不亏损或弱亏损，酸性程度较高的岩石 Eu 亏损明显些。多数岩石的 Nb、Ta、Hf 等含量高于酸-中-基性岩类，显示出偏碱性岩特点。I_{Sr}较低，$\varepsilon_{Nd}(t)$为正值，I_{Nd}各岩类值大体相近。

（二）中性-酸性侵入岩

该类型酸性侵入岩断续、稀散出露于摩天岭花岗岩体北端外沿地区的刚边、布加坳、归林、令里一带。岩体呈小型岩株侵入于新元古界下江群甲路组、乌叶组之中。岩体内外接触带均不发育。岩石种类单一，仅见花岗斑岩。其特征为灰色-浅灰色；斑状结构为主，偶见多斑结构；由斑晶及基质两部分构成。

岩石地球化学特征表现为：$w(SiO_2)$为 68.0%～86.4%；$w(Al_2O_3)$为 6.5%～15.7%；$w(CaO)$为 0.1%～1.4%；而 $w(MgO)$为 0.43%～2.5%；$w(K_2O+Na_2O)$为 7%左右，前者大于后者，属于富钾花岗岩；$w(TiO_2)$为 0.08%～0.5%；A/CNK>1.1，强过铝质，CIPW 标准矿物出现的刚玉；里特曼指数小于 1.8，在钙性岩石范围；分异指数为 72.08～91.48，岩浆分异演化程度一般；斜长石牌号大部在更-钠长石范围，个别可至拉-中长石。为酸性铝过饱和花岗岩。稀土元素总量低于华南花岗岩的平均含量(250×10^{-6})；轻稀土略显富集；具 Eu 负异常，岩浆分离结晶作用较为显著；分布型式出现 Eu 亏损的“V”形谷，表明岩浆演化程度较高。岩浆的分离结晶作用及演化程度均弱于摩天岭花岗岩体。

Yb-Y+Nb 图解和 Nb-Y 图解中，该类岩体多数落在岛弧花岗岩区域，极少数落在板内花岗岩和同碰撞花岗岩。

（三）火山岩

主要分布在从江县的九星—地虎—平正一带，产于下江群甲路组三个不同层位，以及清水江组时期分布的大量沉凝灰岩或凝灰质火山岩。另外，广西龙胜地区也有分布。

1. 贵州从江地区

该期的基性火山岩蚀变严重。与中国玄武岩平均值比较，SiO_2、TiO_2、Al_2O_3、FeO偏高，Na_2O、K_2O偏低，MgO、CaO相差不大。固结指数为30.97；岩浆分异程度中等；里特曼指数在钙性范围；SiO_2过饱和，CIPW标准矿物出现石英；SiO_2偏高、标准矿物出现石英，可能是由于岩石蚀变强烈所致。稀土元素总量($\sum$REE)较高为241.34×10^{-6}；Ce_N/Yb_N为12.26，轻稀土富集；轻重稀土比值为4.35；δEu为0.92；具富集性地幔特征；分布型式为右倾型，无明显"V"形谷。

2. 广西龙胜地区

岩石类型主要为玄武岩和流纹英安岩。

地球化学特征：玄武岩的$w(SiO_2)$为44.40%～48.45%，流纹英安岩的$w(SiO_2)$为62.35%；玄武岩CIPW标准矿物组合见橄榄石(Ol)及霞石(Ne)。Al_2O_3高，A/CNK大于1.1，属于过铝质岩浆岩；CIPW标准矿物出现的刚玉；里特曼指数小于1.8，在钙性岩石范围；固结指数玄武岩为49.90～60.11，其中角斑岩为27.88；长英指数玄武岩为8.44～27.03，其中角斑岩为52.46，反映出岩浆分异演化程度不彻底。斜长石牌号玄武岩为拉长石-倍长石(57.30～88.73)，角斑岩为中长石(39.9)。玄武岩稀土元素总量($\sum$REE)为66.56×10^{-6}～115.32×10^{-6}，角斑岩为243.69×10^{-6}。显示玄武岩稀土元素丰度较低；轻重稀土比值为2.14～2.32，Ce_N/Yb_N为4.21～5.25，均显示轻稀土弱富集；δEu为0.83～0.95，具富集性地幔特征；为右倾型配分模式，无明显"V"形谷。与C1球粒陨石相比较，Ba、Th、Ce相对富集，Cs、Rb、Nb、Y相对亏损。

3. 湖南新化等地区

出露于湘中的新化云溪高桥、湘乡雷祖殿、宁乡大湖、望城麻田、古丈、石门杨家坪等地。呈似层状存在于南华纪地层中。麻田火山岩喷发于南华纪冰碛岩中，接触处的冰碛岩有0.2～2 m烘烤变质边；顶部被震旦系陡山沱组沉积覆盖，底部有少量火山岩砾石，表明其有可能形成于南华纪末。

云溪火山岩呈北北西—南南东向延伸，长约2 500 m，剖面厚约200 m；各层之间为凝灰岩、凝灰质板岩、硅质板岩相隔。麻田火山岩呈向东突出的牛轭形分布，产于东西向向斜东端翘起部位，出露长约5 km，宽60～100 m。雷祖殿火山岩规模小，长约2 000 m，宽为5～130 m。

云溪角砾状玄武安山岩中的角砾呈条带状排列，自下而上有由粗至细变化，角砾以脱玻化玄武岩碎块为主，主要成分为滑石、蛇纹石、绿泥石等。橄榄石及辉石斑晶假象少量，粗玄岩具变余粗玄结构，现成分有绿泥石、阳起石和钠长石。麻田和雷祖殿及大湖的火山岩主要是角砾状玄武岩和苦橄质玄武岩，碳酸盐化和黏土化现象明显；前者的角砾为玻基玄武岩，橄榄石斑晶含量约10%，现已为蛇纹石、滑石、绿泥石等替代，玻璃质胶结物；副矿物中有个别镁铝榴石。苦橄质玻基玄武岩具气孔-杏仁状构造或致密块状构造，变余玻基-显微斑状结构；部分为显微鳞片-隐晶质结构，斑晶矿物为橄榄石、辉石，并已被蛇纹石、绿泥石、白云石、辉石、滑石、重晶石等替代；被玻璃质已脱玻化而被高岭石、蛇纹石、绿泥石、白云母、滑石、石英等替换。

岩石地球化学特征：云溪地区的火山岩 SiO_2、TiO_2、Al_2O_3、Fe_2O_3 等含量高，相对较酸性，属玄武安山岩类；麻田和雷祖殿及大湖的火山岩 MgO、CaO 等含量高，相对较基性，具苦橄玄武岩特征。稀土元素丰度及有关参数显示，云溪地区的玄武安山岩稀土元素总量稍低，但仍比前南华系的稀土总量高，达 243.03×10^{-6}，$\sum Ce/\sum Y$ 较小，Eu 弱亏损；大湖及麻田地区苦橄质玄武岩稀土总量很高，达 447.33×10^{-6} 以上，轻稀土更富集，$\sum Ce/\sum Y$ 达 8.90 和 9.36；Eu 不亏损。稀土元素稀土配分曲线为向右陡倾斜状，云溪玄武安山岩曲线倾斜度较小些。和维氏基性岩值相比，麻田火山岩的 Rb、Nb、Zr、Ni 等含量高出较多，尤以 Nb 更高。

第四节　区域地球物理背景

研究区在全国布格重力异常上处在大兴安岭—太行山—武陵山重力梯级带的南段。布格重力异常总体呈南东高、北西低的特征，从南东到北西，场值从 74 mGal 降到 118 mGal，在贵州江口—普觉一带以东呈北北东向梯级带，闵孝—寨英一线北西存在两个异常范围大、强度高的负布格异常，西南部异常宽缓，异常等值线从东南的北北东扭变成北西向，西部范围大、强度高的负布格异常可能是由酸性体或基底凹陷引起。总体上，研究区布格异常除西南部变化较缓外，其余地区布格重力异常变化均较陡，表现为地槽区重力异常特征。

根据中国地质科学院 526 队、地质矿产部综合物探大队和长春地质学院（现称“吉林大学”）、成都地质学院（现称“成都理工大学”）共同完成的黑水—泉州爆破地震测深成果，提供了剖面地壳速度分层断面图，并通过速度界面的控制和对比，在剖面发现了倾向东、倾角上陡下缓的湖南花垣—贵州松桃超壳断裂。断裂带西侧的松桃、铜仁一带，莫霍面深度大于43 km；断裂带东侧的麻阳一带，莫霍面深度则为 38 km。断裂带东西两侧，莫霍面深度相差 5 km，认为是引起武陵山重力梯级带的主要原因。上述莫霍面和重力梯级带等方面的差异，可能和太平洋板块向亚洲板块东缘俯冲碰撞的构造作用密切相关。

据区域地球物理资料，扬子地台是一个早前寒武纪的克拉通，具有所谓扬子型的“三层式”基底结构。下层为新太古代至早元古代的中深变质杂岩，中层为中元古代的变质火山沉积岩系，上层则是新元古代的浅变质沉积岩和火山碎屑岩系。梵净山群是华南陆块上超大陆聚合过程不可多得的记录，也是扬子地台上罕见的格林威尔造山作用的产物。研究区南华纪至晚三叠世早期的盖层，主要为被动大陆边缘和板内裂陷沉积，以海相碳酸盐岩为主，但由于地壳结构的不均一性，以及各地地壳运动强度和作用方式的差异，造成不同地质时期、不同地区盖层和构造变形的差别。特别是广西运动（加里东运动），曾使贵州北部一度隆起，缺失志留系、泥盆系、石炭系（大部分）地层。中生代中期的印支运动使之上升为陆，燕山运动又使其褶皱成山，形成规模宏大的侏罗山式褶皱。喜马拉雅运动以后则为面型上升，遭受剥蚀。岩浆活动主要有武陵期基性-超基性岩和浅成花岗岩侵位和雪峰期基性-超基性岩。

研究区航磁异常变化较小，异常等值线主要为北东向，圈闭负磁异常走向大多为北东向和东西向。例如，黔东地区以普觉—寨英—闵孝一带磁异常变化最小，两侧变化较大。闵孝—寨英一线北西存在一个异常范围大的负磁异常，与负布格重力异常范围稳合较好，应该是同源物质产生。

一、大地电磁测深特征

目前，反映华南地区岩石圈及软流圈电性的大地电磁测深观测主要有大足—泉州、松潘—利川—邵阳两条剖面，正好穿过华南南华纪锰矿主要成矿带，对于研究华南主要锰矿成矿带深部岩石圈特征提供了宝贵的地球物理依据。特别是黔渝湘相邻区出现三个低阻带，这为第三章第三节南华裂谷盆地结构分析（武陵次级裂谷、雪峰次级裂谷）和第三章南华纪锰矿成矿带的划分提供了深部地球物理依据。

沿剖面划分了低阻的中新生代盆地沉积盖层电阻率较低，一般数十欧姆·米，下伏的电性层为三叠系—古生界的中高阻-高阻沉积岩，其电阻率一般大于 200 Ω·m，高者可达 1 000 多欧姆·米，局部地区由于地温较高或与含水有关，而致电阻率降低。新元古界浅变质岩系沿剖面分布较连续，厚度也较稳定，电阻率一般小于 100 Ω·m。

在大足—泉州的大地电磁测深观测剖面上（图 2.5），扬子地块东南缘分别出现三个垂向低阻带，具体分布在秀山—松桃、黔阳—邵阳和衡阳—茶陵，其深度可达200 km。该区域正位于武陵山重力梯度带上。多年来地质和地球物理工作者致力于研究梯度带的形成原因，据此计算了莫霍面，认为梯度带所处位置也是莫霍面的陡倾带。然而据爆破地震资料，莫霍面的倾斜程度并没有那么大。大地电磁测深表明软流圈在这一带相对上隆，这一带中下地壳直至上地幔都具有很高的电阻率，这和软流圈上涌造成深部地幔物质上升到较浅部位有关（朱介寿 等，2005）。因此，垂向低阻带即深大断裂分布位置，也正是软流圈上涌造成深部地幔物质上升的位置。非常值得重视的是，华南南华纪古天然气渗漏沉积型锰矿床三个集中分布带，其深部正好对应三个垂向低阻带。例如，石阡—松桃—古丈锰矿集中分布带、玉屏—黔阳—湘潭锰矿集中分布带、从江—城步锰矿集中分布带的深部正好分别对应秀山—松桃、黔阳—邵阳和衡阳—茶陵的垂向低阻带位置，这不是偶然的。它为研究和解释华南南华纪大规模锰矿成矿地质背景、锰矿裂谷盆地古天然气渗漏沉积成矿系统模式（即锰矿“内生外成”成矿模式）提供了深部大地电磁测深的地球物理证据。

二、爆破地震测深特征

通过对华南地区若干典型爆破地震测深剖面分析研究，可得到沿剖面的速度结构特征。

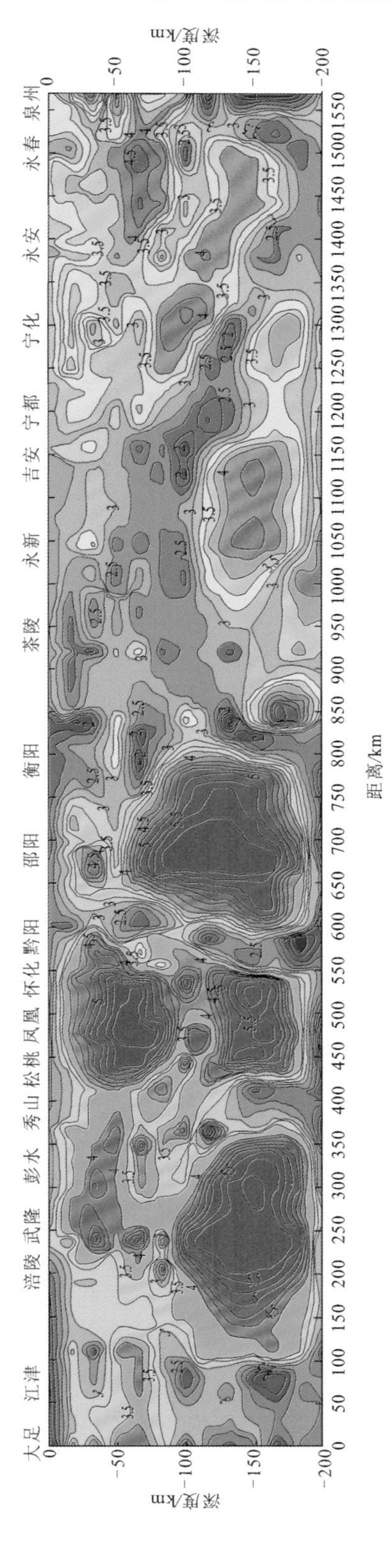

图2.5　华南大足—泉州大地电磁测深剖面（等值线单位：kΩ·m）（朱介寿等，2005）

四川黑水—福建泉州剖面(经过绵阳、重庆、怀化、邵阳、衡阳、宁都到达福建泉州,跨越松潘地块、上扬子地块、赣湘桂构造带、华夏地块等构造单元)(朱介寿 等,2005)与大足—泉州大地电磁测深剖面一样,正好穿过华南南华纪锰矿主要成矿带,对于研究华南南华纪锰矿成矿带的地壳结构提供了宝贵的地球物理依据。据朱介寿等(2005)资料如下。

(1) 七曜山断裂带至慈利—花垣断裂带之间。地壳 v_p 较高,为 5.93～6.01 km/s,厚度为 11.5～16.5 km;中地壳 v_p 为 6.33～6.49 km/s,厚度为 16.0～23.0 km;下地壳 v_p 为 6.75～6.94 km/s,厚度为 9.0～11.0 km。地壳 v_p 为 6.36 km/s,厚度为 43.3 km。下地壳主要为基性麻粒岩类构成。在莫霍面附近发育向东倾斜的秀山壳幔速度变异带,该变异带以东莫霍面突然抬升达 5 km。

(2) 慈利—花垣—松桃断裂带至溆浦—黔阳断裂带之间。上地壳 v_p 为 5.91～5.99 km/s,厚度为 9.5～19.5 km;中地壳 v_p 为 6.38～6.42 km/s,厚度为 10.0～23.0 km/s;下地壳 v_p 为 6.80～7.16 km/s,厚度为 9.0～12.0 km。地壳 v_p 为 6.40 km/s,厚度为 41.5 km。中上地壳之间发育壳内软层,因此,雪峰逆冲推覆构造带中向东倾斜的逆冲断裂带向深部延伸时,消失在壳内软层中。在莫霍面附近发育向东倾斜的黔阳壳幔速度变异带、凤凰壳幔速度变异带和金兰寺壳幔速度变异带(朱介寿 等,2005)。

根据各条剖面上莫霍面速度变异带的存在位置,华南地区共确定了 29 条壳幔速度变异带。涉及华南南华纪主要锰矿区有秀山壳幔速度变异带、黔阳壳幔速度变异带及金兰寺壳幔速度变异带。此外,在酉阳、凤凰也存在壳幔速度变异带。

三、锰矿分布区壳幔韧性剪切带

岩石圈构造单元边界有不同的名称。张文佑(1986)将切割莫霍面或岩石圈的断裂带称超壳断裂带或岩石圈断裂带。任纪舜等(1998)认为岩石圈板块的边界实际上都是深断裂带。袁学诚等(1990,1989)和蔡学林等(1989)将幔块内部电阻率很低的带状延伸地带称为幔内韧性剪切带。Downes(1990)根据上地幔橄榄岩包体变形,推断浅部地幔存在岩石圈韧性剪切带(lithosphere ductile shear zones)。王小凤等(2000)对郯庐断裂带及邻区幔源糜棱岩包体等研究后认为,它们与地壳中韧性剪切带的糜棱岩结构十分类似。朱介寿等(2005)根据地震测深、面波层析成像和幔源变形包裹体的综合研究将切割莫霍面的强变形剪切带暂称为壳幔韧性剪切带,并将其作为大陆内部岩石圈构造分区的主要边界标志。

(一) 壳幔韧性剪切带判别标志

在地震测深剖面中,壳幔韧性剪切带主要表现为莫霍界面附近横向速度的突变和莫霍界面埋深突然变化,主要标志有:①有明显的不连续现象,如震相的错断、转折和衰减等现象;②在地震测深剖面速度结构分布型式上,地震界面速度及层间速度有明显的差别和变化;③不同炮点异向观测控制的相邻地震界面由同一性质震相计算出的界面深度有明显差异与变化,反映在地震测深剖面中,莫霍界面位移幅度多在 4～7 km。

深反射地震剖面中，壳幔韧性剪切带在莫霍界面或壳幔过渡带反射层突然中断，或显示为亮点。天然地震面波层析成像速度结构显示，壳幔韧性剪切带通过地段及附近 v_p、v_s 较低。高温高压实验研究表明，围岩的纵波速度比平行糜棱岩面理方向高 0.15 km/s，比垂直糜棱岩面理方向高 0.3 km/s。切割莫霍界面的壳幔韧性剪切带显示电阻率很低，或者壳幔韧性剪切带对应电性变异带，两侧的电阻率有明显差异。对中国东部中生代、新生代玄武质火山岩深源岩石包体中构造岩石学研究显示，存在较多的壳源和幔源糜棱岩包体，糜棱岩及其糜棱结构是判断壳幔韧性剪切带是否存在的最重要的构造岩石学标志之一。壳幔韧性剪切带中变形橄榄岩和幔源糜棱岩包体地球化学研究表明，上地幔韧性剪切变形可导致幔源糜棱岩型包体内轻稀土的富集。这些标志为推断壳幔韧性剪切带提供了较可靠的地质、地球物理和地球化学依据。

（二）锰矿分布区主要壳幔韧性剪切带

朱介寿等(2005)、蔡学林等(2008)运用地球层块构造与解析构造学的理论和方法，采用地表地质调查与填图手段，在进行重点地震测深剖面构造解析和编制《华南地区壳幔韧性剪切带分布图》的基础上，根据国内外 163 条总长 95 400 km 的地震测深(包括宽角反射和深反射)剖面进行了地质构造解析，依据地震剖面 v_p 速度结构特征确定切割莫霍界面或壳幔过渡带断点或壳幔韧性剪切带位置，在中国大陆地区共计获得 252 个断点，编制出中国大陆壳幔过渡带断点分布图。在此基础上，结合面波层析成像 v_s 速度结构、大地电磁、岩石圈结构、深源岩石包体构造学与岩石地球化学等特征，经过 10 多年的努力和研究，初步推断出 110 条岩石圈壳幔韧性剪切带，编制出《中国大陆岩石圈壳幔韧性剪切带分布图》。

根据以上研究成果，对应华南南华纪锰矿主要分布区的主要壳幔韧性剪切带有(图 2.6，图 2.7)：秀山壳幔韧性剪切带、怀化(黔阳)壳幔韧性剪切带和金兰寺壳幔韧性剪切带。

上述壳幔韧性剪切带的位置和分布，与华南地区大足—泉州、松潘—利川—邵阳两条岩石圈及软流圈电性的大地电磁测深观测剖面所发现的秀山—松桃、黔阳—邵阳和衡阳—茶陵的垂向低阻带空间位置基本吻合。因此，秀山壳幔韧性剪切带在空间上对应石阡—松桃—古丈锰矿集中分布带，怀化(黔阳)壳幔韧性剪切带在空间上对应玉屏—黔阳—湘潭锰矿集中分布带；金兰寺壳幔韧性剪切带在空间上对应从江—城步锰矿集中分布带。这里的锰矿集中分布区相当于本书第三章的锰矿成矿亚带。

因此，华南南华纪大规模锰矿成矿地质背景、锰矿裂谷盆地古天然气渗漏沉积成矿系统模式(即锰矿“内生外成”成矿模式)与壳幔韧性剪切带空间分布密切相关，是区内壳幔韧性剪切带控制了华南南华纪古天然气渗漏沉积型锰矿床的形成和分布。

（三）壳幔韧性剪切带是无机成因天然气和锰质通道

蔡学林等(2008)研究认为，壳幔韧性剪切带往往是上地幔含矿玄武质岩浆、烃类、二氧化碳、氦气等深部流体的通道。研究壳幔韧性剪切带分布规律与特征，对深部资源与能

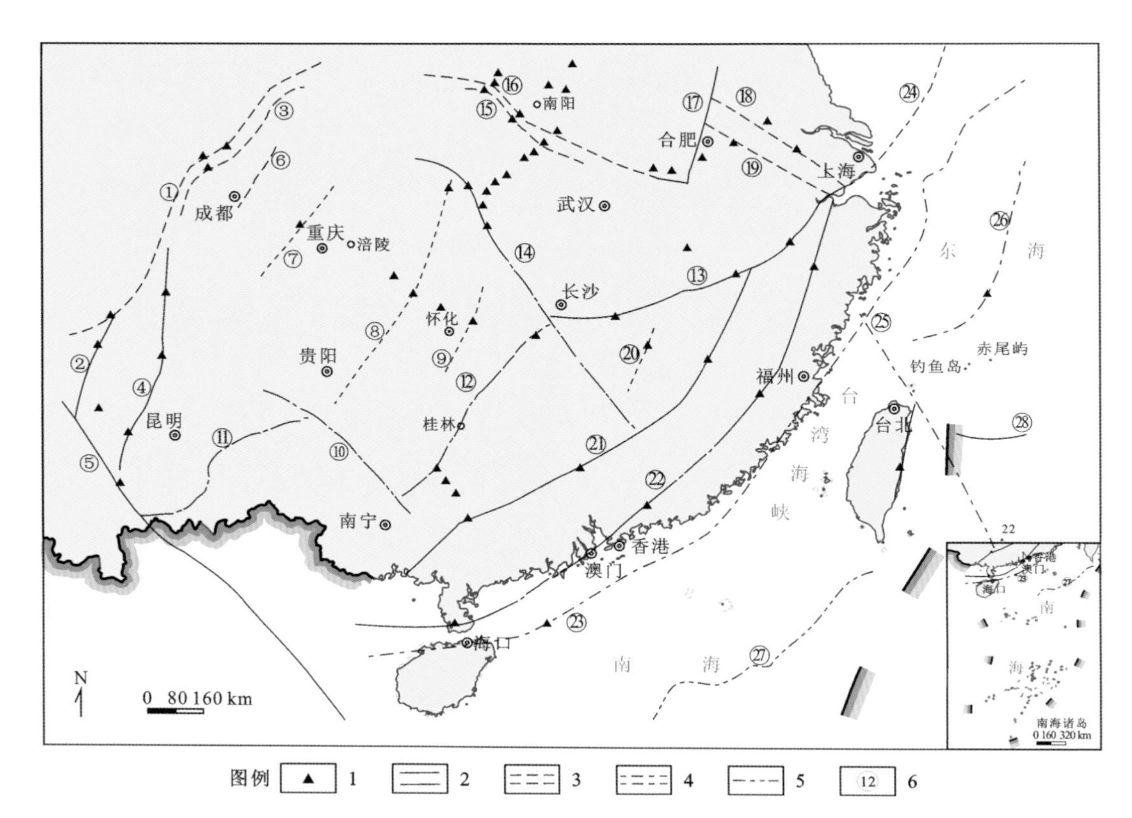

图 2.6　华南地区壳幔韧性剪切带(壳幔速度变异带)分布图(朱介寿 等,2005)

1.由地震剖面确定的壳幔速度变异带的点位;2.与地表基本重合的壳幔速度变异带;3.隐伏的壳幔速度变异带;4.推测的壳幔速度变异带;5.陆壳与洋壳的分界线;6.壳幔速度变异带

源,特别是无机成因天然气藏的预测和探测,有重要科学意义和经济价值。蔡学林等(2002)认为沿郯庐壳幔韧性剪切带、海域壳幔韧性剪切带和依兰壳幔韧性剪切带及其两侧发育有较多无机成因气藏,中国大陆科学钻孔内变质基地中发现甲烷、二氧化碳和氦等气体异常,这些气体应是深部放气并沿郯庐壳幔韧性剪切带上升形成的。

蔡学林等(2008)认为中国东部伸展型壳幔韧性剪切带发育区正好是无机成因天然气、二氧化碳和氦气等深部流体的聚集带,从北到南分布有较多的工业气田(藏)。其中松辽盆地东部火山岩系中赋存的庆深气田是无机成因气藏的典型实例,深地震反射测深显示,该气田附近深部发育莫霍界面断开带,将其称为青山壳幔韧性剪切带。认为青山壳幔韧性剪切带为幔源无机成因天然气等深部流体运移至地壳浅层储集成藏提供了良好通道。四川盆地普光深层气田正好位于合川壳幔韧性剪切带向北东延伸的端点,推测天然气的运移与聚集可能与该壳幔韧性剪切带的活动有一定联系。研究表明,松辽盆地、华北盆地和苏北盆地等是进一步寻找、勘探和开发与壳幔韧性剪切带有关的深层天然气藏和无机成因天然气藏的最佳地区,它将为我国提供巨大的后备天然气资源,有可能改变我国西气东油结构不合理的布局。

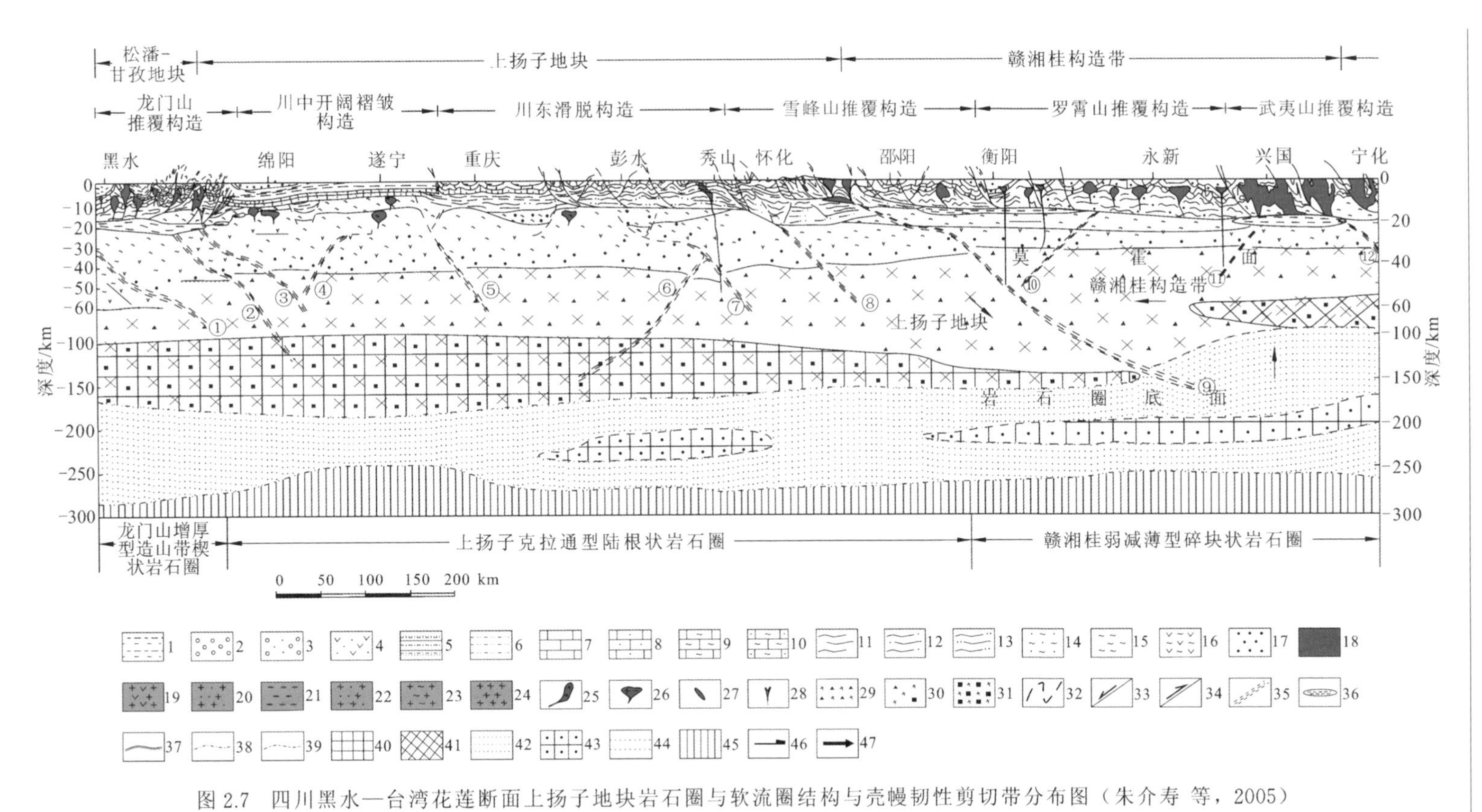

图 2.7　四川黑水—台湾花莲断面上扬子地块岩石圈与软流圈结构与壳幔韧性剪切带分布图（朱介寿 等，2005）

1. 显生宙沉积岩系；2. 新生界沉积岩系；3. 上白垩统沉积岩系；4. 华南地区上侏罗统至下白垩统陆相火山岩沉积岩系；5. 华南地区上三叠统至中侏罗统陆相沉积岩系；6. 上扬子区上三叠统至侏罗系陆相沉积岩系；7. 松潘地区三叠系浅变质沉积岩系；8. 泥盆系至中三叠统碎屑-碳酸盐岩系；9. 上扬子地区震旦系至志留系碎屑-碳酸盐岩系；10. 松潘地区震旦系至志留系浅变质沉积岩系；11. 华南地区震旦系至志留系浅变质沉积岩系；12. 上元古界下部板溪群浅变质岩系；13. 中元古界至上元古界下部浅变质岩系；14. 新元古界冷家溪岩群、四堡岩群浅变质岩系；15. 下元古界中浅变质片岩、片麻岩系；16. 太古宙深变质花岗片麻岩系；17. 中下地壳基性麻粒岩系；18. 燕山期花岗岩类；19. 燕山期花岗闪长岩类；20. 海西-印支期花岗岩类；21. 加里东期花岗岩类；22. 晋宁期花岗岩类；23. 中条期花岗岩类；24. 太古宙TTG岩套；25. 早古生代钾质煌斑岩类；26. 太古宙基性侵入岩岩体；27. 晋宁期超基性侵入岩体；28. 中条期超基性侵入岩体；29. 尖晶石二辉橄榄岩；30. 尖晶石石榴子石二辉橄榄岩；31. 石榴石二辉橄榄岩；32. 二叠系标志层；33. 伸展断裂；34. 逆冲断裂；35. 壳幔韧性剪切带；36. 壳内低速层或壳内软层；37. 莫霍界面（M）；38. 岩石圈底界面；39. 软流圈底界面；40. 克拉通型和增厚型岩石圈中下部高速块体或幔块构造；41. 减薄型岩石圈中高速块体或幔块；42. 软流圈；43. 软流圈内高速块体；44. 软流圈内低速异常体；45. 固结圈，46. 地壳表层块体相对运移方向；47. 岩石圈软流圈块体相对运移方向上述研究成果和认识，为周琦等(2016,2013b)提出的沿秀山、怀化(黔阳)壳幔韧性剪切带分布和发育的武陵次级裂谷盆地和沿金兰寺壳幔韧性剪切带分布发育雪峰次级裂谷盆地提供地球物理证据支撑。同时，也为锰质来自壳幔深部、锰矿成矿与深部无机成因的烃类气体密切相关，即“锰矿裂谷盆地古天然气渗漏沉积成矿系统模式”(周琦 等，2016,2013b,2012a,2007a,b,c)，提供了地球物理依据。壳幔韧性剪切带也是锰等深部成矿物质无机成因气上升的通道。

四、上扬子陆块东南缘地壳结构

北川—九顶山断裂带以东，溆浦—黔阳断裂带以西地区称为上扬子地块(朱介寿 等，2005)。华南南华纪古天然气渗漏沉积型锰矿床主要分布在上扬子地块东南缘，即位于江南加里东造山带位置(戴传固 等，2010a,b)。其地壳结构以武陵山和雪峰山两个地区分述如下。

(一) 武陵山地区

据朱介寿等(2005)研究资料，七曜山断裂带至慈利—花垣断裂带之间，表层以古生代海相碎屑-碳酸盐沉积岩系为主，在向斜核部赋存中生界沉积岩系。该区显示负磁异常带，东西侧局部存在较大的正磁异常。重力异常显示强度较小而零乱的重力高。地震测深表明上地壳 v_p 较高，为 5.93～6.01 km/s，厚度为 11.5～16.5 km，中地壳 v_p 为 6.33～6.49 km/s，厚度为 16～23 km，下地壳 v_p 为 6.75～6.94 km/s，厚度为 9～11 km。地壳 v_p 平均值为 6.36 km/s，厚度平均值为 43.3 km，最厚可达 47.50 km，莫霍面以下 Pn 波速度为 7.98 km/s，壳内低速层不发育。该区地表主要断裂带向深部延伸组合而成大型断层三角构造带。大地电磁显示，断层三角构造内电阻率较低，断层三角构造间的电阻率较高。该区中上地壳以中上元古界板溪群和冷家溪群中浅变质岩系构成的褶皱基底组成，下地壳主要由基性麻粒岩类组成。在莫霍面附近发育向东倾斜的秀山壳幔韧性剪切带，剪切带以东莫霍面突然抬升达 5 km(图 2.7)。

(二) 雪峰山地区

慈利—花垣断裂带至溆浦—黔阳断裂带之间，表层以下古生代海相碎屑-碳酸盐沉积岩系和新元古界板溪群浅变质岩系为主，并叠置了中新生界陆相碎屑岩系。该区东部为雪峰山逆冲推覆构造带(孙瑞名 等，1991)，中部为中新生代沅麻盆地，西部为下古生界构成的褶断构造带。该区航磁显示为大型平缓开阔正磁异常，并叠加小型正磁异常。重力异常显示平缓重力梯级带。该区上地壳 v_p 为 5.91～5.99 km/s，厚度为 9.5～19.5 km。中地壳 v_p 为 6.38～6.42 km/s，厚度为 10～23 km，下地壳 v_p 为 6.80～7.16 km/s，厚度为9～12 km。地壳 v_p 平均值为 6.40 km/s，地壳平均厚度为 41.5 km，Pn 波平均速度为 8.10 km/s。中上地壳之间发育低速层，因此，雪峰山逆冲推覆构造带内向东倾斜的逆冲断裂带向深处延伸时，消失在壳内低速层中。在莫霍面附近发育向东倾斜的黔阳壳幔韧性剪切带和金兰寺壳幔韧性剪切带(朱介寿 等，2005)。雪峰山地区以东则为华夏陆块。

第三章 华南南华纪锰矿地质

中国锰矿主要分布在华南,而华南大规模锰矿成矿作用主要发生在南华纪大塘坡早期,该时期形成的古天然气渗漏沉积型锰矿床,即“大塘坡式”锰矿,占全国锰矿累计查明的总资源量的60.29%(2015年),且主要分布在黔湘渝相邻地区。本章将从南华纪早期地层分区与特征入手,详细讨论该地区南华纪早期构造古地理特征、南华裂谷盆地结构特征与锰矿大规模成矿的关系及华南南华纪锰矿成矿区带的划分等。

第一节 南华纪早期地层分区

由于罗迪尼亚超大陆裂解,南华裂谷盆地形成,上扬子陆块东南缘第一次裂陷发生于青白口纪(820 Ma),并接受了板溪群沉积。南华纪早期(约720 Ma),南华裂谷盆地发生第二次裂陷,在黔湘渝地区形成了武陵次级裂谷盆地和雪峰次级裂谷盆地,接受南华系沉积(周琦 等,2017)。特别是在武陵次级裂谷盆地内部,由于裂解的不均一性,形成了一系列的次级断陷(地堑)盆地与隆起(地垒)构造,导致沉积环境不同而形成不同的沉积相,特别是在南华纪大塘坡早期,尤显突出。不同的次级断陷(地堑)盆地与隆起(地垒)构造的沉积环境,形成了不同的南华纪早期地层小区。

由于目前华南地区的南华纪古天然气渗漏沉积型锰矿床主要分布在武陵次级裂谷盆地中,研究程度和资料丰富程度明显较雪峰次级裂谷高得多。因此,本书的研究重点是南华裂谷盆地中的武陵次级裂谷盆地。

周琦等(2016,2013a,2012b)在详细收集、测制和分析研究黔渝湘相邻地区150余条南华系地层剖面和贵州铜仁松桃锰矿国家整装勘查区及重庆秀山锰矿国家整装勘查区大量钻孔剖面的基础上,通过重点研究区内南华系早期地层,特别是大塘坡组第一段地层(即黑色含锰岩系)特征,同时考虑下伏的两界河组和上覆地层变化特征,对研究区南华纪早期地层进行了较为详细的分区,分析研究其空间展布规律,为区内古天然气渗漏沉积型锰矿床大规模成矿地质背景、成矿系统和找矿预测研究提供了基础地质支撑。

一、分区原则与分区

(一)分区原则

(1)一个地层小区内必须有满足要求的地层剖面出露或钻孔揭露。研究露头及剖面

(包括钻孔地质剖面)的完整性及局限性是进一步划分地层小区的基础和前提。

(2) 能客观反映南华纪早期地层,如两界河组、大塘坡组第一段(黑色含锰岩系)、大塘坡组第二段地层的空间变化特征、分布规律特征。

(3) 能客观反映和分析判断南华纪早期同沉积断层、构造古地理面貌特征。有利于进行华南地区,特别是黔湘渝地区南华裂谷盆地结构研究、划分次级构造单元,有利于进行区域锰矿成矿规律研究,建立锰矿成矿系统,进行深部锰矿找矿预测。

(二) 地层分区

根据以上南华纪早期地层分区划分原则,研究区南华纪早期地层可进一步划分为以下五个地层小区(图 3.1)。

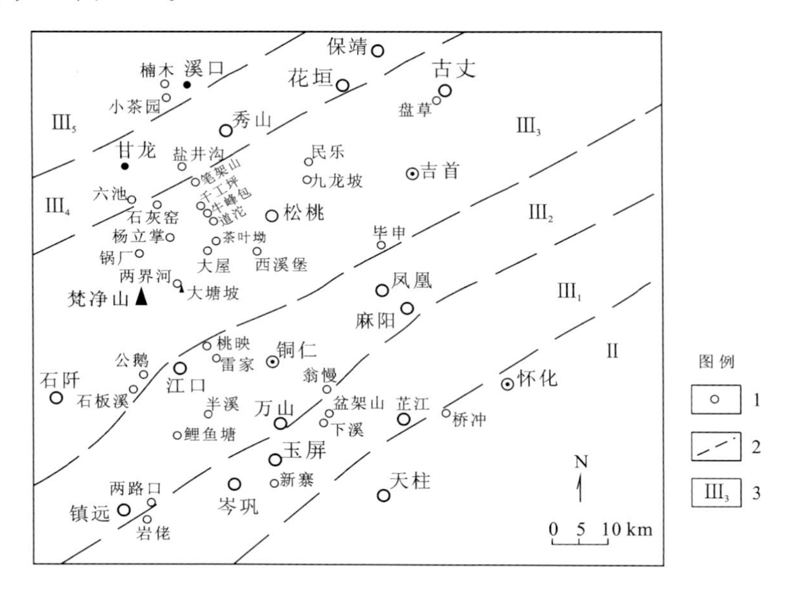

图 3.1　华南黔湘渝地区南华纪早期地层分区示意图

1. 实测地层剖面位置及名称;2. 南华纪早期地层分区界线;3. 分区代号;III_1 为玉屏-黔阳-湘潭地层小区;III_2 为铜仁-凤凰-溆浦地层小区;III_3 为石阡-松桃-古丈地层小区;III_4 为甘龙-秀山地层小区;III_5 为小茶园-溪口地层小区;II 为天柱-会同-隆回地层小区

(1) 石阡-松桃-古丈地层小区,主要包括松桃县大塘坡、杨立掌、西溪堡、道坨、大屋、举贤、杨家湾、黑水溪、向家坡、九龙坡、凉风坳及湖南花垣民乐、重庆秀山笔架山、大梁子、茶园等锰矿区和石阡青阳、公鹅,镇远袁家山等地区。

(2) 铜仁-凤凰-溆浦地层小区,包括铜仁茶店、铜仁翁慢、江口雷家、岑巩鲤鱼塘、镇远两路口等地区。

(3) 玉屏-黔阳-湘潭地层小区,包括万山石竹溪、盆架山、黄道,玉屏新寨、镇远岩佬、黔阳熟坪、怀化鸭嘴岩等地区。

(4) 甘龙-秀山地层小区,包括秀山盐井沟、六池等地区。

(5) 小茶园-溪口地层小区,包括秀山小茶园、楠木等地区。

二、地层分区特征

（一）石阡-松桃-古丈地层小区

主要分布在贵州石阡—贵州松桃—湖南古丈一线，地表南华系地层呈北东向分布，实际是沿北东东向展布和变化。小区内以普遍分布南华系大塘坡组第一段（含锰岩系）为特征，主要为黑色碳质页岩，部分区域在含锰岩系近底部夹菱锰矿体。厚度变化较大，从0～98.58 m不等。主要地层特征如下。

（1）当黑色含锰岩系厚度相对较厚时（约大于15 m时），含锰岩系底部往往出现菱锰矿透镜体、白云岩透镜体分布，含锰岩系厚度与菱锰矿体厚度呈明显的正相关关系。

（2）因受后期燕山期构造的影响，南华系大塘坡组第一段（含锰岩系）地层在地表大致沿北北东—北东方向呈线状断续展布。但特别指出的是，实际上地层最大厚度的方向则是北东东方向，代表了裂谷盆地及同沉积断层、构造古地理的实际方向，垂直北东东方向则其厚度、岩性组合变化剧烈，甚至缺失。

（3）两界河组的厚度变化与含锰岩系地层厚度呈明显的正相关关系，厚度从几米至300余米不等。空间上与含锰岩系地层展布方向一致，即地表因后期燕山期构造破坏，导致大致沿北东方向呈线状断续展布。同样需指出的是，实际上两界河组地层最大厚度的方向则是北东东方向，代表了裂谷盆地及同沉积断层、构造古地理的实际方向，垂直北东东方向，两界河组的厚度、岩性组合变化剧烈，并迅速缺失。

（4）当两界河组中底部及上部出现白云岩透镜体时，之上的黑色含锰岩系底部则出现菱锰矿透镜体，含锰岩系顶部偶现白云岩透镜体。菱锰矿透镜体、白云岩透镜体的形态与内部结构也十分相似。有时铁丝坳组顶部的冰碛含砾砂岩中，也夹薄层菱锰矿小透镜体。

（5）含锰岩系的厚度与上覆的大塘坡组第二段地层厚度呈明显正相关关系。大塘坡组第二段厚度可从几十米至600余米不等，其中，大厚度区域同样沿北东东方向展布，而不是沿地表燕山期构造北北东—北东方向展布。

（6）南华纪大塘坡早期的含锰岩系地层分布范围已明显较下伏早期的两界河组地层的分布范围宽；大塘坡中晚期的地层（第二段）又较下伏大塘坡早期地层（第一段）的分布范围宽。

（7）该地层小区中，局部地区缺失大塘坡组第一段（含锰岩系）地层，如松桃牛峰包、将军山及松桃大屋与石塘之间的和尚坪地区（钻孔揭露）等（图3.6）。系处于石阡-松桃-古丈断陷（地堑）盆地中出现的更次级隆起（地垒）的构造古地理环境的原因，从而缺失大塘坡组第一段（含锰岩系）地层。这说明在次级断陷（地堑）盆地内部沉积环境差异依然明显，还存在更次级断陷（地堑）盆地与更次级隆起（地垒）构造，导致内部沉积环境与沉积相的进一步不同。

该地层小区共观测地层剖面28条，典型剖面有松桃两界河、西溪堡锰矿区ZK614孔、杨立掌矿区ZK005孔、大屋、千工坪、九龙坡、湖南花垣民乐、古丈盘草和秀山笔架山等剖面。主要典型剖面描述如下。

1）贵州松桃两界河剖面

剖面位置：$X=3108722$，$Y=19350220$

南华系（Nh）

南沱组（Nh_2n）　　**厚度：>79.53 m**

1. 黄绿色块状（冰碛）含砾含粉砂质黏土岩，岩石由黏土矿物所组成，伴有粉砂、细砂及中砂粒的石英、长石、岩屑等，岩屑大小不均，岩屑粒度可达砾级。　　79.53 m

大塘坡组（Nh_1d）

第二段（Nh_1d^2）　　**厚度：518.02 m**

2. 灰色薄-中层层纹状粉砂质黏土岩，见断线状及透镜状层理。　　28.7 m
3. 灰色薄-中层条纹状粉砂质黏土岩。　　21.74 m
4. 灰色薄-中层层纹状粉砂质黏土岩，纹宽1 mm以下。　　35.21 m
5. 灰色条纹状粉砂质黏土岩，具层纹具轻微的波动，含少许碳质。　　59.53 m
6. 灰色-灰黄色薄-中厚层条带状夹层纹状粉砂质黏土岩上部见一厚25 cm长1 m左右的（白云石化）黏土质粉砂岩透镜体。　　35.02 m
7. 灰色薄-中厚层条纹状含粉砂质黏土岩，见断线状黄铁矿分布。　　49.5 m
8. 灰色薄层状纹层状含粉砂质黏土岩。　　2.99 m
9. 灰色薄-中厚层纹层状含粉砂质黏土岩，下部含少许碳质黏土岩。　　35.88 m
10. 灰色薄层层纹状黏土岩夹少许深色薄片状含碳质黏土岩。　　54.07 m
11. 灰色-灰黄色（风化）薄-中厚层局部显层纹状黏土岩，层理较厚约10 cm，但纹理不清。薄层2～3 cm的层理较明显。中部夹一层厚约10 cm的褐铁矿化粉砂质黏土岩。　　52.15 m
12. 灰色中厚层粉砂质黏土岩，层厚10～20 cm，在接近顶部有2～3条条带状层理，宽0.1～1 cm，不显层纹。　　17.98 m
13. 浮土掩盖。　　33.21 m
14. 灰色中厚层黏土岩，含少许碳质，中部含粉砂质较重，黄铁矿呈结核状，断线状分布。　　92.04 m

第一段（Nh_1d^1）　　**厚度：68.46 m**

15. 深灰色厚层黏土岩，有机质含量增多，见黄铁矿呈断线状、结核状分布，向下逐渐过渡为薄-中厚层局部显层纹状黏土岩。　　30.15 m
16. 深灰色薄-中厚层状层纹状土岩。　　29.01 m
17. 黑色碳质页岩，中下部含菱锰矿层位，因有浮土掩盖不清楚。　　9.3 m

铁丝坳组（Nh_1t）　　**厚度：2.95 m**

18. 深灰色中-厚层含碳质长石岩屑杂砂岩。　　2.56 m
19. 灰黄色（冰碛）含砾岩屑杂砂岩。砾分以石英岩为主，砂岩、细砂岩、泥板岩三类较多，砾径为1～2 cm最大为13 cm，球圆度中等，含砾率为18%～25%。　　0.39 m

两界河组（Nh_1l）　　**厚度：391.99 m**

20. 深灰色厚层块状，含砾长石岩屑杂砂岩泥质胶结，具一定的分选性的砾石细小，一般为 2～3 mm，由下而上砾石由少而多。　3.5 m
21. 浮土覆盖见深灰色、灰黑色细-粗粒石英杂砂岩转石。　47.94 m
22. 灰绿色粗粒岩屑砂岩，分选度磨圆度好。　8.5 m
23. 浅灰黄色、灰白色厚层状长石岩屑砂岩，细粒结构，条带状构造，条带宽 2～5 mm，由泥质物组成，含细小星散黄铁矿晶粒，粒度为 0.1～0.2 mm。　21.71 m
24. 浅灰绿色中-厚层含砾长石岩屑砂岩，中粒结构含砾石 1%～5%，砾石成分，与其岩相同，砾径为 1～3 mm，砾石时呈条带状分布，具水平层理，单层厚 7 cm。　22.1 m
25. 灰绿色、浅灰色含砾长石岩屑砂岩，夹长石石英中-细砂岩，分选性差，砾石为同生砾石，次棱角状，不规则零散分散，砾径为 4～8 mm，个别为 12 cm×4 cm，砾分为泥岩或石英细砂岩，长石、砂岩显灰色和黑色两种颜色。　7.91 m
26. 浅灰色、灰绿色含砾长石岩屑砂岩，含同生砾石 10%，砾石顺层排列，颜色一致，砾径为 1～4 mm，层理光滑，单层厚为 0.2～3 cm。　18.74 m
27. 灰色-灰绿色含砾岩屑砂岩，砾石局部分布，无分选砾径 0.2～0.5 cm，呈半圆状，磨圆度中等。　24.54 m
28. 灰色-灰绿色粗粒长石岩屑砂岩，水平层理为主。　9.96 m
29. 灰色中-细粒岩屑杂砂岩，含极少量长石，并见泥质团块砾石，砾径 1～4 mm，较宽达 6 mm，以水平层理为主，少见小型交错层理，中部见大型交错层理，层系厚 30 cm，夹角 42°，示左流方向 245°，下部砂岩粒度变粗，为岩屑砂岩，厚层状并含砾石，以平行层理为主，层系厚 24 cm，并见纹层构造和逆粒序韵律层，见冲洗交错层理，脉状和透镜状潮汐层理。　40.01 m
30. 灰色-深灰色显微细层纹的中-粗粒长石岩屑砂岩，顶见砾石、砾分为泥质团块量少，砾径为 0.5～1.0 cm，一般为 2～4 mm，次棱角状或半滚圆状，砾间常充填泥质，为浪成同生砾石。见纹层构造和正粒序韵律层。常见脉状层理和静水液痕。　16.88 m
31. 灰绿色中-厚层状长石岩屑砂岩，夹黑灰色粉砂岩，具水平层理和脉状潮汐层理，并见大型交错层理和槽形交错层理。　16.34 m
32. 灰绿色厚层块状长石岩屑砂岩，中-粗粒结构，时夹黑色沥青质石英细砂岩厚层，见束状层理和大型交错层理，束状层理层系厚 33 cm，束长 70 cm，每个束层顶部见有小砾石分布，砾石成次棱角状。大型交错层理，层理厚 21～31 cm，交角 20°～45°，细层之间(每个细层顶部)见扁平状砾石顺层排列，砾石为灰色黏土岩，砾径大者 1 cm，小者 1～3 mm，呈次棱角状，磨圆差，细层、岩性主要是长石石英中粗粒砂岩。　20.66 m
33. 灰绿色薄-中厚层状中-粗粒(弱白云石化)岩屑砂岩，底部颗粒较细，并含少量暗色矿物，见交错层理，水平层理和逆行砂纹交错层理，偶见脉状潮汐层理。　18.73 m
34. 灰色中厚层细-中粒，岩屑杂砂岩，下部含泥质条带夹石英粉砂岩，细砂岩，并含次棱角状同生角砾，砾分为石英细砂岩和泥质团块，含砾率小于 10%，分布不均匀。显层纹构造，并含 5% 黄铁矿星点，中部为层纹状石英细砂岩，并见冲刷面。上部为厚层状石英中粒砂岩夹杂砂岩，泥质含量极少，时显微细水平层理，见大型交错层，层系厚 25 cm，交角 20°。细层由含砾砂岩组成，砾石扁平，次棱角状平行顺层排列。　26.63 m

35. 灰绿色薄-中厚层条纹状含砾砂质黏土岩。可见次棱角状、滚圆状分散小砾石，将细层纹压弯的现象(落石)，砾径为 1～2 cm，小者 0.5 cm，并具水平层理及粒序韵律层。　62.24 m

36. 浅灰绿色、块状粉砂质砾岩，砾石大小不一，成分各异，磨圆度差，含砾率>70%。　22.60 m

37. 灰白色厚层块状白云岩。　3.00 m

青白口系板溪群(Qb*Bx*)　>15 m

36. 紫红灰绿色含粉细砂质板岩与上覆白云岩有一个角度不整合接触。　15 m

2) 贵州松桃杨立掌 ZK005 孔剖面

剖面位置：*X*＝3100134，*Y*＝19289876

南华系(Nh)

南沱组(Nh_2n)　厚度：>10 m

1. 灰色块状(冰碛)含砾砂质黏土岩，砾石成分主要为半滚圆、次棱角、尖棱状的石英、长石、黏土岩、硅质岩、凝灰岩、火山岩、板岩等砂粒碎屑组成，偶见砾石级碎屑，分选性、成熟度均差，并分散在黏土矿物组成的基底上。　10 m

大塘坡组(Nh_1d)

第二段(Nh_1d^2)　厚度：333.79 m

2. 灰色层纹状含粉砂质黏土岩，岩石主要由显微鳞片状黏土矿物组成，砂状石英、斜长石顺层偏集构成层纹，含铁白云石顺层交代岩石，黄铁矿也顺层偏集。水平层理发育。该层顶部约 1 m，见复杂褶皱的变形层理。　35.22 m

3. 灰色黏土岩，粉砂质条带及铁白云石较少，但条纹、条带构造仍较明显。　21.85 m

4. 灰色层纹状黏土质页岩，下部为含粉砂质黏土岩，层纹发育。可见两层厚 0.5～5 cm 的细晶白云石组成的白云岩分布。　92.37 m

5. 灰色层纹状含粉砂质页岩，水平层理发育。　19.57 m

6. 灰色层纹状含粉砂质页岩，岩石主要由显微鳞片状黏土矿物组成，伴有一些石英、斜长石粉砂，显见分散的有机质不均匀分布组成斑点。多处见有岩性一致但成揉皱状等不规则的沉积变形构造分布，厚度为 5～30 cm。多处见有底部冲刷泥砾构造，厚度为 5～15 cm，泥砾成分一致，并见下粗上细的粒序性，泥砾长轴大致与层面平行。见有极小型交错层理分布，层系与细系交角约 10°。　121.58 m

7. 灰色黏土岩夹深灰色碳质黏土岩。含碳质黏土岩中可见碳质在岩石中偏集成条带，条带宽约 0.5 cm，水平层理发育。　43.20 m

第一段(Nh_1d^1)　厚度：35.94 m

8. 黑色页岩，岩石由黏土矿物、碳质、有机质、黄铁矿等组成，伴有少量石英、长石等粉砂粒黄铁矿及碎屑矿物组成层纹。其间夹有浅灰色黏土岩薄层，主要由黏土矿物及粉晶白云岩组成。　23.23 m

9. 黑色碳质页岩，岩石由黏土矿物、碳质及部分粉砂组成。粉砂砾顺层偏集。岩石中尚见少量泥晶级菱锰矿集合体，下部见有薄层 0.5～2 cm 的菱锰矿夹层。　5.29 m

10. 黑色含菱锰矿黏土岩，岩石主要由黏土矿物菱锰矿、碳质及部分粉砂质等组成，菱锰矿为泥晶呈不规则状、凝块状集合体组成条带或全由菱锰矿组成条带呈现层级构造。　0.91 m

11. 灰色黏土岩夹深灰色有机质条带。 0.14 m

12. 黑色含碳质菱锰矿。上部以条带状菱锰矿为主，条带宽 2～5 mm，由菱锰矿与黑色黏土岩互层产出；下部以块状菱锰矿为主，其结构特点大致可分为层纹状含有机质泥晶菱锰矿及含碳质凝块-碎屑菱锰矿。前者主要由泥晶菱锰矿组成，有机质与之相伴，分布在菱锰矿的粒间，层纹平直，主要分布于条带状菱锰矿中；后者主要由泥晶级菱锰矿组成的砂屑或凝块石形态的颗粒组成，长轴一般顺层，主要分布在块状菱锰矿矿石中。 4.62 m

13. 黑灰色含砂质含碳质页岩，岩石中见黄铁矿分布。 0.48 m

14. 深灰色含砾含菱锰矿黏土质砂岩夹弱白云石化砾-砂岩。 0.81 m

15. 薄层块状菱锰矿。 0.12 m

16. 黑色碳质页岩。 0.34 m

铁丝坳组(Nh_1t)　厚度：3.81 m

17. 灰色层纹状砂质黏土岩与含粉砂质黏土岩互层、平行层理清楚，层纹厚 1～4 mm，由浅色(浅灰)色条带显层纹，其间夹少量棱角状(砾径 1～2 mm)砾石。 0.65 m

18. 灰色层纹状含砂砾质黏土岩，砾石较少，多呈棱角状，砾径 1～10 mm，见“落石”压弯层纹现象。岩石中含有较多的黄铁矿团块，有的顺层分布。沉积物具有粗细相同的韵律特点，可能为纹泥岩。 0.57 m

19. 灰色层纹状砾质黏土岩，砾分为石英砂岩，以滚圆状为主。 0.05 m

20. 灰色层纹状含砂质黏土岩。下部为条纹状(含砾)岩屑杂砂岩见有底层冲刷和“落石”分布。本层中也见滴石、粒序层理、底冲刷等，为冰水沉积的泥纹层。 0.83 m

21. 灰色块状砾质粉砂岩，局部含砾较少，且见层纹。 1.71 m

两界河组(Nh_1l)　厚度：17.97 m

22. 灰色含砂砾质藻泥屑泥晶白云岩，砾石含量为 10%，为半滚圆状及棱角状，砾径为 2～0.5 cm，砾分复杂。底部 0.27 m 为灰色砾质粉砂岩。 1.43 m

23. 灰色块状含砂质砾岩，砾径为 5～10 mm，含砾约占 50%，砾石大致定向排列。 1.41 m

24. 灰色铁白云石化长石岩屑杂砂岩，砾分以石英砂岩为主，砾石为 1%～2%，可见弯曲层纹。 1.32 m

25. 弱方解石化含砾长石岩屑杂砂岩。 0.18 m

26. 灰色含粉砂质及钙质黏土岩，不显层纹。 0.55 m

27. 灰色含砾砂岩。 0.26 m

28. 灰色含砾泥晶白云岩。砾石成分为石英砂岩及岩屑，为半滚圆状及次棱角状，其碎屑长轴大致同向分布。 0.36 m

29. 灰色方解石化含砾长石岩屑杂砂岩。 2.15 m

30. 灰色弱方解石化含砾长石岩屑杂砂岩。 3.17 m

31. 灰色方解石化岩屑砂岩，偶含砾石。 3.71 m

32. 灰色方解石化岩屑砂岩，砾石稀少。 0.63 m

33. 灰色方解石化长石岩屑砂岩，下层为去白云石化(含藻粒屑白云质)砂砾岩。岩石由石英、长石、岩屑等组成，见有泥晶白云岩组成的碎屑颗粒及泥晶白云石胶结陆源碎屑和一些蓝绿藻屑。 0.67 m

34. 灰色强方解石化含砾粉砂岩。 2.13 m

青白口系板溪群($QbBx$)　　**厚度：>3.65 m**

35. 浅灰绿色薄层含凝灰质粉砂岩，由石英、长石等粉砂状碎屑构成，中部见有明显的脉状层理。　　0.65 m
36. 灰绿色凝灰质板岩，上层见不明显的脉状层理。岩石由绢云母组成及一些黏土矿物、石英、长石等。下层为层理不清的粉砂岩。　　>3.00 m

3）贵州松桃大屋剖面

剖面位置：$X=3106888$，$Y=19289999$

南华系(Nh)

南沱组(Nh_2n)　　**厚度：>17.47 m**

1. 灰色(冰碛)含粉砂质黏土岩，偶见砾石分散分布，岩石主要由黏土矿物和部分碎屑矿物组成，碎屑矿物粒径不等，可见粉砂质级粗砂，甚至砾石，岩石中尚具有分散的碳酸盐矿物。　　17.47 m

大塘坡组(Nh_1d)

第二段(Nh_1d^2)　　**厚度：214.14 m**

2. 灰色薄层层纹状粉砂质黏土岩。顶部粉砂质黏土岩普遍见变形层理分布。　　18.83 m
3. 灰色薄层状显微层状含粉砂质黏土岩。　　54.43 m
4. 灰色薄层层纹状黏土岩，层纹明显，层纹厚1～2 mm。　　12.86 m
5. 浅灰色-浅灰绿色薄层夹中厚层显微层状黏土岩。　　49.19 m
6. 灰色薄层层纹状黏土岩，层理厚2～4 cm，见水平层理。　　57.75 m
7. 灰色薄层层纹状黏土岩夹一层厚约37 cm的中厚层状含粉砂质黏土岩。偶见潮汐层理，水平层理发育。　　14.20 m
8. 灰色薄层层纹状含粉砂质黏土岩，见呈显微粒状黄铁矿顺层分布。　　6.88 m

第一段(Nh_1d^1)　　**厚度：4.17 m**

9. 深灰色-灰黑色碳质页岩，岩石主要由显微鳞片状黏土矿物、分散质点状碳质及部分粉砂组成，它们彼此互相偏集分布，形成层纹，纹层率3～5层/cm(注：该层在距本剖面仅9 m处的大屋锰矿区LD2硐口处即相变为0.6 m厚的含藻屑凝块石-砂屑白云岩，砂屑为滚圆状，凝块石则形状不规则，并含有较多的有机质，砂屑由泥晶白云石组成，基质为粉晶白云石)。　　4.17 m

两界河组+铁丝坳组(Nh_1l+Nh_1t)　　**厚度：3.86 m**

10. 灰绿色岩屑杂砂岩。　　1.57 m
11. 灰绿色-深灰色细砂岩，见槽状交错层理(层系厚0.34 m)，顶部有冲刷构造。　　1.05 m
12. 灰色黏土质砂-砾岩。　　0.40 m
13. 灰色含砾白云岩透镜体，岩石主要由石英等碎屑矿物组成，砾石部分以凝灰质、粉砂质及泥晶白云岩等为主，砂级碎屑主要是石英、斜长石等大小相等。岩石的基质由粉晶白云岩组成。　　0.12 m
14. 灰色黏土质砂砾岩，岩石主要由砾石、砂级碎屑和黏土杂基等组成，砾石大小不等。　　0.27 m
15. 灰色砾屑(含砾)白云岩透镜状，地表易被风化成凹洞状。　　0.15 m

16. 灰褐色中厚层状黏土质砂砾岩(冰碛),岩石主要由砾石、砂级碎屑和黏土杂基等组成,砾石大小不等,可见砾石的最大长轴达 0.9 m,形状为棱角或次棱角状,成分较杂,以黏土岩、砂岩为主。砂级碎屑粒径不等,以硅质岩屑及石英、斜长石为主,杂基支撑,还见少量泥晶白云石呈斑块状分布。　0.30 m

青白口系板溪群(Qb*Bx*)　**厚度:>3.00 m**

17. 灰色、深灰色薄-中厚层状,中-细粒变质长石砂岩。岩石主要由石英、斜长石及岩屑等组成。　3.00 m

4) 贵州松桃西溪堡锰矿区 ZK1010 孔剖面

寒武系(€)

杷榔组(€$_1$*p*)　**厚度:>42.42 m**

1. 灰绿色粉砂质页岩,发育斜层纹,局部黏土质含量较高。　25.05 m
2. 灰绿色黏土岩,顶部岩心破碎揉曲,底部岩心完好。　7.31 m
3. 灰绿色粉砂质页岩夹黏土岩,偶见砂质条带,底部岩心较破碎。　10.06 m

变马冲组(€$_1$*b*)　**厚度:179.28 m**

4. 断层破碎带,角砾主要为灰绿色黏土岩,顶部岩心揉曲,底部岩心破碎。　3.48 m
5. 深灰色-灰绿色含粉砂质岩质页岩,夹少量黏土岩,薄层细砂岩,底部岩心破碎。其中,51.33～52.55 m 处可见岩心揉曲的黏土岩,60.30～64.60 m 处可见岩心破碎的薄层细砂岩。　27.10 m
6. 深灰色含粉砂质的碳质页岩夹薄层细砂岩,底部岩心破碎,偶见顺层分布的方解石细脉。　57.54 m
7. 浅灰色的细砂岩与碳质页岩互层,发育韵律层理及垂直解理。　15.83 m
8. 浅灰色细砂岩夹少量的碳质页岩,发育斜解理。　25.84 m
9. 黑色碳质页岩夹薄层细砂岩。　8.66 m
10. 浅灰色薄层细砂岩、层纹条带发育,局部可见星点状黄铁矿。　0.93 m
11. 黑色碳质页岩夹薄层细砂岩,层纹条带发育,见星点状顺层分布的黄铁矿。　33.81 m
12. 黑色碳质页岩,页理清晰,局部见星点状黄铁矿。　6.09 m

九门冲组(€$_1$*jm*)　**厚度:46.24 m**

13. 深灰色碳质页岩与浅灰色灰岩互层。　16.74 m
14. 浅灰色细晶灰岩夹少量的碳质页岩,局部可见星点状黄铁矿。　20.12 m
15. 黑色碳质页岩,页理清晰发育,成分多为碳质黏土质,局部见少量星点状黄铁矿顺层分布。　6.72 m
16. 黑色层纹状含钒碳质页岩矿,含星点状黄铁矿。　2.66 m

震旦系(Z)

留茶坡组(Z$_2$*l*)　厚度:39.51 m

17. 深灰色硅质岩中夹少量碳质页岩。　28.20 m
18. 浅灰色-灰绿色块状硅质岩,局部可见星点状黄铁矿。　6.19 m
19. 深灰色碳质页岩夹灰绿色硅质岩,局部可见团块状黄铁矿。　5.12 m

陡山陀组(Z$_1$*d*)　**厚度:34.90 m**

20. 浅灰色白云岩,发育层纹条带及缝合线构造,局部夹少量黏土岩,偶见鳞片状方解石及星点状黄铁矿。　34.90 m

南华系(Nh)

南沱组(Nh_2n)　　**厚度:342.35 m**

21. 深灰色、灰色厚层含砾细砂岩,砾石含量稀少,砾石主要成分为石英,分选性较好,砾石大小多为 0.2 cm×0.2 cm,磨圆度也较多,多呈浑圆状。　14.14 m
22. 灰白色块状含砾杂砂岩,砾成分为石英,砂岩团块,分选磨圆都好,砾石整体含量稀少。　5.79 m
23. 深灰色块状含砾细砂岩,砾石含量稀少,底部见少量的碳质页岩。　3.54 m
24. 灰白色块状含砾黏土岩,砾石含量稀少。　15.39 m
25. 黑色含碳质页岩,页理清晰发育,局部见少量星点状黄铁矿。　4.06 m
26. 灰色含砾黏土岩夹少量含砾细砂岩,灰黑色碳质页岩,砾石含量稀少。　3.04 m
27. 灰白色块状含砾杂砂岩,砾石含量稀少。　6.05 m
28. 深灰色、灰色块状含砾细砂岩,砾石成分为石英,砾径为 0.1 cm×0.3 cm,磨圆度呈次棱角状,分选性一般,砾石含量稀少。　38.46 m
29. 灰绿色块状含砾黏土岩,砾石成分多为石英,分选性较好,磨圆度较高,多呈浑圆状,砾石大小多为 0.2 cm×0.2 cm。　8.94 m
30. 深灰色、灰色块状含砾细砾岩,砾石多为石英、砂岩,砂岩类砾石分选性较好,磨圆度较高,呈浑圆状,少量呈次棱角状,砾石大小多为 0.2 cm×0.2 cm。　242.23 m
31. 灰色含砾粉砂质页岩夹少量含砾黏土岩,层纹发育,局部可见少量的星点状黄铁矿。　0.71 m

大塘坡组(Nh_1d)

第二段(Nh_1d^2)　　**厚度:556.7 m**

32. 深灰色、灰色粉砂质页岩,发育层纹及砂质条带,条带宽约 5 mm,局部见星点状顺层分布的黄铁矿。　11.75 m
33. 断层破碎带,角砾成分多为粉砂质页岩。　2.09 m
34. 深灰色、灰色层纹状粉砂质页岩,局部见星点状顺层分布的脉状黄铁矿,脉宽 0.3 cm,偶见石英细脉杂乱分布。　165.92 m
35. 浅灰色薄层细砂岩,局部可见星点状黄铁矿。　1.08 m
36. 深灰色粉砂质页岩,页理清晰发育,局部可见石英细脉穿层分布。　21.64 m
37. 灰色薄-中层细砂岩夹深灰色粉砂质页岩,层纹发育,局部可见少量石英细脉杂乱分布。　14.62 m
38. 深灰色粉砂质页岩,层纹发育,局部见星点状顺层分布的黄铁矿,偶见石英细脉杂乱分布。　10.13 m
39. 浅灰色薄-中层细砂岩,多见穿层分布的石英细脉,局部可见团块状、星点状黄铁矿。　6.94 m
40. 浅灰色粉砂质页岩,局部夹黏土岩,发育近水平的层纹。偶见方解石细脉杂乱分布。　269.60 m
41. 深灰色粉砂质页岩,其中可见约 7 cm 的浅灰色砂质条带。　2.61 m
42. 浅灰色粉砂质页岩,发育细小斜层纹,层纹为 0.1～2 cm。底部局部颜色较深,可见星点状黄铁矿。　42.36 m
43. 深灰色含碳质粉砂质页岩,发育层纹条带。同时可见星点状条带状黄铁矿,条带宽约 2.5 cm。　7.96 m

第一段(Nh_1d^1)　**厚度:96.13 m**

44. 黑色碳质页岩。局部夹黄铁矿条带。　26.93 m
45. 黑色碳质页岩,偶见含星点状黄铁矿条带,条带宽多为1 mm。夹浅灰色-灰绿色含星点状黄铁矿的黏土岩。　48.32 m
46. 断层破碎带,角砾多为碎块状的碳质页岩,发育碳质镜面。　0.22 m
47. 黑色碳质页岩,发育顺层分布的方解石细脉。　6.14 m
48. 灰绿色凝灰质黏土岩,星点状黄铁矿发育。　0.11 m
49. 黑色含锰碳质页岩,页理发育而清晰,含星点状黄铁矿。　1.07 m
50. 钢灰色条带状、块状菱锰矿,含星点状黄铁矿。　5.37 m
51. 黑色含锰碳质页岩,含星点状黄铁矿。　0.95 m
52. 钢灰色条带状菱锰矿。　0.64 m
53. 黑色含锰碳质页岩,含星点状黄铁矿。　1.80 m
54. 断层破碎带,角砾为黑色碳质页岩,呈碎块状,偶见菱锰矿残留碎块。　0.12 m
55. 黑色含锰碳质页岩,发育碳质镜面。　0.42 m
56. 黑色含锰碳质页岩,可见少量弯曲状的石英细脉。　0.20 m
57. 黑色-钢灰色块状菱锰矿,层理垂直分布。偶见黄铁矿细脉。　3.28 m
58. 黑色含锰碳质页岩。　0.56 m

铁丝坳组(Nh_1t)　**厚度:>1.22 m**

59. 深灰色含砾细砂岩,砾石成分主要为砂质团块黄铁铁矿团块,磨圆度好,呈浑圆状,大小为0.1 cm×0.2 cm～0.5 cm×0.5 cm,底部发育杂乱分布的石英细脉,脉宽约0.5 cm。　1.22 m

5)湖南花垣民乐剖面

剖面位置:$X=3141000$,$Y=19337000$

南华系(Nh)

南沱组(Nh_2n)　**厚度:>63.69 m**

1. 黄褐色土黄色偶含砾石的冰碛粉砂岩,砾分为板岩、石英、岩屑等,呈棱角-半滚圆状,砾径为2～5 mm,与大塘坡组界线不明显,但顶部粉砂质页岩的微细层理有绕曲岩石形成似角砾岩。　63.69 m

大塘坡组(Nh_1d)

第二段(Nh_1d^2)　**厚度:180.74 m**

2. 深灰色含粉砂质板状页岩,微细水平层理特别发育。　79.94 m
3. 深灰色略带黑灰色含粉砂质板状页岩,具微细水平层理。　52.26 m
4. 深灰色板状页岩,显层纹,上部夹两层透镜状白云岩(厚0.2～50 mm)。　39.04 m
5. 深灰色板状页岩,显层纹,上部夹两层透镜状白云岩(厚0.2～50 mm)。　9.45 m

第一段(Nh_1d^1)　**厚度:18.63～18.73 m**

6. 深灰色板状含粉砂质页岩,夹薄层碳质页岩。　1.90 m
7. 黑色薄层碳质页岩,底部夹黄褐色的白云质页岩。在本层上部的层面上见8个椭圆形印模(鸡卵形),似是碳质页岩充填。　7.70 m
8. 黑色板状碳质页岩。　4.57 m

9. 碳质页岩含粉砂质条带状菱锰矿。 0.98 m
10. 棕褐色(风化色)薄层状含锰白云岩。 0.20 m
11. 致密块状菱锰矿。碳质页岩,顶底部含白云岩。 0.77 m
12. 碳质页岩,夹稀疏条带状菱锰矿。 0.47 m
13. 条带状菱锰矿夹黑色含锰质白云岩及透镜状白云岩。 0.37~0.47 m
14. 黑灰色薄层状含锰微晶白云岩透镜体。 0.33 m
15. 黑灰色条带状菱锰矿夹薄层碳质页岩。 0.88 m
16. 黑色含黄铁矿含锰质碳质页岩。 0.30 m
17. 黑色薄层状粉砂质页岩,具水平层理。 0.16 m

两界河组+铁丝坳组(Nh_1l+Nh_1t) 厚度:28.96~31.16 m

18. 黑灰色微含黄铁矿含泥质层纹细粒石英砂岩。 0.06~0.1 m
19. 黑色薄层状含砂质条带碳质页岩,黄铁矿星点状分布。 0.20 m
20. 黑灰色薄层状含黄铁矿中-细粒岩屑石英砂岩。 0.05~0.1 m
21. 灰色(风化色)厚层黏土质粉砂岩偶含砾岩,砾石分布不均,具顺层分布,砾分主要为岩屑石英,砾径为2~5 mm,最大为15 mm。 0.70 m
22. 深灰色厚层状中-细砾岩屑杂砂岩,其顶部0.2 m为砾岩类白云岩透镜体。 0.65 m
23. 深灰色中厚层状中-细粒含砾岩屑石英砂岩,砾分多为石英组成,砾径为2~4 mm,最大为1 cm,多呈棱角-次棱角状,砾石除以层偏集外。还见不规则偏集,顶部夹一层厚2 cm、长1 m的白云岩透镜体,该层顶面见波痕。 0.80 m
24. 深灰色中厚层砾屑白云岩,中夹一层厚度不稳定为0.3~0.5 m的深灰色中厚状含砾细粒岩屑石英杂砂岩。 1.2~1.7 m
25. 暗灰色巨厚层状细粒石英岩屑杂砂岩,具块状层理。 3.60 m
26. 深灰色厚层砾岩,砾分主要为石英砂岩、岩屑石英砂岩等,砾径为2~5 cm,最大为10 cm,一般砾石长轴平行层面分布。含砾率为60%,此层与下伏粉砂质黏土岩接触层起伏不平,为一底冲刷面,厚度变化大。 0.3~0.8 m
27. 浅灰色粉砂质黏土岩,内含星点状、团块状菱铁矿。 1.70 m
28. 砾岩,砾分复杂主要为石英砂岩、岩屑板岩、白云岩等,分选性差,大小混杂,砾径一般为3~5 cm,最大为20 cm,砾石长轴平行于层面与下伏含砾石英砂岩,接触面起伏不平,厚度沿倾向有变化。 0.3~0.45 m
29. 深灰色块状含砾岩屑石英细砂岩,砾分以石英为主,呈滚圆状或次圆状,砾径为2~15 mm,大者为20 mm。 1.60 m
30. 深灰色中厚层状砾屑白云岩,砾屑成分为泥晶白云岩。 0.30 m
31. 深灰色块状含砾粗粒岩屑石英砂岩,砾分为砂岩、石英、板岩、岩屑等,砾径一般为5 mm,最大为50 cm,含砾率为10%~15%。 1.35 m
32. 深灰色块状含砾岩屑粉砂岩,砾分为石英砂岩板岩等,砾径为3~5 mm,最大为2 cm,砾石多呈板状,少呈次圆状、棱角状,含砾率为15%。 1.10 m
33. 深灰色砾岩,砾分为砂岩、板岩、白云岩岩屑组成,砾径一般为3~6 cm,最大达15 cm,含砾率为70%,孔隙式泥、砂质胶结。 1.50 m
34. 深灰色块状含白云质岩屑石英细砂岩。 1~1.3 m
35. 深灰色细粒岩屑石英砂岩,上下均有10~30 cm的深灰色白云岩透镜体分布。 0.4~0.8 m

36. 灰色-深灰色厚层状-块状细粒含长石石英砂岩。　2.00 m

37. 深灰色厚层块状砾屑白云岩，以内碎屑为主，次为石英、板岩等外碎屑。　1.10 m

38. 深灰色中厚层含砾岩屑石英杂砂岩。　1.50 m

39. 深灰色中厚层状泥晶白云岩，中夹 0.3～10 cm 含砾细砂岩透镜体。　1.00 m

40. 深灰色含砾粉砂岩-粗砂岩，砂质由下向上逐渐变粗。砾石由下向上逐渐增多，砾径由小变大，呈现反粒序层理的现象。　1.20 m

41. 深灰色块状微晶白云岩。　1.80 m

42. 深灰色杂砾岩（块状冰碛砾岩），砾分为板岩、砂岩、石英等，砾径一般为 5 mm×5 mm，最大为 1 cm×2 cm，多为棱角-次棱角状，含砾率为 60%。　0.50 m

43. 下部为深灰色中厚层状硅化微晶白云岩，厚约 30 cm。上部为深灰色中厚层中-粗粒岩屑石英砂岩，厚约 33 cm。此层下部是一厚 8 cm、长 40 cm 的白云岩透镜体。　0.5～0.76 m

44. 深灰色-灰色中-厚层含砾岩屑石英杂砂岩，夹薄层粉砂岩，砾石零星分布，局部有所偏集现象，砾径一般为 2～5 mm，最大可达 4 cm×2 cm，砾分为板岩、石英砂质板岩、石英等组成，所见平行层理和正粒序层理。　2.32 m

45. 浅灰色-灰色冰碛砾岩，砾分主要为砂质板岩，次为石英砂岩，少许石英、岩屑等，砾径为 1～3 cm，多呈板状、次棱角状，砾石含砾率为 50%～60%。为砂质胶结与下伏的元古宙（Pt）界面不平整，可见一微角不整合。　0.23 m

青白口系板溪群（Qb*Bx*）　厚度：>18 m

46. 灰绿色薄层细砂岩夹浅灰绿色板岩条带。　18 m

6）贵州松桃黑水溪向家坡剖面

剖面位置：$X=3120912$，$Y=19291755$

南华系（Nh）

南沱组（Nh_2n）　厚度：>3.69 m

1. 黄灰色-灰绿色厚层块状（冰碛）含砾砂质黏土岩。　3.69 m

大塘坡组（Nh_1d）

第二段（Nh_1d^2）　厚度：143.72 m

2. 灰色薄-中厚层状黏土页岩夹粉砂质页岩，水平层理发育。　21.92 m

3. 黄灰色层纹状黏土页岩。　1.05 m

4. 灰色薄-中厚层状黏土页岩，层纹构造不明显。　12.31 m

5. 灰色薄层黏土页岩，具明显的层纹构造，层理平直。　34.38 m

6. 深灰色薄层状含碳质黏土页岩。　57.40 m

7. 深灰色-灰色含碳质黏土页岩与黏土页岩互层，层纹清楚。　16.66 m

第一段（Nh_1d^1）　厚度：22.05 m

8. 深灰色薄-中厚层碳质页岩，局部含有薄层凝灰岩条带，层纹清楚。　9.37 m

9. 深灰色-黑灰色厚层微密块状凝灰岩，岩石由黏土矿物、霏细石英及碳质等组成，黏土矿物呈显微鳞片状，霏细石英组成弓状、眉毛状、枝丫状等火山灰的残迹，少量石英晶屑具尖锐棱角状、港湾状，碳质呈污染状、线条状与之相伴。　3.65 m

10. 灰黑色碳质页岩。　1.19 m

11. 灰黑色碳质页岩。 7.84 m

两界河组+铁丝坳组(Nh_1l+Nh_1t) 厚度:1.65 m

12. 灰色,中-薄层状黏土岩夹含砾砂岩。 1.10 m

13. 灰色块状(冰碛)砾岩。其间夹砂砾质白云岩透镜体。 0.55 m

青白口系板溪群(Qb*Bx*) 厚度:>12.6 m

14. 灰色-浅灰色厚层条带状凝灰岩,含粉砂质泥灰岩与绢云母变质粉砂岩相间。凝灰岩由霏细石英、长石、黏土矿物、绿泥石等组成,它们不均匀混杂或偏集分布,可见呈弓形、眉毛状、枝状等火山灰结构的残迹。还见少量石英、长石晶屑具尖锐棱角状、溶蚀状等。 12.60 m

7)贵州松桃九龙坡剖面

剖面位置:X=3130900,Y=19332200

南华系(Nh)

南沱组(Nh_2n) 厚度:>10 m

1. 冰碛砾岩。 10 m

大塘坡组(Nh_1d)

第二段(Nh_1d^2) 厚度:96.08 m

2. 黄绿色薄层粉砂质黏土岩夹薄层约 10 cm 层纹状砂岩及透镜状砂岩。 20.51 m

3. 黄灰色薄层粉砂质黏土岩,层理清楚,呈薄板状。砂质成分增高。 41.69 m

4. 黄绿色薄层黏土质页岩,局部显层纹。 33.88 m

第一段(Nh_1d^1) 厚度:17.28 m

5. 黑色碳质页岩。 17.28 m

铁丝坳组(Nh_1t) 厚度 1.95 m

6. 冰碛砾岩,顶部有 30~40 cm 含砾砂岩。 1.95 m

青白口系板溪群(Qb*Bx*) 厚度:>1 m

7. 黄绿色中厚层含粉砂质条带板岩,与上覆地层明显呈角度不整合接触。 1.0 m

8)重庆秀山笔架山剖面

剖面位置:X=3135500,Y=19295600

南华系(Nh)

大塘坡组(Nh_1d)

第二段(Nh_1d^2) 厚度:>86.33 m

1. 灰色薄层层纹状含粉砂质页岩。 34.93 m

2. 灰色薄层层纹状页岩。 41.93 m

3. 灰色薄-中厚层层纹状页岩,局部含碳质。 9.47 m

第一段(Nh_1d^1) 厚度:16.70 m

4. 黑色含碳质页岩。 10.62 m

5. 钢灰色含砂屑-凝块石碳质菱锰矿。 4.48 m

6. 黑色含锰碳质页岩。 1.60 m

铁丝坳组(Nh_1t) 厚度:**7.67 m**

7. 深灰色中厚层含砾砂岩。 0.90 m

8. 灰色薄层黏土质页岩,顶部为灰色薄层块状冰碛岩。 0.72 m

9. 浅灰黄色厚层弱方解石化含岩屑杂砂岩,砾分较杂,砾径为 0.2～0.5 cm。 6.05 m

两界河组(Nh_1l) 厚度:**3.31 m**

10. 深灰色中-厚层含砾泥晶白云岩,局部显层纹。砾分由白云岩或方解石化的岩石组成,砾径一般为 1～3 cm,最大达 5～10 cm,稀疏分布。中夹一层厚约 10 cm 的薄层页片状泥质白云岩。 1.55 m

11. 灰色厚层细晶灰岩。 1.76 m

青白口系板溪群(QbBx) 厚度:>**6.79 m**

12. 浅灰黄色中-厚层变质粉砂质凝灰岩夹少许薄层层带状岩屑长石细砂岩。 6.79 m

9)贵州松桃举贤地层剖面

剖面位置:$X=3094983$,$Y=19291966$

大塘坡组(Nh_1d)

第二段(Nh_1d^2) 厚度:>**6.41 m**

1. 灰色中层黏土岩。 6.41 m

第一段(Nh_1d^1) 厚度:**9.67 m**

2. 碳质页岩。 7.87 m

3. 浮土掩盖(相当于锰矿层位)。 0.9 m

4. 黑色黏土页岩。 0.9 m

铁丝坳组(Nh_1t) 厚度:**2.68 m**

5. 黄褐色含砾砂质黏土岩。 0.29 m

6. 深灰色中厚层黏土岩。 0.4 m

7. 灰色中-厚层条带状含砾含砂质黏土岩。 1.99 m

青白口系板溪群(QbBx) 厚度:>**15.1 m**

8. 深灰色厚层含碳质含砾岩屑杂砂岩,砾石小而少,显层纹,层纹厚 2～3 mm,条纹不连续。 2.78 m

9. 灰色厚层含砾岩屑杂砂岩,砾石细小。 1.99 m

10. 灰色厚层中粒岩屑砂岩。 7.95 m

11. 灰色厚层岩屑细砂岩。 2.38 m

(二)铜仁-凤凰-溆浦地层小区

主要沿贵州施秉—铜仁—湖南凤凰—溆浦一线呈北东东向分布。该地层小区的最大特征如下。

(1)南华系大塘坡组第一段黑色碳质页岩普遍发生缺失,大塘坡组第二段灰绿色粉砂质页岩与铁丝坳组含砾砂岩(冰碛砾岩)直接接触。

(2)缺失两界河组地层。

(3)大塘坡组厚度大幅度减薄,甚至缺失整个大塘坡组地层,导致部分剖面上出现南沱组直接与板溪群接触(如岑巩注溪鲤鱼塘剖面)。

铜仁-凤凰-溆浦地层小区的特征说明，该区域在南华纪大塘坡早期，处于武陵次级裂谷盆地中相对隆起（地垒）的古地理环境。小区内共观测、收集和补测地层剖面11条，代表性剖面主要有铜仁茶店半溪、铜仁翁慢、江口雷家、岑巩鲤鱼塘、镇远两路口等剖面。典型剖面描述如下。

1）贵州碧江半溪剖面

剖面位置：$X=3046800$，$Y=19293900$

南华系（Nh）

南沱组（Nh_2n）　　**厚度：>27.52 m**

1. 黄绿色含砾岩屑石英杂砂岩（冰碛）具含砾砂状结构（镜下）含灰白色角砾，最大可达2 cm，砾分为石英、凝灰岩及板岩。砾石在基质中的含量约6%，最多可达10%，形状以棱角状为主。基质由黄、白、黑砂组成的砂质、粉砂质及黏土质组成，成分为黏土质岩、硅质岩、砂岩、岩浆岩、火山岩和凝灰岩。　27.52 m

大塘坡组（Nh_1d）

第二段（Nh_1d^2）　　**厚度：41.22 m**

2. 深灰色含粉砂质黏土岩，层纹状构造，显微鳞片状结构。岩石主要由显微鳞片状黏土矿物组成，伴有少许碳质、粉砂石英、斜长石及绢云母等。有时显顺层偏集相成层纹状构造。　6.28 m
3. 灰色黏土岩，具层纹状构造，显微鳞片状结构。岩石由呈显微鳞片状黏土矿物组成，伴有少许石英、长石等，有时呈顺层分布。　13.21 m
4. 黄绿色黏土岩，具层纹状构造，显微鳞片状结构。岩石由呈显微鳞片状黏土矿物组成，伴有少许石英、长石等，有时呈顺层分布。　18.04 m
5. 灰色黏土岩，具层纹状构造，显微鳞片状结构。岩石由呈显微鳞片状黏土矿物组成，伴有少许石英、长石等，有时呈顺层分布。　3.69 m

第一段（Nh_1d^1）　　**厚度：1.26 m**

6. 浅灰色中厚层状泥晶白云岩，顶部10 cm可见厘米级层纹；中部风化后为褐黄色皮壳；底部见交错纹理，显示流水方向为南西向。　0.35 m
7. 浅灰绿色页岩，底部含黄铁矿等。　0.37 m
8. 浅灰色中厚层状泥晶白云岩，含较多褐铁矿，风化后形成较多凹坑，2～3 cm。风化面显厘米级层纹状构造。　0.54 m

两界河组＋铁丝坳组（Nh_1l+Nh_1t）　　**厚度：2.70 m**

9. 灰黄色含砂砾质白云岩，具混晶结构含砾砂状结构，基质由泥晶白云岩组成，伴有一些石英、斜长石、岩屑等，大小分布杂乱。砾石以棱角状为主，滚圆次之，砾石最大13 cm×4 cm×3 cm，小的约3 mm；在基质中含量约6%，砾分复杂。辉绿岩、凝灰岩、石英、板岩并在其较大砾石周围有石英圈。　0.40 m
10. 深灰色-灰黑色含砂砾质粉晶白云岩。基质主要由粉晶白云岩组成，伴有粉砂状石英、斜长石及黏土、硅质、火山岩、凝灰岩岩屑。砾石主要是石英、斜长石，为圆状及棱角状，最大达3.5 cm。　0.30 m
11. 灰色弱方解石化含砂砾灰岩，细晶镶嵌结构，砾屑结构，基质由细砂细晶方解石组成，及细砂石英、斜长石及岩屑。砾石大小不一，主要为碳质砂质黏土岩、黏土岩、砂岩、硅质岩等，砾石边缘具方解石重晶石结构成环状分布。　0.70 m
12. 灰色含碳质硅质岩，隐晶质结构。由隐晶质玉髓组成，伴有少量石英、有机质、碳质。见方解石团块。　0.30 m

13. 灰色(重结晶)含砂砾质不等粒灰岩。基质由细晶、中晶、粗晶不等粒方解石组成,伴有少量的黏土矿物、细砂石英、岩屑(以黏土岩屑、砂质、含碳质黏土岩屑),砾石为黏土岩、砂质黏土岩,最大达 4 cm,含量约 10%。与下伏地层为角度不整合接触。　1.00 m

青白口系板溪群(Qb*Bx*)　厚度:>11.8 m

14. 浅灰绿色中-厚层层纹状凝灰质砂岩,风化面层纹明显,局部可见方解石呈不规则扁豆状分布,与上覆地层有明显交角。　0.60 m
15. 浅灰绿色中-厚层石英砂岩,细砂状结构。　0.40 m
16. 浅灰色中厚度层纹状含黏土质灰岩。　0.70 m
17. 浅灰色中厚层钙质砂岩。　0.50 m
18. 浅黄色厚层砂岩,显层纹及条带。　1.50 m
19. 浅灰色厚层结晶灰岩。　1.90 m
20. 灰绿色中-厚层凝灰质黏土岩。　0.80 m
21. 灰色中厚层方解石化砂岩(灰岩)底部有硅质、长条形块顺层分布。　0.40 m
22. 灰绿色凝灰质砂岩。　>5 m

2) 贵州江口雷家剖面

南华系(Nh)

大塘坡组(Nh_1d)

第二段(Nh_1d^2)　厚度:>8.36 m

1. 深灰色-黑色含碳质黏土页岩。　8.36 m

第一段(Nh_1d^1):　厚度:14.21 m

2. 暗灰色粉晶白云岩。　1.39 m
3. 灰色黏土质页岩,夹碳质页岩。　0.61 m
4. 浅褐色粉晶白云岩,表面铁氧化物沿裂隙分布,风化面为褐色的铁氧化物。　0.76 m
5. 黑色含粉砂质、碳质页岩。　5.85 m
6. 黑色含粉砂质黏土岩,交界处浮土覆盖。　5.60 m

铁丝坳组(Nh_1t)　厚度:3.63 m

7. 灰黄色厚层含砂砾泥晶白云岩,砾径最大为 12 cm,一般为 3 cm 左右,以棱角状为主,砾分为板岩、砂岩、白云岩及黑色页岩等,含量为 20%左右,往上有砾石变大的现象。　3.63 m

青白口系板溪群(Qb*Bx*)　厚度:>7.55 m

8. 灰色薄层含粉砂质黏土岩。　7.55 m

3) 贵州岑巩注溪鲤鱼塘剖面

南华系(Nh)

南沱组(Nh_2n)

1. 黄绿色块状冰碛砾岩,与下伏地层接触被浮土转石掩盖约 50 m,根据浮土和转石,判断南沱组与青白口系板溪群地层直接接触,大塘坡组缺失。

青白口系板溪群(Qb*Bx*)

2. 灰色、灰绿色中厚层黏土质板岩。

4）贵州镇远两路口剖面

寒武系(€)

明心寺组($€_1m$)　　**厚度：>80.32 m**

1. 灰黑色水云母黏土质页岩。　　10.48 m
2. 黑色硅质碳质页岩，硅质呈层状。　　28.24 m
3. 黑灰色薄板状石英粉砂碳质页岩。　　17.63 m
4. 黑色斑状粉砂质碳质页岩。　　19.98 m
5. 黑色条带状硅质岩与碳质页岩互层。　　1.1 m
6. 黑色薄层蛋白石硅质夹黑色碳质页岩。　　2.89 m

牛蹄塘组($€_1n$)　　**厚度：19.72 m**

7. 灰黑色厚层状碳质玉髓、蛋白石硅质岩。　　13.62 m
8. 深灰色厚层状硅质微晶白云岩。　　6.1 m

震旦系

陡山陀组(Z_1d)　　**厚度：132.42 m**

9. 黑色板状含粉砂质碳质页岩。　　89.78 m
10. 黑色碳质页岩。　　35.79 m
11. 浅灰色硅化细晶白云岩，石英呈不规则柱状及网状分布。　　6.85 m

南华系

南沱组(Nh_2n)　　**厚度：296.03 m**

12. 灰绿色冰碛砾岩。　　85.81 m
13. 含砾砂屑云母板岩，层理清晰。　　17.5 m
14. 冰碛砾岩。　　37.23 m
15. 灰绿色粉砂质绢云母板岩与黄绿色薄层变余粉砂岩互层。　　60.07 m
16. 灰绿色薄板状水云母绢云母板岩。　　43.49 m
17. 灰色、深灰色冰碛砂砾岩，砾石占50%，砾径为1～5 cm。　　50.50 m
18. 灰黑色碎裂含砂质重结晶灰岩。　　1.43 m

青白口系板溪群(Qb*Bx*)　　**厚度：>10.59 m**

19. 灰绿色、灰黄色薄板状绢云母板岩，上部为变余砂岩。　　10.59 m

5）贵州碧江翁慢剖面

南华系(Nh)

南沱组(Nh_2n)　　**厚度：>3.69 m**

1. 灰黄绿色块状(冰碛)含粉砂质黏土岩，砾石含量少。　　11.55 m
2. 灰黄绿色块状(冰碛)含粉砂质黏土岩。　　0.48 m

大塘坡组(Nh_1d)

第二段(Nh_1d^2)　　**厚度：>168.99 m**

3. 灰色薄层黏土页岩，局部可见平行层理，少许粉砂岩呈透镜状分布。　　25.89 m

4. 灰绿色薄层层纹状粉砂质黏土岩。 30.70 m

5. 浮土掩盖。 26.05 m

6. 灰绿色薄层黏土岩。 11.37 m

7. 浮土掩盖。 3.14 m

8. 灰色薄层层纹状含碳质黏土岩。 31.06 m

9. 灰色-灰黄色薄层条带状黏土岩。 1.35 m

10. 灰色薄层条带状含粉砂质黏土岩，局部夹黑色硅质岩薄层。 6.8 m

11. 灰色-灰黄色薄层条带状粉砂质黏土岩，局部夹黑色硅质岩薄层。 16.43 m

12. 灰黄绿色薄层含粉砂质黏土岩。 1.91 m

13. 灰色薄层含粉砂质黏土岩。 1.0 m

铁丝坳组(Nh_1t) **厚度：0.5 m**

14. 深灰色薄层弱方解石化凝灰质黏土岩，与下部岩石界面清楚，整合接触。 0.5 m

青白口系板溪群($QbBx$) **厚度：12.79 m**

15. 灰黄色薄层含粉砂质页岩。 4.97 m

16. 灰色薄层方解石化层纹状含粉砂质黏土岩。 7.82 m

（三）玉屏-黔阳-湘潭地层小区

该小区南华系地层的主要特征如下。

（1）该地层小区沿贵州岑巩、玉屏、碧江瓦屋、万山石竹溪，湖南芷江莫家溪、怀化鸭嘴岩、黔阳熟坪、湘潭甘棠山一线呈北东东向展布。

（2）与石阡-松桃-古丈地层小区特征一样，以南华系大塘坡组第一段黑色碳质页岩（含锰岩系）普遍存在为特征。但厚度明显较石阡-松桃-古丈地层小区薄，一般为5～20 m，且只要含锰岩系厚度大于10 m时（有时还更小），则在含锰岩系底部出现菱锰矿体及白云岩透镜体。菱锰矿体的厚度与黑色含锰岩系的厚度呈正相关。

（3）因受后期燕山期构造的影响，导致南华系大塘坡组第一段（含锰岩系）地层在地表大致沿北北东—北东方向呈线状、断续展布。但特别指出的是：实际上地层最大厚度的方向与石阡-松桃-古丈地层小区特征一样，均为北东东方向，代表了裂谷盆地及同沉积断层、构造古地理的实际方向，垂直北东东方向则其厚度、岩性组合变化剧烈，甚至缺失。

（4）玉屏-黔阳-湘潭地层小区在南华纪大塘坡早期，处于武陵次级裂谷盆地中更次级的断陷（地堑）盆地的古地理环境。小区内共观测、收集和补测地层剖面12条（收集资料均来自贵州省地质矿产勘查开发局103地质大队），其中以万山石竹溪、芷江莫家溪、万山黄道、玉屏新寨、镇远岩佬剖面最具代表性。典型剖面描述如下。

1）贵州万山石竹溪剖面

南华系(Nh)

南沱组(Nh_2n) **厚度：>27.88 m**

1. 灰黄绿色、灰白色等杂色厚层冰碛砾岩，砾石细小，砾径一般为2～4 mm。呈次棱角状-圆状，含量为5%～10%，不均匀，稀疏分布。砾石成分为黑色黏土岩。 4.56 m

2. 灰黄色、黄绿色薄层-中层状含砂砾黏土岩夹叶片状灰黑色黏土岩，砂砾含量为5%左右，风化为黄褐色，不均匀分布。 7.55 m
3. 深灰色、灰黄绿色、灰褐色厚层状冰碛砾岩，砾石小而少，砾径为 2～8 mm，为次棱角状-圆状，含量为 5%～10%，为砂泥质胶结，不均匀分布。 4.19 m
4. 灰黄绿色薄-中层状含砂砾黏土岩，砾径为 2～8 mm，浑圆状含量 5%左右，不均匀分布，易风化为黄土斑点状或空洞。 8.41 m
5. 灰黄色中层状含砾黏土岩，砾径为 2～12 mm，大小不均匀，含量 5%左右，不均匀分布，砾石成分为黏土岩。 3.17 m

大塘坡组(Nh_1d)

第二段(Nh_1d^2)　　厚度:50.81 m

6. 灰黄色薄-中层纹层状黏土岩，局部黑灰褐色(风化色)与灰黄色相间。 6.6 m
7. 灰黄色薄-中层纹层状黏土岩，纹层宽 1～3 条/mm，局部黑灰褐色(风化色)与灰黄色相间。 1.21 m
8. 灰白色-浅灰色薄-中厚层纹层黏土岩，纹层平直而密集清晰，时夹含粉砂质条带。 4.58 m
9. 深灰色、灰褐色碳质黏土岩。 8.56 m
10. 灰黄色薄层状含碳质纹层状黏土岩，纹层平直。 4.02 m
11. 深灰色、灰黑色黏土岩夹中层状黏土岩，不显纹层。 4.99 m
12. 灰色、深灰色薄-中厚层状含碳质、粉砂质黏土岩，时含砂砾，砾径为 2～6 mm，含量 5%左右，局部见粗纹层。 3.82 m
13. 深灰色、灰色薄-中层状粉砂岩与粉砂质黏土岩互层。局部见脉状层理，砂岩层厚 7～11 cm，黏土岩 3～5 cm，呈透镜状。 4.39 m
14. 浮土覆盖。 7.97 m
15. 深灰色、灰黄色薄层碳质纹层状黏土岩，风化后显淡红色条带。 1.3 m
16. 浮土覆盖。 1.85 m
17. 灰色、浅灰紫色薄-中层状含碳质黏土岩，略显纹层，纹层较平直。 1.52 m

第一段(Nh_1d^1)　　厚度:33.72 m

18. 灰色、浅灰紫色薄-中层状含碳质黏土岩，略显纹层，纹层较平直。夹 0.35 m 厚的灰褐色、黄褐色、黑褐色薄层皮壳状(风化后)锰矿层，局部见角砾。 6.0 m
19. 深灰色、灰紫色薄-中层状含碳质黏土岩，见纹层。 20.36 m
20. 深灰色薄层状碳质页岩，下部夹一层厚 0.8 m 的黑褐色薄层状锰矿层。 5.05 m
21. 深灰色、灰紫色中厚层状碳质页岩。 1.62 m
22. 深灰色、灰褐色氧化锰矿层(锰帽)，矿石散软、染手，局部呈皮壳状，时夹黄色粉砂质黏土岩，夹层为纹层状黏土岩。 0.69 m

铁丝坳组(Nh_1t)　　厚度:8.64 m

23. 灰绿色、灰黄色厚-块状中粒长石石英砂岩。 0.83 m
24. 灰黄色、杂色块状冰碛砾岩，砾石大小不一，砾径为 2～6 mm 及 6～20 cm，次棱角状。不均匀分布，砾石成分有黏土岩、砂岩等。 7.81 m

青白口系板溪群(QbBx)　　厚度:>7.42 m

25. 灰黄色薄层状砂质板岩。

2）湖南芷江莫家溪剖面

南华系（Nh）

南沱组（Nh_2n）　　厚度：>13.09 m

1. 灰色块状（冰碛）含砾砂质黏土岩，砾石由石英、砂岩等组成，砾石细而稀疏分布，与下伏大塘坡组接触面清楚，接触面不平整。　　13.09 m

大塘坡组（Nh_1d）

第二段（Nh_1d^2）　　厚度：101.47 m

2. 灰色中-薄层黏土岩，层纹不显，顶界以下厚 2 m 处有灰色泥晶灰岩或白云质黏土岩的透镜体。　　17.55 m
3. 灰色中-厚层黏土岩显层纹，见黏土质灰岩的透镜体（厚 3 cm、长 30 cm）。　　2.94 m
4. 灰色中-薄层黏土岩，显层理，层面平整。　　8.85 m
5. 灰色薄层显微层状含粉砂质黏土岩。　　19.14 m
6. 灰色薄层粉砂质黏土岩，层理及层纹明显。　　9.79 m
7. 黄绿色薄层层纹状黏土岩，层理清楚。　　14.13 m
8. 灰绿色薄层粉砂质黏土岩，局部显层纹及层理。　　9.45 m
9. 灰色厚层黏土岩，层理及层纹不明显。　　17.44 m
10. 灰色薄-中厚层状黏土岩。　　2.18 m

第一段（Nh_1d^1）　　厚度：9.07 m

11. 黑色含碳质页岩中夹条带状含凝块石菱锰矿。　　9.07 m

铁丝坳组（Nh_1t）　　厚度：1.13 m

12. 块状冰碛砾岩及长石岩屑杂砂岩。砾石细，分布稀，胶结物为黏土质。　　1.13 m

青白口系板溪群（QbBx）　　厚度：>10.35 m

13. 黄绿色薄层-中层显微层状黏土岩，局部显层纹。　　10.35 m

3）贵州万山黄道剖面

南华系（Nh）

南沱组（Nh_2n）　　厚度：>0.44 m

1. 黄绿色块状冰碛砾岩。　　0.44 m

大塘坡组（Nh_1d）

第二段（Nh_1d^2）　　厚度：175.1 m

2. 黄绿色薄层黏土岩。　　3.99 m
3. 浮土掩盖。　　36.69 m
4. 浅灰白色薄层层纹状含碳质黏土岩。　　69.88 m
5. 灰绿色中厚层黏土岩。　　13.11 m
6. 灰绿色中厚层黏土岩夹薄层层纹状含碳质黏土岩。　　5.65 m
7. 灰绿色黏土岩。　　8.65 m
8. 灰绿色黏土岩。　　9.72 m
9. 灰绿色黏土岩，不显层纹。　　9.56 m
10. 灰绿色薄层黏土岩。　　11.64 m
11. 灰绿色薄层黏土岩。　　6.21 m

第一段(Nh_1d^1)　厚度:6.78 m

12. 碳质页岩。　6.21 m
13. 碳质页岩。　0.57 m

两界河组+铁丝坳组(Nh_1l+Nh_1t)　厚度:13.34 m

14. 深灰色块状白云质胶结砾岩,砾分为砂岩、碳质板岩,砾径一般为0.5 cm,最大为3 cm×5 cm,磨圆度中等,杂基支撑,基质为白云质、粉砂质。　1.14 m
15. 灰绿色块状砂质冰碛砾岩。　1.14 m
16. 灰色薄层含锰白云质砂岩,显层纹。　1.71 m
17. 灰绿色块状冰碛砾岩。　0.92 m
18. 灰绿色块状冰碛砾岩。　2.17 m
19. 黄褐色-灰绿色块状冰碛砾岩,砾分以砂岩为主,砾径最大为10 cm×7 cm,一般为0.5~1 cm,圆球度中等,杂基支撑,基质为粉砂质砾石,含量为20%。　6.26 m

青白口系板溪群(QbBx)　厚度:>34.63 m

20. 灰色-灰黄色中厚层粉砂岩。　10.47 m
21. 灰色中厚层粉砂岩。　10.32 m
22. 灰绿色中-薄层粉砂岩夹细砂岩及黏土岩。　7.82 m
23. 灰绿色中厚层板岩。　6.02 m

4)贵州玉屏新寨剖面

南华系(Nh)

南沱组(Nh_2n)　厚度:>13.99 m

1. 灰绿色中-厚层黏土岩,未见层纹。下部夹5~10 cm厚的粉-细砂岩。　2.57 m
2. 灰色块状含砾岩屑杂砾岩。砾分为凝灰岩、细砂岩等。　5.08 m
3. 灰色厚-块状岩屑杂岩,含少量砾石。　2.18 m
4. 黄绿色块状冰碛砂砾岩,砾分由石英砂岩、砂质板岩、凝灰岩等组成,砾径为1~3 cm,最大为10 cm,含砾率为20%~30%,上部可达40%~50%,呈棱角状,大小混杂,无方向性,下部为杂基支撑,上部为颗粒支撑。　4.16 m

大塘坡组(Nh_1d)

第一段(Nh_1d^1)　厚度:>13.13 m

5. 黑色含碳质页岩。　0.54 m
6. 黑色碳质页岩。　6.71 m

铁丝坳组(Nh_1t)　厚度:>2.94 m

7. 灰色后呈块状(冰碛)砂砾岩,有锰铁质淋滤。砾石分布不均,含砾率为10%。　(厚度不详)
8. 灰色中厚层粉晶灰岩,局部风化为黑褐色锰土。　(厚度不详)
9. 下部约30 cm为黑褐色薄片状氧化锰矿,上部呈白色(风化)碳质页岩夹稀疏条带状氧化锰矿厚40 cm。　1.47 m
10. 黑色含粉砂质含碳质页岩。　4.41 m
11. 黄绿色块状(冰碛)砂砾岩。　2.94 m

5）贵州镇远岩佬剖面

南华系（Nh）

南沱组（Nh_2n）　　**厚度：>0.16 m**

1. 灰色块状含砾粉砂质黏土岩，砾分为石英砂岩、砂岩。大小悬殊，一般为0.5～2 cm，最大为30 cm，含砾率为10%。由粉砂质-黏土质胶结。　0.16 m

大塘坡组（Nh_1d）

第二段（Nh_1d^2）　　**厚度：127.24 m**

2. 灰绿色薄层黏土岩，略显层纹。　6.08 m
3. 灰色薄层粉砂质黏土岩，显层纹状及条纹状。　3.61 m
4. 灰色中-薄层粉砂质条带状黏土岩。　16.36 m
5. 浮土掩盖。　3.56 m
6. 灰绿色薄层显层纹状含粉砂质黏土岩。　0.27 m
7. 黄灰色薄层黏土岩夹薄层细砂岩。　17.19 m
8. 浮土掩盖。　8.29 m
9. 灰绿色薄层黏土页岩，风化后为萝卜丝状的碎片。　10.95 m
10. 灰绿色薄层状含粉砂质黏土岩。　7.76 m
11. 黄绿色厚层块状黏土岩，层纹不清楚。　17.05 m
12. 灰带绿色厚层块状黏土岩。　32.79 m
13. 浅灰黄色含碳质黏土岩，局部风化为灰白色、浅灰色等。　3.33 m

第一段（Nh_1d^1）　　**厚度：16.9 m**

14. 灰黑色含粉砂质碳质页岩。　9.17 m
15. 浮土掩盖，推测为碳质页岩。　4.46 m
16. 黑色碳质页岩。　1.49 m
17. 黄褐色、褐红色灰色等含硅质团块的碳质页岩。　1.78 m

铁丝坳组（Nh_1t）　　**厚度：3.89 m**

18. 含砾砂岩。砾分以石英砂岩、石英岩为主，砾径最大为6 cm，一般为0.5～1 cm，形状不规则，含砾率为10%～15%，砂质胶结，杂基支撑。　3.89 m

青白口系板溪群（Qb*Bx*）　　**>1.0 m**

19. 灰绿色薄-中厚层凝灰质板岩。　>1.0 m

（四）松桃甘龙-秀山地层小区

沿贵州松桃甘龙—重庆秀山一线呈北东东向展布，该小区的地层特征与镇远-铜仁地层小区的总体特征相似，具体如下。

（1）南华系大塘坡组第一段黑色碳质页岩缺失。

（2）在大塘坡组底部（相当于大塘坡组第一段位置）出现厚度不等（1.85～2.97 m）的泥晶白云岩（如秀山盐井沟）、细晶灰岩，含少量砾石（秀山六池）。

（3）缺失两界河组地层。

（4）大塘坡组厚度大幅度减薄，仅为15.12～79.78 m。

甘龙-秀山小区与铜仁-凤凰小区一样，在南华纪大塘坡早期，处于武陵次级裂谷盆地中另一个相对隆起（地垒）的古地理环境。小区内共观测、收集和补测地层剖面3条，其中以秀山六池、秀山盐井沟剖面最具代表性。典型剖面描述如下。

1）重庆秀山六池剖面

南华系（Nh）

南沱组（Nh_2n）　　**厚度：>1.25 m**

1. 黄绿色冰碛砾岩。　　1.25 m

大塘坡组（Nh_1d）

第二段（Nh_1d^2）　　**厚度：79.78 m**

2. 黄灰色薄层黏土岩，顶部为黄绿色黏土岩。　　17.47 m
3. 浮土掩盖。　　11.4 m
4. 灰黄色中厚层黏土岩。　　30.06 m
5. 灰绿色中-薄层含粉砂质黏土岩，局部显层纹。　　13.64 m
6. 灰绿色含粉砂质黏土岩，显薄层层纹状。　　7.21 m

铁丝坳组（Nh_1t）　　**厚度：28.63 m**

7. 浅灰色厚层细晶灰岩，含少量砾石。　　2.97 m
8. 灰绿色厚层块状白云质砾岩、砾质砂岩。砾石成分为硅质岩、板岩等，砾径最大为19 cm×15 cm，一般为1～3 cm。均为棱角状，磨圆度较差，含量20%以上。　　8.96 m
9. 灰绿色块状冰碛砾岩，砾石成分为粉砂岩、石英砂岩。砾径最大为5 cm，一般为0.5 cm，球度中等，磨圆度较差，含量为20%左右，杂基支撑，基质为细砂，与下伏地层接触处被覆盖。　　16.7 m

青白口系板溪群（QbBx）　　**厚度：>12.73 m**

10. 紫红色厚层砂岩夹灰绿色泥质板岩。　　5.87 m
11. 浮土掩盖。　　5.72 m
12. 紫红色厚层砂岩间夹灰绿色泥质条带。　　1.14 m

2）重庆秀山盐井沟剖面

南华系（Nh）

南沱组（Nh_2n）　　**厚度：>1.47 m**

1. 灰黄色块状冰碛砾岩，砾石以石英为主，砾石分布较少，约2%。　　1.47 m

大塘坡组（Nh_1d）

第二段（Nh_1d^2）　　**厚度：15.12 m**

2. 灰绿色厚层黏土岩，不显层纹，顶部板状层理较明显，与上覆南沱组冰碛层接触不平整。　　15.12 m

第一段（Nh_1d^1）　　**厚度：1.85 m**

3. 灰色薄层含锰细晶白云岩，风化后为锰土。　　0.25 m
4. 浅灰色中厚层微晶白云岩。　　0.62 m
5. 黄褐色风化泥质白云岩，显薄层纹状。　　0.18 m

6. 灰色中厚层细晶白云岩，显层纹。　0.80 m

铁丝坳组(Nh_1t)　**厚度:9.76 m**

7. 浅灰绿色厚层白云质砾岩。砾石成分以砂岩和石英砂岩为主，板岩次之，砾径最大为24 cm×11 cm，一般为0.5～2 cm，杂基支撑，含砾率为30%～40%，圆球度较差。　1.5 m

8. 浅灰色块状砾岩，砾石成分底部以石英砂岩为主，砾径最大为20 cm×10 cm，一般为3～5 cm，颗粒支撑，球度圆度均较好，与下伏接触线清楚，砾石多为底板之上岩石，该层上部砾石成分较杂，见板岩砂岩碎块，圆度球度中等，含砾率为30%左右，杂基支撑。　8.26 m

青白口系板溪群($QbBx$)　**厚度:>3.21 m**

9. 浅灰色-灰白色块状石英砂岩，显交错层理，顶界向下2 m以下为中-厚层石英砂岩，少许石英脉充填。　3.21 m

（五）秀山小茶园-溪口地层小区

沿重庆秀山西北侧的小茶园—溪口一线呈北东东向分布，与石阡-松桃-古丈地层小区特征相似，主要特征为如下。

(1) 该小区以普遍分布南华系大塘坡组第一段黑色碳质页岩(含锰岩系)为主要特征。含锰岩系主要为黑色碳质页岩，厚度变化较大，从几米至几十米不等。

(2) 部分地区含锰岩系底部夹菱锰矿、白云岩透镜体，其中夹菱锰矿体、白云岩透镜体时，其含锰岩系的厚度则较大，一般大于15 m，反之则较小。

(3) 含锰岩系厚度与菱锰矿体厚度呈正相关。值得说明的是，小茶园ZK0606钻孔中所揭露的锰矿体中，发现了与石阡-松桃-古丈地层小区中松桃大塘坡、花垣民乐、松桃道坨、松桃高地等著名锰矿床中部分钻孔所出现的气泡状含沥青球的菱锰矿石，这是确定锰矿裂谷盆地古天然气渗漏沉积成矿系统中喷溢口(中心相)的典型地质特征标志。

(4) 因受后期燕山期构造的影响，导致南华系大塘坡组第一段(含锰岩系)地层在地表大致沿北北东—北东方向呈线状、断续展布。但指出的是：实际上地层最大厚度的方向则是北东东方向，代表了裂谷盆地及同沉积断层、构造古地理的实际方向，垂直北东东方向则其厚度、岩性组合变化剧烈，甚至缺失。

重庆秀山小茶园-溪口地层小区的特征说明，该区域在南华纪大塘坡早期，处于武陵次级裂谷盆地中另一个更次级的断陷(地堑)盆地的古地理环境。小区内共观测、收集和补测地层剖面两条，典型剖面有秀山小茶园剖面和小茶园ZK0606钻孔剖面等。典型剖面描述如下。

重庆秀山小茶园剖面

南华系(Nh)

南沱组(Nh_2n)　**厚度:>6.25 m**

1. 灰色块状冰碛砾砂岩，与下伏地层渐变为整合接触。砾石含量较少，且砾径小，向上砾石增多，1～2 cm，砾分以石英为主，可见碳质页岩，磨圆度较好，约10%，杂基支撑，基质为细砂。　1.04 m

2. 灰色厚层-中厚层带状含砾砂质粉砂岩，间夹含砾条带状黏土质粉砂岩，厚度为 2～5 cm。砾石以石英为主，0.30～0.50 cm，磨圆度中等，基质主要为黏土质。　5.21 m

大塘坡组（Nh_1d）

第二段（Nh_1d^2）　厚度：290.69 m

3. 灰绿色薄层黏土页岩，显微鳞片状结构，夹含碳质条带的黏土页岩。并见交错层理。　29.20 m
4. 灰绿色薄层黏土页岩，显微鳞片状结构，显微层理。　23.76 m
5. 灰绿色薄层黏土页岩，显微鳞片状结构，显微层理，平直平行。　154.95 m
6. 灰黑色黏土页岩，显微鳞片状结构，显微层理，平直平行。　29.01 m
7. 灰色薄至中层黏土质页岩，具显微层理，层理不发育，但仍可见显微鳞片状结构。25.28 m
8. 灰色薄层条带状含粉砂质黏土质条带状页岩、浅灰色黏土岩，具有平直的显微层理，微鳞片状结构。　10.35 m
9. 灰色薄层条带状含碳质黏土岩与碳泥质条带互层，条带宽 1～3 cm，顶部含粉砂质条带。　4.70 m
10. 灰色薄层条带状含碳质黏土岩与碳泥质条带互层，条带宽 1～3 cm。　13.44 m

第一段（Nh_1d^1）　厚度：43.76 m

11. 黑色碳质页岩，显微鳞片状结构，岩石以黏土矿物为主体构成，碳质呈分散点分布，有时呈格缕状偏集。　38.71 m
12. 灰色磷质黏土岩，显微鳞片状结构，明显的显微层状构造，在这些层带中还可见到一些凝灰物质，宏观上岩石呈透镜状分布，一些呈包旋状，另一端成尖灭状，长约 2 m。　1.10 m
13. 黑色碳质菱锰矿。镜下具类似于叠层或"背斜"形状构造，每小层厚度不等，2～3 mm，一些层由大小不等的凝块组成，另一些由泥晶菱锰矿组成。　0.60 m
14. 碳质页岩。　0.30 m
15. 条带状菱锰矿。　0.68 m
16. 黑色含砂屑凝块石菱锰矿，泥晶结构，岩石主要由菱锰矿、碳质等组成，菱锰矿多呈圆形或他形晶。　0.50 m
17. 黑色碳质页岩，与下伏地层接触处见黄铁矿顺层分布。　1.87 m

铁丝坳组（Nh_1t）　厚度：3.68 m

18. 灰黑色长石岩屑杂砂岩，砂状结构，岩石主要由碎屑矿物及黏土杂基和部分碳质组成，石英是主要碎屑。　0.56 m
19. 黑色含砂质-碳质页岩，显微鳞片状结构。　0.87 m
20. 灰色冰碛砾砂岩，具砾-砂状结构。砾石多为次棱角状、浑圆状，0.3～2 cm，以砂岩组成为主，杂基支撑，并可见质地坚硬的砾石抵入质地较软的黏土质砾石之中的情形，基质以砂质为主。与下伏地层界线清楚，凸凹不平。　2.25 m

青白口系板溪群（$QbBx$）　厚度：＞14.78 m

21. 灰色黏土质粉砂岩，变余粉砂结构，主要由粉砂碎屑及黏土基质组成。　3.91 m
22. 浅灰色再生胶结岩屑长石石英砂岩，具变余砂状结构，主要由碎屑矿物组成。　10.87 m

（六）从江-城步地层小区

沿贵州从江—湖南城步一线呈北东东向分布，属于南华裂谷盆地中的雪峰次级裂谷盆地，故其特征与武陵次级裂谷盆地中的南华系地层特征在总体相似的前提下，又有明显的差异。主要特征如下。

（1）大塘坡组厚度大幅度减薄。最大厚度不足 30 m（如黎平龙安、肇兴及从江小黄、高增等地），一般小于 10 m。

（2）大塘坡组第一段，即含锰岩系的最大厚度仅 12.50 m（从江高增锰矿区的 ZK402 孔），从江八当锰矿区含锰岩系最大厚度为 11.20 m（ZK026）。一般厚仅 3～5 m，菱锰矿体一般分布在含锰岩系相对较厚的区域，厚度一般大于 4 m 的地段。

（3）该小区含锰岩系中火山凝灰物质较武陵次级裂谷盆地各地层小区中的含锰岩系的火山凝灰物质含量高，特别是出现了武陵次级裂谷盆地地层小区中没有出现的硅质岩。

（4）该小区的南沱组（黎家坡组）、两界河组（长安组）、铁丝坳组（富禄组）厚度较武陵次级裂谷盆地各地层小区的厚度大幅度增厚。

现以贵州省地质调查院（2015 年）所测的贵州从江黎家坡典型剖面描述如下[注：岩石地层单位按照武陵次级裂谷盆地区进行了统一，即南沱组（黎家坡组）、两界河组（长安组）、铁丝坳组（富禄组）]。

贵州从江黎家坡剖面

上覆地层　震旦系

陡山沱组　**厚度>10.7 m**

130. 深灰色、灰黑色薄层具层纹、条纹、条带状构造的微含有机质绢云母板岩。　10.7 m

南华系（Nh）

南沱组（Nh_2n）　**厚度 2 185.6 m**

第五段　含砾板岩段　**359.1 m**

129. 灰绿色块状含砾含砂、粉砂质绢云板岩。未见层理。岩石中砾石成分有石英、变质砂岩、板岩等，呈次棱角状至次圆状，砾径为 0.2～6 cm，一般小于 4 cm，含量在 3%左右，无分选，杂乱分布。　359.1 m

第四段　变质含砾砂岩-粉砂岩段　**厚 381.1 m**

122～128. 浅紫色、紫灰色与灰绿色、灰黄色间杂的块状绢云变含砾含砂粉砂岩，夹少许纹层状粉砂质绢云板岩。砾石成分复杂，有板岩、千枚岩、变质砂岩、脉石英、花岗岩、变质凝灰岩等。砾石含量一般为 5%～8%，砾径为 0.5～8 cm，一般小于 5 cm，最大可达 15 cm，呈次圆状、次棱角状，排列杂乱，无分选。个别砾石呈哑铃状，似为在冰层中经受到长期持久的压力发生了一定的塑性形变的结果，或见带擦痕的砾石与“落石”。基质为绢云母化的泥质，具杂基支撑机制。下部偶见深紫色板岩夹层，厚 4～6 cm，延伸不远即尖灭。　381.1 m

第三段　含砾粉砂质绢云板岩段　**厚 40.8 m**

120～121. 浅紫色块状或具水平纹层状铁染含砾砂质粉砂质绢云板岩，含“落石”、孤石及散漫状细砾石。　40.8 m

第二段　变质含砾砂岩-粉砂岩段　厚 1 404.6 m

110～119. 灰绿色(主)、浅紫色间杂的块状绢云变含砾含砂粉砂岩与变质粉砂质砂岩。具层状构造(或称"镜像层状冰融构造"),及由含量不等的细小砾石在其中呈散漫状分布而形成的"散漫状构造"。一般不显层理,局部见水平层理。中部夹厚约 20 cm 的含有"漂浮"砾石(长轴平行层理)的黏土质粉砂岩,亦见坠石构造。偶见砾石聚集呈条带状或似层状构造;黏土与粉砂混合形成雾絮状构造。砾石含量一般为 5%～8%,局部达 20%～30%,砾径一般为 2～6 cm,最大可达 45 cm。砾石成分有变质砂岩、变质沉凝灰岩、脉石英、花岗岩、板岩等,分布杂乱,呈次圆状、次棱角状,无分选。　136.0 m

101～109. 灰绿色块状绢云变含砾含砂质粉砂岩,夹少许紫红色含砾粉砂质板岩。砾石含量一般为 3%～5%,成分包括多种成分的变质砂岩、硅质岩、脉石英,偶见辉长岩、花岗岩、玉髓等砾石,次棱角状至次圆状,砾径多在 1～2 cm,大者达 5 cm 乃至 15 cm(近顶部),呈散漫状分布,或见"立砾"。　75.3 m

100. 灰色块状绢云变含砾不等粒长石岩屑砂岩。砾石含量为 8%～13%,成分除变质砂岩、板岩、硅质岩、脉石英等常见者外,偶见辉长石,砾径以 0.5～1 cm 者居多,部分为 1.5～3 cm,大者达 20 cm。　40.7 m

98～99. 灰色、灰绿色(风化呈紫红色)厚层块状绢云变含砾砂质粉砂岩。砾石含量为 3%～5%,砾径一般为 0.5～1 cm,大者为 2～5 cm,成分有硅质岩、板岩、变质砂岩、脉石英、辉长岩、花岗岩等,次棱角状至次圆状,个别砾石表面见压坑和擦痕,其中一石英砾石尚碎裂呈"马鞍状"。　91.7 m

97. 灰色、风化呈紫红色厚层块状绢云变含砾长石岩屑砂岩。　7.6 m

94～96. 灰色、灰绿色厚层块状绢云变含砾砂质粉砂岩,砾石含量为 1%～5%。成分多为变质砂岩、变质长石岩屑砂岩变质粉砂岩、硅质岩、脉石英等,也见少许花岗岩和辉长岩砾石。砾径以 0.5～1 cm 者居多,最大为 5 cm,次棱角状至次圆状,部分圆状。　118.6 m

93. 灰色、局部风化呈灰黄色、紫红色厚层块状绢云变含砾粉砂质不等粒岩屑长石砂岩。　32.8 m

89～92. 灰色、灰绿色厚层块状绢云变含砾砂质粉砂岩。局部发育水平条带构造。砾石含量为 5%～10%。成分除常见的变质砂岩、变质粉砂岩、硅质岩、脉石英外,尚见花岗岩,流纹岩(或石英安山岩)、辉长岩等砾石,形状主要为次棱角状-次圆状,砾径一般为 0.5～1 cm,或 5～8 cm。底部见一层厚 0～20 cm、长约 1 m 的黑色锰质砂岩透镜体。　399.5 m

88. 灰色块状含砾变质不等粒砂岩-粉砂岩。见"落石"现象。　2.5 m

第一段　含砾板岩段　154.41 m

85～87. 灰绿色块状含砾砂质绢云母板岩。砾石含量为 5%～10%,成分有变质细砂岩、变质粉砂岩、硅质岩、脉石英等,次圆状至次棱角状,砾径以 0.5～1.5 cm 者居多,少数达 3 cm。　154.41 m

大塘坡组(Nh_1d)　厚度:4.5 m

84. 下部 20 cm 为黑褐色、黑色,块状软锰矿化绢云板岩、锰质变质粉砂岩,之上为深灰色至灰黑色薄层状、页片状含碳质绢云板岩。　4.5 m

铁丝坳组(Nh_1t) **厚度:613.3 m**

第三段 上部变质砂岩段 **314.2 m**

82~83. 灰色厚层块状绢云变细-中粒长石砂岩与不等粒长石砂岩,条带状构造发育。近顶部约10 m处含少许砾石(1%~2%)。砾石成分以变质砂岩为主,砾径为0.5~1 cm,多呈次棱角状随机分布于砂级碎屑中。 101.6 m

81. 灰色中厚层状绢云变质含粉砂质细粒长石砂岩与条纹-层纹状粉砂质绢云板岩韵律互层,具逆粒序。 53.4 m

80. 灰色厚层块状绢云变细粒长石砂岩,水平条带发育,条带宽1~2 cm。 25.9 m

79. 灰色、灰绿色、灰黄色(风化后呈紫红色)绢云变含砂质粉砂岩,变质中-细粒岩屑长石砂岩与含粉砂绢云板岩。总体上岩石碎屑颗粒自下而上变粗,呈逆粒序。 28.6 m

77~78. 灰色厚层块状绢云变含砾砂质粉砂岩与不等粒长石砂岩,具水平条带构造(平行层理)。 28.0 m

75~76. 灰色厚层块状绢云变细粒长石砂岩与不等粒长石砂岩,具水平条带构造(平行层理)。下部含砾,砾径为0.2~0.3 cm,均为磨圆较好的石英,常聚集呈条带状,沿走向延伸不远即尖灭,似为水道沉积。 76.7 m

第二段 下部变质砂岩段 **262.2 m**

72~74. 灰色、灰黄色至紫红色厚层块状绢云变中-细粒岩屑长石砂岩夹铁染绢云变粉砂岩与绢云变砂质粉砂岩。下部水平条带发育。 43.3 m

71. 灰紫色、紫红色薄至中厚层状具层纹-条带状铁染粉砂质绢云板岩。 9.7 m

70. 灰色至浅灰色中厚层状绢云变不等粒长石砂岩。 12.9 m

66~69. 紫红色中-厚层状铁染绢云变砂质粉砂岩,具水平细条带状构造(平行层理)。 175.4 m

65. 灰色、局部风化后呈紫红色厚层块状绢云变细粒岩屑长石砂岩,局部发育水平条带构造。 15.3 m

64. 灰色、灰紫色厚层块状绢云变含砾含砂质粉砂岩与含砾粉砂质绢云板岩,局部发育水平条带构造。 5.6 m

第一段 铁质板岩段 **36.9 m**

63. 青灰色、灰紫色、紫红色条纹-条带状薄-中厚层状含铁板岩、铁质板岩、铁锰质板岩夹铁染变质细粒长石岩屑砂岩。 13.9 m

62. 灰色、浅灰色(局部风化呈紫红色)厚层状铁染变质细至中粒长石岩屑砂岩,局部发育水平条带构造。未见含砾。 23.0 m

两界河组(Nh_1l) **厚度:1 285.6 m**

第四段 变质含砾砂岩-粉砂岩段 **540.8 m**

53~61. 灰绿色、局部风化呈紫红色绢云变含砾砂质粉砂岩,顶部38 m为浅灰色块状砾砂质绢云板岩。砾石含量为5%~15%,成分有变质石英细砂岩-粉砂岩、变质长石砂岩、变质岩屑砂岩、板岩、硅质岩、脉石英等;砾径多为0.5~1.5 cm,大者达12~15 cm;次棱角状-次圆状,无分选。 465.9 m

52. 灰色块状绢云绿泥变含砾粉砂-细砂岩。砾石含量为8%~12%,成分有变质长石石英砂岩-粉砂岩、硅质岩、脉石英等,次棱角状者为主,无分选;砾径一般为0.5~2 cm,部分为2~5 cm,最大达10 cm。 74.9 m

第三段　含砾板岩段　　**460.9 m**

48～51. 灰色至灰绿色厚层块状含砾砂质绢云板岩夹变质砂质粉砂岩。砾石含量为5%～12%，成分有变质砂岩-细砂岩、板岩、硅质岩、脉石英等，呈次棱角状至次圆状产出，无分选；砾径一般为0.5～2 cm，个别达20 cm。局部具纹层状构造（水平层理），并见“落石”现象。　　223.4 m

42～47. 灰绿色、局部风化呈紫红色块状含砾粉砂质绢云板岩。砾石含量为5%～10%，成分以变质砂岩、硅质岩、玉髓、脉石英多见；砾径一般为0.3～1.5 cm，最大达15 cm。下部发育少量水平纹层和条带。中上部见厚约20 cm的角砾岩，似由构造错动产生。底部见一层厚4.73 m、延长大于30 m的灰色块状变质细粒石英砂岩，被围岩包围形似一大砾石。该岩层也受构造扰动，成因为“沉积夹层”或“大漂砾”，尚待查明。　　59.9 m

37～41. 灰绿色、局部风化呈紫红色厚层至块状含砾粉砂质绢云板岩，含砾砂质板岩。砾石含量为1%～5%，砾径一般为0.5～1 cm，近顶部见达7 cm者。砾石成分有变质砂岩、变质粉砂岩、变质岩屑砂岩、硅质岩、粉砂质板岩及脉石英等，棱角状、圆状-次圆状均有见，无分选。　　177.6 m

第二段　板岩段　　**204.7 m**

31～36. 灰绿色、风化后呈紫红色厚层至块状含粉砂绢云板岩、绢云板岩。局部含锰质斑点，或见锰质变质砂岩透镜体。　　204.7 m

第一段　含砾板岩段　　**79.2 m**

24～30. 灰绿色、紫红色、浅灰色等杂色厚层块状含砾砂质板岩、变质含砾不等粒岩屑砂岩互层。砾石含量为2%～5%，砾径为0.2～0.5 cm。上部夹两层厚5～7 m的灰色、紫红色中厚层至厚层状发育水平条带构造（水平层理）的粉砂质板岩。　　53.9 m

23. 底部0.8 m为灰色-浅灰绿色厚层含砾砂质板岩，往上为绿泥绢云变含砾岩屑长石砂岩-粉砂岩。砾石含量小于1%，砾径为3～4 mm，棱角状至次棱角状，成分见有变质粉砂岩、脉石英、硅质岩等，较简单。　　25.3 m

青白口系下江群　隆里组　　**厚>59.2 m**

1～22. 上部为浅灰色至灰绿色中-厚层状粉砂质板岩与含砾岩屑砂质板岩，砂质成分主要为长石，次为岩屑及滚圆状石英粒；下部为灰色-青灰色薄-中厚层状绢云板岩与粉砂质板岩互层。具清晰的条纹-条带状层理。　　59.2 m

第二节　南华纪早期构造古地理

一、构造古地理编图单元划分

通过开展华南南华纪大规模成锰期的构造古地理研究，编制以南华裂谷盆地武陵次级裂谷盆地南华纪大塘坡早期的构造古地理图，对于研究华南黔湘渝地区大塘坡期构造古地理格局和与锰矿成矿密切相关的控矿控盆构造，建立锰矿裂谷盆地古天然气渗漏沉积成矿系统与找矿预测模型，圈定锰矿找矿预测靶区，安排部署深部锰矿找矿预测工作，是一项理论性、综合性和实用性很强的基础地质工作，具有重要意义。

围绕上述目的，本书构造古地理编图范围主要围绕华南南华纪古天然气渗漏沉积型锰矿床（“大塘坡式锰矿”）主要分布区，即黔东、湘西和渝东南地区进行。成图单元时限限定在南华纪大塘坡早期，即锰矿成矿期（约 665 Ma），对应编图单元为南华系大塘坡组第一段，即“含锰岩系”，内容以沉积相，特别是岩性、含矿建造变化特征为主。同时，两界河组岩性及厚度变化特征对上覆大塘坡组第一段具有明显的控制作用，故在大塘坡期岩相古地理格局、控矿控盆构造分析研究予以综合考虑。而大塘坡组中后期由于地层厚度较大，因后期剥蚀、保存不全，故作为编图单元进行编图。

构造古地理图编图比例尺为 1∶20 万，采用 1∶20 万地理地图。相剖面比例尺采用 1∶2 000，部分为 1∶1 000。在编图平面图上，对地表有大塘坡组地层出露区域按照 2～8 cm间距控制，并保证每个构造古地理单元内有两个以上的相剖面控制。

根据周琦等（2017，2016，2012a，2007a，b，c）对研究区锰矿大规模成矿地质背景取得的研究成果，认为区内南华纪古天然气渗漏沉积型锰矿床（“大塘坡式”锰矿）是罗迪尼亚超级大陆裂解导致华南新元古代南华裂谷盆地形成演化的产物。具体是南华裂谷盆地在南华纪早期发生两次裂陷过程中，进一步形成南华裂谷盆地中的武陵和雪峰两个次级裂谷盆地。在两个次级裂谷盆地中，特别是武陵次级裂谷盆地中发生大规模锰矿成矿作用而形成。锰矿大规模成矿作用具体发生在次级裂谷盆地中更次级（III 级、IV 级）的系列断陷（地堑）盆地中，来自壳幔深部的古天然气和富锰的成矿流体沿同沉积断层上升，在 IV 级断陷（地堑）盆地中渗漏喷溢、沉积成矿，它既是一种新的锰矿床类型，也是事件沉积的产物。因此，识别、恢复黔湘渝地区南华纪早期构造古地理特征，并进行构造与岩相古地理编图非常关键。

综上，并结合新元古代南华裂谷盆地研究和扬子地块东南缘深部地球物理、岩石圈断裂或壳幔韧性剪切带研究的重要成果，本书构造与岩相古地理恢复识别与编图单元划分方案如下。

（一）南华纪早期构造古地理单元划分

依据研究区南华纪早期地层空间分布特征，本书南华纪早期构造古地理单元的划分，采用四级划分方案。

（1）I 级：南华裂谷盆地。

（2）II 级：武陵次级裂谷盆地、雪峰次级裂谷盆地与其间的天柱-会同-隆回隆起。

（3）III 级：断陷（地堑）盆地与其间的隆起（地垒）。

（4）IV 级：断陷（地堑）盆地与其间的隆起（地垒）。

重点对武陵次级裂谷盆地（II 级）的结构进行分析研究，恢复识别出其中的多个 III 级断陷（地堑）盆地及其间的隆起（地垒）；在此基础上，进一步对 III 级断陷（地堑）盆地的结构进行精细的恢复分析研究，以正确识别出其中的 IV 级断陷（地堑）盆地和其间的隆起（地垒），这是构造古地理研究的最终目的。因为 IV 级断陷（地堑）盆地具体控制和形成大型-超大型锰矿床。当然，在恢复分析识别出的南华纪早期的 IV 级断陷（地堑）盆地，还可以依据锰矿裂谷盆地古天然气渗漏沉积成矿系统理论，进一步划分古天然气渗漏喷溢中心相、过渡相和边缘相（详见第六章），以指导深部锰矿找矿预测和探矿工程部署。

（二）南华纪早期同沉积断层研究与识别

同沉积断层（同生断层或生长断层），是指与沉积作用同时且连续活动的断层，它随着深度和沉积物加大加厚而断距增加，其下降盘岩层厚度大于上升盘相应岩层的厚度，是一种具正断层性质的盆地的构造类型（翟裕生 等，1997）。

对于研究区南华纪早期的同沉积断层，由于经历了后期的多次构造运动的改造，尤其是燕山期构造的破坏和改造，更加难以识别和恢复。但对于研究区的古天然气渗漏沉积型锰矿床的成矿系统研究、成矿规律与成矿模式的总结和进行深部找矿预测等，则必须对锰矿成矿期的同沉积断层进行研究和恢复识别。古天然气渗漏沉积型锰矿床作为“内生外成”的一种新的锰矿床类型（周琦 等，2016，2013b，2012a），从区域成矿系统研究的角度（翟裕生 等，2010），要实现锰矿裂谷盆地古天然气渗漏沉积成矿系统中地内子系统与表层子系统的有机统一，同沉积断层是两个子系统联系的纽带和重要组成部分，是古天然气和富锰流体上升的通道，是控制和形成海底系列不同序次的断陷（地堑）盆地的内因。通过锰矿成矿期的同沉积断层，实现了锰矿深部成矿过程与表层响应的统一。

因此，锰矿成矿期的同沉积断层是研究区南华纪早期构造古地理恢复分析研究的关键内容之一。本次研究，主要按照控制 III 级、IV 级断陷（地堑）盆地的同沉积断层分别进行研究和恢复识别，并标绘在锰矿成矿期构造古地理图上。

（三）岩石分类命名方案

本书构造古地理研究的岩石分类命名方案，主要采用成因分类法。其中：砾岩按照 Pettijohn（1975）外生碎屑岩分类（表 3.1），砂岩按照刘宝珺编著的《沉积岩石学》中推荐的分类命名（表 3.2），黏土岩按照黏土矿物、陆源混入物、化学沉积物及有机质（碳质）含量多少命名（表 3.3）（刘巽锋 等，1985），碳酸盐岩按照结构成因分类（贵州省地质矿产局，1984）①（表 3.4）。

表 3.1　砾岩和角砾岩分类表（Pettijohn，1975）

外成的	正砾岩（杂基≤15%）	准稳定碎屑≤10%	正石英岩质砾岩
		准稳定岩屑>10%	岩屑砾岩
	副砾岩（杂基>15%）	杂基具层理	层纹状砾质泥岩或砾质泥板岩
		杂基无层理	冰碛岩（冰川成因的）
			类冰碛岩（非冰川成因的）
层内的	层间砾岩和角砾岩		

① 内部资料：贵州省地质矿产局，1984．“贵州省岩石分类命名原则”。

表 3.2 砂岩分类表(刘宝珺,1980)

砂岩类(杂基<15%)	杂砂岩类(杂基<15%)

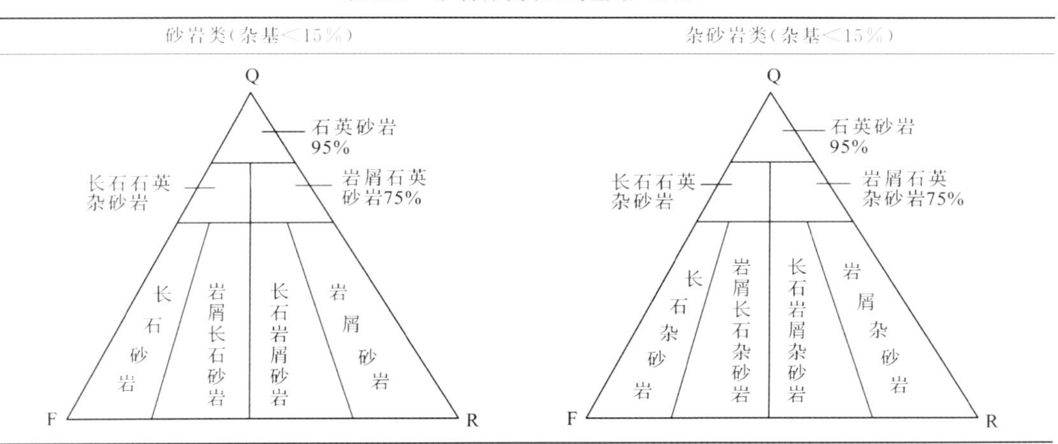

注:Q.包括稳定组分的碎屑如石英、燧石及其他硅质岩岩屑;F.包括长石及花岗岩类、花岗片麿岩类岩屑;R.除硅质岩、石英岩、花岗岩及花岗片麻岩类岩屑以外的其他岩屑(如细晶和隐晶质的喷出岩、板岩、千枚岩、片岩、泥岩、砂岩及碎屑云母、绿泥石等)。

表 3.3 黏土岩(泥质岩)分类表(刘巽锋 等,1989)

岩石名称	含量/%			
	黏土	粉砂	砂	有机质
黏土(页)岩	95~100	0~5	0~5	<5
含粉砂黏土岩	75~95	5~25	0~5	<5
含砂黏土岩	75~95	0~5	5~25	<5
粉砂质黏土岩	50~75	25~50	0~25	<5
砂质黏土岩	50~75	0~25	25~50	<5
含碳质(有机质)黏土岩	>75	0~5		5~25
碳质(有机质)黏土岩	>60	0~5		25~40
黑色(碳质)页岩	<60	0~5		>40

表 3.4 碳酸盐岩分类表(贵州省地质矿产局,1984)

<table>
<tr><td>颗粒/%</td><td>泥晶/%</td><td>淀晶/%</td><td colspan="7">粒屑类型</td><td>化学及生物化学灰岩</td><td>藻黏结</td><td>骨架</td><td>晶粒</td></tr>
<tr><td colspan="3"></td><td>鲕粒</td><td>生物屑</td><td>球粒</td><td>核形石</td><td>砾屑</td><td>砂屑</td><td>粒屑</td><td rowspan="6">石灰华、钟乳石钙质层微晶灰岩、泥晶灰岩</td><td rowspan="6">叠层层纹绵层等灰(白云)岩</td><td rowspan="6">礁灰(白云)岩</td><td rowspan="6">晶粒灰(白云)岩</td></tr>
<tr><td rowspan="2">>50</td><td colspan="2">泥晶<淀晶</td><td>淀晶鲕粒灰岩</td><td>淀晶生物灰岩</td><td>淀晶球粒灰岩</td><td>淀晶核形石灰岩</td><td>淀晶砾屑灰岩</td><td>淀晶砂屑灰岩</td><td>淀晶粒屑灰岩</td></tr>
<tr><td colspan="2">泥晶>淀晶</td><td>泥晶鲕粒灰岩</td><td>泥晶生物灰岩</td><td>泥晶球粒灰岩</td><td>泥晶核形石灰岩</td><td>泥晶砾屑灰岩</td><td>泥晶砂屑灰岩</td><td>泥晶粒屑灰岩</td></tr>
<tr><td>25~50</td><td>75~50</td><td></td><td>鲕粒泥晶灰岩</td><td>生物泥晶灰岩</td><td>球粒泥晶灰岩</td><td>核形石泥晶灰岩</td><td>砾屑泥晶灰岩</td><td>砂屑泥晶灰岩</td><td>粒屑泥晶灰岩</td></tr>
<tr><td>10~25</td><td>90~75</td><td></td><td>含鲕粒泥晶灰岩</td><td>含生物泥晶灰岩</td><td>含球粒泥晶灰岩</td><td>含核形石泥晶灰岩</td><td>含砾屑泥晶灰岩</td><td>含砂屑泥晶灰岩</td><td>含粒屑泥晶灰岩</td></tr>
<tr><td><10</td><td>>90</td><td></td><td colspan="7">泥晶灰岩</td></tr>
</table>

二、南华纪早期沉积环境及沉积相分析

“沉积环境”是指沉积物形成的自然环境条件，而“沉积相”则是自然环境的产物，即沉积环境的物质表现。南华纪早期包括两界河期、铁丝坳期和大塘坡期，其中大塘坡期可进一步分为大塘坡早期和大塘坡晚期，但主要研究大塘坡早期。为能深入研究和客观反映研究区南华纪大塘坡期构造古地理特征，首先应对更早的南华纪两界河期、铁丝坳期沉积环境及沉积相进行分析研究，在此基础上再分析研究大塘坡早期的沉积环境与沉积相特征更合理，因两者具有明显的继承性。

（一）两界河期

研究区中的武陵次级裂谷盆地中的两界河组厚度变化很大，一般零米至几十米不等，最厚可达380余米，总体呈线状展布，与下伏的青白口系板溪群多呈角度不整合接触。两界河组为青白口期第一次裂陷沉积之后，第二次裂陷作用开始，形成的系列线状、断续展布的断陷（地堑）小盆地沉积。两界河组为充填在断陷小盆地中的块状-中厚层状黏土质砂砾岩，再沉积砾岩、杂砂岩等组成，以夹有透镜状砂屑、砾屑白云岩为特征。岩石组合复杂，部分剖面上见有颗粒支撑为主的砾石，且砾石大致定向排列，其长轴方向主要为65°～70°，成分成熟度高，砾石分选磨圆度好。有时可见交错层理，具有典型的次级裂谷盆地中早期水道沉积物特征。有时可见“落石”等冰筏沉积。以松桃两界河、万家堰、大屋、杨立掌、西溪堡、民乐等剖面为代表。主要分布在石阡—松桃—古丈一带。一般厚度变化剧烈（图3.5）。大厚度区域在平面上呈北东东向断线状、带状分布。

因此，研究区黔湘渝相邻区（即武陵次级裂谷盆地）南华纪两界河期沉积环境就是典型的武陵次级裂谷盆地内早期水道沉积环境和沉积相。

对于湘黔桂地区（即雪峰次级裂谷盆地）与两界河组大致相当的是长安组，其厚度大于1 000 m，其沉积环境与两界河组基本相似，但裂陷时间可能略早，裂陷强度更大。

（二）铁丝坳期

铁丝坳组主要分布在黔湘渝相邻区，即武陵次级裂谷盆地中。厚度变化相对较小，一般几米至10余米不等。当下伏有两界河组地层分布时，厚度略有增厚。当下伏地层没有两界河组地层分布，而与青白口系板溪群地层直接接触时，厚度较小，一般厚0.5～2.5 m。在黔湘渝相邻区，即武陵次级裂谷盆地中，铁丝坳期主要有两种沉积环境与沉积相类型。

1. 冰水滨浅海沉积环境

铁丝坳组以块状（冰碛）含砾黏土岩、含砾砂质黏土岩、少量黏土质砂岩等碎屑岩组成，岩性单一，厚度不大。杂基支撑，砾石成分复杂，部分砾石表面见凹坑及冰川擦痕。主要分布在黔湘渝相邻区北西部的秀山—保靖一带，以秀山椅子山剖面为代表。

2. 冰水浅海隆起（地垒）沉积环境

缺失两界河组沉积，主要为中厚层状含砾泥晶白云岩组成，砾石特点与北部秀山一带

块状(冰碛)含砾黏土岩、含砾砂质黏土岩中的砾石的特征基本一致,但以泥晶白云质胶结相区别。砾石及碎屑可能主要来自冰筏。一般厚度较薄。主要分布在镇远—铜仁一带,以铜仁半溪、江口雷家、松桃将军山和秀山六池等剖面为代表。

对于湘黔桂地区(即雪峰次级裂谷盆地)与铁丝坳组大致相当的是富禄组,其厚度可达 600 余米,其沉积环境与铁丝坳组基本相似,但水较深,应属冰水浅海沉积环境。分析应存在冰水浅海隆起(地垒)的沉积环境,但由于研究程度不够、剖面资料少,也不是本次研究的重点区域,只有留在下步研究工作中去解决。

(三)大塘坡早期

研究区南华纪大塘坡组沉积环境及沉积相是在两界河期与铁丝坳期沉积环境及沉积相的基础上的继承和发展。总体反映南华裂谷盆地中武陵次级裂谷盆地内部进一步裂解、断陷,水深进一步加大,沉积环境进一步封闭,最后导致以控制次级断陷(地堑)盆地形成的同沉积断层(同生断层)为通道,发生深部古天然气渗漏喷溢与沉积成锰作用,形成古天然气渗漏沉积型锰矿床。研究区大塘坡早期主要有次级断陷(地堑)盆地相和次级隆起(地垒)相两种沉积环境与沉积相类型。

1. 次级断陷(地堑)盆地沉积环境与沉积相

1) III 级断陷(地堑)盆地沉积环境与沉积相

由于武陵次级裂谷盆地(II 级)进一步裂解,黔湘渝相邻区由北而南形成了三个更次级的 III 级断陷(地堑)盆地(图 3.3),即溪口-小茶园断陷(地堑)盆地、石阡-松桃-古丈断陷(地堑)盆地和玉屏-黔阳-湘潭断陷(地堑)盆地。大塘坡组分别在这三个 III 级断陷(地堑)盆地中发生沉积,以水平层理为特征,总体反映沉积的水体相对较深。一是以普遍分布大塘坡组第一段黑色岩系(黑色碳质页岩、黑色页岩)为标志,见大量微细粒草莓状黄铁矿分布,厚度从几米至近 100 m 不等,总体为封闭缺氧的还原沉积环境;二是断陷(地堑)盆地中沉积的大塘坡晚期(大塘坡组第二段)粉砂质页岩厚度明显增大,并与大塘坡组第一段黑色岩系厚度呈正相关。典型剖面有松桃两界河、松桃九龙坡、花垣民乐、万山黄道、秀山笔架山、秀山小茶园、镇远岩佬、芷江莫家溪等。

2) IV 级断陷(地堑)盆地沉积环境与沉积相

由于同沉积断层的作用,在 III 级断陷(地堑)盆地中可进一步分解成若干更次级断陷(地堑)盆地(IV 级)。IV 级断陷(地堑)盆地中大塘坡期沉积相主要特征为:①大塘坡组第一段黑色岩系中出现了古天然气渗漏喷溢沉积成因的菱锰矿矿体和白云岩透镜体(周琦 等,2013b,2012a,2008,2007a,b,c),即黑色含锰岩系。IV 级断陷(地堑)盆地中心相区,菱锰矿体之间出现凝灰岩或凝灰质透镜体。②黑色含锰岩系厚度明显增大,一般为 10～40 m,最厚可达 98.58 m(松桃西溪堡 IV 级断陷盆地)。③大塘坡中晚期沉积的第二段粉砂质页岩明显增厚,一般为 150～300 m,最厚可达 603.75 m(松桃西溪堡 IV 级断陷盆地)(张遂 等,2015)。典型剖面有松桃大塘坡猫猫岩剖面、松桃冷水溪剖面、松桃道坨锰矿区 ZK310 钻孔剖面、松桃普觉(西溪堡)锰矿区 ZK1010 钻孔剖面等。

需特别说明的是:两界河组仅分布在 IV 级断陷(地堑)盆地中,即 IV 级断陷(地堑)盆地沉积相分布区，其下伏地层中具有两界河组分布。III 级断陷（地堑）盆地中非 IV 级断陷（地堑）盆地分布区，下伏地层中无两界河组沉积，导致下伏铁丝坳组与板溪群直接接触。

2. 次级隆起（地垒）沉积环境与沉积相

1）III 级隆起（地垒）沉积环境与沉积相

武陵次级裂谷盆地中，在由北而南三个 III 级断陷（地堑）盆地之间，形成了两个 III 级隆起（地垒）（图 3.3），即松桃甘龙-秀山-保靖隆起（地垒）、铜仁-凤凰-溆浦隆起（地垒）。大塘坡早期、中晚期在隆起（地垒）区沉积相的最大特征是：①缺失了相对封闭还原环境条件下的大塘坡组第一段黑色碳质页岩、黑色页岩沉积，而出现浅灰色泥晶“小盖帽”白云岩沉积[①]，底部有时见暴露和沉积间断的标志，反映沉积水深明显较浅。②大塘坡中晚期沉积的第二段粉砂质页岩的厚度大幅度减薄，一般小于 100 m。有时甚至整体缺失大塘坡组沉积，致使南沱组冰碛砾岩直接与板溪群接触（如镇远鲤鱼塘剖面等）。典型剖面如铜仁翁慢、镇远鲤鱼塘、镇远两路口、江口雷家、江口桃映、秀山六池、盐井沟等。

2）IV 级隆起（地垒）区沉积环境与沉积相

IV 级断陷（地堑）盆地之间的相对高地，则形成 IV 级隆起（地垒），如杨家湾 IV 级断陷（地堑）盆地与道坨-李家湾 IV 级断陷（地堑）盆地之间的牛峰包隆起（地垒），李家湾 IV 级断陷（地堑）盆地与大屋 IV 级断陷（地堑）盆地之间的和尚坪隆起（地垒）等（图 3.6）。其沉积相主要特征与 III 级隆起（地垒）类似，主要出现三种沉积相特征：①缺失大塘坡组第一段的黑色含锰岩系，但上覆大塘坡组二、三段沉积物厚度未见明显减薄，如松桃和尚坪隆起（地垒）。②大塘坡组第一段黑色岩系存在，但无菱锰矿体分布，且厚度大幅度减薄，一般仅 1 m 左右，如和尚坪隆起（地垒）北东—北东东延伸至道坨与大屋两个 IV 级断陷（地堑）盆地之间的 ZK108 钻孔、ZK103 钻孔[②]一带，但上覆大塘坡组二段、三段沉积物厚度未见明显减薄。③表现为缺失整个大塘坡组，使南沱组与铁丝坳组直接接触，如杨家湾与道坨-李家湾两个 IV 级断陷（地堑）盆地之间的牛峰包隆起（地垒）、李家湾锰矿区南东侧的 ZK1205 钻孔等。

因此，黔湘渝相邻地区大塘坡早期总体是反映南华裂谷盆地中武陵次级裂谷盆地沉积环境与沉积相，进一步再细分到 III 级，则可概括为“两隆三盆”或“两垒三堑”的构造古地理格局和沉积环境。III 级以下，还可进一步细分到 IV 级，详见图 3.7。在矿床地质特征的研究或锰矿体的预测中，分析研究矿区详查钻孔资料，还可细分到 V 级（略）。

三、古天然气渗漏碳酸盐岩成因相与环境相分析

海底天然气（甲烷）渗漏、喷溢，又称冷泉（cold seep），是一个在全球海洋环境广泛分布的自然现象。现代天然气（甲烷）渗漏、喷溢在海底沿构造带和高渗透地层呈线性群产

---

① 与震旦系陡山坨组底部盖在南沱组冰碛砾岩之上，广泛分布的“大盖帽白云岩”对应，将零星分布在次级隆起（地垒）区中，南华系大塘坡组底部盖在铁丝坳组冰碛砾岩之上的白云岩，称为“小盖帽”白云岩。

② 笔者在 1999～2000 年探索施工的钻孔。

出，也有围绕泥火山或底辟顶部集中分布，呈圆形或不规则状冷泉群出现。现代天然气（甲烷）渗漏区存在多种生物化学和化学作用。以甲烷为能源的微生物可形成微生物席，甚至还可形成高达数米的微生物礁和泥晶丘，即形成甲烷（冷泉）碳酸盐岩。甲烷渗漏成因的冷泉碳酸盐岩沉积是海底天然气渗漏喷溢系统的重要标志，是指示天然气水合物可能存在的重要证据（陈多福，2004）。

周琦等（2012a，2007a，b，c）通过系统研究，提出了南华纪大塘坡早期的“含锰岩系”中古天然气渗漏喷溢成因的菱锰矿、白云岩透镜体与两界河期的古天然气渗漏喷溢成因的白云岩透镜体是目前发现的最古老的甲烷（冷泉）碳酸盐岩沉积，且两者具有成因联系，互为标志，不单独出现，为同一古天然气渗漏喷溢成岩成矿系统中不同阶段的产物。因此，大塘坡早期的菱锰矿、白云岩透镜体和两界河期的白云岩透镜体组合的出现，则代表了特殊的古天然气渗漏喷溢成因的冷泉碳酸盐岩成因相和环境相。两期白云岩透镜体和菱锰矿透镜体在受同沉积断层控制的同一断陷（地堑）沉积盆地中出现，代表古天然气不同期次渗漏喷溢导致冷泉碳酸盐岩形成的特殊成因相和水体较深的封闭还原的沉积环境。

第三节　南华纪早期南华裂谷盆地结构

一、南华裂谷盆地形成与演化

罗迪尼亚超大陆形成于 1 300～900 Ma 全球范围造山运动，从约 820 Ma 开始的全球性大陆裂谷活动，最终导致罗迪尼亚超大陆裂解（李献华 等，2012；王剑 等，2009；Hoffman，1991）。与全球新元古代构造活动相对应，我国华南的四堡造山运动发生于820 Ma，该运动导致扬子陆块与华夏陆块发生拼合。之后两陆块再度拉张，形成南华裂谷盆地。在上扬子地块东南缘区域，以深水沉积组合和火山及凝灰岩沉积为主的板溪群（黔东北及毗邻区）、下江群（黔东南—湘西南）与丹州群（桂北）即代表裂陷盆地充填序列（见图 3.2）（Wang et al.，2003）。在 780～770 Ma，扬子、华夏两个陆块发生最终拼合（王自强 等，2012），之后拼合区再次转化成为拉张背景，南华盆地保持裂谷盆地特征直至南华纪结束（Lan et al.，2015a，b）。南华盆地这种拉张构造背景与同时期的其他盆地存在可对比性，如加拿大境内科迪勒拉山系北段 Amundsen 盆地（Thomson et al.，2015）、美国北犹他州 Uinta Mountain 盆地（Dehler et al.，2010）及澳大利亚南部及西部新元古代沉积盆地（De Vries et al.，2008；Preiss，2000）的沉积记录同样指明在 780～670 Ma 这些盆地处于拉张沉降机制控制下的构造背景，这表明南华裂谷盆地的发展是罗迪尼亚超大陆裂解过程中的一幕。

全球性的多期冰川事件是新元古代晚期地质记录中又一显著标志，一般认为，我国的南华系与国际上成冰系（Cryogenian）相对应，以代表 Marinoan 冰期终止的南沱组顶界为南华系结束标志，但目前对于华南南华系底界位置尚存争议。一种观点认为应以最早出现的寒冷气候沉积作为南华系底界，该底界年龄在约 780 Ma（尹崇玉 等，2013）；另一种观点则考虑到国际上成冰纪底界在 850 Ma,从而以 820 Ma"晋宁-四堡"造山运动不整合界线为南华系的起始(王剑,2005);还有一种观点认为应将华南 Sturtian 冰期开启时间作为南华纪底界,因此将其提升到 720 Ma(汪正江 等,2013)。综合考虑目前取得的地质证据和划分方案接受普遍性,我们采用 720 Ma 划分方案。

南华纪早期(~720 Ma),随着南华裂谷盆地进一步发展,武陵与雪峰两个次级裂谷盆地开始形成(图 3.2),发育以海相中粗碎屑沉积为主的两界河组,代表 Sturtian 冰期开启前次级裂谷盆地充填沉积。在全球性裂谷作用发育及冰期—间冰期气候交替的背景下,新元古代晚期也是全球重要的锰-铁成矿期,在巴西、纳米比亚、印度及我国华南地区,Sturtian 冰期沉积中或上覆地层均发育有条带状含铁建造(banded iron formation,BIF)及锰矿沉积(Maynard,2010;Roy,2006)。我国新元古代晚期锰矿沉积主要以菱锰矿形式赋存于大塘坡组第一段黑色页岩底部,即古天然气渗漏沉积型锰矿床("大塘坡式"锰矿),它与下伏 Sturtian 冰期铁丝坳组含砾砂岩及杂砂岩沉积区别。华南地区"古天然气渗漏沉积型"锰矿资源储量巨大,是我国最重要的锰矿床类型,并已成为继传统的海相沉积型、沉积变质型锰矿床类型之后,全球最重要的三大锰矿床类型之一(周琦 等,2016)。

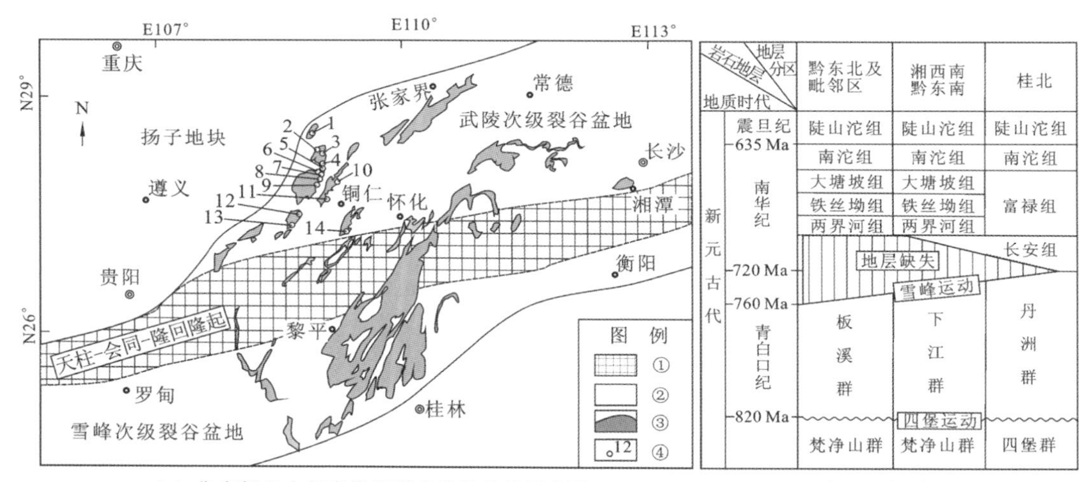

(a) 华南新元古代南华纪裂谷盆地结构示意图　　(b) 研究区南华系地层划分方案

图 3.2　华南新元古代南华纪裂谷盆地结构示意图及研究区南华系地层划分方案

1.重庆秀山小茶园;2.重庆秀山盐井沟;3.重庆秀山笔架山;4.贵州松桃杨家湾 ZK402;5.贵州松桃牛峰包;6.贵州松桃道坨 ZK301;7.贵州松桃茶叶坳 ZK108;8.贵州松桃大屋 ZK1703;9.贵州松桃两界河;10.贵州松桃西溪堡 ZK1010;11.贵州江口桃映;12.贵州江口雷家;13.贵州铜仁半溪;14.贵州万山盆架山 ZK2208 钻孔;①隆起(地垒)区域;②次级裂谷盆地区域;③南华系—震旦系;④图 3.5~图 3.8 中剖面编号及位置示意

我国华南地区南华纪的锰矿大规模成矿过程是全球背景下超大陆裂解、区域古气候、古海洋化学演化多重因素共同作用的结果。虽然目前对于锰质来源问题尚存争议,但研究者均强调南华裂谷盆地结构及盆地发展过程对锰质供给及锰矿沉淀过程的控制作用。陆源风化说认为裂谷活动增加了大陆边缘面积,因此增加了风化速率与物源供应(张飞飞等,2013a,c);热液成因说认为大陆裂谷作用导致的地壳拉张作用使得盆地内热点增加,热液活动增强,有利于热液将锰质带入盆地(何志威 等,2014;Xu et al.,1990);古天然气渗漏沉积说(锰矿"内生外成")则认为这些断裂是深部无机成因气体和富锰流体上涌的通道,携带至盆地中心沉积成矿(周琦 等,2016,2013b,2007a,b,c)。因此,南华裂谷盆地的发展过程对于锰矿沉积存在重要控制作用,恢复研究裂谷盆地内部结构、空间展布规律,对于研究华南南华纪锰矿成矿区带、圈定锰矿成矿有利区域有着重要意义。

二、南华纪早期裂谷盆地结构及沉积特征

(一)南华裂谷盆地结构

南华裂谷盆地(I级)大致沿秀山壳幔韧性剪切带(深断裂带,下同)、怀化(黔阳)壳幔韧性剪切带、金兰寺壳幔韧性剪切带(分别与深部大地电磁测深发现的秀山—松桃、黔阳—邵阳和衡阳—茶陵的垂向低阻带位置对应)再次发生裂陷,接受南华系沉积物沉积与演化。南华裂谷盆地从北往南,分别出现:①武陵次级裂谷盆地;②天柱-会同-隆回隆起(地垒);③雪峰次级裂谷盆地。因此,南华裂谷盆地结构则由以上三个II级单元构成(图3.2,图3.3)。

(二)武陵次级裂谷盆地结构

武陵次级裂谷盆地(II级)依据其内部同沉积断层空间展布特征及对锰矿成矿亚带的控制特征、沉积环境与沉积相特征,武陵次级裂谷盆地(II级)结构具体由以下III级单元构成(表3.5):①石阡-松桃-古丈断陷(地堑)盆地;②溪口-小茶园断陷(地堑)盆地;③玉屏-黔阳-湘潭断陷(地堑)盆地;④施秉-铜仁-凤凰隆起(地垒);⑤甘龙-秀山隆起(地垒)。

1. 石阡-松桃-古丈断陷(地堑)盆地(III级)结构

石阡-松桃-古丈断陷(地堑)盆地(III级)进一步依据其内部同沉积断层空间展布特征及对锰矿床的控制特征、沉积环境与沉积相特征,其内部结构具体由以下至少十六个断陷(地堑)盆地和其间的隆起(地垒)等IV级单元构成:①松桃李家湾-高地-道坨断陷(地堑)盆地;②松桃西溪堡(普觉)断陷(地堑)盆地;③松桃大塘坡断陷(地堑)盆地;④松桃大屋断陷(地堑)盆地;⑤松桃杨家湾断陷(地堑)盆地;⑥松桃举贤(寨英)断陷(地堑)盆地;⑦松桃凉风坳断陷(地堑)盆地;⑧松桃金盆断陷(地堑)盆地;⑨花垣民乐断陷(地堑)盆地;⑩古丈烂泥田断陷(地堑)盆地;⑪秀山笔架山断陷(地堑)盆地;⑫镇远都坪断陷(地堑)盆地;⑬石阡石板溪断陷(地堑)盆地;⑭秀山椅子山隆起(地垒);⑮松桃牛峰包隆起(地垒);⑯松桃和尚坪隆起(地垒)。

2. 玉屏-黔阳-湘潭断陷(地堑)盆地(III级)结构

玉屏-黔阳-湘潭断陷(地堑)盆地(III级)进一步依据其内部同沉积断层空间展布特征以及对锰矿床的控制特征、沉积环境与沉积相特征,其内部结构具体由以下至少由五个断陷(地堑)盆地等IV级单元构成:①万山盆架山-芷江莫家溪断陷(地堑)盆地;②玉屏新寨断陷(地堑)盆地;③黔阳-洞口江口断陷(地堑)盆地;④怀化鸭嘴岩断陷(地堑)盆地;⑤湘潭棠甘山断陷(地堑)盆地。

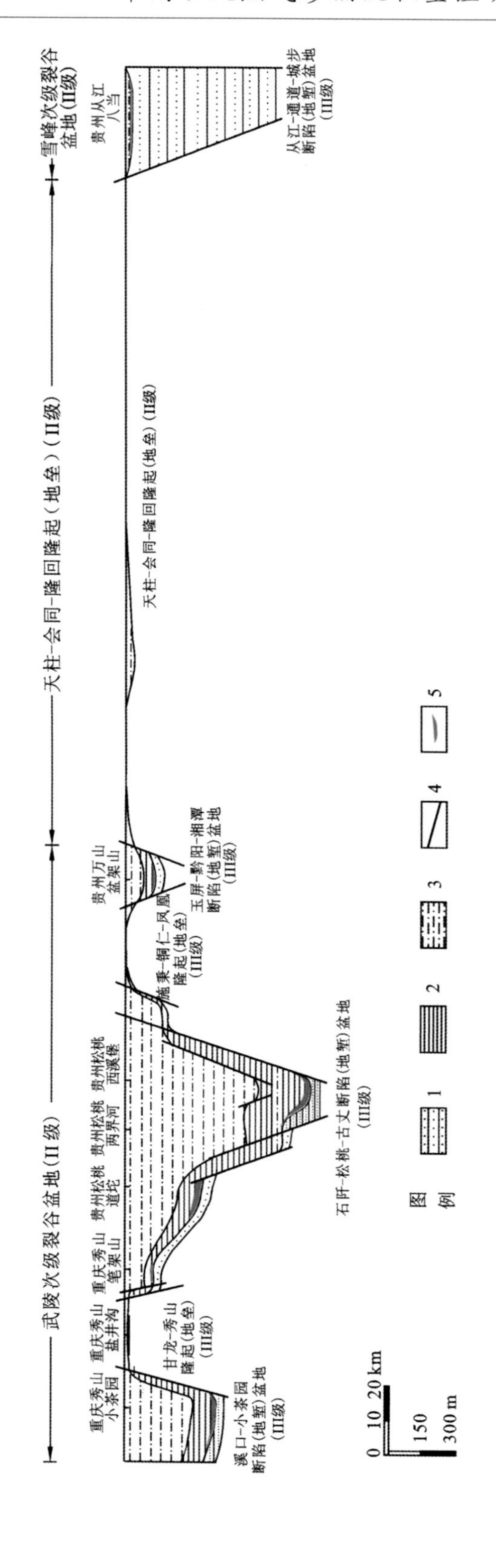

图3.3　南华纪两界河期—大塘坡期南华裂谷盆地复原剖面图

1.两界河（长安）期—铁丝坳（富禄）期砂砾岩；2.大塘坡早期黑色碳质页岩（夹菱锰矿）；3.大塘坡中晚期粉砂质页岩；4.同沉积断层；5.锰矿体

3. 溪口-小茶园断陷(地堑)盆地(III级)结构

溪口-小茶园断陷(地堑)盆地(III级)结构进一步依据其内部同沉积断层空间展布特征以及对锰矿床的控制特征、沉积环境与沉积相特征,其内部结构具体由以下至少由两个断陷(地堑)盆地等IV级单元构成:①秀山小茶园断陷(地堑)盆地;②秀山猿牙盖断陷(地堑)盆地。

此外,武陵次级裂谷盆地(II级)中,在溪口-小茶园断陷(地堑)盆地(III级)、石阡-松桃-古丈断陷(地堑)盆地(III级)和玉屏-黔阳-湘潭断陷(地堑)盆地(III级)之间,分布有甘龙-秀山和施秉-铜仁-凤凰两个III级隆起(地垒)(图3.4)。

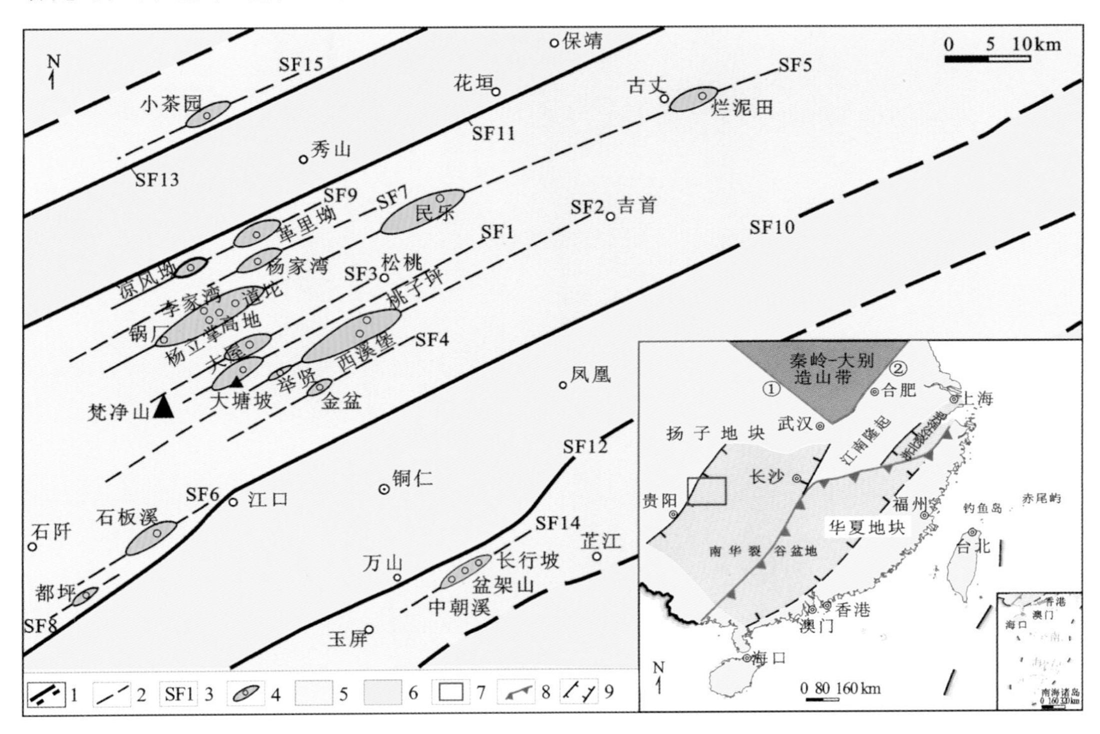

图3.4　华南南华纪早期武陵次级裂谷盆地结构与构造古地理图

1. 控制III级断陷盆地和隆起的同沉积断层;2. 控制IV级断陷盆地和隆起的同沉积断层;3. 同沉积断层编号;4. IV级断陷盆地及所控制的锰矿床名称;5. III级断陷盆地;6. III级隆起;7. 主要研究区大地构造位置;8. 扬子与华夏地块结合带;9. 一级裂谷盆地边界线;①-②为秦岭—大别山断裂带;③为龙门山—盐源断裂带;④为红河剪切带

(三)雪峰次级裂谷盆地结构

雪峰次级裂谷盆地(II级)依据其内部同沉积断层空间展布特征及对锰矿成矿亚带的控制特征、沉积环境与沉积相特征,目前雪峰次级裂谷盆地(II级)结构至少可以确定从江-通道-城步断陷(地堑)盆地一个III级单元。它具体由以下五个IV级断陷(地堑)盆地单元构成(表3.5):①黎平冷水塘断陷(地堑)盆地;②靖州新厂照洞断陷(地堑)盆地;③城步楠木湾-岩田断陷(地堑)盆地;④从江高增-八当断陷(地堑)盆地;⑤通道坪阳断陷(地堑)盆地。

表 3.5 华南南华裂谷盆地大塘坡早期内部结构特征一览表

I级	II级	III级	IV级	备注
南华裂谷盆地	武陵次级裂谷盆地	溪口-小茶园断陷(地堑)盆地	秀山小茶园断陷(地堑)盆地、秀山獠牙盖断陷(地堑)盆地	武陵、雪峰次级裂谷盆地的IV级结构单元划分仅限于两界河至大塘坡早期
		甘龙-秀山隆起(地垒)		
		石阡-松桃-古丈断陷(地堑)盆地	松桃李家湾-高地-道坨断陷(地堑)盆地、松桃西溪堡(普觉)断陷(地堑)盆地、松桃大塘坡断陷(地堑)盆地、松桃大屋断陷(地堑)盆地、松桃杨家湾断陷(地堑)盆地、松桃凉风坳断陷(地堑)盆地、松桃举贤断陷(地堑)盆地、松桃金盆断陷(地堑)盆地、花垣民乐断陷(地堑)盆地、古丈烂泥田断陷(地堑)盆地、秀山笔架山断陷(地堑)盆地、石阡石板溪断陷(地堑)盆地、镇远都坪断陷(地堑)盆地和秀山椅子山隆起(地垒)、松桃牛峰包隆起(地垒)、松桃和尚坪隆起(地垒)	
		施秉-铜仁-凤凰隆起(地垒)		
		玉屏-黔阳-湘潭断陷(地堑)盆地	万山盆架山-芷江莫家溪断陷(地堑)盆地、玉屏新寨断陷(地堑)盆地、黔阳-洞口江口断陷(地堑)盆地、怀化鸭嘴岩断陷(地堑)盆地、湘潭棠甘山断陷(地堑)盆地	
	雪峰次级裂谷盆地	从江-通道-城步断陷(地堑)盆地	黎平冷水塘断陷(地堑)盆地、靖州新厂照洞断陷(地堑)盆地、城步楠木湾-岩田断陷(地堑)盆地、从江高增-八当断陷(地堑)盆地、通道坪阳断陷(地堑)盆地	

(四)武陵次级裂谷盆地沉积特征

1. 两界河期

武陵次级裂谷盆地中南华系两界河组厚度变化很大,一般零米至几十米不等,最厚可达380余米,大厚度区域总体呈北东东向线状展布,主要分布在石阡—松桃—古丈一带,与下伏的青白口系板溪群多呈角度不整合接触。其沉积环境为青白口期第一次裂陷沉积之后,又开始第二次裂陷作用而形成的系列线状、断续展布的断陷小盆地沉积。两界河组为充填在断陷小盆地中的块状-中厚层状黏土质砂砾岩,再沉积砾岩、杂砂岩等组成,以夹有透镜状砂屑、砾屑白云岩为特征。岩石组合复杂,部分剖面上见有颗粒支撑为主的砾石,且砾石大致定向排列,其长轴方向主要为65°～70°,成分成熟度高,砾石分选性好,磨圆度高。有时可见交错层理,具有典型的断陷盆地内水道沉积物特征。有时还可见"落石"等冰筏沉积。

武陵次级裂谷盆地中,通过选择从北往南的14条代表性的两界河组地层柱状剖面进行对比分析后,对两界河期裂谷盆地内部结构进行了复原。发现在两界河期,武陵次级裂谷盆地处于萌芽期,特别是在松桃大塘坡、西溪堡地区表现十分明显。另在松桃杨立掌(注:其深部即李家湾锰矿床)—高地—道坨一带,两界河期也具有裂谷(断陷)的雏形[图3.5,图3.8(a)]。

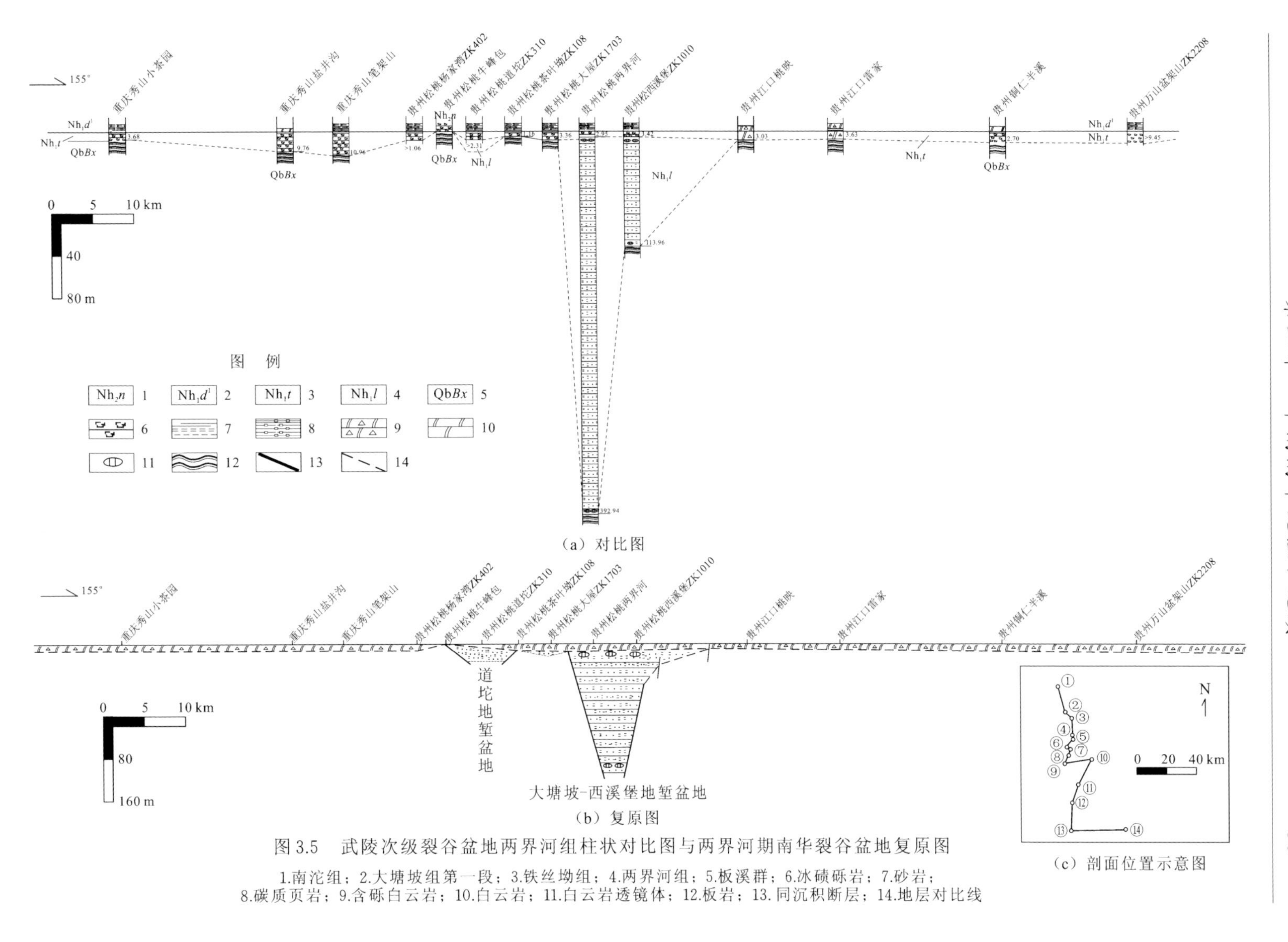

图 3.5　武陵次级裂谷盆地两界河组柱状对比图与两界河期南华裂谷盆地复原图

1.南沱组；2.大塘坡组第一段；3.铁丝坳组；4.两界河组；5.板溪群；6.冰碛砾岩；7.砂岩；8.碳质页岩；9.含砾白云岩；10.白云岩；11.白云岩透镜体；12.板岩；13.同沉积断层；14.地层对比线

2．铁丝坳期

武陵次级裂谷盆地中南华系铁丝坳组普遍分布，厚度变化相对较小，一般为 1～10 m 不等。当下伏有两界河组地层分布时，铁丝坳组厚度略有增厚。当下伏地层无两界河组地层分布而与青白口系板溪群地层直接接触时，铁丝坳组厚度很小，一般厚 0.5～2.5 m。铁丝坳期主要有两种沉积环境及沉积相类型。

1）冰水滨浅海沉积

铁丝坳组以块状（冰碛）含砾黏土岩、含砾砂质黏土岩、少量黏土质砂岩等碎屑岩组成，岩性单一，厚度不大。杂基支撑，砾石成分复杂，部分砾石表面见凹坑及冰川擦痕。主要分布在松桃甘龙—秀山—保靖一带，以秀山椅子山剖面为代表。

2）冰水浅海隆起（地垒）沉积

缺失两界河组沉积，主要为中厚层状含砾泥晶白云岩组成，砾石特点与冰水滨浅海沉积环境的砾石特征基本一致，但以泥晶白云质胶结为区别。砾石及碎屑可能主要来自冰筏。一般厚度较薄。主要分布在施秉—铜仁一带，以铜仁半溪、江口雷家等剖面为代表。

3．大塘坡期

武陵次级裂谷盆地中南华纪大塘坡期沉积环境及沉积相是在两界河期与铁丝坳期的基础上的继承和发展。总体是反映次级裂谷盆地内部进一步发生裂解、断陷，导致更次级的断陷（地堑）盆地不断增加、水深进一步加大、沉积环境进一步封闭等。特别是在大塘坡初期的系列次级（IV 级）断陷（地堑）盆地中，几乎同时（664～667 Ma）（余文超 等，2016a；尹崇玉 等，2006a；Zhou et. al，2004）发生大规模锰矿成矿作用，在武陵次级裂谷盆地中形成一系列大型-超大型古天然气渗漏沉积型锰矿床。

武陵次级裂谷盆地大塘坡期主要有次级（III 级、IV 级）断陷（地堑）盆地相和次级隆起（地垒）相两种沉积相类型。

1）次级断陷（地堑）盆地沉积

（1）III 级断陷（地堑）盆地沉积。因武陵次级裂谷盆地（II 级）进一步裂解，由北往南形成了溪口-小茶园、石阡-松桃-古丈和玉屏-黔阳-湘潭三个 III 级断陷（地堑）盆地（图 3.4）。在这三个 III 级断陷（地堑）盆地中形成的大塘坡组沉积，以水平层理为特征，总体反映沉积的水体相对较深。一是以普遍分布大塘坡组第一段黑色岩系（黑色碳质页岩、黑色页岩）为标志，见大量微细粒草莓状黄铁矿分布，厚度从几米至近 100 m 不等，总体为封闭缺氧的还原沉积环境。二是断陷（地堑）盆地中的大塘坡组第二段粉砂质页岩厚度明显增大，并与大塘坡组第一段黑色岩系厚度呈正相关关系。

（2）IV 级断陷（地堑）盆地沉积。由于同沉积断层的作用，在 III 级断陷（地堑）盆地中还可进一步分解成若干 IV 级断陷（地堑）盆地。通过选择武陵次级裂谷盆地中 14 条代表性剖面，在对大塘坡组第一段地层柱状剖面进行对比分析的基础上，成功对大塘坡早期武陵次级裂谷盆地结构进行了复原［图 3.6，图 3.8(b)］。通过复原，发现大塘坡早期武陵次级裂谷盆地中裂解作用强烈，形成了特殊的盆地结构与沉积特征，锰矿的沉积成矿作用就发生在强烈裂解作用的早期，成矿时间基本等时（664～667 Ma）（余文超 等，2016a；尹崇玉 等，2006a；Zhou et. al，2004），全部分布在 IV 级盆地底部。

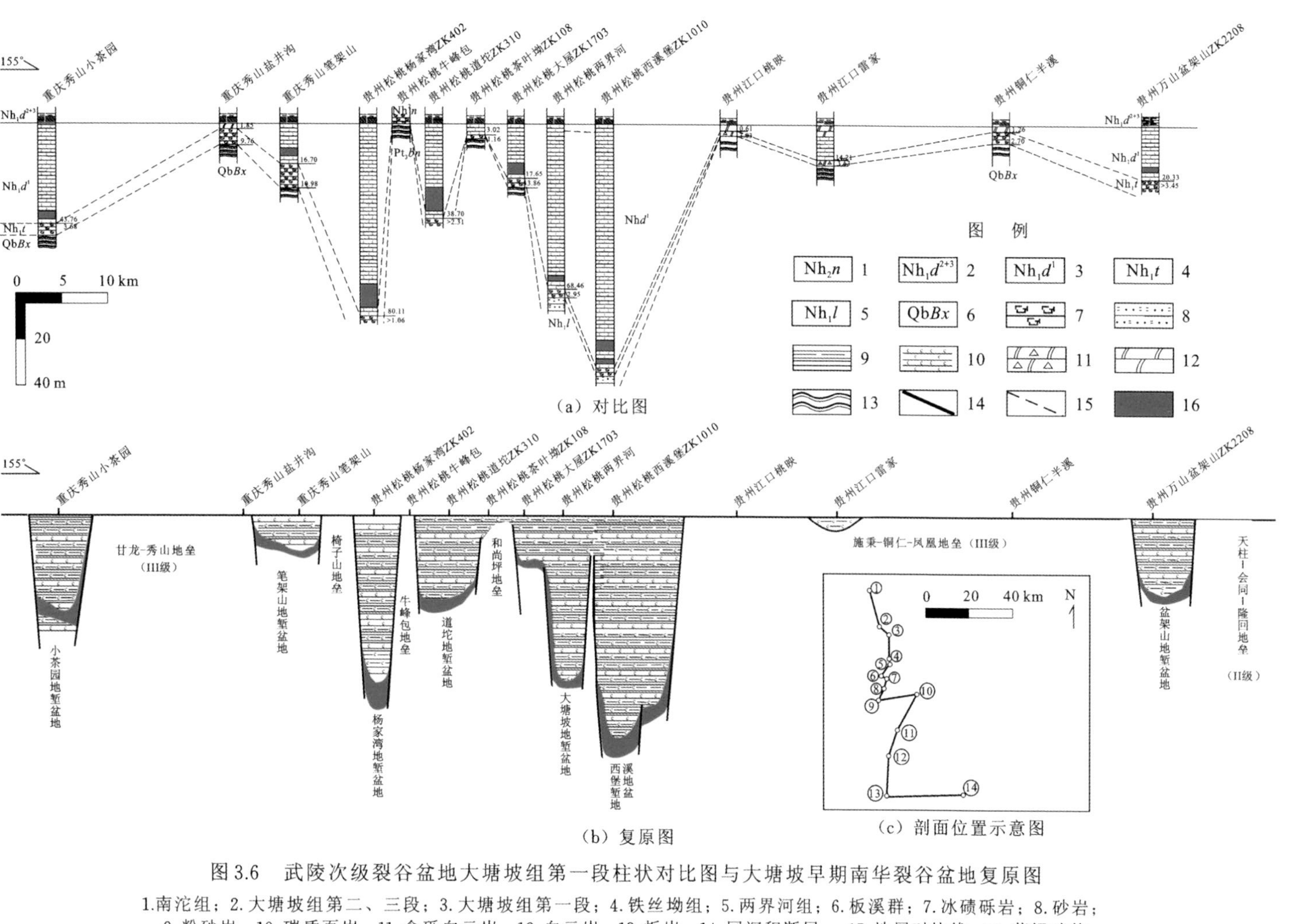

图3.6　武陵次级裂谷盆地大塘坡组第一段柱状对比图与大塘坡早期南华裂谷盆地复原图

1.南沱组；2.大塘坡组第二、三段；3.大塘坡组第一段；4.铁丝坳组；5.两界河组；6.板溪群；7.冰碛砾岩；8.砂岩；9.粉砂岩；10.碳质页岩；11.含砾白云岩；12.白云岩；13.板岩；14.同沉积断层；.15.地层对比线；16.菱锰矿体大塘坡组在 IV 级盆地中沉积相主要特征为：①大塘坡组第一段黑色岩系底部出现了菱锰矿矿体和白云岩透镜体(周琦 等，2013b，2012a，2007a，b，c，2002；周琦，2008)。在盆地中心位置，菱锰矿体之间出现薄层凝灰岩或凝灰质透镜体夹层。②黑色含锰岩系厚度明显增大，一般为 10～40 m，最厚可达 98.58 m(西溪堡 IV 级盆地)。③大塘坡组第二段粉砂质页岩明显增厚，并出现第三段沉积一般为 150～300 m，最厚可达 603.75 m(西溪堡 IV 级盆地)(张遂 等，2015)。

因大塘坡早期强烈的裂解作用是在两界河期裂解初期的基础上继承和发展，故 IV 级盆地中具有两界河组分布。而 IV 级盆地之外的下伏地层中，则缺失两界河组沉积，下伏铁丝坳组与板溪群直接接触(图 3.8)。

2) 次级隆起(地垒)沉积

武陵次级裂谷盆地中的三个 III 级断陷(地堑)盆地之间，为甘龙-秀山和施秉-铜仁-凤凰两个 III 级隆起(地垒)(图 3.4)，主要的沉积相特征为：①缺失了相对封闭还原环境条件下的大塘坡组第一段黑色碳质页岩沉积，而出现浅灰色泥晶白云岩沉积(小盖帽白云岩)，底部有时见暴露和沉积间断的标志，反映沉积水深较浅。②大塘坡组第二段粉砂质页岩的厚度大幅度减薄，一般小于 100 m。有时甚至整体缺失大塘坡组沉积，导致南沱组冰碛砾岩直接与板溪群接触(如镇远鲤鱼塘剖面等)。

IV 级断陷(地堑)盆地之间则为 IV 级隆起(地垒)。例如，杨家湾 IV 级断陷盆地与李家湾-高地-道坨 IV 级断陷盆地之间的牛峰包隆起(地垒)；李家湾-高地-道坨 IV 级断陷盆地与大屋 IV 级断陷盆地之间的和尚坪隆起(地垒)等[图 3.8(b)]。其沉积相主要特征与 III 级隆起(地垒)类似：①缺失大塘坡组第一段的黑色含锰岩系，但上覆大塘坡组二段、三段沉积物厚度未见明显减薄。例如，和尚坪隆起(地垒)，并出现了大塘坡早期盖帽白云岩。②大塘坡组第一段黑色岩系存在，如位于和尚坪隆起(地垒)北东方向的 ZK108、ZK103 钻孔剖面，其厚度已大幅度减薄至 1 m 左右，无锰矿体分布，但上覆大塘坡组第二段沉积物厚度未见明显减薄，反映是在大规模成锰期以后才开始裂解、下陷接受塘坡组第二段沉积物沉积。③有时也表现为缺失整个大塘坡组，使南沱组与铁丝坳组，甚至青白口系板溪群直接接触，如杨家湾与李家湾-高地-道坨两个 IV 级断陷(地堑)盆地之间的牛峰包隆起(地垒)、松桃杨立掌锰矿区(注：深部为李家湾锰矿床)南东侧的 ZK1205 孔剖面等，反映其在两界河至大塘坡期高出海平面，为一孤岛。

继续对选择的武陵次级裂谷盆地中 14 条代表性剖面的大塘坡组二段及第三段地层柱状剖面进行对比分析，又对大塘坡晚期裂谷盆地结构进行了复原[图 3.7，图 3.8(c)]。通过复原，发现武陵次级裂谷盆地的裂陷中心依然在松桃西溪堡—大塘坡一带，但武陵次级裂谷盆地中部分 IV 级结构单元消失，如大塘坡早期的李家湾-高地-道坨、大塘坡盆地、西溪堡三个 IV 级断陷盆地在大塘坡晚期则合并为一个断陷(地堑)盆地。秀山笔架山与松桃杨家湾两个 IV 级断陷盆地则合并为一个断陷(地堑)盆地。进而导致其间的隆起(地垒)消失等[图 3.7，图 3.8(b)]。

从以上对武陵次级裂谷盆地中两界河期[图 3.8(a)]、大塘坡早期[图 3.6，图 3.8(b)]、大塘坡晚期[图 3.7，图 3.8(c)]的 IV 级盆地结构分析和复原可以看出，大塘坡早期盆地结构分析研究与复原[图 3.6，图 3.8(b)]，对于古天然气渗漏沉积型锰矿床成矿与找矿预测研究更有理论和实践意义。

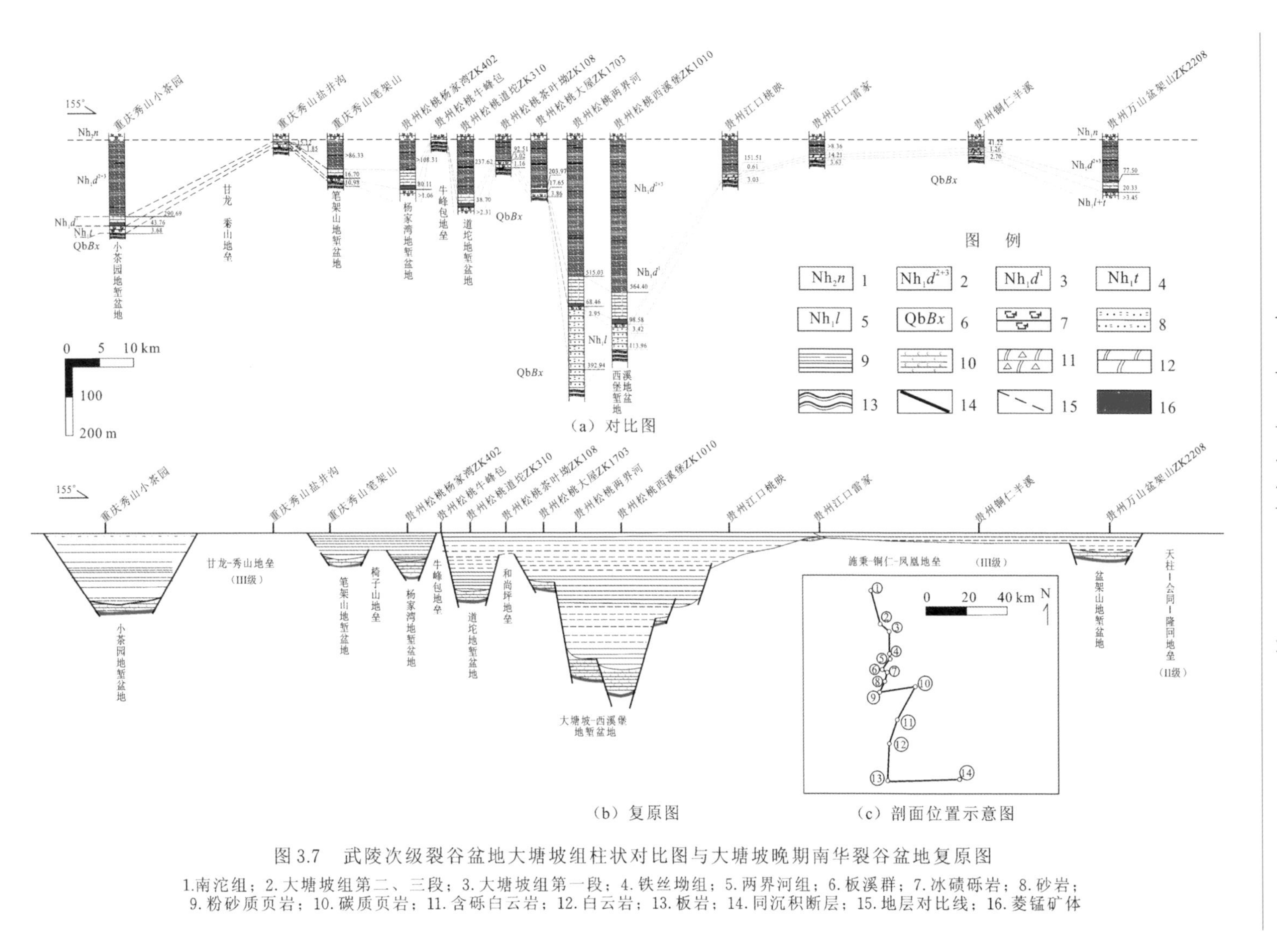

图3.7 武陵次级裂谷盆地大塘坡组柱状对比图与大塘坡晚期南华裂谷盆地复原图

1.南沱组；2.大塘坡组第二、三段；3.大塘坡组第一段；4.铁丝坳组；5.两界河组；6.板溪群；7.冰碛砾岩；8.砂岩；9.粉砂质页岩；10.碳质页岩；11.含砾白云岩；12.白云岩；13.板岩；14.同沉积断层；15.地层对比线；16.菱锰矿体

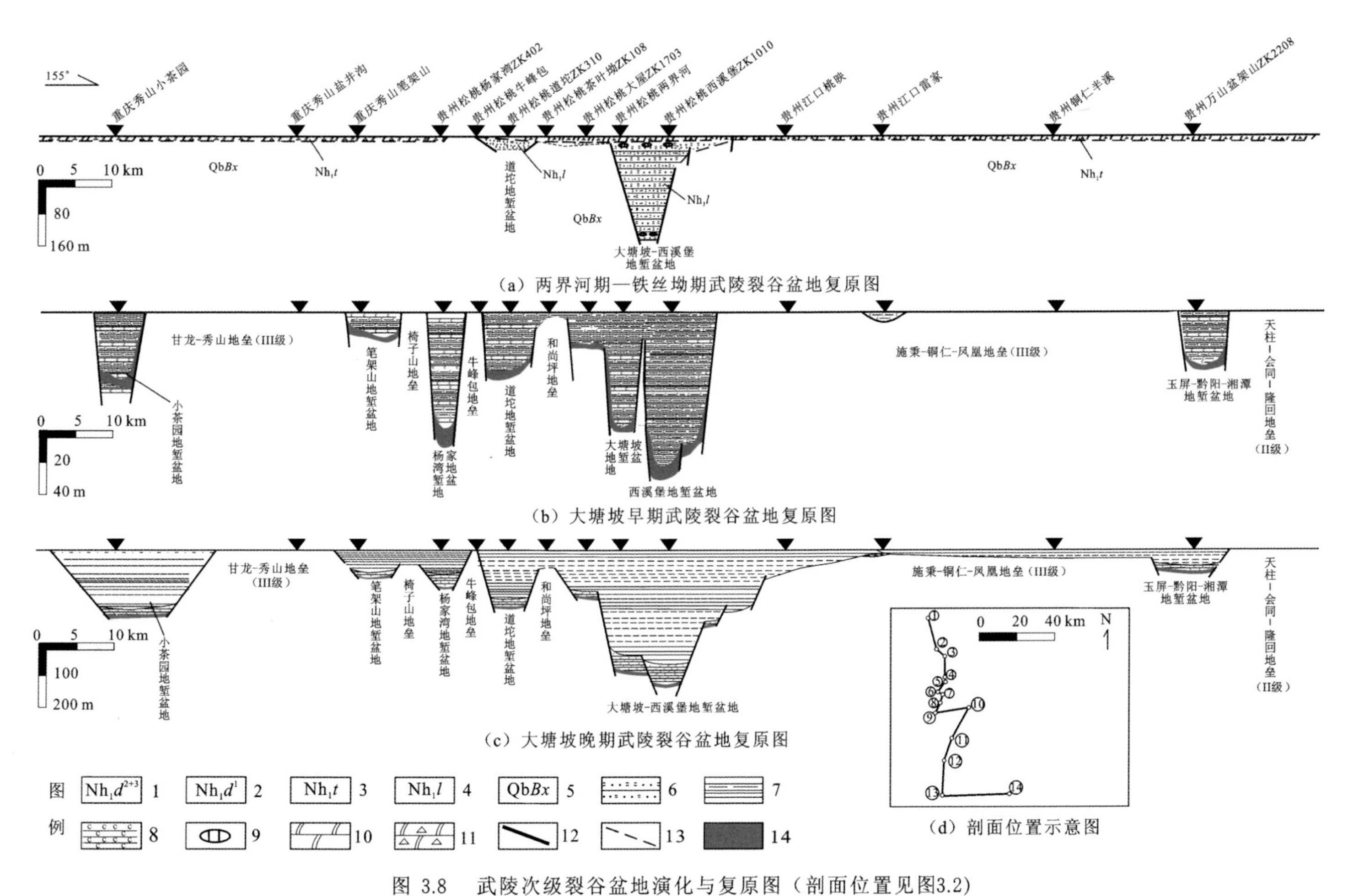

图 3.8　武陵次级裂谷盆地演化与复原图（剖面位置见图3.2）

1.大塘坡组第二、三段；2.大塘坡组第一段；3.铁丝坳组；4.两界河组；5.板溪群；6.砂岩；7.粉砂质页岩；8.碳质页岩；9.含砾白云岩；10.白云岩；11.板岩；12.同沉积断层；13.地层对比线；14.菱锰矿体

（五）武陵次级裂谷盆地中主要同沉积断层

前已述及，同沉积断层（同生断层或生长断层），是指与沉积作用同时且连续活动的断层，它随着深度和沉积物加大加厚而断距增加，其下降盘岩层厚度大于上升盘相应岩层的厚度，是一种具正断层性质的盆地中的构造类型（翟裕生 等，1997）。

1. 同沉积断层主要识别标志

（1）南华系地层厚度的突变带。沉积物等厚线形状及延伸通常受同沉积断层制约，如松桃西溪堡（普觉）IV 级断陷（地堑）盆地中，大塘坡组第一段黑色含锰岩系（Nh_1d^1）厚度、大塘坡组第二段（Nh_1d^2）地层厚度及南沱组地层厚度（Nh_2n）均出现突变带，两侧地层厚度竟相差一倍以上（张遂 等，2015），甚至缺失大塘坡组第一段黑色含锰岩系。且随时间推移，突变带具有逐渐从北西往南东移动的特征，因此我们确定了 SF2 同沉积断层。

西溪堡（普觉）锰矿区平土矿段中位于 SF2 同沉积断层北西侧的 ZK1010、ZK614、ZK4410 孔，与位于南东侧的 ZK1008、ZK4409、ZK4609 孔，其含锰岩系（大塘坡组第一段）、大塘坡组第二段和南沱组的厚度相差近一倍。北西厚、南东薄。北西侧的含锰岩系（大塘坡组第一段）、大塘坡组第二段和南沱组的厚度分别为 84.08～96.0 m、609.54～611.13 m 和 220.89～650 m，而南东侧的含锰岩系（大塘坡组第一段）、大塘坡组第二段和南沱组的厚度分别为 31.84～40.31 m、325.0～378.19 m 和 188.32～212 m。同时，北西侧的菱锰矿体厚度也明显增厚，达 7.74～13.54 m，南东侧的矿体厚度为 3.44～6.42 m。充分体现 SF2 同沉积断层同时控盆、控相和控矿的特征。

（2）沉积岩相的突变带。线状展布的两界河组快速堆积低成熟度的含砾杂砂岩边界线指示同沉积断裂的存在。因为两界河组是沿次级裂谷盆地中早期裂开的水道沉积，而水道一般沿同沉积断层发育，受同沉积断层控制。

（3）在 IV 级断陷（地堑）盆地中特殊的古天然气渗漏喷溢沉积构造的连线和串珠状 IV 级断陷（地堑）盆地的连线等，如 SF2、SF3、SF5、SF9 号同沉积断层。

（4）同沉积断层走向判定标志：①依据两界河组及铁丝坳组流水波痕、粒序层理、砾石长轴方向统计进行古流向分析，可判断石阡-松桃-古丈断陷（地堑）盆地中两界河期水道方向为 65°左右。因大塘坡期同沉积断层是在两界河期同沉积断层的继承和发展，故可通过两界河期水道方向确定大塘坡期区域同沉积断层走向总体也为 65°～70°；②根据相关地层、含锰岩系和菱锰矿体等最大厚度方向、特殊的古天然气渗漏喷溢沉积构造的连线方向等进行判断。方向大致为 65°～70°。

2. 同沉积断层与所控的断陷（地堑）盆地分析

根据上述主要判别标志，武陵次级裂谷盆地中至少可恢复识别出 15 条南华纪早期同沉积断层（表 3.6），其中可划分为两个层级。

（1）控制 III 级断陷（地堑）盆地和隆起（地垒）的同沉积断层。具有规模大，控相、控盆特征十分明显。例如，SF10、SF11 是分别控制甘龙-秀山隆起（地垒）、石阡-松桃-古丈断陷（地堑）盆地和施秉-铜仁-凤凰隆起（地垒）边界的同沉积断层。

表 3.6　武陵次级裂谷盆地南华纪早期主要同沉积断层及特征

编号	主要特征	控制 IV 级断陷盆地等
SF1	沿该断层延长方向两界河组(394 m)、含锰岩系(50～70 m)、大塘坡组第二、三段(583 m)厚度异常增大等,两侧迅速减薄	松桃大塘坡
SF3	断层北西含锰岩系厚度为零,南东则迅速增厚;出现两界河组沉积等	松桃大屋
SF5	断层南东侧含锰岩系厚度迅速减薄为零,大塘坡二段也大幅减薄;北西侧含锰岩系迅速增厚,出现两界河组沉积。被沥青充填的气泡状菱锰矿石、底辟构造及软沉积变形纹理沿 60°方向展布	松桃锅厂-李家湾-道坨、花垣民乐、古丈烂泥田等
SF7	断层南东侧含锰岩系厚度为零,大塘坡组第二、三段也迅速减薄直至为零;北西侧含锰岩系厚度则迅速增厚(最厚大于 80 m),大塘坡组第二、三段也迅速增厚等	松桃杨家湾
SF9	断层南东侧含锰岩系厚度为零,大塘坡组第二、三段也迅速减薄;北西侧出现含锰岩系,厚度迅速增厚。含锰岩系中出现来自隆起区的小型盆地扇沉积物	松桃凉风坳、秀山革里坳
SF15	沿断层含锰岩系较大厚度沉积,出现被沥青充填的气泡状菱锰矿石	秀山小茶园
SF2	沿断层延长方向出现两界河组(大于 140 m)、含锰岩系(96 m)、大塘坡组第二、三段(652 m)大厚度沉积等,沿两侧迅速减薄	松桃西溪堡、松桃举贤等
SF4	沿断层延长方向出现两界河组和含锰岩系(40 m)、大塘坡组第二、三段(300 m)较大厚度沉积等	松桃普觉
SF6 SF8	沿断层均出现两界河组较大厚度沉积和含锰岩系,沿两侧迅速减薄等	石阡石板溪、镇远袁家山
SF14	沿断层方向含锰岩系相对较厚,沿两侧迅速减薄,直至为零	万山盆架山
SF10 SF12	两同沉积断层之间均缺失含锰岩系,大塘坡组很薄或缺失;之外则迅速出现含锰岩系、大塘坡组沉积。	系控制 III 级单元的边界
SF11 SF13	两同沉积断层之间均缺失含锰岩系,大塘坡组很薄或缺失;之外则迅速出现含锰岩系、大塘坡组沉积	系控制 III 级单元的边界

(2) 控制 IV 级断陷(地堑)盆地与隆起(地垒)的同沉积断层。指在 III 级断陷(地堑)盆地中,具体控制 IV 级断陷(地堑)盆地与隆起(地垒)的同沉积断层,如 SF1、SF2、SF5 等(表 3.6),大致具有等间距(约为 5 km)分布的特点,其展布方向为 65°～70°(图 3.4)。

需特别指出的是:南华纪早期的同沉积断层的走向与后期燕山期也是目前地表所表现出的北北东—北东主构造线方向构造明显不同,存在 40°左右的夹角。分析南华纪早期同沉积断层方向应为东西向,现恢复识别出来的北东东方向(65°～70°)系后期燕山期构造改造的结果。因此,隐伏锰矿床的找矿预测,切忌不能沿地表燕山期构造方向进行,而应沿南华纪早期控制锰矿形成和分布的同沉积断层展布方向,即北东东方向进行。

3. 主要同沉积断层及所控的IV级断陷(地堑)盆地特征

1) SF1同沉积断层

SF1同沉积断层位于石阡-松桃-古丈III级断陷(地堑)盆地中心,北西侧与SF3同沉积断层相邻,南东侧与SF2同沉积断层相邻,且大致以5 km的等间距平行展布。具体沿松桃大塘坡锰矿区的中心区域(如铁矿坪、万家堰),北东东方向沿孟溪镇南侧、松桃县城、盘石镇方向展布,南西端通过梵净山区的凤凰山(该地区的南华系地层已被剥蚀),继续延伸。该同沉积断层是研究区中南华纪两界河期—大塘坡期断陷、沉积幅度最大的。例如,大塘坡矿区中两界河组的最大厚度达394.94 m,为黔湘渝毗邻区的最大厚度,其中出现了多期次的古天然气渗漏成因的冷泉碳酸盐岩透镜体(白云岩透镜体)。同时,大塘坡组的厚度也很大,达583.49 m,也接近武陵次级裂谷盆地中的最大厚度,其中,含锰岩系最厚可达90 m。

SF1同沉积断层具体控制形成了松桃大塘坡IV级断陷(地堑)盆地。该盆地长轴的展布方向应与SF1同沉积断层一致,即65°～70°,而不是前人研究所认为的北北东向或北东向。尽管该盆地大部分已被剥蚀,但因露头好,锰矿成矿系统的各组成部分齐全、典型,是华南南华纪古天然气渗漏沉积型锰矿床("大塘坡式"锰矿)最理想的野外观察研究基地。

预测沿SF1同沉积断层北东东延长方向的孟溪—大坪一带可能还控制了另一个隐伏的IV级断陷(地堑)盆地,区域上与松桃大塘坡IV级断陷(地堑)盆地呈串珠状分布。

2) SF2同沉积断层

SF2同沉积断层位于石阡-松桃-古丈III级断陷(地堑)盆地中的东南侧,北西侧与SF1同沉积断层相邻,南东侧与SF4同沉积断层相邻,也大致以5 km的等间距平行展布。具体沿松桃落满—举贤—平头—太平一线呈65°～70°展布。

该同沉积断层应是研究区内南华纪大塘坡期断陷沉积幅度最大的。松桃西溪堡(普觉)锰矿区平土矿段钻孔(如ZK1010、ZK614孔)所揭露的大塘坡组和含锰岩系的厚度,是目前武陵次级裂谷盆地中的最大厚度。ZK1010孔的大塘坡组的厚度达652.83 m,其中含锰岩系(大塘坡组第一段)厚达96.13 m。虽然钻孔中两界河组的厚度未予揭露,但该孔南西侧的ZK4406孔揭穿的两界河组厚度达130 m,仅次于松桃大塘坡矿区两界河剖面和猫猫岩剖面。预测松桃西溪堡(普觉)IV级断陷(地堑)盆地中的北西区域,两界河组的厚度也应达到400 m左右。

松桃举贤锰矿区两界河组厚度也相对较大(大于17.87 m,未见底)。因此,SF2同沉积断层在两界河期断陷沉积的幅度也是很大的,也出现了多期次甲烷渗漏成因的冷泉碳酸盐岩透镜体(白云岩透镜体)沉积。

SF2同沉积断层具体控制了松桃西溪堡(普觉)IV级断陷(地堑)盆地和松桃举贤IV级断陷(地堑)盆地。两盆地长轴的展布方向应与SF2同沉积断层一致,即65°,不是过去所认为的北北东向或北东向,这一认识对正确开展两盆地深部隐伏锰矿体的预测和勘查工作部署是非常关键的。

松桃西溪堡(普觉)IV级断陷(地堑)盆地总体保存完好,虽被后期F1犁式正断层分成两部分,但西溪堡(普觉)IV级断陷(地堑)盆地的主体仍位于F1犁式正断层的上盘。

通过普觉(西溪堡)锰矿床[注:因国土资源行政部门2014年进行矿权整合,将松桃西溪堡锰矿区的平土、下院子、太平锰矿探矿权进行整合,整合后的探矿权称为"普觉",但普觉不在矿区范围内。为避免混淆并尊重历史,矿床统一称为"普觉(西溪堡)超大型锰矿床",盆地则统一称为"西溪堡(普觉)IV级断陷(地堑)盆地",下同。]平土矿段的北西部的ZK1010、ZK614、ZK4410孔与南东部的ZK1008、ZK4409、ZK4609孔的含锰岩系、大塘坡组第二段和南沱组的厚度分析,其厚度相差近一倍。表现为北西侧厚、南东薄。故可确定SF2同沉积断层的位置和方向,还可判断SF2同沉积断层总体倾向北北西。已控制的西溪堡(普觉)IV级断陷(地堑)盆地的长度大于30 km,宽度为4~6 km。预测该IV级断陷(地堑)盆地长度应大于35 km,并极有可能与南西侧的松桃举贤(寨英)IV级断陷(地堑)盆地连成一体。因此,西溪堡(普觉)断陷(地堑)盆地锰矿资源潜力十分巨大,截至2016年12月,已新发现并提交两个世界级超大型锰矿床,即松桃普觉(西溪堡)、松桃桃子坪超大型锰矿床,其中松桃普觉(西溪堡)超大型锰矿床备案的详查锰矿石资源量突破2亿t,成为亚洲最大、世界第五的超大型锰矿床。两个新发现的超大型锰矿床备案的详查资源量(332+333)超过3亿t。理论上该盆地的锰矿资源潜力应大于5亿t(详见第八章)。

松桃举贤IV级断陷(地堑)盆地的总体规模可能比西溪堡盆地规模偏小,且已被部分剥蚀,但深部具有很大的锰矿找矿潜力,且部分钻孔已经证实。北东东方向很有可能与松桃西溪堡(普觉)IV级断陷(地堑)盆地相连,形成西溪堡(普觉)-举贤IV级断陷(地堑)盆地。理论上该盆地的锰矿资源潜力至少5亿t(详见第八章),是全球罕见的巨型锰矿床分布区。

3) *SF5同沉积断层*

SF5同沉积断层位于石阡-松桃-古丈III级断陷(地堑)盆地中部。北西侧与SF7同沉积断层相邻,相距约5 km,南东侧与SF3同沉积断层相邻,相距约8 km,是目前武陵次级盆地中可与SF2同沉积断层相媲美的另一条同沉积断层。其长度最长、控制已知IV级断陷(地堑)盆地多、且保存最完整,控制形成锰矿资源量巨大的同沉积断层。沿印江锅厂—松桃乌罗(杨立掌、李家湾)—松桃高地—松桃道坨—松桃大路—松桃长兴堡—花垣民乐—古丈烂泥田一线呈65°~70°方向展布。具有以下规律和特征:① 通过SF5同沉积断层控盆控相控制锰矿的研究,发现印江锅厂锰矿床、关口坳锰矿床、松桃李家湾大型锰矿床(包括杨立掌、乌罗锰矿床)、松桃高地超大型锰矿床、松桃道坨超大型锰矿床、松桃大路大型锰矿床在区域上正好呈65°~70°方向展布,花垣的民乐大型锰矿床、古丈烂泥田锰矿床也在其65°~70°的延长方向上。进一步研究两界河组厚度特征(20~30 m),成分特征和所夹的古天然气成因的冷泉碳酸盐岩透镜体(白云岩透镜体)特征,也有很大的相似性。因此,这是一个非常重要的发现。② 松桃李家湾大型锰矿床(包括杨立掌、乌罗锰矿床)、松桃高地超大型锰矿床、松桃道坨超大型锰矿床、松桃大路大型锰矿床及李家湾锰矿床西侧的松桃关口坳锰矿床、印江锅厂锰矿床是同一个IV级断陷(地堑)盆地,其规模与SF2同沉积断层控制形成的西溪堡(普觉)IV级断陷(地堑)盆地相当。预测该IV级断陷(地堑)盆地的长度可能达35 km,最大宽度可能达4～5 km,面积可达150 km^2。③松桃李家湾大型锰矿床(包括杨立掌、乌罗锰矿床)、松桃高地超大型锰矿床、松桃道坨超大型锰矿床、松桃大路大型锰矿床等实际上同属一个锰矿床,因矿权的原因,分割成几块。截至2016年12月,贵州省地质矿产勘查开发局103地质大队已提交备案的锰矿详查(332+333)资源量超3亿t,是全国主要的优质菱锰矿分布区,与西溪堡(普觉)-举贤(寨英)IV级断陷(地堑)盆地一样,是全球罕见的巨型锰矿床分布区,理论上该盆地的锰矿资源潜力至少5亿t(详见第八章)。

因此,SF5同沉积断层具体控制和形成了李家湾-高地-道坨IV级断陷(地堑)盆地(编号:5-A-1)、民乐IV级断陷(地堑)盆地(编号:5-A-2)和古丈烂泥田IV级断陷(地堑)盆地(编号:5-A-3)。预测在SF5同沉积断层方向上,李家湾-高地-道坨和民乐两个IV级断陷(地堑)盆地之间可能还存在一个隐伏的IV级断陷(地堑)盆地,区域上SF5同沉积断层所控制的IV级断陷(地堑)盆地呈串珠状分布。

4) SF3同沉积断层

SF3同沉积断层也位于石阡-松桃-古丈III级断陷(地堑)盆地中部,北西与SF5同沉积断层相邻,相距约8 km,南东侧与SF1同沉积断层相邻,相距约5 km,彼此平行展布。具体沿松桃大屋—大坳—松桃九龙坡一线呈65°方向展布。在松桃大屋、松桃九龙坡剖面上,南华系大塘坡组、两界河组厚度、成分等特征十分相似,反映其断陷沉降的幅度相似,应属同一条同沉积断层控制。

SF3同沉积断层具体控制了大屋IV级断陷(地堑)盆地、九龙坡IV级断陷(地堑)盆地。通过含锰岩系的厚度等值线图分析(图3.9),大屋断陷(地堑)盆地长轴方向为65°～70°,反过来也证明了SF3同沉积断层走向。

松桃大屋IV级断陷(地堑)盆地主体已被剥蚀,仅剩北西侧残端,故锰矿资源量不多。而九龙坡IV级断陷(地堑)盆地仅出露盆地北西侧的边缘部分,其主体部分应隐伏未出露。

5) SF9同沉积断层

SF9同沉积断层位于石阡-松桃-古丈III级断陷(地堑)盆地中的北西侧,北西侧紧靠秀山-甘龙III级隆起(地垒)区的东南边缘,相距约3 km。南东侧为SF7同沉积断层,相距约10 km(按照5 km等间距规律,SF7和SF9两条同沉积断层之间还可能存在一条同沉积断层,这在以后的工作中应引起重视),彼此平行展布。具体沿印江凉风坳—秀山笔架山—秀山石耶北侧一线呈65°方向展布。在印江凉风坳、秀山笔架山、秀山大梁子剖面上,南华系大塘坡组、两界河组厚度、成分等特征相似,反映其断陷沉积的幅度相似,应属同一条同沉积断层控制。特别是秀山笔架山锰矿和印江凉风坳锰矿床均具有低磷的特点,其P/Mn一般小于0.003,进一步证明两者受同一同沉积断层控制和成矿的结果。

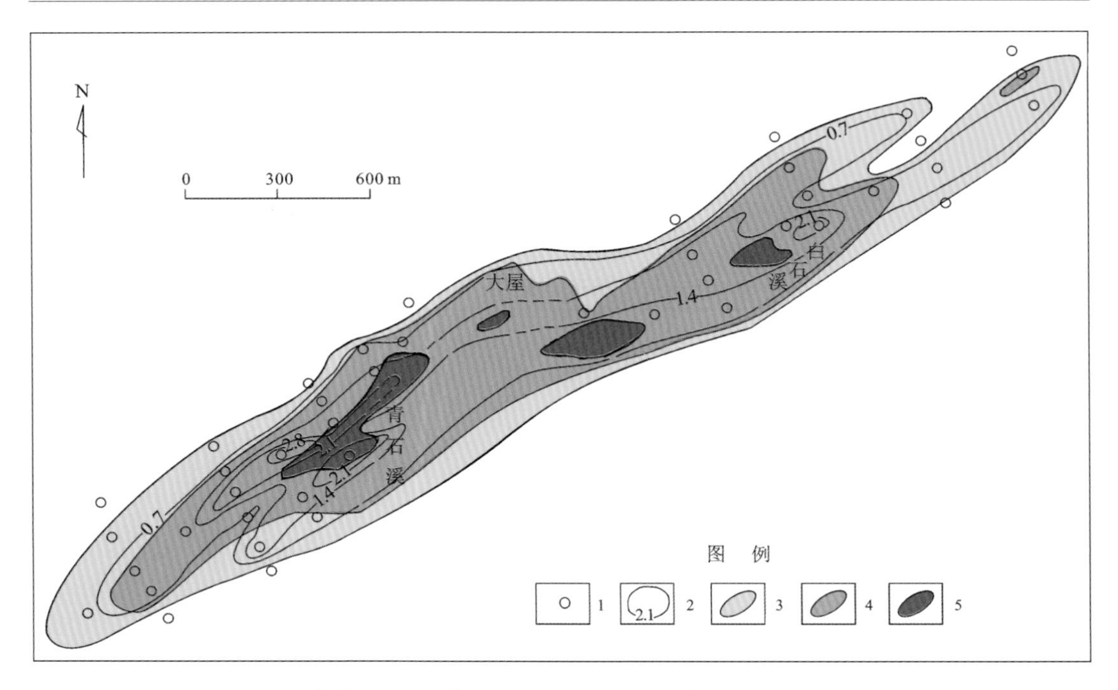

图 3.9　松桃大屋 IV 级断陷(地堑)盆地菱锰矿体厚度与品位等值线图

(据贵州省地质矿产勘查开发局 103 地质大队资料)

1. 钻孔位置;2. 锰矿体厚度等值线;3. 锰品位 10%～15%;4. 锰品位 16%～19%;5. 锰品位大于 20%

SF9 同沉积断层具体控制了松桃凉风坳 IV 级断陷(地堑)盆地、秀山笔架山 IV 级断陷(地堑)盆地。由于紧靠甘龙-秀山隆起(地垒)区的东南边缘,凉风坳 IV 级断陷(地堑)盆地中的凉风坳锰矿床,菱锰矿体之间出现一层厚 30～40 cm 的砂质砾岩夹层,这正说明是秀山-甘龙 III 级隆起(地垒)区未固结的铁丝坳期冰碛砾岩,因成锰期火山活动和古天然气渗漏喷溢触发,滑入凉风坳 IV 级断陷(地堑)盆地中,类似小型盆地扇沉积。

此外,预测 SF9 同沉积断层的北东延长方向的秀山石耶北侧,可能存在一个隐伏的 IV 级断陷(地堑)盆地。

6) 其他同沉积断层

在石阡-松桃-古丈 III 级断陷(地堑)盆地中的北西侧,分布有 SF7 同沉积断层,与东南侧的 SF5 同沉积断层相距 5 km,沿 65°方向平行展布。SF7 同沉积断层具体控制了杨家湾 IV 级断陷(地堑)盆地。预测在 SF7 同沉积断层北东延伸方向可能存在隐伏的 IV 级断陷(地堑)盆地。

在石阡-松桃-古丈 III 级断陷(地堑)盆地中的东南侧和西南端的东南侧,还分布有 SF4 同沉积断层、SF6 同沉积断层和 SF8 同沉积断层。其中 SF4 同沉积断层具体控制了松桃上坪 IV 级断陷(地堑)盆地(编号:4-B),预测在 SF4 同沉积断层的北东延伸方向可能存在隐伏的枫香坪 IV 级断陷(地堑)盆地。SF6 同沉积断层控制了石阡公鹅 IV 级断陷(地堑)盆地,SF8 同沉积断层控制了镇远袁家山 IV 级断陷(地堑)盆地。

在玉屏-黔阳-湘潭 III 级断陷(地堑)盆地中分别分布有 SF14、SF16 和 SF18 同沉积断层,大致也沿 65°～70°方向展布,分别控制和形成了镇远岩佬 IV 级断陷(地堑)盆地、万山盆架山-芷江莫家溪 IV 级断陷(地堑)盆地、玉屏新寨 IV 级断陷(地堑)盆地、黔阳-洞口江口 IV 级断陷(地堑)盆地、怀化鸭嘴岩 IV 级断陷(地堑)盆地、湘潭棠甘山断陷(地堑)盆地等。

分析在玉屏-黔阳-湘潭 III 级断陷(地堑)盆地中的沉降中心应在湖南黔阳—洞口江口一带。据侯宗林等(1997)研究资料:在湖南洞口江口南华系剖面上,相当于黔东地区南华系两界河组和铁丝坳组的江口组,其厚度高达 1 235 m。中下部[①]出现了 2～3 层气孔状玄武质火山岩及多层火山凝灰岩、集块岩等;中上部以混杂砂质页岩为主,夹含冰碛砾石页岩、凝灰质砂岩;大塘坡组厚 175 m,下部出现铁绿泥石页岩(江口铁矿赋存层位)、往上则为含锰岩系,夹菱锰矿体(也称"江口式"锰矿)和白云岩;之上的南沱组达 1 190 m。该剖面整个南华系的地层厚度超过 2 400 m,超过了石阡-松桃-古丈 III 级断陷(地堑)盆地中的南华系最大厚度(约 1 400 m),特别是在两界河期沿同沉积断层出现了 2～3 层气孔状玄武质火山岩及多层火山凝灰岩、集块岩等,使锰矿裂谷盆地古天然气渗漏沉积成矿系统,即锰矿"内生外成"成矿系统形成了一个较完整的证据链,具有重要科学意义。

第四节　华南南华纪锰矿成矿区带

一、裂谷盆地结构与锰矿成矿

罗迪尼亚超大陆裂解导致华南南华裂谷盆地的形成,南华裂谷盆地则控制和形成了华南南华纪锰矿成矿区,主要包括黔、湘、渝、鄂、桂等区域。华南南华纪古天然气渗漏沉积型锰矿床形成分布严格受南华纪早期裂谷盆地形成演化控制,系列大型-超大型锰矿床均分布在裂解背景下形成的系列次级断陷(地堑)盆地中,而在次级隆起(地垒)区域则无锰矿分布。南华裂谷盆地结构与锰矿成矿关系,总体具有以下规律。

1. 南华裂谷盆地(I 级)控制锰矿成矿区

华南地区南华纪锰矿床均分布在南华裂谷盆地之中(图 3.2)。因此,南华裂谷盆地(I 级)控制和形成了华南南华纪锰矿成矿区,范围涉及黔、渝、湘、鄂、桂等区域。华南锰矿成矿区因南华裂谷盆地内部结构差异(即分为武陵和雪峰两个次级裂谷盆地),进一步划分为两个锰矿成矿带。

2. 次级裂谷盆地(II 级)控制锰矿成矿带

南华裂谷盆地(I 级)在南华纪初期的第二次裂解、裂陷和演化过程中,进一步裂解形成了武陵次级裂谷盆地(II 级)和雪峰次级裂谷盆地(II 级)。其中武陵次级裂谷盆地(II 级)控制和形成了武陵锰矿成矿带,主要包括贵州松桃、印江、万山、石阡,重庆秀山、西

---

① 应大致相当于两界河期。

阳，湖南花垣、古丈、芷江、怀化、洞口、宁乡、湘潭及湖北长阳等地，分布有一批著名的大型-超大型锰矿床，是我国最重要的锰矿资源富集区和锰矿资源基地；雪峰次级裂谷盆地（II级）控制和形成了雪峰锰矿成矿带，主要包括贵州从江、黎平，湖南靖州、城步、通道等地，是我国较为重要的锰矿资源富集区之一，分布有一批中小型锰矿床（图 3.2）。

在武陵次级裂谷盆地（II 级）和雪峰次级裂谷盆地（II 级）控制和形成的武陵、雪峰锰矿成矿带中，因为次级裂谷盆地内部结构的差异，可进一步划分为若干锰矿成矿亚带。

3. III 级断陷（地堑）盆地控制形成锰矿成矿亚带

（1）在南华纪大塘坡早期，控制和形成武陵锰矿成矿带的武陵次级裂谷盆地（II 级）裂解作用逐渐增强，分别形成了石阡-松桃-古丈断陷（地堑）盆地（III 级）、溪口-小茶园断陷（地堑）盆地（III 级）和玉屏-黔阳-湘潭断陷（地堑）盆地（III 级）。其中的石阡-松桃-古丈断陷（地堑）盆地（III 级）控制和形成了石阡—松桃—古丈锰矿成矿亚带，包括贵州松桃、印江、石阡、江口，湖南花垣、古丈和重庆秀山等区域；溪口-小茶园断陷（地堑）盆地（III 级）控制和形成了溪口—小茶园锰矿成矿亚带，包括重庆秀山、酉阳等区域；玉屏-黔阳-湘潭断陷（地堑）盆地（III 级）控制和形成了玉屏—黔阳—湘潭锰矿成矿亚带，包括贵州万山、碧江、玉屏、镇远，湖南芷江、怀化、东方、宁乡、湘潭等区域。

其中因石阡-松桃-古丈断陷（地堑）盆地位于武陵次级裂谷盆地主要裂陷区域，所控制的石阡—松桃—古丈锰矿成矿亚带锰矿资源量最多，研究程度与勘查工作程度比较高，锰矿资源潜力最大，分布有松桃普觉（西溪堡）、高地、道坨、桃子坪 4 个新发现的超大型锰矿床，湖南花垣民乐、贵州松桃杨家湾、李家湾 3 个大型锰矿床和一批中型锰矿床。同时，玉屏—黔阳—湘潭锰矿成矿亚带、溪口—小茶园锰矿成矿亚带研究程度与勘查工作程度略低，但锰矿潜在资源潜力也较大，已发现了多个大型锰矿床等。

（2）南华纪大塘坡早期，控制和形成雪峰锰矿成矿带的雪峰次级裂谷盆地（II 级）中，根据雪峰次级裂谷盆地（II 级）结构特征，目前至少可以确定从江-通道-城步断陷（地堑）盆地一个 III 级单元，它控制形成了从江—通道—城步锰矿成矿亚带，包括贵州从江、黎平，湖南靖州、城步、通道等区域。目前研究程度与勘查工作程度较低，仅发现多个中小型锰矿床。

4. IV 级断陷（地堑）盆地控制形成锰矿床

前已述及，III 级断陷（地堑）盆地是由一系列的更次级的断陷（地堑）盆地与隆起（地垒）组成。其中更次级的，即 IV 级断陷（地堑）盆地，则控制和形成了系列大型-超大型锰矿床。一个 IV 级断陷（地堑）盆地就控制形成一个或多个锰矿床，如石阡-松桃-古丈断陷（地堑）盆地（III 级）中的松桃李家湾-高地-道坨-大路、西溪堡（普觉）、大塘坡、大屋、杨家湾、凉风坳、举贤、花垣民乐和古丈烂泥田等 IV 级断陷（地堑）盆地（图 3.4），就分别形成了松桃道坨、高地超大型锰矿床、李家湾大型锰矿床、普觉（西溪堡）、桃子坪超大型锰矿床、大塘坡锰矿床、大屋锰矿床、杨家湾大型锰矿床、凉风坳锰矿床、举贤锰矿床、花垣民乐大型锰矿床和古丈烂泥田锰矿床等。

二、同沉积断层与锰矿成矿

同沉积断层是与沉积、火山、地震、流体及成矿作用同时发生、持续进行的一种特殊构造型式，属伸展构造系统，它产于拗拉槽、裂谷、裂陷槽等拉张构造环境，是这些构造的重要组成因素和一种形成机制（翟裕生 等，1997）。华南南华纪同沉积断层是该区锰矿大规模成矿十分关键的控制因素，主要表现如下。

1. 同沉积断层控制和形成了不同序次的次级裂谷盆地

发育完好的同沉积断层不是单一的构造形迹，它是由不同尺度、不同序次的断层群组成。不同序次的同沉积断层则控制了不同序次的裂谷盆地，不同序次的裂谷盆地又分别控制了成矿区、成矿带、成矿亚带和矿床，华南南华纪同沉积断层正是具有这些特征和规律。不同尺度、不同产出方位的同沉积断层的交切可起到分割盆地、产生次级小盆地的作用，即不同序次的裂谷盆地、断陷（地堑）盆地，是造成盆地中水底地形、水动力学、水文地球化学和物理化学差异的重要因素，故造成锰矿等成矿物质大量堆积的特定局部空间，如研究区的Ⅳ级断陷（地堑）盆地。同一同沉积断层走向方向上，往往形成串珠状的Ⅳ级断陷（地堑）盆地，如松桃李家湾-高地-道坨盆地、花垣民乐盆地和古丈烂泥田Ⅳ级断陷（地堑）盆地等（图3.4）。

2. 同沉积断层是锰矿“内生外成”的成矿通道

一是使其成为沟通深部与地壳浅部的气液与成矿物质的通道，包括壳幔源的古天然气等。例如，华南黔湘渝相邻区的南华纪同沉积断层的形成与该区地处秀山壳幔韧性剪切带或鄂湘黔岩石圈断裂带的特殊地质背景有关，是新元古代以来长期发育、反复活动的古老断裂。先后控制了研究区板溪群、南华系、寒武系的沉积相、沉积物厚度和沉积成矿作用。壳幔韧性剪切带被认为是深部壳幔源无机成因气的上升通道（张景廉，2014，2000；蔡学林 等，2008）。

二是使其成为沟通深部锰矿成矿物质的通道。它是形成超大型锰矿床的关键因素。例如，华南石阡—松桃—古丈锰矿成矿亚带的深部正好相当于通过地学断面人工地震测深、大地电磁测深剖面确定的秀山壳幔韧性剪切带、秀山-松桃垂向低阻带位置，也与武陵次级裂谷盆地位置大致吻合。蔡学林等（2008）、张景廉（2014）等研究认为：壳幔韧性剪切带往往是上地幔含矿玄武质岩浆、幔源烃类、二氧化碳、氦气等深部流体的通道。例如，松辽盆地东部火山岩系中的庆深无机成因气田，其附近深部发育青山壳幔韧性剪切带，四川盆地普光深层气田正好位于合川壳幔韧性剪切带向北东延伸的端点，推测天然气的运移与聚集可能与该壳幔韧性剪切带的活动有一定联系等（蔡学林 等，2008）；玉屏—黔阳—湘潭锰矿成矿亚带的深部同样正好相当于通过地学断面人工地震测深、大地电磁测深剖面确定的黔阳壳幔韧性剪切带、黔阳—邵阳垂向低阻带位置。这绝非偶然。说明华南南华纪锰矿分布区，其深部均存在壳幔韧性剪切带或垂向低阻带，而壳幔韧性剪切带是无机成因气等深部富锰流体的重要通道，地幔流体（以气体为主，为地幔脱气作用生成的CO_2、

H_2 等)(杜乐天 等,1996)通过壳幔韧性剪切带进入中地壳低速高导层,通过发生费-托反应等(张景廉,2014),生成无机成因的烃类气体再沿 1 号断裂及同沉积断层上升形成富锰的流体藏,因同沉积断层垂向发育,刺破富锰的流体藏导致在沉积(断陷)盆地中心渗漏喷溢。

3. 同沉积断层是大型-超大型锰矿床形成的前提

正是因为同沉积断层控制和形成了研究区南华纪不同序次的次级裂谷盆地、断陷盆地,不同序次的裂谷盆地、断陷盆地又分别控制了成矿区、成矿带、成矿亚带和矿床。而同沉积断层垂向发育使其成为沟通深部与地壳浅部的气液与锰矿成矿物质的通道。因此,同沉积断层是大型-超大型锰矿床形成的前提。在南华纪大塘坡早期,富含锰质的古天然气液沿系列同沉积断层上涌,在 IV 级断陷(地堑)盆地底部发生渗漏和喷溢,在盆地底部形成菱锰矿大量堆积,从而形成大型-超大型锰矿床,如松桃普觉(西溪堡)、道坨、高地、桃子坪等超大型锰矿床等。在渗漏喷溢口中心(中心相)形成大型至超大型碳酸锰富锰矿床,外围(过渡相、边缘相)则形成大型至超大型碳酸锰盆锰矿床。

三、华南南华纪锰矿成矿区带划分

(一) 划分依据

南华裂谷盆地锰矿成矿区带划分的主要依据以下三个方面。

1. 华南南华纪锰矿大规模成矿地质背景特征和裂谷盆地结构

华南古天然气渗漏沉积型锰矿是形成于罗迪尼亚超级大陆裂解,扬子陆块与华夏陆块分离导致南华裂谷盆地形成演化的特殊背景下。南华纪早期,南华裂谷盆地沿秀山壳幔韧性剪切带、黔阳壳幔韧性剪切带和金兰寺等壳幔韧性剪切带再次发生裂陷,分别形成武陵次级裂谷盆地、雪峰次级裂谷盆地和其间的天柱-会同-隆回隆起(地垒)等三个二级构造单元,华南古天然气渗漏沉积型锰矿床即分布于武陵、雪峰两个次级裂谷盆地中。

通过对南华纪早期地层分区、沉积相和同沉积断层特征的进一步研究,武陵次级裂谷盆地内部结构可进一步划分为两个 III 级断陷(地堑)盆地、一个 III 级隆起(地垒)和若干个 IV 级断陷(地堑)盆地等;雪峰次级裂谷盆地可确定一个 III 级断陷(地堑)盆地和五个 IV 级断陷(地堑)盆地。因此,这是武陵、雪峰两个南华纪锰矿成矿带与找矿远景区划分的主要地质背景和基础支撑。

2. 区域构造古地理特征

南华纪古天然气渗漏沉积型锰矿床形成分布严格受南华纪早期裂谷盆地形成演化过程控制,锰矿体均分布在次级断陷(地堑)盆地中,而在次级隆起(地垒)区域则无锰矿体分布。根据南华裂谷盆地结构特征、区域岩相古地理与构造古地理特征,锰矿成矿区带的划分主要依据南华纪锰矿成矿的特殊地质背景:①南华裂谷盆地(I 级)控制锰矿成矿区;②次级裂谷盆地(II 级)控制锰矿成矿带;③III 级断陷(地堑)盆地控制形成锰矿成矿亚带；④IV级断陷（地堑）盆地控制形成锰矿床。

3．南华纪锰矿床区域分布规律

华南南华纪锰矿成矿区带划分应充分依据南华纪古天然气渗漏沉积型锰矿床区域分布规律，符合在罗迪尼亚超级大陆裂解背景下，沿着系列深断裂、同沉积断层所控制的系列次级断陷（地堑）盆地）中发生古天然气渗漏喷溢沉积成锰的规律，即锰矿“内成外生”的独特规律。

（二）划分原则

1．采用四分法的原则

即成矿省（与I级区带对应）、成矿带（与II级区带对应）、成矿亚带（与III级成矿区带对应）、成矿预测区［与IV级对应，相当于IV级断陷（地堑）盆地，与矿田级相当］，即按次序排列的成矿区带进行划分。

2．逐级划分圈定的原则

研究和划定华南南华纪锰矿成矿区带的实际过程。先研究确定南华裂谷盆地（I级），其后依次再研究确定如武陵次级裂谷盆地（II级）、石阡-松桃-古丈断陷（地堑）盆地（III级）、大塘坡断陷（地堑）盆地（IV级）。

（三）命名原则

（1）按照裂谷盆地、次级裂谷盆地和IV级断陷（地堑）盆地的名称命名华南南华纪锰矿成矿区、成矿带、成矿亚带和成矿预测区。

（2）对于已部分见矿的IV级断陷（地堑）盆地称为锰矿成矿预测区。未见含锰岩系出露，即预测的隐伏IV级地堑盆地则称为锰矿成矿远景区。

（3）成矿预测区和成矿远景区的编号：采用成矿亚带编号＋成矿预测区（成矿远景区）编号＋成矿条件分级（A，成矿条件好；B，成矿条件较好；C，成矿条件一般）。

四、武陵锰矿成矿带

武陵锰矿成矿带是新发现的一条巨型锰矿成矿带，是我国最重要的锰矿资源富集区。地理位置横跨黔东-湘西-湘中地区，大致呈近东西向展布。其形成、分布和规模受控于华南南华裂谷盆地中的武陵次级裂谷盆地，根据武陵次级裂谷盆地内部结构、深部地球物理资料、同沉积断层分布、构造古地理特征和大型-超大型锰矿床的分布规律，武陵锰矿成矿带可进一步划分为三个锰矿成矿亚带：①石阡—松桃—古丈锰矿成矿亚带；②玉屏—黔阳—湘潭锰矿成矿亚带；③溪口—小茶园锰矿成矿亚带。

（一）石阡—松桃—古丈锰矿成矿亚带

石阡—松桃—古丈锰矿成矿亚带大致以石阡—松桃—古丈为中心呈65°～70°方向展布，宽约50 km，长大于300 km，包括松桃、花垣、古丈、印江、石阡等区域。其形成、分布和规模受控于南华纪武陵次级裂谷盆地中的石阡-松桃-古丈断陷(地堑)盆地,北西侧为秀山-甘龙隆起(地垒),南东侧为镇远-铜仁-凤凰隆起(地垒)。但锰矿床主要集中分布在该成矿带的松桃—花垣一带,北东延至古丈等地,南西延至石阡和镇远以北地区,南西段因延入梵净山老地层区而被剥蚀,仅在石阡老岭、佛顶山一带有零星分布。

石阡—松桃—古丈锰矿成矿亚带是华南南华纪古天然气渗漏沉积型锰矿床的主要分布区,锰矿资源量巨大。根据该成矿亚带IV级断陷(地堑)盆地的分布情况,石阡—松桃—古丈锰矿成矿亚带进一步划分了12个IV级锰矿成矿预测区(表3.7)。

表3.7　武陵锰矿成矿带划分一览表

<table>
<tr><th rowspan="2">锰矿成矿区</th><th rowspan="2">锰矿成矿带</th><th colspan="2">锰矿成矿亚带</th><th colspan="3">锰矿成矿预测(远景)区</th></tr>
<tr><th>名称</th><th>编号</th><th>名称</th><th>编号</th><th>类别</th></tr>
<tr><td rowspan="21">南华裂谷盆地锰矿成矿区</td><td rowspan="21">武陵锰矿成矿带</td><td rowspan="12">石阡—松桃—古丈锰矿成矿亚带</td><td rowspan="12">III-1</td><td>大塘坡锰矿预测区</td><td>III-1-1-A</td><td>A类</td></tr>
<tr><td>西溪堡(普觉)锰矿预测区</td><td>III-1-2-A</td><td>A类</td></tr>
<tr><td>举贤(寨英)锰矿预测区</td><td>III-1-3-A</td><td>A类</td></tr>
<tr><td>大屋锰矿预测区</td><td>III-1-4-A</td><td>A类</td></tr>
<tr><td>李家湾-高地-道坨-大路锰矿预测区</td><td>III-1-5-A</td><td>A类</td></tr>
<tr><td>民乐锰矿预测区</td><td>III-1-6-A</td><td>A类</td></tr>
<tr><td>古丈烂泥田锰矿预测区</td><td>III-1-7-A</td><td>A类</td></tr>
<tr><td>杨家湾锰矿预测区</td><td>III-1-8-A</td><td>A类</td></tr>
<tr><td>凉风坳锰矿预测区</td><td>III-1-9-A</td><td>A类</td></tr>
<tr><td>秀山笔架山锰矿预测区</td><td>III-1-10-A</td><td>A类</td></tr>
<tr><td>石板溪锰矿远景区</td><td>III-1-11-C</td><td>C类</td></tr>
<tr><td>袁家山锰矿预测区</td><td>III-1-12-B</td><td>B类</td></tr>
<tr><td rowspan="6">玉屏—黔阳—湘潭锰矿成矿亚带</td><td rowspan="6">III-2</td><td>万山盆架山-芷江莫家溪锰矿预测区</td><td>III-2-1-A</td><td>A类</td></tr>
<tr><td>玉屏新寨锰矿远景区</td><td>III-2-2-C</td><td>C类</td></tr>
<tr><td>黔阳-洞口江口预测区</td><td>III-2-3-A</td><td>A类</td></tr>
<tr><td>怀化鸭嘴岩预测区</td><td>III-2-4-A</td><td>A类</td></tr>
<tr><td>宁乡棠甘山预测区</td><td>III-2-5-A</td><td>A类</td></tr>
<tr><td>湘潭预测区</td><td>III-2-6-A</td><td>A类</td></tr>
<tr><td rowspan="3">溪口—小茶园锰矿成矿亚带</td><td rowspan="3">III-3</td><td>小茶园锰矿预测区</td><td>III-3-1-A</td><td>A类</td></tr>
<tr><td>溪口锰矿预测区</td><td>III-3-2-B</td><td>B类</td></tr>
<tr><td>楠木锰矿远景区</td><td>III-3-3-B</td><td>B类</td></tr>
</table>

(二)玉屏—黔阳—湘潭锰矿成矿亚带

玉屏—黔阳—湘潭锰矿成矿亚带大致以玉屏—芷江—黔阳—湘潭为中心,近东西方向展布,宽度约50 km,长度大于350 km。包括玉屏、万山、碧江、芷江、怀化、黔阳(东方)、洞口、宁乡、湘潭等区域。其形成、分布和规模受控于南华纪武陵次级裂谷盆地中的玉屏-

黔阳-湘潭断陷(地堑)盆地,北西侧为镇远-铜仁-凤凰隆起(地垒),南东侧直接为武陵次级裂谷盆地和雪峰次级裂谷盆地之间的天柱-会同-隆回隆起(地垒)。该锰矿亚带主要分布有贵州碧江长行坡、万山盆架山、中朝溪锰矿床和湖南芷江莫家溪、洞口江口、湘潭、宁乡甘棠山等大中型锰矿床。

玉屏—黔阳—湘潭锰矿成矿亚带是华南南华纪古天然气渗漏沉积型锰矿床的重要分布区,锰矿资源量大。根据该成矿亚带IV级断陷(地堑)盆地的分布情况,玉屏—黔阳—湘潭锰矿成矿亚带进一步划分了6个IV级锰矿成矿预测(远景)区(表3.7)。

(三)溪口—小茶园锰矿成矿亚带

溪口—小茶园锰矿成矿亚带大致以酉阳溪口—秀山小茶园为中心,以65°～70°方向展布。推测宽度大于20 km,长度大于100 km,北西侧边界为推测。包括秀山、酉阳等区域,推测往北东东方向应延至湖南永顺、石门等地。其形成、分布和规模受控于南华纪武陵次级裂谷盆地中的溪口-小茶园断陷(地堑)盆地,南东侧为甘龙-秀山隆起(地垒)。该锰矿亚带主要分布有秀山小茶园大型锰矿床、秀山大雁山锰矿、大坳坡锰矿、黄家河脚锰矿详查、楠木红庄锰矿、酉阳县李溪长沙坝锰矿等大中型锰矿床。因工作程度和新地层掩盖等原因,目前其规模略小于石阡—松桃—古丈锰矿成矿亚带和玉屏—黔阳—湘潭锰矿成矿亚带。

根据该成矿亚带IV级断陷(地堑)盆地的分布情况,溪口—小茶园锰矿成矿亚带进一步划分了两个IV级锰矿成矿预测(远景)区(表3.7)。

五、雪峰锰矿成矿带

雪峰锰矿成矿带地理位置横跨黔东南-湘西南地区,大致呈近东西向展布。其形成、分布和规模受控于华南南华裂谷盆地中的雪峰次级裂谷盆地。由于雪峰次级裂谷盆地内部结构研究程度明显较武陵次级裂谷盆地低,构造古地理特征还不够清晰,但从南华纪早期地层的空间展布特征、系列中小型锰矿床的空间分布规律进行分析,其规律性比较明显,与武陵次级裂谷盆地和所控制的武陵锰矿成矿带的特征非常相似。目前可大致划分为:①黎平冷水塘—靖州新厂锰矿成矿亚带;②城步锰矿成矿亚带;③从江高增—通道坪阳锰矿成矿亚带。

鉴于目前工作程度和资料掌握情况,本书暂将三个锰矿成矿亚带归并为从江—通道—城步一个锰矿成矿亚带进行叙述。随着进一步的研究和深入,再进行完善。

从江—通道—城步锰矿成矿亚带大致以从江—通道—城步为中心,沿北东东方向展布。推测宽度为50～90 km,长度大于200 km。其形成、分布和规模受控于南华纪雪峰次级裂谷盆地中的从江-通道-城步断陷(地堑)盆地,北西侧边界为天柱-会同-隆回隆起(地垒),南东侧边界为推测。包括贵州从江、黎平,湖南靖州、城步、通道等区域。该锰矿成矿亚带主要分布有从江高增、八当、黎平冷水塘,靖州照洞、文溪、戈村、甘棠坳、城步岩田、新庄、好菜冲、楠木湾、新家湾、通道坪阳等中小型锰矿床(点)。目前该成矿亚带所发现的锰矿床规模及锰矿总资源量等,均不及武陵锰矿成矿带中三个锰矿成矿亚带。

南华纪 Sturtian 冰期—间冰期的古全球变化 第四章

华南南华纪至少存在两次大的冰期，即早期的 Sturtian 冰期(也称古城冰期、铁丝坳冰期)和晚期的 Marinoan 冰期(即南沱冰期)，锰矿大规模成矿作用正好发生在 Sturtian 冰期—间冰期的转换界面上。因此，研究 Sturtian 冰期—间冰期的古全球变化，对于揭示锰矿大规模成矿作用及与冰期—间冰期的古全球变化关系，具有重要意义。

第一节 Sturtian 冰期—间冰期的古气候变化

通过选取了位于南华纪武陵锰矿成矿带、石阡—松桃—古丈锰矿成矿亚带的松桃西溪堡(普觉)超大型锰矿床中 ZK1408 与 ZK4207 两个钻孔，共采集 169 件样品，其目的是分析研究 Sturtian 冰期—间冰期的古气候变化，探索南华纪大塘坡早期大规模锰矿成矿对古气候变化的影响。ZK1408 钻孔采集的 140 件大塘坡组岩心样品中，大塘坡组第一段(含锰岩系)为 71 件，大塘坡组第二段、第三段为 65 件。铁丝坳组采集样品 4 件；在 ZK4207 钻孔采集的 29 件岩心样品均采自大塘坡组第一段(含锰岩系)。采集的所有样品均进行主量元素及化学蚀变指数(CIA)、化学风化指数(CIW)、成分变异指数(ICV)的分析(钻孔位置见图 4.1)。

一、化学蚀变指数对古气候演化的指示

作为定量分析化学蚀变作用强度的指标，CIA 的表达式为

$$CIA=n(Al_2O_3)/[n(Al_2O_3)+n(CaO^*)+n(Na_2O)+n(K_2O)]\times 100 \qquad (4.1)$$

式中，各元素采用摩尔百分含量，$n(CaO^*)$表示硅酸盐中 CaO 摩尔百分含量。对于$n(CaO^*)$的计算和校正，一般用公式 $n(CaO^*)=n(CaO)-(10/3)\times P_2O_5-r\cdot n(CO_2)$，其中，$r$ 为样品中方解石和白云石含量拟定的矫正系数，当碳酸盐矿物为方解石时 $r=1$，当为白云石时 $r=0.5$。但因为实际操作中碳酸岩含量难以确定，本书运用 McLennan 提出的方法对 $n(CaO^*)$进行校正(McLennan，1993)：若校正后的 CaO 摩尔数小于 Na_2O 摩尔数，则采用校正后的 CaO 摩尔数作为 CaO 的摩尔数；相反，则采用 Na_2O 摩尔数作为 CaO 的摩尔数。

通常情况下，CIA 为 50～100，不同 CIA 反映不同的气候条件(冯连君 等，2004)。80～100 反映炎热潮湿的热带气候条件下的强烈风化；60～80 反映温暖湿润气候条件下的中等风化；50～60 反映寒冷干燥气候条件下低等化学风化强度形成的冰碛岩和冰碛黏土(Nesbitt et al.，1982；Fedo et al.，1995)。根据 Nesbitt 计算结果(Nesbitt et al.，1982)，可总结出主要沉积物和矿物在某些典型气候下的 CIA 参数(表 4.1)。

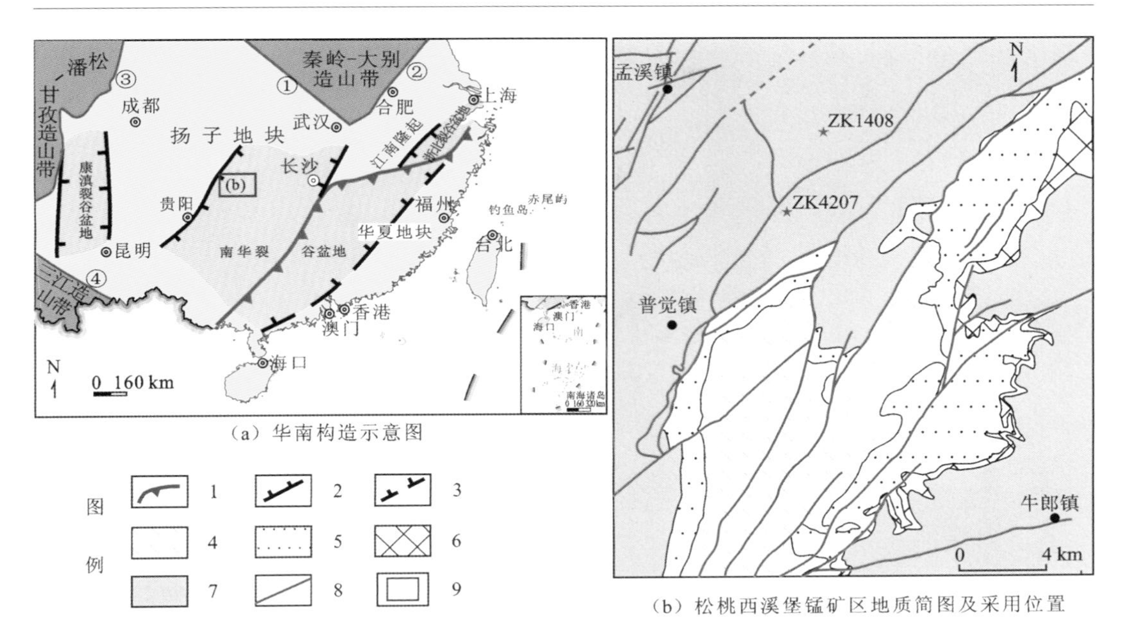

(a) 华南构造示意图

(b) 松桃西溪堡锰矿区地质简图及采用位置

图 4.1　松桃西溪堡锰矿区地质简图及采用钻孔位置(余文超 等,2016b)

1. 扬子与华夏地块结合带;2. 裂谷盆地边界线;3. 推测裂谷盆地边界线;4. 青白口系;5. 南华系;6. 震旦系;7. 寒武系;8. 断层;9. 研究区大地构造位置;①-②为秦岭—大别山断裂带;③为龙门山—盐源断裂带;④为红河剪切带

表 4.1　上地壳各类岩石、矿物 CIA(Nesbitt et al.,1982)

岩石	矿物	CIA	气候和风化程度
平均上地壳	钠长石	50	
—	钙长石	50	
—	钾长石	50	反应寒冷干燥气候下低等风化程度
更新世冰碛岩基质	—	50～55	
更新世冰期黏土岩	—	60～65	
平均页岩	—	70～75	反应温暖湿润气候下中等风化程度
—	白云母	75	
—	伊利石	75～85	
—	蒙脱石	75～85	
亚马孙泥岩	—	80～90	反应炎热、潮湿的热带、亚热带气候下高等风化程度
残留黏土	—	85～100	
—	绿泥石	100	
—	高岭石	100	

我们对前人利用 CIA 对扬子板块、塔里木板块南华纪古气候的研究成果,发现南华纪古气候大致经历了由 Sturtian 全球冰期到 Marinoan 冰期的寒冷—温暖—寒冷过程(图 4.2)。

根据对 ZK1408 钻孔 140 件样品进行的分析，发现研究区南华系铁丝坳组细砂岩层中的 CIA 为 50～63，平均值为 51。大塘坡组锰矿层中 CIA 波动较大，为 52～68，平均值为 60。大塘坡组一段黑色页岩 CIA 明显上升，为 60～73，平均值为 66。大塘坡组二段、三段粉砂质页岩 CIA 为 42～71，平均值为 67。ZK4207 钻孔 29 个锰矿层样品 CIA 为 57～66，平均值为 60，矿层中含锰页岩 CIA 为 58～63，平均值为 60。菱锰矿矿石样品 CIA 为 57～66，平均值为 61。

CIA 分析结果表明，南华纪铁丝坳组沉积时期气候较为寒冷，为冰期沉积，与上覆大塘坡组 CIA 明显升高代表的温暖潮湿的气候环境迥异。而大塘坡组底部锰矿层及局部碳质页岩中，取样深度 1 232～1 242 m 的样品 ZK1408-1-1 至 ZK1408-77-5 的 CIA 为 52～68，变化幅度较大，存在气候振荡，并呈锯齿状上升。例如，样品 ZK1408-77-4、ZK1408-77-2 的 CIA 均小于 55，表明在铁丝坳组冰期至大塘坡组间冰期这样一个气候拐点，气候环境并非是突然升温，而是存在着如图 4.2 所示的至少两次的小冰期，并且逐渐升温。而钻孔 ZK4207 的 CIA 也为 58～63，呈锯齿状变化（图 4.3），样品 H1035、H1048、H1050 的 CIA 均明显小于其周围的样品，同样反映了冰后期仍然存在着寒冷事件。大塘坡组一段碳质页岩中，取样深度 1 195～1 232 m 的样品 ZK1408-1-3 至 ZK1408-5-11 的 CIA 相对稳定并逐渐升高至 69，说明当时气候环境已经逐步演变为较稳定的温暖湿润气候。大塘坡组第二、三段主要延续之前的气候状态，直至第三段顶部出现 CIA 的急剧降低，如取样深度 680～720 m 的 ZK1408-53-1 至 ZK1408-50-2 号样品，其 CIA 平均值急剧下降至 63，该结果与湖南石门杨家坪剖面南沱组 CIA 为 60～70（冯连君 等，2004）、贵州黎平水口—肇兴剖面南沱组 CIA 为 60～70（王自强 等，2009）、鄂西长阳南沱组 CIA 为 50～55（赵小明 等，2011）等研究结果相近（图 4.2），表明当时正在步入 Marinoan 冰期。

CIA 所反映出的冰后期存在小冰期的现象，同样也得到了野外实际观察到的地质现象佐证。例如，在黔东地区靠近甘龙-秀山隆起（地垒）、位于凉风坳 IV 级断陷（地堑）盆地的凉风坳锰矿床的采矿坑道中，大塘坡组底部锰矿层中出现了 25～40 cm 厚的冰碛角砾岩夹层。

A-CN-K 三角图解是 CIA 的另一种表达形式，利用该图解可以更形象地表现出 CIA 的分布情况，并可判断样品的源岩成分（Nesbitt et al.，1984）。根据 ZK1408 钻孔样品全岩分析（质量分数/%）及 CIA、ICV、CIW，可得出 ZK1408 样品的A-CN-K三角图（图 4.4），该钻孔内不同层位样品的 CIA 分布相对集中，且大致平行 A-CN 边。从图中可以看出，铁丝坳组分布区（黄色）所对应的 CIA 较低，代表着冰期寒冷气候的沉积。大塘坡组含锰页岩区（红色）分布较为分散，所对应的 CIA 也为 52～68，也证实了大塘坡组初期气候振荡，冰后期期间仍存在小冰期。与之对比明显的是大塘坡组一段碳质页岩区（蓝色），由三角图中可看出碳质页岩区的 CIA 集中分布在 64～71，表明当时源岩处在风化和剥蚀相对稳定的环境。大塘坡组第二、三段粉砂质页岩（黄灰色、黄绿色）多数样品与大塘坡组一段碳质页岩区（蓝色）重合，但也有个别样品的 CIA 变低，偏离集中区域，代表在大塘坡组沉积结束时期，气候再次逐渐转变为冰期的寒冷气候。

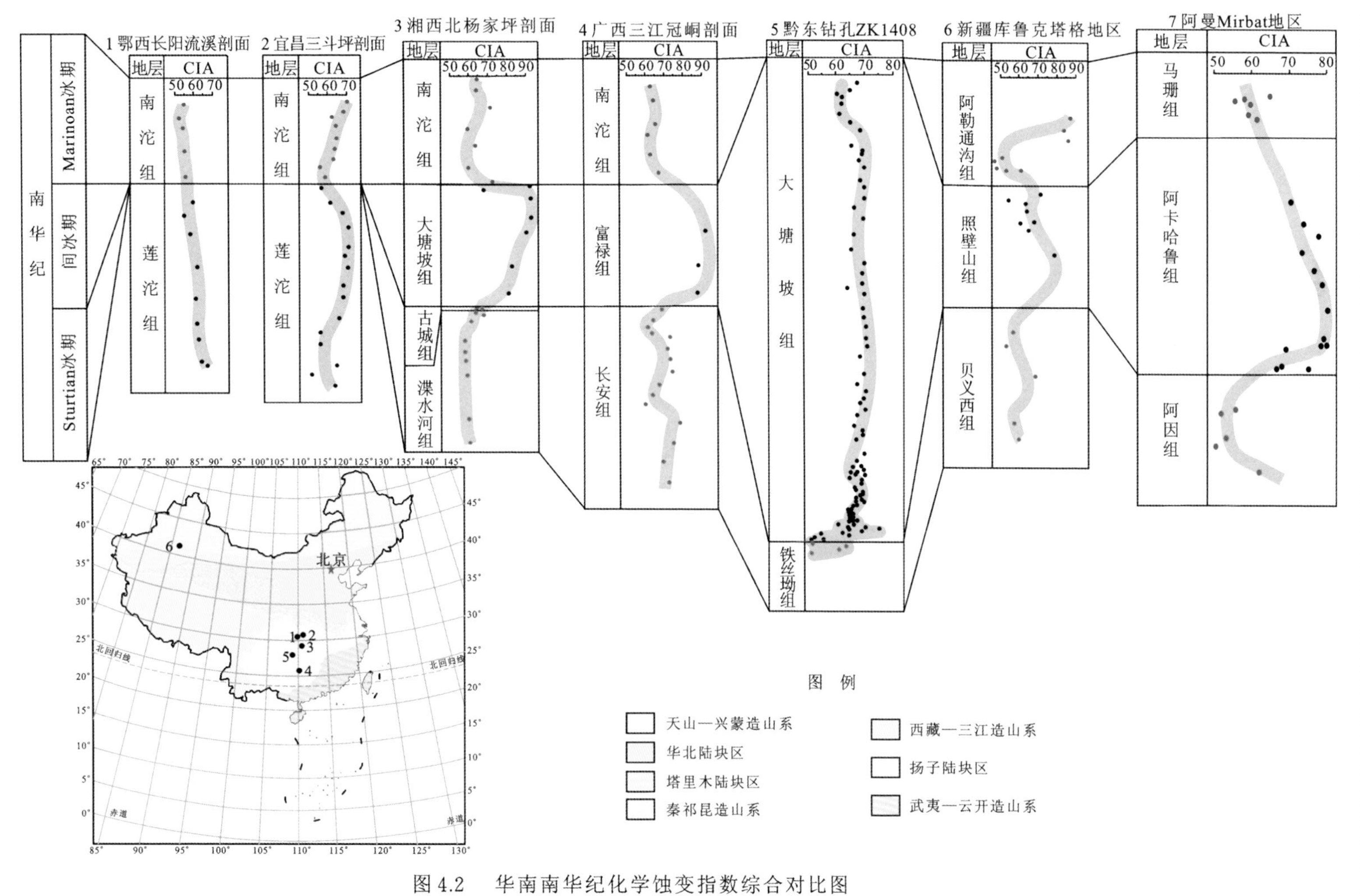

图4.2　华南南华纪化学蚀变指数综合对比图

蓝色点为Marinoan冰期，红色点为Sturtian冰期;剖面1引自赵小明等（2011）；剖面2引自王自强等（2006）；剖面3引自冯连君等（2004）；剖面4引自王自强等（2009）；剖面6引自刘兵等（2007）；剖面具体位置如图所示，中国大地构造图参考潘桂棠等（2009）

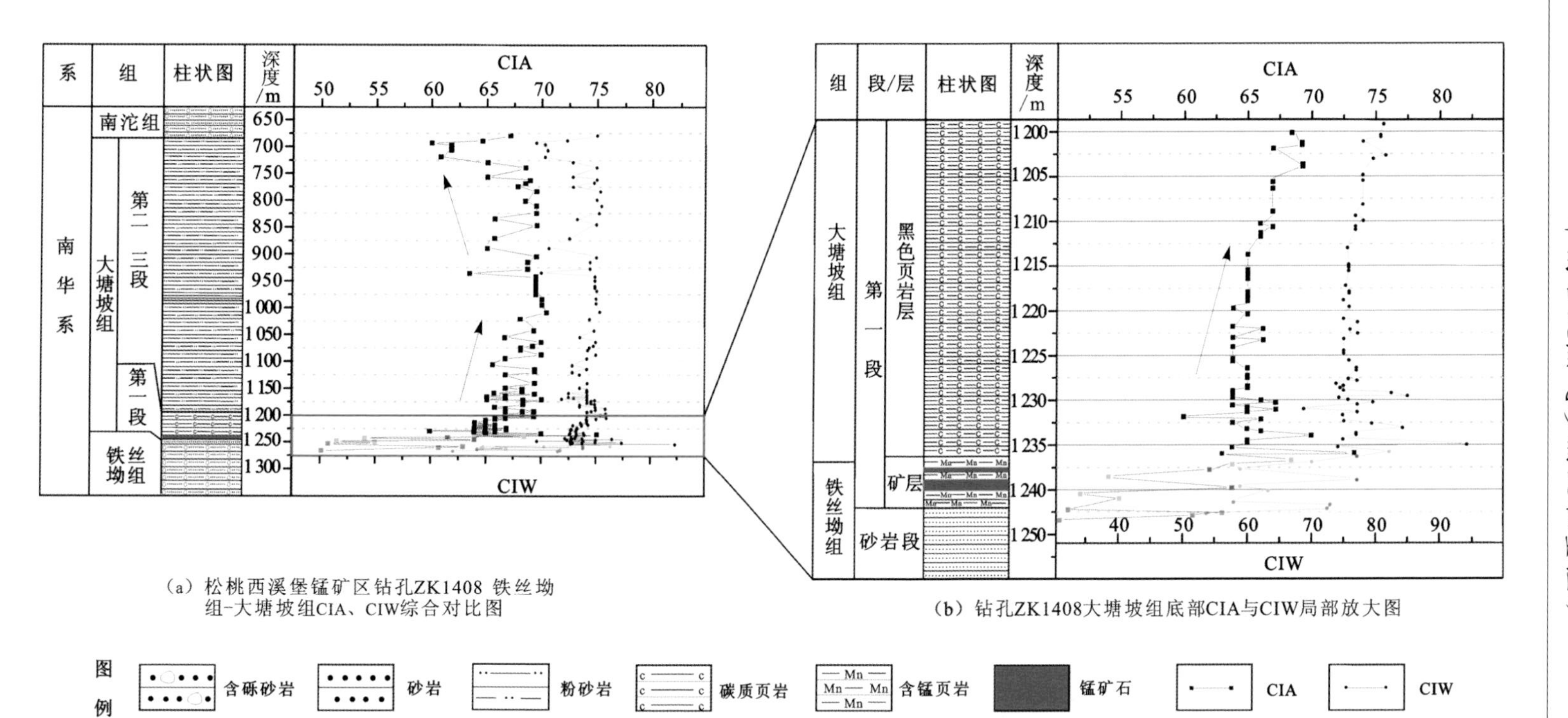

（a）松桃西溪堡锰矿区钻孔ZK1408 铁丝坳组-大塘坡组CIA、CIW综合对比图

（b）钻孔ZK1408大塘坡组底部CIA与CIW局部放大图

图 4.3　贵州松桃普贵（西溪堡）锰矿区ZK1408铁丝坳组—大塘坡组化学蚀变指数（CIA）与化学风化指数（CIW）综合对比图

注：粉色点代表锰矿层样品，红色点代表锰矿层中锰含量较高样品，黄色点代表铁丝坳组样品

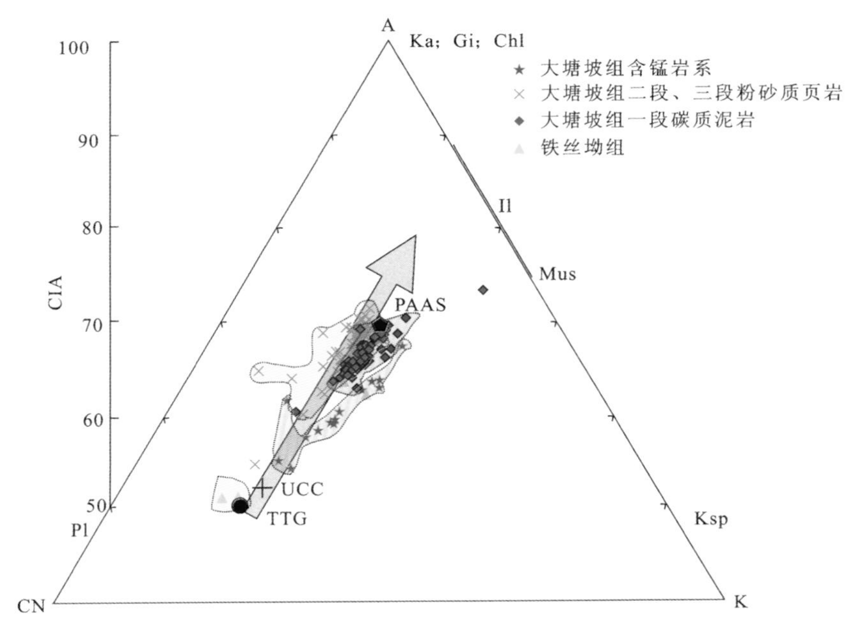

图 4.4 松桃西溪堡锰矿区 ZK1408 样品 A-CN-K 三角图

A 为 $n(Al_2O_3)$；CN 为 $n(CaO^* + NaO)$；K 为 $n(K_2O)$；Ka 为高岭石(kaolinite)；Gi 为三水铝石(Gibbsite)；Chl 为绿泥石(chlorite)；Pl 为斜长石(plagioclase)；Il 为伊利石(illite)；Mus 为白云母(muscovite)；Ksp 为钾长石(K-feldspar)

UCC 数据来自 McLennan(2001)；TTG 数据来自 Gao 等(1998)；PAAS 数据来自 Taylor 等(1985)

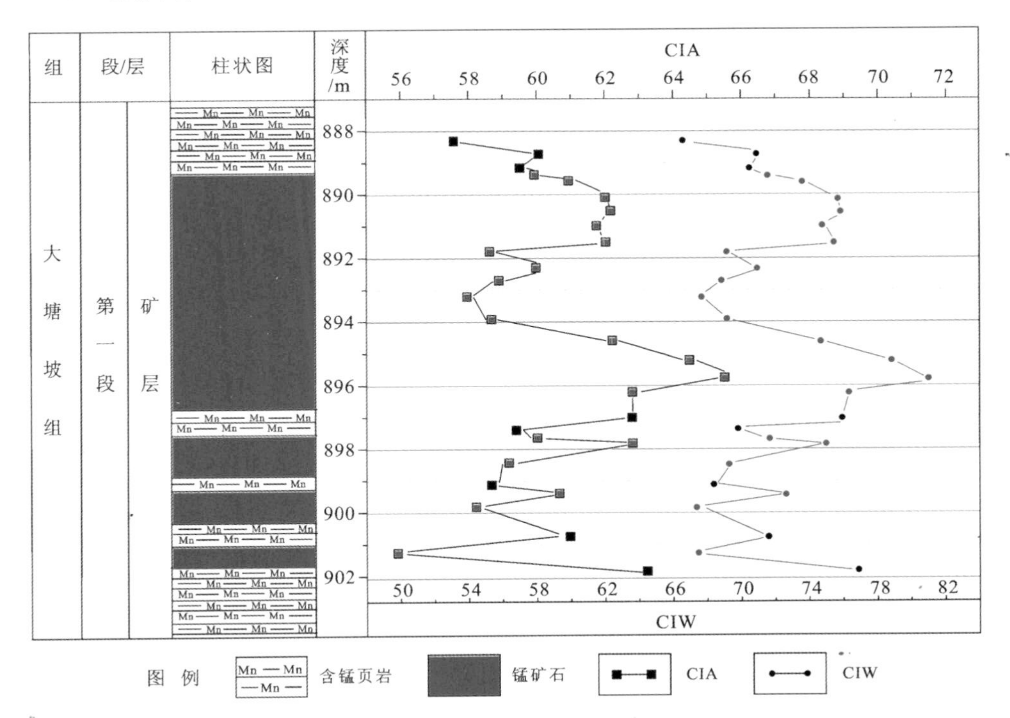

图 4.5 松桃西溪堡锰矿区钻孔 ZK4207 铁丝坳组—大塘坡组 CIA、CIW 综合对比图

综上，通过计算钻孔 ZK1408、ZK4207 样品的 CIA，以及对 A-CN-K 三角图的分析，可总结出黔东地区南华纪铁丝坳组至大塘坡组沉积时期的古气候经历了由冰期的寒冷气候—冰后期总体变暖，但仍有小冰期交替出现、稳定的温暖湿润气候、再次转冷的过程。其中，冰后期的短暂寒冷事件在整个气候演化过程中显得较为突出。

二、化学风化指数对古气候演化的指示

化学风化指数（CIW）与 CIA 表达式类似，也可作为定量分析化学蚀变指数的指标（Harnois，1988）。其表达式如下：

$$CIW = n(Al_2O_3)/[n(Al_2O_3) + n(CaO^*) + n(Na_2O)] \times 100 \quad (4.2)$$

由于成岩后钾交代作用的影响，可能会导致 CIA 不能准确反映化学风化作用程度（Harnois，1988），而使用 CIW 可以回避这一点。因此，如果 CIW 变化趋势与 CIA 一致，即可排除钾在成岩后期发生的交代作用对 CIA 演化趋势的影响，从而可以证明 CIA 对古气候演化指示的准确性。一般来讲，新鲜的、未经化学风化岩石的 CIW 为 50～60，若样品 CIW 大于 70，即可表明样品经过强烈的化学风化作用。利用钻孔 ZK1408 样品全岩主量元素分析数据可得出 139 个样品的 CIW（图 4.2，图 4.3）。

从图 4.2 中可以看出，钻孔 ZK1408 样品的 CIW 与 CIA 的变化趋势几乎完全一致。大塘坡组沉积初期，CIW 变化幅度较大，并呈锯齿状上升，平均值为 75。大塘坡组一段碳质页岩中部、上部的 CIW 相对稳定并逐渐升高，平均值为 77，最大值为 82，最小值为 73。大塘坡组二段、三段主要延续之前的变化趋势，平均值为 78，最大值为 81，最小值为 68。直至第三段顶部出现 CIW 值的急剧降低。从图 4.4 中也可以看出，钻孔 ZK4207 样品的 CIW 与 CIA 变化趋势也一致，在矿层内样品的 CIW 的数值在 64～80 振荡，平均值为 72。

全部样品的 CIA 与 CIW 呈高度线性相关，钻孔 ZK1408 样品的相关系数为 0.95，钻孔 ZK4207 样品的相关系数为 0.98。因此，通过样品的 CIA 与 CIW 拥有一致的趋势演化线，可判断钾交代作用对样品的影响是没有意义的，CIA 对铁丝坳组—大塘坡组古气候演化的判断是可靠的。

三、成分分异指数与样品准确性的讨论

对于古老地层的研究，进行 CIA 计算的同时应进行成分分异指数（ICV）的检查，ICV 可以用来判断沉积再循环作用对细粒碎屑岩成分的改变程度，使用风化过程中容易迁移的元素之和与不易迁移的铝元素的比值作为监控对象。ICV（Young et al.，1999）表达式为

$$ICV = [n(Fe_2O_3) + n(K_2O) + n(Na_2O) + n(CaO) + n(MgO) + n(MnO) + n(TiO_2)]/n(Al_2O_3) \quad (4.3)$$

式中，各元素采用摩尔百分含量，$n(CaO^*)$ 表示硅酸盐中 CaO 摩尔百分含量。对于 $n(CaO^*)$ 的计算和校正，采用计算方法同 CIA 的论述。因大塘坡组底部沉积一套锰矿层，而样品中锰含量偏高可能对 ICV 的计算造成很大影响。因此在计算 ICV 时，需将

MnO 去除，由此可能会造成 ICV 的偏小。

一般认为，若 ICV 大于 1，则表明细碎屑岩含很少黏土物质，反映的是在活动构造带的首次沉积；若 ICV 小于 1，则表明细碎屑岩含有黏土成分，即沉积物经历了沉积再循环作用，或是在强烈风化作用下的首次沉积（Nesbitt et al.，1997）。

取自钻孔 ZK1408 的 140 个样品中，铁丝坳组及大塘坡组底部锰矿层的 ICV 变化幅度较大，总平均值为 1.07，多数大于 1。大塘坡组一段碳质页岩的 ICV 平均值为 0.89，最大值为 1.02，最小值为 0.68。大塘坡组二段、三段粉砂质页岩 ICV 平均值为 0.99，最大值为 1.73，最小值为 0.85。由于计算 ICV 时扣除了 MnO 的含量，所以实际数值应比计算所得数值大。而实际得出样品的 ICV 已有多数大于 1，因此基本可以认为，钻孔 ZK1408 样品是在活动构造带的首次沉积。

取自钻孔 ZK4207 大塘坡组底部锰矿层的 29 个样品中，ICV 处在 1.29～3.82，平均值为 2.12，均大于 1。因此，ZK4207 样品也均为在活动构造带的首次沉积。

综合上述分析，此次选取的两口钻孔共 169 个样品，均为在活动构造带的首次沉积，CIA 可以准确地指示原始沉积环境的气候条件。

四、南华纪锰矿大规模成矿作用对气候演化影响的讨论

新元古代南华纪是继古元古代之后又一个全球重要的成锰时期，其中几个大型及超大型的锰矿产地集中在南非、澳大利亚、巴西、印度与中国（严旺生 等，2009）。在我国，扬子板块在新元古代主体处于南华裂谷盆地构造伸展背景，在南华纪古城冰期（对应国际 Sturtian 冰期）与南沱冰期（对应国际 Marinoan 冰期）之间的间冰期，沉积一套“大塘坡式”沉积型锰矿。

前人研究表明，温暖潮湿的气候及缺氧的环境有利于锰矿的形成（何志威 等，2013a，b；黄道光 等，2010）。通过 CIA 对古气候演化的指示，华南如黔东地区在 Sturtian 全球冰期后经历了不稳定的气候突变，在冰后期仍然存在着短暂的寒冷事件，研究区南华纪锰矿即在这样一个特殊时期沉积形成。直至大塘坡组气候演化进入稳定的温暖阶段，锰矿沉积停止。因此研究区南华纪锰矿的形成背景，并非处于持续温暖的气候环境，而是存在多次冰后期的寒冷气候事件。因此可以认为，Sturtian 冰期后，气候振荡，海水上的冰盖开始消融，但在冰后期的寒冷气候事件时陆地上仍有冰川沉积覆盖，并且由冰川及融水搬运进入盆地。而锰矿的成矿作用与气候的频繁波动之间存在耦合关系，因此推断这种波动的气候变化过程可能与华南南华纪裂谷盆地大规模成锰事件相关。

从传统的 CIA、CIW 和相关参数发现：南华纪大塘坡早期锰矿的成矿作用与 Sturtian 冰后期古气候的频繁波动之间存在耦合关系，并推断这种波动的古气候变化可能与华南南华纪裂谷盆地大规模成锰事件相关，并认为南华纪锰矿的形成背景，并非处于持续温暖的气候环境，而是存在多次冰后期的小冰期，即多个锰矿成矿期正好对应多个小冰期。例如，从西溪堡锰矿区 ZK4207 钻孔采集的含锰岩系样品分析结果（图 4.5）可知，菱锰矿体的 CIA 大部分在 58～62，特别是含锰岩系底部的锰品位最高的菱锰矿体的 CIA 为 56。

菱锰矿体的 CIW 大部分在 68～72，含锰岩系底部的锰品位最高的菱锰矿体的含锰岩系值为 67 等，证实了这一推论。

但是，如果不从“气候环境的改变导致成矿”的思维方式，而是换一个角度，即从“大规模成矿导致气候环境的改变”的思维方式来分析研究西溪堡锰矿区 ZK4207、ZK1408 两个钻孔中含锰岩系的 CIA 和 CIW，这对“内生外成”的华南南华纪古天然气渗漏沉积型锰矿床这一新的锰矿床类型提供了新的证据支撑。因为该类型锰矿的形成主要取决于内因，而不是外因。即罗迪尼亚超大陆裂解背景下，锰矿裂谷盆地古天然气渗漏沉积成矿系统通过系列同沉积断层，发生大规模富锰的烃类气体、流体喷溢而形成菱锰矿。

在此机制下，华南裂谷盆地内大塘坡组沉积早期，菱锰矿是经过多期次的古天然气渗漏喷溢沉积成矿，如松桃高地锰矿区位于渗漏喷溢中心相区的 ZK2715 孔，菱锰矿可多达 11 层，当然代表了 11 个喷溢成矿期次（菱锰矿体与下伏铁丝坳组冰碛砾岩直接接触，特别是该孔的铁丝坳组顶部的冰碛砾岩中，还夹 2 层厚为 0.4 m、0.12 m 的薄层菱锰矿体），导致含锰岩系中对应菱锰矿体，相应出现 CIA 和 CIW 低的剧烈摆动的现象（图 4.3，图 4.4）。因此，华南南华纪锰矿大规模成矿与古气候演化之间应存在复杂的耦合关系，可概括为以下两点。

（1）大规模的锰矿成矿作用发生，使气候环境发生突变，导致华南地区 Sturtian 冰期结束。罗迪尼亚超大陆裂解背景下，华南锰矿裂谷盆地古天然气渗漏沉积成矿系统大规模渗漏喷溢成矿（包括与锰矿成矿过程同时相伴的火山喷发等地壳活动）。伴随着古天然气渗漏，氧化的甲烷气体产生的二氧化碳散逸至大气圈，大气圈内温室气体分压上升加快了华南地区 Sturtian 冰期结束的过程。

（2）菱锰矿体中对应出现的低 CIA 和 CIW 现象，是裂谷盆地古天然气多期渗漏沉积成锰作用所致。因为深源的菱锰矿体中出现低 CIA 和 CIW 是正常的，理论上它没有发生风化作用，只是混入的泥质等物质，使 CIA 和 CIW 略高于完全未风化的理论值。因此，菱锰矿出现低 CIA 和 CIW 从另一个角度证明，锰矿形成于“内生外成”的裂谷盆地古天然气渗漏沉积成矿系统。

第二节　大塘坡期盖帽白云岩

一、研究现状与进展

盖帽碳酸盐沉积被定义为岩性突变地覆盖于新元古代冰碛岩沉积之上的连续层状灰岩及（或）白云岩沉积，其形成时间为冰后期海侵期，沉积厚度一般在 0.5～30 m。在成冰纪（与中国南华系对应）两次主要的全球性冰川事件（Sturtian 冰期，717～660 Ma；Marinoan 冰期，650～635 Ma）结束之后（Rooney et al.，2014；Hoffman et al.，2009），不同类型的盖帽碳酸盐岩沉积于两次冰期形成的冰碛岩沉积之上（Corsetti et al.，2006）。Sturtian 冰后期的盖帽碳酸盐岩主要以黑色纹层状碳酸盐岩为主，而 Marinoan 冰后期之后的盖帽碳酸盐岩主要以浅色(如白色或浅粉色)碳酸盐岩为主,并且其中具有一些Sturtian冰后期盖帽碳酸盐岩中未见的沉积现象,如重晶石或文石的放射状假晶(Shields et al.,2007;Hoffman et al.,2002)、管状构造(Kennedy et al.,1998)、帐篷构造(Kennedy,1996)等。此外,两组盖帽碳酸盐岩中C同位素记录也不一致:Sturtian冰后期的盖帽碳酸盐岩从底部$\delta^{13}C$负偏向上发生C同位素持续正偏并在顶部发生微弱正偏;而Marinoan冰后期盖帽碳酸盐岩中一般具有向上负偏的趋势,并且在一些剖面会出现极负的(−25‰)$\delta^{13}C$记录(Jiang et al.,2003a,b;Kennedy,1996)。此前在华南地区所报道的盖帽碳酸盐岩沉积主要集中于Marinoan冰后期,赋存于埃迪卡拉系底部陡山沱组底部,覆盖于南沱组冰碛岩之上(Wang et al.,2008;Jiang et al.,2003a,b)。对于这套盖帽碳酸盐岩的测年结果为(636.3±4.9)Ma~(635.4±1.3)Ma(Zhang et al.,2008;Condon et al.,2005),因此华南南沱冰期可以与Marinoan冰期相对应,而陡山沱组底部盖帽碳酸盐岩沉积为Marinoan冰后期沉积。

目前在华南地区已发现Sturtian冰期沉积,如铁丝坳组及与其对应的沉积,来自覆盖于铁丝坳组顶部凝灰层的锆石U-Pb定年显示结果为(663±4)Ma(Corsetti et al.,2006;Zhou et al.,2004)。但是对于华南Sturtian冰后期盖帽碳酸盐岩的存在目前尚存争议。一些学者认为华南地区并不存在盖帽碳酸盐岩沉积(Dobrzinski et al.,2007);另一些学者将铁丝坳组之上,大塘坡组底部一层细粒层状或块状,富有机质的锰碳酸盐岩视为盖帽碳酸盐岩沉积(Chen et al.,2008;Corsetti et al.,2006;Zhou et al.,2004)。这层富锰沉积中含有大量陆源碎屑物质,如石英、长石、伊利石等矿物,其中主要的碳酸盐矿物为菱锰矿而非方解石或白云石。以上特征使得华南这套锰碳酸盐岩沉积与世界其他区域内的Sturtian冰后期盖帽碳酸盐岩沉积不同,如美国爱荷华州东南部的Pocatello组Scout Mountain段(Smith et al.,1994)、阿曼的Ghadir Manqil组Ghubrah段(Brasier et al.,2000)、纳米比亚Rasthof组底部(Pruss et al.,2010)及澳大利亚南部Tindelpina组(Giddings et al.,2009)。

本次研究区位于黔东铜仁市附近。从古地理角度,该区域属于扬子板块东南缘南华裂谷盆地中的次级隆起区域。传统上将南华盆地视为一个裂谷盆地,其中沉积巨厚的沉积(火山)岩(Wang et al.,2003)。华南地区在南华纪之前的沉积基底,其地层系统命名不一致,如黔东及湘西地区称为板溪群,在黔南地区称为下江群,在桂北地区称为丹洲群,但这些地层被认为是几乎等时的沉积,沉积时限为820~720 Ma(Wang et al.,2012;Zhao et al.,2011;Wang et al.,2007)。

经过近年来对扬子地区南华系地层的研究(Liu et al.,2015;Lan et al.,2015a,b,2014;汪正江 等,2015,2013;杜秋定 等,2013;卢定彪 等,2010;林树基 等,2010;黄晶 等,2007;尹崇玉 等,2006;储雪蕾 等,2006;张启锐 等,2006;Zhou et al.,2004;),已在扬子地区南华系地层中区分出两个主要的冰期事件,分别为较老的江口冰期及较新的南沱冰期,分别与世界范围的Sturtian冰期与Marinoan冰期相对应(图4.6)。江口冰期在华南地区可进一步分为长安冰期及古城冰期两个次级冰期(Lan et al.,2015a)。在南华裂谷盆地内,完整的南华系地层保存在盆地相地区,其中长安组由厚达1000 m的冰碛岩地层构

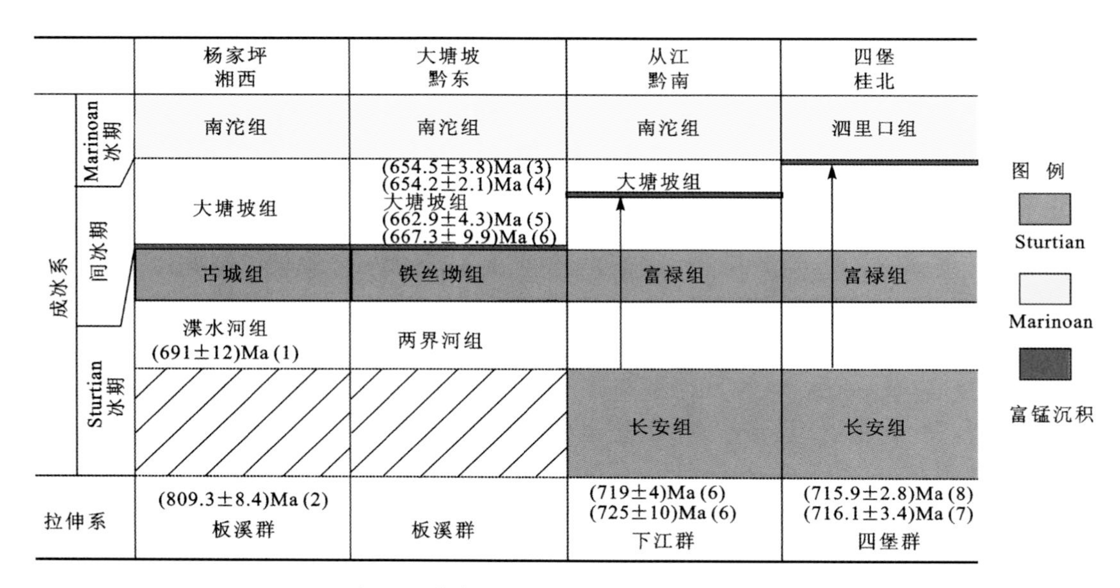

图 4.6　华南成冰系湘黔桂交界区地层格架

(1) Lan 等(2015a,b);(2) 尹崇玉等(2003);(3) Zhang 等(2008);(4) Liu 等(2015);(5) Zhou 等(2004);(6) 尹崇玉等(2006);(7) 覃永军等(2015);(8) Lan 等(2014)

成,而长安冰期的开启年龄被限定在约 716 Ma(Lan et al.,2015a;Zhou et al.,2004)。在陆架相地区,长安组缺失而仅沉积古城冰期沉积物(如古城组、富禄组古城段及铁丝坳组),古城冰期沉积物主要以 3～15 m 的冰碛岩沉积为主。长安与古城次级冰期被以两界河组为代表(与富禄组两界河段及渫水河组为同时期沉积)的次级间冰期沉积物所分隔,次级间冰期沉积物厚度为 20～300 m,岩性以石英及(或)岩屑砂岩为主。古城冰期开启时间应小于(691±12) Ma,该年龄来自于湘西地区渫水河组上部(Lan et al.,2015a)。在扬子板块范围内,南沱冰期沉积展布范围要大于江口冰期,南沱组厚度范围为数十米至数百米,其岩性主要为冰海相冰碛岩(湖南省地质矿产局,1988;贵州省地质矿产局,1987)。南沱冰期的开启年龄应小于(654.5±3.8) Ma(Zhang et al.,2008;Liu et al.,2015)。

黔东地区南华系沉积由最底部两界河组、铁丝坳组、大塘坡组及顶部南沱组构成。两界河组在下部为约 10 m 厚长石-岩屑石英砂岩及中上部厚达 50～150 m 石英砂岩组成,但两界河组出露范围较为局限,仅在次级裂陷盆地中部有沉积。铁丝坳组由 1～15 m 块状冰碛岩或白云质冰碛岩组成。大塘坡组按岩性可分为三段,第一段由 0.5～15 m 的菱锰矿石及含锰页岩或白云岩组成;第二段由 1～20 m 黑色页岩组成,但黑色页岩段在第一段为白云岩的区域内黑色页岩段往往缺失;第三段为厚达 100～700 m 的灰色泥质粉砂岩及粉砂岩(周琦 等,2016)。在大部分区域内,大塘坡组内部不显示组内沉积缺失,显示连续沉积的过程。地层厚度的变化主要来自于盆地基底起伏的控制,盆地内部显示一系列北东东走向的古隆起区与裂陷盆地相间分布的构造古地理特征(周琦 等,2016)。南沱组主要为 150～400 m 厚的冰碛岩组成。

二、黔东地区大塘坡期盖帽白云岩

通过在黔东地区选取了5处剖面，其中包括3处露头(JJS-1、BP-1与BP-2)及两处钻孔(ZK01与ZK4207)(图4.7)。JJS-1、BP-1、BP-2及ZK01均位于武陵次级裂谷盆地内古地理意义上的古隆起区，其中ZK01钻孔位置更加靠近凹陷区，处于隆起区边缘。钻孔ZK4207作为对照位于盆地内凹陷区。JJS-1剖面位于松桃县将军山村南路边。剖面开始于板溪群顶部厚层砂岩，被1.5 m厚的铁丝坳组白云质冰碛岩平行不整合覆盖，其上被4 m厚的大塘坡组底部块状、砂质白云岩覆盖，其中块状白云岩层内包含厚约30 cm的豆状白云岩。白云岩段向上被薄层砂岩及含锰页岩覆盖，之上被黑色页岩及灰黄色粉砂岩覆盖。钻孔ZK01位于冷水溪村东南约4 km位置，钻孔深度达到328 m，直到板溪群顶部。ZK01钻孔从底到顶，由板溪群顶部石英砂岩、1.8 m厚铁丝坳组冰碛岩、2 m厚大塘坡组底部盖帽碳酸盐岩层、250 m厚大塘坡组中上部粉砂岩及最上部南沱组冰碛岩组成。ZK01钻孔中盖帽碳酸盐岩层由下到上可进一步细分为下部厚约1 m纹层状粉砂岩，0.5 m厚纹层状白云岩(其中包含包卷构造)，以及上部1.5 m厚块状白云岩。剖面BP-1与BP-2相隔位置较近，均位于坝盘村西面，两个剖面显示相似的沉积特征，其中的盖帽碳酸盐岩段均由下部白云质冰碛岩及上部块状白云岩组成，下部冰碛岩及上部白云岩厚度在BP-1剖面厚度分别为1.2 m与1.3 m，而在BP-2剖面分别为0.4 m与0.2 m。在BP-1剖面盖帽碳酸盐岩段被厚约3 m的含锰质页岩透镜体的黑色页岩覆盖。钻孔ZK4207位于松桃西溪堡锰矿区，在该钻孔中大塘坡组总厚度为370 m，其中大塘坡组底部13 m为富锰层。富锰层之上被厚27 m的黑色页岩层覆盖，再向上变为330 m厚的粉砂岩。大塘坡组下伏地层为铁丝坳组冰碛岩，上覆地层为南沱组冰碛岩。

在钻孔ZK01、剖面JJS-1及钻孔ZK4207中，主要地层单元均采获岩性观察及地球化学样品(图4.7)，在BP-1及BP-2剖面，每个剖面采获5个岩性观察样品。在ZK01中共采集31个样品，其中8个样品来自大塘坡组下部纹层状粉砂岩，22个样品来自盖帽碳酸盐岩段，1个样品来自上覆灰色粉砂岩。在JJS-1剖面共采集16个样品，其中7个样品来自下部砂质白云岩，3个样品来自黑色白云岩段，1个样品来自豆状白云岩层，此外5个样品来自砂质白云岩。JJS-T样品来自锰质页岩层内凝灰层，作为锆石定年样品。在ZK4207，14个样品在锰矿石层作为C同位素分析样品被采集。

作为对照，对前人发表的相关论文中的研究剖面、地层学、地球化学及C同位素数据进行了收集整理工作，其剖面位置分别位于黑水溪、寨郎沟及大塘坡等剖面。这些数据包括来自寨郎沟剖面的大塘坡组锆石TIMS测年数据(Zhou et al.，2004)，来自黑水溪剖面的锆石SHRIMP测年数据(尹崇玉 等，2006)，以及来自大塘坡及寨郎沟剖面的锰矿石C同位素数据(周琦 等，2012a；Chen et al.，2008)。

无机C同位素组成是由中国地质大学(武汉)地质过程与矿产资源国家重点实验室的Thermo Finnigan公司MAT 253型同位素质谱仪测得。无机C及有机C同位素数据标准值均使用Vienna Pee Dee Belemnite(VPDB)，测试精度优于0.2‰。在对样品进行有

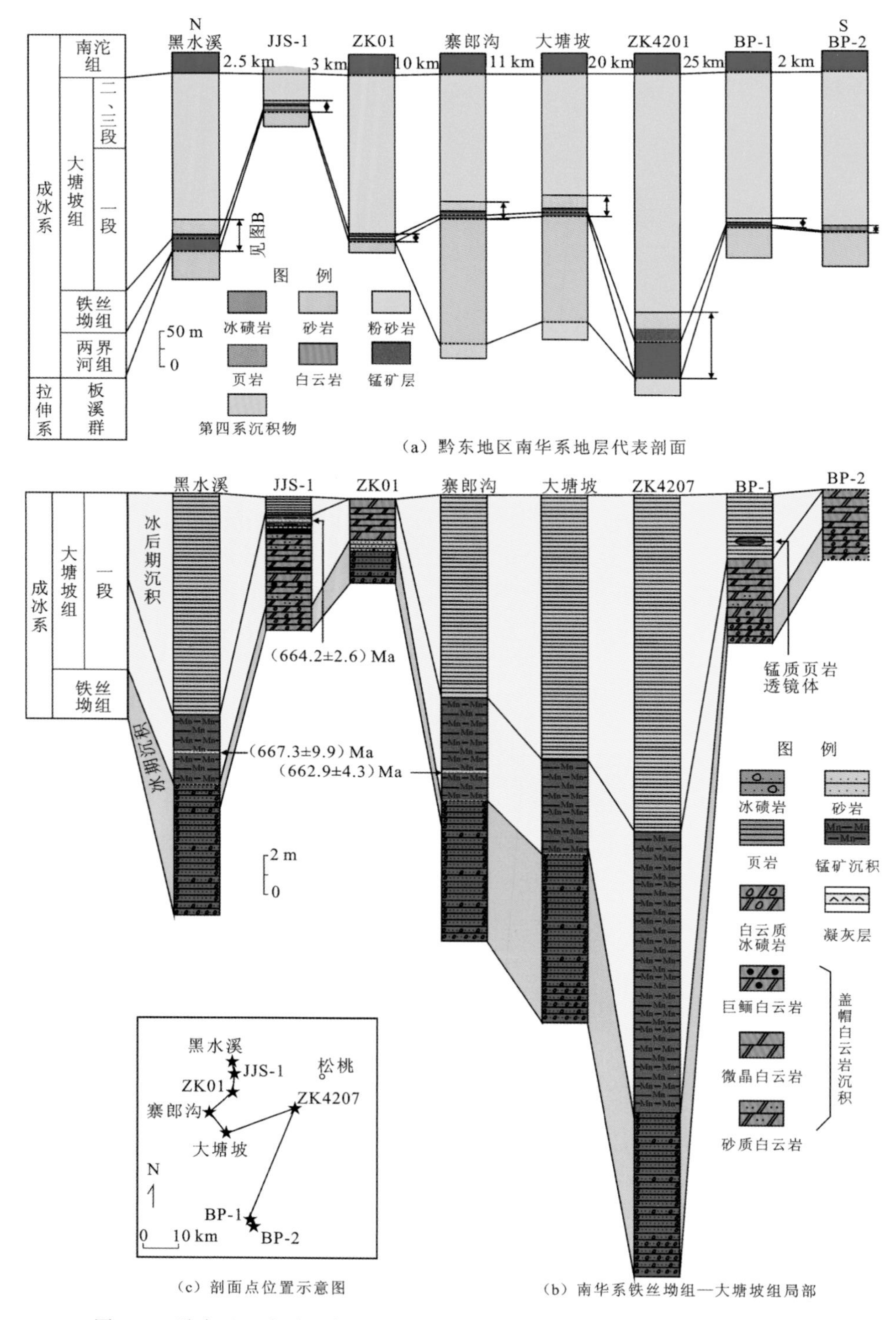

图 4.7 黔东地区大塘坡期地垒区盖帽白云岩与地堑区含锰岩系柱状对比图

(余文超 等,2016a,b;周琦 等,2012a;尹崇玉 等,2006;Zhou et al.,2004)

机 C 同位素分析之前，先对粉末样使用 10％浓度的 HCl 进行消解，之后用蒸馏水洗至中性，再在－40 ℃条件下冻干样品。总有机 C 含量使用中国地质大学（武汉）生物地质与环境地质国家重点实验室的 Analytik Jena 公司生产的 Multi EA 4000 型 C-S 分析仪进行测定，分析精度为 0.2％。

对于研究区内不同岩性样品的岩石学研究表明，Sturtian 冰期沉积主要以铁丝坳组冰碛岩与白云质冰碛岩为代表。在钻孔 ZK01 中，1.8 m 厚的冰碛岩以块状构造为主，颗粒支撑，颗粒以碎屑岩角砾为主，角砾大小向上呈逐渐减小趋势。在冰碛岩下部，角砾主要以破碎的下伏板溪群砂岩为主，其长轴直径在 2～40 mm，显示差的分选与磨圆，基质主要由硅铝酸盐泥-粉砂粒级碎屑及黄铁矿团块组成[图 4.8(a)]。至冰碛岩上部，砾石大小减小至 2～20 mm[图 4.8(b)]。在 JJS-1、BP-1 及 BP-2 剖面中，冰碛岩以白云质胶结，显示基质支撑结构。颗粒主要以弱分选、磨圆差的砾石（尺寸为 2～50 mm）的岩屑组成[图 4.8(c)、(d)、(e)]。在一些显微照片中可观察到砾石中后生碎屑被白云质基质充填的现象，这被解释为间冰期时冰劈作用对砾石的破坏（Spence et al.，2016）[图 4.8(f)]。ZK01 钻孔中冰碛岩之上为 1 m 厚的含砾石纹层状砂岩层[图 4.9(a)、(b)]，之后变为黑色页岩层，在其中可观察到细的白云质条带，厚度为 30～100 μm[图 4.9(c)、(d)]。铁丝坳组被大塘坡组覆盖，在 ZK01 中，大塘坡组底部以薄层含纹层暗色白云岩组成，纹层厚度为 0.5～1 mm[图 4.9(e)]。白色及黑色块状微晶白云岩在四个剖面均有发现[图 4.9(f)、图 4.10(a)]。在 JJS-1 和 BP-1 剖面中出现砂质白云岩沉积，这些样品的显微照片中可见微晶白云石基质中的砂级-粉砂级碎屑石英颗粒[图 4.11(c)]。巨鲕状白云岩在 JJS-1 剖面中可见，其单层厚度达到 15 cm，在剖面中显示白色，和上下暗色白云岩沉积形成对比[图 4.10(b)、图 4.12(a)]。薄片下可见颗粒支撑结构，巨鲕颗粒呈圆形或椭圆形，直径在 1.5～2.5 mm，显示完好的同心状圈层结构，有时出现围绕石英颗粒为核心生长的鲕粒，但大部分鲕粒缺乏生长中心，在鲕粒之间的空隙可见石英及赤铁矿颗粒[图 4.12(b)、(c)]。盖帽碳酸盐岩的上覆地层在各个剖面也不尽相同，在 JJS-1 剖面，盖帽碳酸盐岩沉积为薄层细粒砂岩覆盖，向上变为含锰页岩沉积[图 4.10(c)、(d)]。在 BP-1 剖面，盖帽碳酸盐岩沉积被大塘坡组黑色页岩覆盖，而在 BP-2 剖面及 ZK01 钻孔，盖帽碳酸盐岩沉积被大塘坡组粉砂岩覆盖。在 BP-2 及 ZK01 中出现的黑色页岩段缺失的现象可能与武陵次级裂谷盆地内次级古隆起（地垒）区局部暴露现象相关。在一些古隆起区剖面仍然可以见到很薄的含锰沉积，在 JJS-1 剖面，一层厚约 0.5 m 的黑色块状含锰页岩层覆盖于薄层砂岩之上，其中包含一层火山成因凝灰层。在 BP-2 剖面，大塘坡组黑色页岩段发现一个含锰透镜体，长宽分别为 30 cm 、20 cm[图 4.10(g)]，其中 MnO 含量为 2.4％～2.7％，Al_2O_3 含量为 14％～17％，SiO_2 含量为 60％～62％。从化学组分上来看，该透镜体为含锰页岩而非锰白云岩。从对含锰透镜体的薄片观察来看[图 4.11(e)]，陆源碎屑矿物如石英、长石及黏土矿物（主要为伊利石）占主要成分。菱锰矿主要以球粒状在有机质团块附近富集，球粒直径为 2～10 μm，黄铁矿晶体也可在薄片下观察到。作为对比，ZK4207 钻孔中锰矿石包含较高的 MnO（12％～30％），较低的 Al_2O_3（3.6％～12.6％）及较低的 SiO_2（20.1％～40.5％）（Yu et al.，2016）。

图 4.8　黔东地区部分剖面南华系铁丝坳组冰碛岩

(a) ZK01 铁丝坳组底部冰碛岩角砾，砾石直径达到 20～60 mm，硅铝酸盐基质中可见黄铁矿团块；(b) ZK01 铁丝坳组上部冰碛岩角砾，角砾直径相对于下部减小；(c)(d)(e) JJS-1、BP-1 及 BP-2 剖面中白云质冰碛岩；(f) JJS-1 剖面中白云质冰碛岩样品光面，砾石主要由砂岩组成，基质为白云岩，注意红圈标出的砾石，砾石裂隙中充填了白云质基质；(g)(h) JJS-1 剖面白云质冰碛岩样品显微照片，可见分选磨圆差的砾石为白云质基质包裹

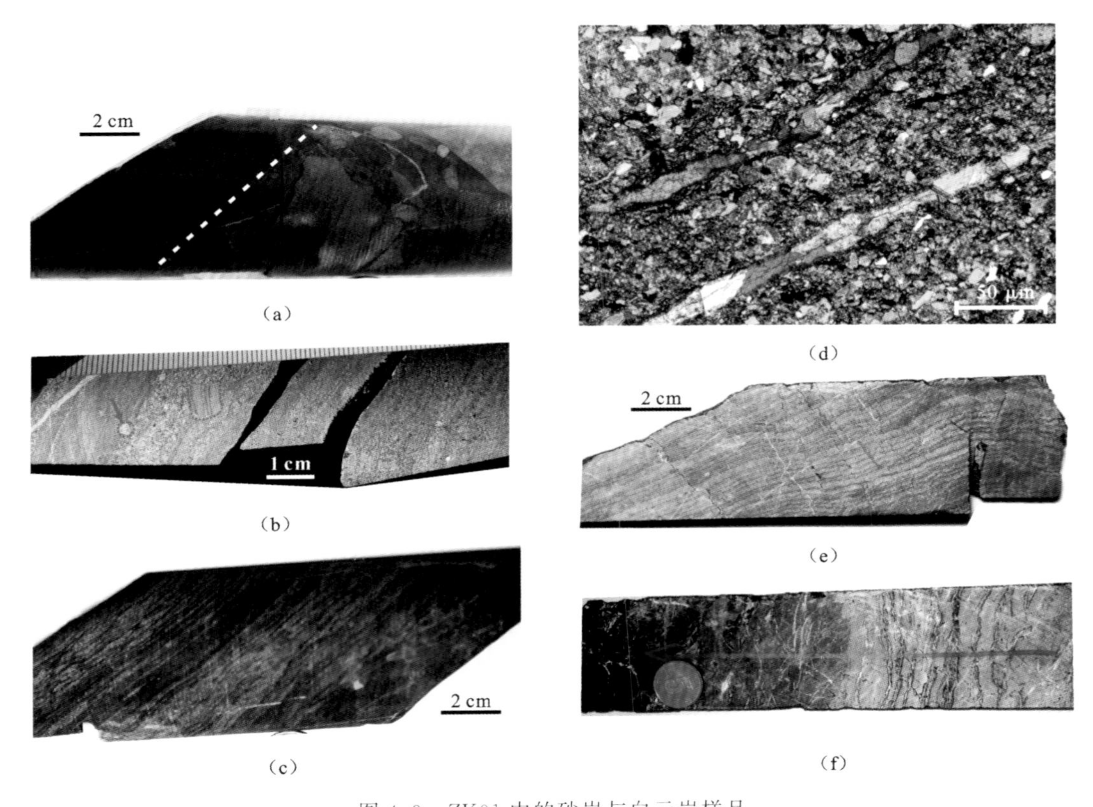

图 4.9　ZK01 中的砂岩与白云岩样品

(a) 大塘坡组底部纹层状砂岩层覆盖于下伏铁丝坳组冰碛岩之上，白色虚线代表界线；(b) 纹层状砂岩中砾石，红色箭头所示；(c) 纹层状砂岩光面照片；(d) 纹层状砂岩显微照片，其中可见极细的白云质纹层；(e) 纹层状白云岩，注意纹层的高倾角；(f) 块状白云岩

通过以上的岩性观察，铁丝坳组在南华裂谷盆地武陵次级裂谷盆地中的次级断陷(地堑)盆地区与隆起(地垒)区存在不同的岩相特征。在次级断陷(地堑)盆地区(如松桃黑水溪、寨郎沟及大塘坡剖面)，铁丝坳组主要由冰川事件导致的冰碛岩沉积为主，岩石呈基质支撑或颗粒支撑，砾石磨圆分选差，粒径在毫米级及厘米级均有分布(Boulton et al.，1981；Dobrzinski et al.，2007)。以上这些沉积代表冰海远端沉积，从大陆区域经由冰川刨蚀或冰筏牵引作用将沉积物带入大陆架地带，并在冰海环境中发生重新沉积(Boulton et al.，1981)；在隆起(地垒)区(如钻孔 ZK01)，来自铁丝坳组中颗粒支撑结构及砾石尺寸的证据指示其沉积环境为冰后期大陆冰川融解堆积成因(Dobrzinski et al.，2007)。在 ZK01 中发现的含砾石纹层状砂岩主要为冰盖消退过程中产生的浊流沉积(Boulton et al.，1981)。而在 JJS-1、BP-1 及 BP-2 剖面中出现的白云质冰碛岩主要为间冰期海侵过程的结果。对于铁丝坳组冰碛岩基质中白云质的来源目前尚不确定，前人对新元古代冰碛岩中白云质基质的来源提出过下伏碳酸盐岩基底刨蚀再循环的理论(Fairchild，1993；Fairchild et al.，1990)，但针对黔东地区而言，其下伏基岩均为板溪群碎屑岩，因此碳酸

(a)　(b)　(c)　(d)　(e)　(f)　(g)　(h)

图 4.10　黔东地区大塘坡早期隆起(地垒)区盖帽白云岩

(a) JJS-1 剖面中大塘坡组底部盖帽白云岩沉积露头；(b) JJS-1 剖面中大塘坡组底部盖帽白云岩中巨鲕白云岩层；(c) JJS-1 剖面中覆盖于盖帽白云岩沉积之上的薄层砂岩；(d) JJS-1 剖面中含锰页岩中凝灰层；(e) BP-1 剖面中铁丝坳组白云质冰碛岩沉积；(f) BP-1 剖面中大塘坡组底部盖帽白云岩沉积；(g) BP-1 剖面中大塘坡组黑色页岩段中含锰页岩透镜体；(h) BP-2 剖面中盖帽白云岩沉积

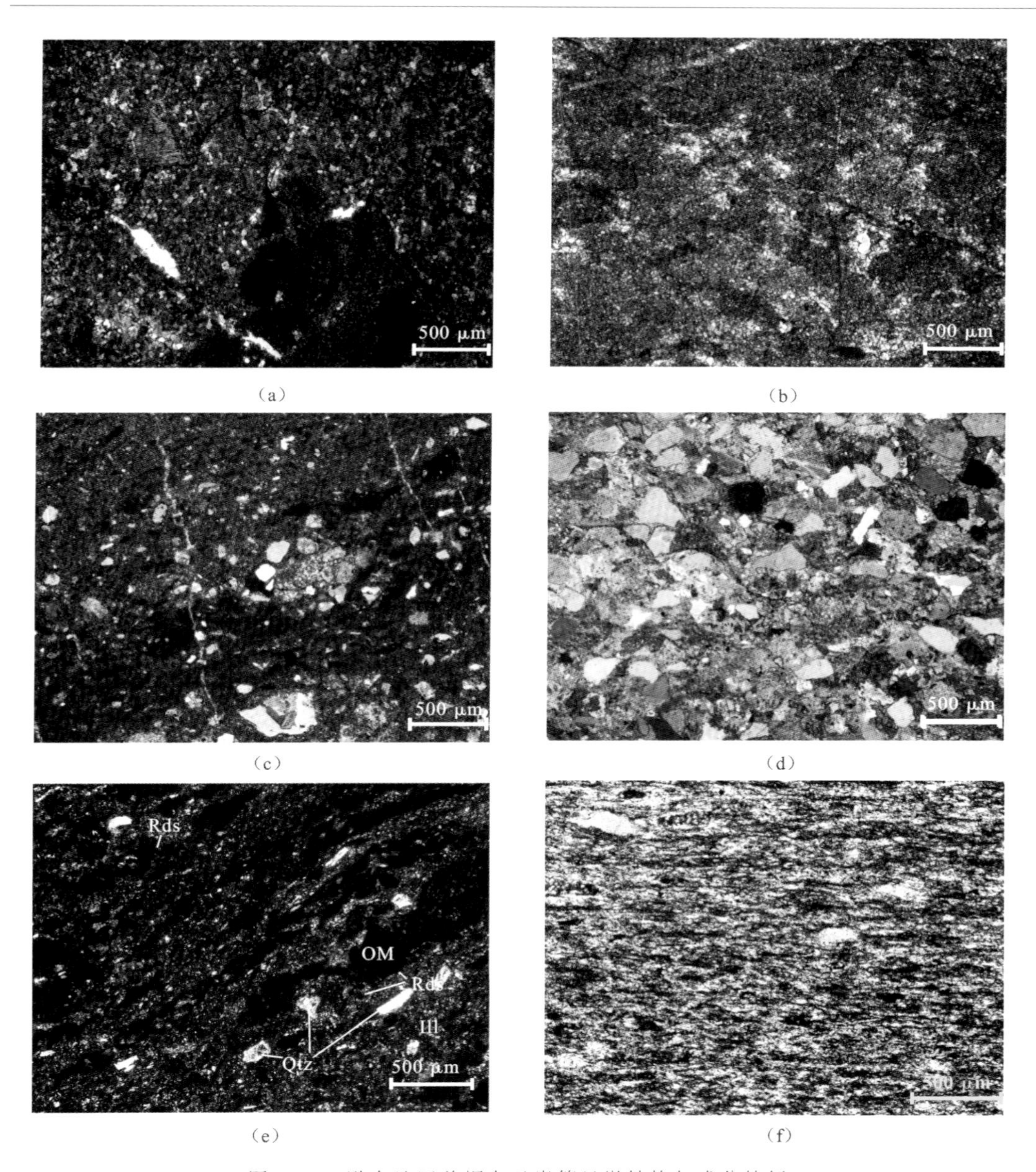

图 4.11　黔东地区盖帽白云岩等显微结构与成分特征

(a) 钻孔 ZK01 中纹层状白云岩显微照片；(b) 钻孔 ZK01 中块状白云岩显微照片；(c) 钻孔 ZK01 中砂质白云岩显微照片；(d) JJS-1 剖面中薄层砂岩显微照片；(e) BP-1 剖面中含锰页岩透镜体显微照片；(f) JJS-1 剖面中凝灰层显微薄片照片。其中，OM 为有机质团块，Rds 为菱锰矿，Qtz 为石英，Ill 为伊利石

盐物源从下伏基岩再循环的假说在此并不成立。更为可能的成因机制是在盖帽碳酸盐岩形成早期阶段，海水中碳酸根离子上升而形成有利于碳酸盐岩沉积的环境，而此时冰融作用导致大量冰川携带的砾石进入到南华盆地陆架区域，因此碳酸盐从海水中沉淀出来将砾石胶结形成白云质角砾岩。在大塘坡组盖帽碳酸盐岩段，主要的岩相为块状白云岩、纹

图 4.12　贵州松桃将军山剖面盖帽白云岩中鲕状结构

(a) JJS-1 剖面中巨鲕白云岩层;(b) (c) 巨鲕显微照片,可见同心结构;Qtz 为石英,Hem 为赤铁矿

层状白云岩、巨鲕状白云岩及砂质白云岩,指示潮坪沉积环境(Corkeron,2007)。巨鲕沉积在前寒武地层中较普遍(Trower et al.,2010),其主要形成机制可能与较低的称鲕核心供给率、较高的包壳生长率及较强的水动力条件有关(Trower et al.,2010;Sumner et al.,1993)。在巨鲕白云岩中赤铁矿的出现及层内相对于其他层位较低的总有机碳(TOC)指示巨鲕白云岩主要沉积在氧化环境中。在钻孔 ZK01 中,纹层状白云岩呈高角度不整合覆盖于冰碛岩沉积上,显示包卷构造。包卷构造成因目前存在不同的解释,包括化学自养生物及(或)非自养生物成因说(Corsetti et al.,2006;Kennedy et al.,2001),其他解释还包括非生物成因的沉积构造假说,如地表暴露成因(Aitken,1991)、埋藏压实说(Corkeron,2007)等。岩性学观察未在黔东地区盖帽碳酸盐岩沉积中发现微生物活动证据,考虑到下伏砂岩-粉砂岩地层中富含泥质成分,因此沉积压实作用会将下伏地层中水分压入上覆地层中,在碳酸盐岩未胶结的阶段,来自下伏地层的高压流体将会导致上覆岩层发生卷曲现象。黔东地区南华纪早期隆起(地垒)区四个不同剖面内不同的沉积特征反

映出古水深的区别，从分布位置来看，钻孔 ZK01 位于古隆起区与裂陷盆地过渡区域，因此具有相对最深的水深，其沉积序列包括冰海相冰碛岩沉积、冰融浊流沉积及盖帽白云岩沉积。在水深较浅的 JJS-1、BP-1 及 BP-2 剖面，白云质胶结砾岩代表间冰期伊始海侵沉积序列，因此白云质胶结砾岩可能较冰海相冰碛岩沉积更为年轻。

在 JJS-1 剖面中，来自盖帽白云岩下部的 7 个样品显示较低的无机 C 同位素特征（0.17‰～2.34‰），来自上部的 9 个样品记录了较高的 $\delta^{13}C_{carb}$（－0.05‰～3.23‰）[图 4.13(a)]。在 ZK01，$\delta^{13}C_{carb}$从 19 个白云岩样品中获得，有机 C 同位素和 TOC 数据从 31 个样品中获得。$\delta^{13}C_{carb}$数据显示亏损特征，大部分样品落入－1‰～1‰，并出现 3 个负偏点[图 4.13(b)]。在 JJS-1 及 ZK01 中，$\delta^{13}C_{carb}$化学剖面显示沿剖面向上的正偏趋势。在 JJS-1 剖面中，TOC 为 0.05%～0.70%。$\delta^{13}C_{org}$为 28‰～24‰，并在 3 个样品中出现正偏现象。$\Delta\delta^{13}C_{carb\text{-}org}$为 20.33‰～30.56‰，其中在两个样品中出现正偏现象，并且在剖面中出现向上上升的趋势。在 ZK01，TOC 为 0.02%～0.17%。在纹层状砂岩中出现较均一化的－30.63‰～29.63‰，但在上覆白云岩层位出现正偏现象。$\Delta\delta^{13}C_{carb\text{-}org}$为 22.03‰～29.83‰，并在 3 个样品出现正偏现象。$\delta^{13}C_{org}$-$\delta^{13}C_{carb}$二元图解中显示的斜率为 0.83～1.16，中间值为 1.02，截距为 18.7～34.0，中间值为 26.7(图 4.14)。菱锰矿中的 C 同位素数据与 TOC 数据特征与盖帽白云岩存在较大差异[图 4.13(c)、(d)]。在菱锰矿样品中，无机 C 同位素显示显著^{13}C 亏损现象，如 ZK4207 中 5.79‰～6.90‰，在寨郎沟剖面为 5.6‰～9.4‰，在大塘坡剖面为－10.28‰～7.06‰(Chen et al.，2008；周琦，2012a)，而在盖帽白云岩层位，无机 C 同位素值域为 3.23‰～4.52‰。锰矿层中$\delta^{13}C_{org}$为 29.9‰～33.7‰，平均值为 32.87‰，因此其有机 C 同位素值较之盖帽白云岩也更加偏负。锰矿石中 TOC 为 1%～3%(Chen et al.，2008)，其 TOC 也远高于盖帽碳酸盐(0.05‰～0.70‰)。

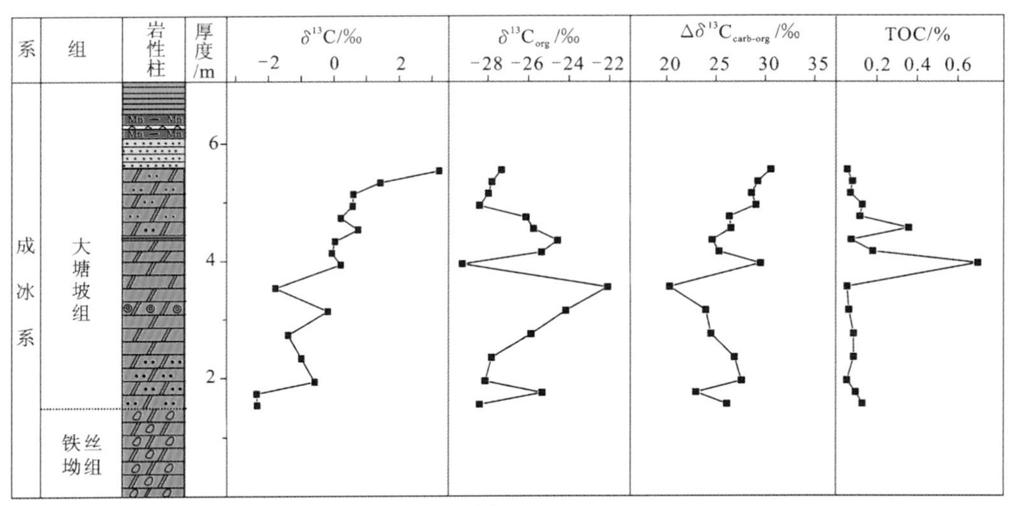

(a) JJS-1

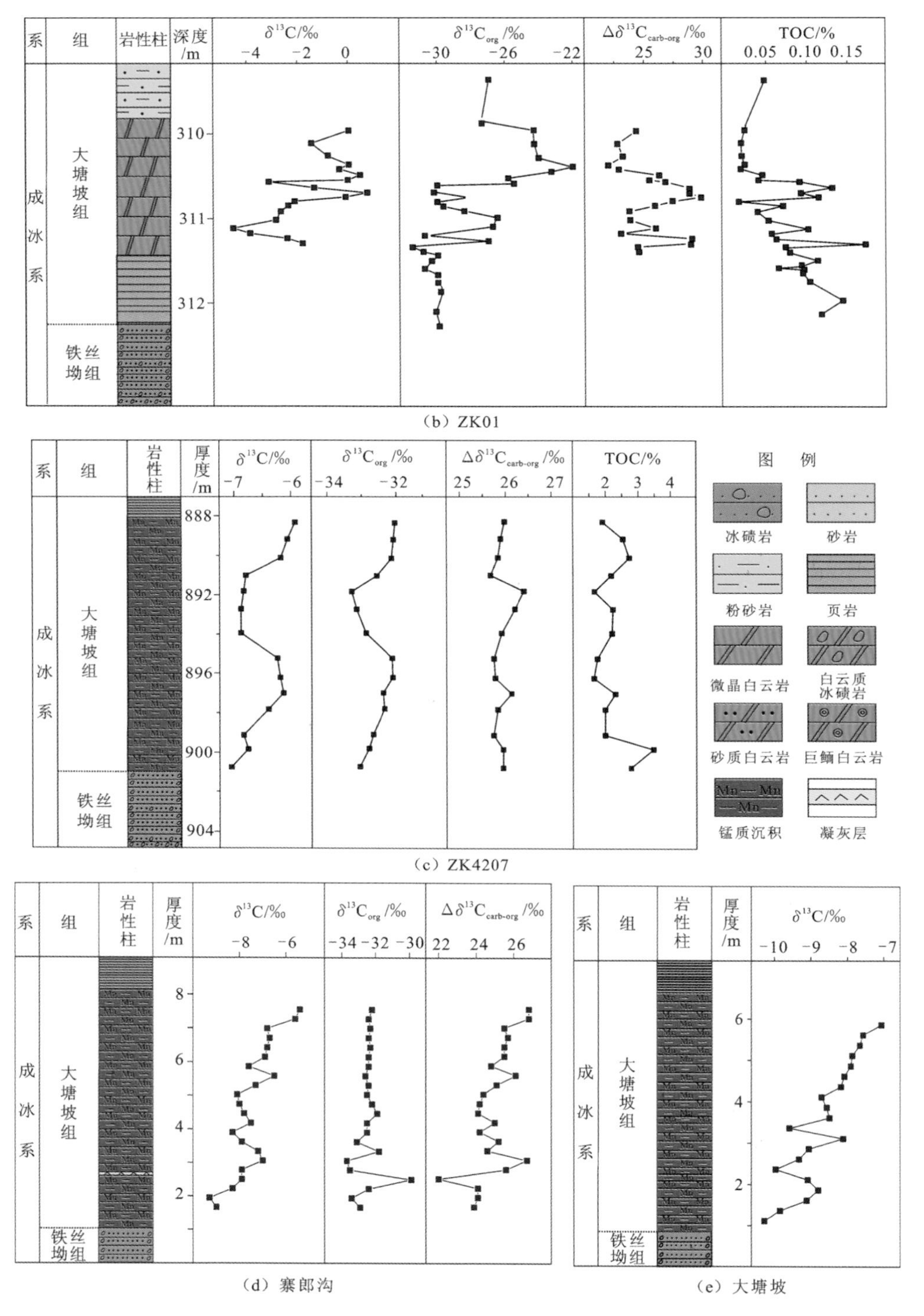

图 4.13　黔东地区南华系铁丝坳组—大塘坡组底部岩性柱状图及 C 同位素、TOC 曲线(续)

(a)(b)(c)(d) 数据来自 Chen 等(2008);(e) 数据来自周琦(2012a)

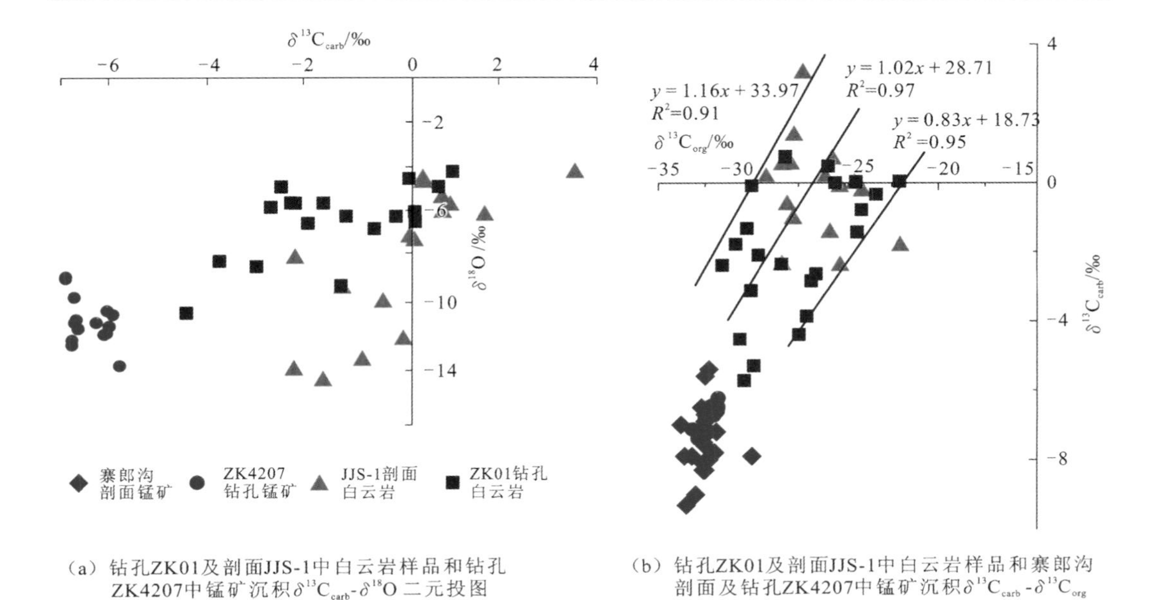

(a) 钻孔ZK01及剖面JJS-1中白云岩样品和钻孔ZK4207中锰矿沉积$\delta^{13}C_{carb}$-$\delta^{18}O$二元投图

(b) 钻孔ZK01及剖面JJS-1中白云岩样品和寨郎沟剖面及钻孔ZK4207中锰矿沉积$\delta^{13}C_{carb}$-$\delta^{13}C_{org}$

图4.14　黔东地区大塘坡期盖帽白云岩与菱锰矿$\delta^{13}C_{carb}$-$\delta^{18}O$与$\delta^{13}C_{carb}$-$\delta^{13}C_{org}$二元图解

三、盖帽白云岩与锰矿是同时异相沉积

关于锰矿与大塘坡早期盖帽白云岩沉积的形成时代前文已经有了详细讨论，此处不再赘述，从锰矿与盖帽白云岩上覆凝灰层所获得的U-Pb年龄来看，两者应为同时异相沉积。

来自本研究不同地点的$\delta^{13}C_{carb}$地球化学剖面揭示了关于冰后期盖帽碳酸盐岩形成过程可能具有不同过程。$\delta^{13}C_{carb}$的正偏在全球Sturtian冰后期盖帽碳酸盐岩沉积中是一个等时性事件(Rose et al.，2012，2010)。目前在蒙古(西伯利亚板块)、加拿大西北部(劳伦板块)、纳米比亚(刚果板块)、澳大利亚南部(澳大利亚板块)和巴西(圣弗朗西斯科板块)等均存在Sturtian冰后期盖帽碳酸盐岩沉积。其中无机C同位素记录均发生最大至8‰的正偏幅度，并且从剖面底部−10‰～−5‰的无机C同位素在数米的沉积内上升至0‰左右(Johnston et al.，2012；Rose et al.，2012；Giddings et al.，2009；Vieira et al.，2007)。因此在黔东地区Sturtian冰后期盖帽白云岩中记录的C同位素变化数据可以与全球范围内的同时代C同位素记录进行对比。C同位素正偏的原因被认为是有机C在Sturtian冰后期埋藏作用增强的结果(Hoffman et al.，2002，2000)。大塘坡组底部菱锰矿层中的C同位素显示明显的^{13}C亏损特征，由于锰碳酸盐岩在形成过程中主要经由锰氧化物与有机质在早期成岩作用阶段反应形成(Maynard，2014)，因此锰碳酸盐岩中至少50%的C来自于有机质的氧化作用。举例而言，当有机质C同位素值为−25‰时，进入锰矿石后会导致矿石内无机C同位素降低到−15‰～−12‰。大塘坡组盖帽碳酸盐岩及锰碳酸盐岩中无机C同位素及有机C同位素记录显示显著的正相关关系[$r=0.75$，$n=49$，

$p(\alpha)<0.01$]，一些研究者认为在成冰纪 Sturtian 冰期与 Marinoan 冰期之间的间冰期发生过有机碳与无机碳的脱耦过程，造成两者演化的不协调，其主要原因被认为是 Sturtian 冰后期深海中存在巨大的溶解有机碳库(Swanson-Hysell et al.,2010)。但是在本次研究中所出现的 $\delta^{13}C_{carb}$ 与 $\delta^{13}C_{org}$ 之间显著相关性证明至少在成冰纪的南华裂谷盆地内并未存在 $\delta^{13}C_{carb}$ 与 $\delta^{13}C_{org}$ 之间的脱耦现象，同时也并不存在深海的大规模有机碳库。而从 TOC-$\Delta\delta^{13}C_{carb-org}$ 碳质来源混合模型(Johnston et al.,2012)来看，锰矿石中外来有机碳成分要多于盖帽白云岩，盖帽白云岩中的碳源主要来自初级生产者(图 4.15)。

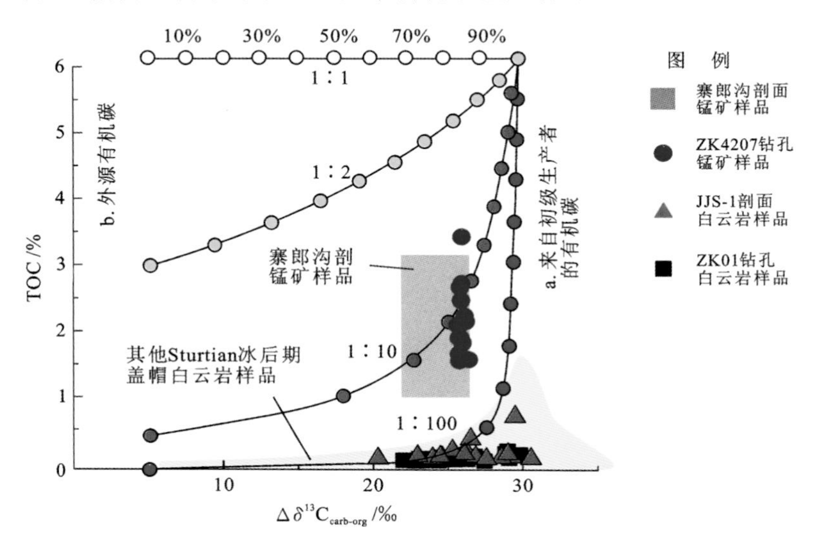

图 4.15　TOC-$\Delta\delta^{13}C_{carb-org}$ 碳质来源混合模型

修改自 Johnston 等(2012)，黄色区域指示来自蒙古、加拿大西北部及纳米比亚的 Sturtian 冰后期盖帽碳酸盐岩沉积数据，赛郎沟剖面数据来自 Chen 等(2008)

从成因机制上来说，富锰碳酸盐岩与通常意义的“盖帽”碳酸盐岩存在差异。关于沉积盆地内锰矿的成矿机理在前人的研究中已得到详细讨论(Maynard,2014；Roy,2006；Calvert et al.,1996；Huckriede et al.,1996；Force et al.,1988；Glasby,1988)，而华南南华系大塘坡式锰矿为特殊的古天然气渗漏型锰矿，随锰质一同进入海水中的还有大量甲烷气体。在氧化环境中，甲烷气体会被氧化为二氧化碳，部分二氧化碳气体被海水吸收或提高海水中重碳酸根离子(HCO_3^-)浓度，从而提高海水碱度(Kennedy et al.,2008)。Sturtian 冰后期的盖帽白云岩沉积的形成原因主要和冰后期海水中的碱度上升有关，除古天然气喷溢作用造成的海水碱度提高因素之外，冰期时由于冰川的物理风化作用形成的大量细粒碳酸盐岩碎屑在间冰期被风化溶解，同样也会造成碳酸根大量进入海水中(Hoffman et al.,2002)。在冰后期海侵作用阶段，在南华盆地的古隆起区盖帽碳酸盐岩的形成主要受到海水中上升的碳酸根控制，而盆地区的锰矿沉积主要由盆地水体氧化还原环境的改变控制。

第三节　C、O、S同位素特征

新元古代是地质历史时期中一个重要的转折期，全球板块格局的改变、成冰纪冰期与间冰期的转化、大气圈成分的改变及宏体生物演化带来了地球各圈层之间复杂的相互作用，对地球C、O、S循环同样产生了重大影响（Shields-Zhou et al.，2012；Hoffman et al.，2011；Pierrehumbert et al.，2011）。

Sturtian冰期期间，在冰盖之下的表层海水中，光合作用产生的有机质下沉，为细菌硫酸盐还原过程提供动力，其中^{12}C和^{32}S优先发生反应，产生H_2S和CO_3^{2-}，H_2S与海洋中的活性铁结合，最终形成富集^{32}S的黄铁矿，此时海水中硫酸盐浓度很低，且$\delta^{34}S$的值很高。Sturtian冰期结束之后，温度升高，冰川融化，发生海侵，陆源输入大量增加，此时光合作用的速度增加，形成的有机质也增加，细菌硫酸盐还原过程加剧。“大塘坡式”锰矿成矿系统中，锰质随古天然气渗漏流（气）体进入海水中，锰离子以氧化物或氢氧化物的形式沉淀之后，被埋藏在缺氧带之下，在成岩过程中，锰的氧化物或氢氧化物与有机质相互作用，锰以Mn^{2+}的形式释放出来，与有机质产生的CO_3^{2-}结合产生碳酸锰并被保存下来（张飞飞等，2013a，2013c）。

一、C、O同位素特征

C、O同位素样品采自松桃西溪堡锰矿区ZK1408钻孔和ZK4207钻孔（图4.1），其中ZK1408钻孔共3件样品，铁丝坳组2件，大塘坡组二段1件，ZK4207钻孔共29件样品，均为锰矿层样品。分别进行有机碳、无机碳和O同位素的测试。$\delta^{13}C_{carb}$为−7.1‰～−5.3‰，$\delta^{13}C_{org}$为−33.2‰～−29.2‰，$\delta^{18}O$为−13.59‰～−7.46‰，本书样品C同位素的值与Chen等（2008）在黔东北地区大塘坡组底部菱锰矿C同位素的值十分接近（$\delta^{13}C_{carb}$为−9.4‰～−5.4‰，$\delta^{13}C_{org}$为−33.7‰～−29.9‰）。

样品$\delta^{13}C_{org}$和$\delta^{13}C_{carb}$的数值在新元古代大塘坡组具有耦合性，含锰岩系C同位素的值明显低于铁丝坳组和大塘坡组二段、三段的值，且在大塘坡一段经历了先下降再上升，再下降的过程，且有机C和无机C同位素的变化具有同时性。含锰岩系O同位素的值明显高于铁丝坳组和大塘坡组二段、三段的值，且只有在含锰岩系底部和顶部的数值明显偏低，其他O同位素数值经历了小幅度的先降低再升高过程（图4.16）。根据C同位素的变化可能与当时的古气候有关，Sturtian冰期结束之后的间冰期，地球变暖的过程中可能出现一次气候转冷事件，导致海洋中C同位素的值降低，接着又开始变暖，C同位素的值又逐渐升高。

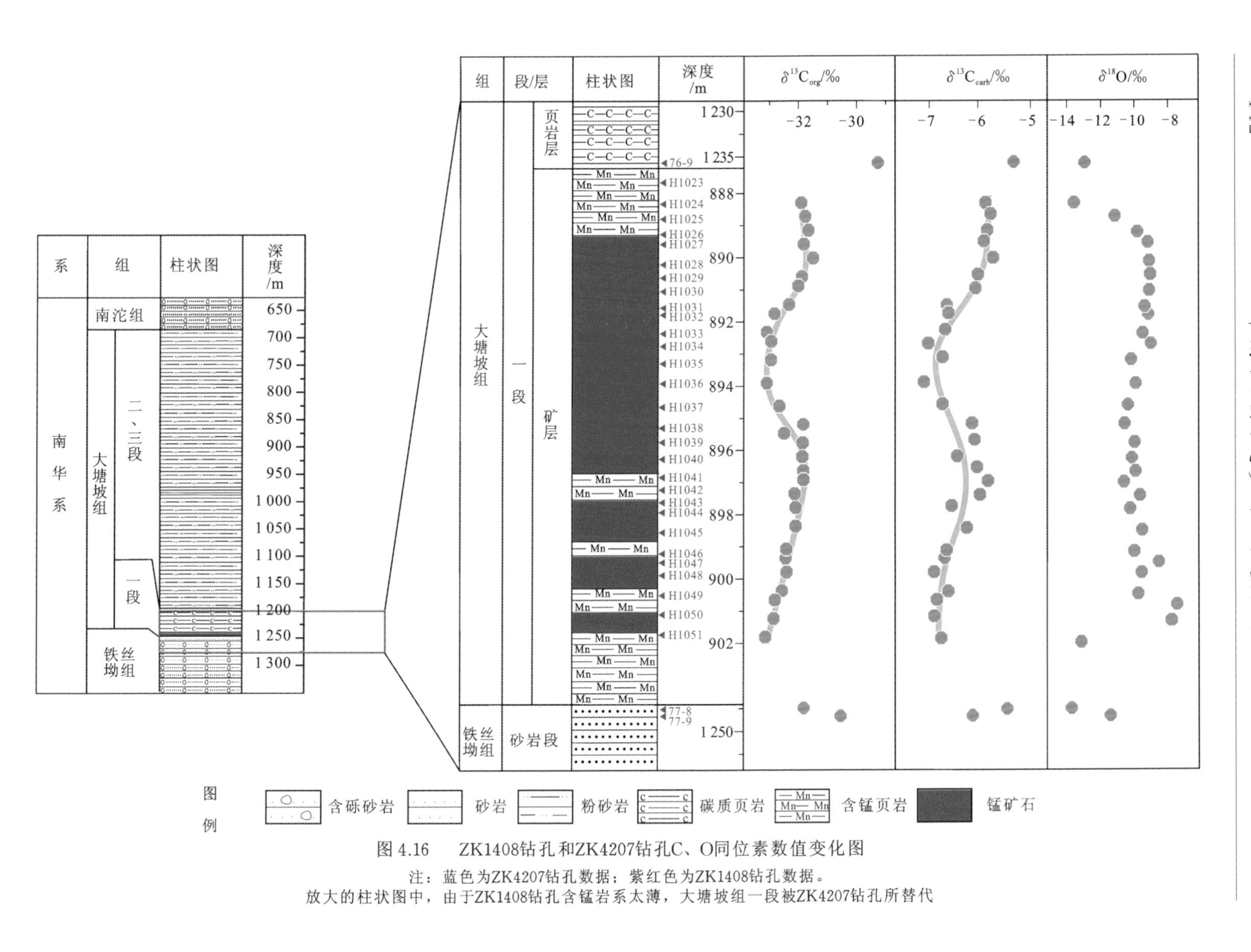

图 4.16　ZK1408钻孔和ZK4207钻孔C、O同位素数值变化图

注：蓝色为ZK4207钻孔数据；紫红色为ZK1408钻孔数据。

放大的柱状图中，由于ZK1408钻孔含锰岩系太薄，大塘坡组一段被ZK4207钻孔所替代

二、S同位素特征

近年来，很多学者对大塘坡组地层中S同位素进行了研究，发现其$\delta^{34}S$异常偏高，最高可达69‰(周琦 等，2013b，2012a；Li et al.，2012；Feng et al.，2010；周琦，2008；Chen et al.，2008；Liu et al.，2006；Chu et al.，2003；储雪蕾 等，2001；Li et al.，1999；李任伟 等，1996；唐世瑜，1990；刘巽锋 等，1989；王砚耕 等，1985)。在全球性Sturtian冰期和Marinoan冰期之间的间冰期，测得地层中黄铁矿也具有很高的$\delta^{34}S$(Walter et al.，1995)。例如，Gorjan等(2000)在澳大利亚A madeus Basin的Arakla组测得的黄铁矿$\delta^{34}S$最高可达60.7‰；Gorjan等(2003)在纳米比亚Nama Basin的Court组测得的黄铁矿$\delta^{34}S$最高可达61.1‰，与我国南方大塘坡组已测得的$\delta^{34}S$相近，沉积黄铁矿具有极高的$\delta^{34}S$可能是全球性的现象。对于沉积黄铁矿$\delta^{34}S$异常高的原因，目前主要有以下几种观点。

(1)新元古代全球构造事件——罗迪尼亚超大陆的裂解形成了一些与广海分隔的陆间海或者孤立盆地，这些孤立盆地海水硫酸盐可能具有特别高的$\delta^{34}S$(Li et al.，2012；Li et al.，1999；李任伟 等，1996)。

(2)生物地球化学循环重组，富集^{34}S的黄铁矿形成于有机物质慢速沉淀形成的硫酸盐最低带(SMZ)(Shen et al.，2008；Li et al.，1999；Logan et al.，1995)。

(3)与全球性的“雪球地球”事件有关(Li et al.，2012；Shen et al.，2008；储雪蕾 等，2001)。

(4)具有极高$\delta^{34}S$的黄铁矿是细菌硫酸盐还原(BSR)和H_2S与MnO_2之间发生厌氧歧化氧化反应两个过程综合作用的结果(张飞飞 等，2013c)。

(5)笔者认为华南地区大塘坡组含锰岩系中的黄铁矿$\delta^{34}S$异常高的原因，应是在罗迪尼亚超大陆的裂解的大背景下，南华裂谷盆地形成演化过程中因系列同沉积断层控制形成的若干IV级断陷盆地，在IV级断陷盆地中心发生古天然气渗漏喷溢沉积成锰作用所致。具体是在比较封闭环境条件下，由热化学硫酸盐还原反应(TSR)作用的结果(详见第六章第四节)，以致渗漏喷溢成矿的中心相区的黄铁矿$\delta^{34}S$最高，过渡相和边缘相逐渐降低(图4.17)，IV级断陷盆地之外的III级断陷盆地则大幅降低。因此，含锰岩系底部中异常高的黄铁矿$\delta^{34}S$，不是细菌硫酸盐还原作用的结果。

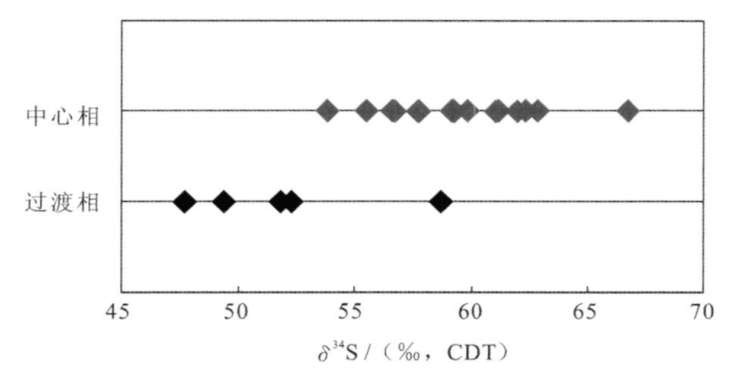

图4.17 华南南华纪古天然气渗漏沉积型锰矿床中心相、过渡相黄铁矿$\delta^{34}S$分布图

笔者S同位素样品均采自黔东松桃锰矿矿区钻孔岩心大塘坡组一段含锰岩系中，共采集10口钻孔的22件菱锰矿样品。在李家湾矿区采集样品6件，在ZK107钻孔采集3件样品，ZK209钻孔、ZK607钻孔、ZK807钻孔各1件样品；在道坨矿区采集样品11件，在ZK308钻孔采集2件样品，ZK310钻孔6件，ZK303钻孔2件样品，ZK306钻孔各1件样品；在西溪堡矿区采集5件样品，在ZK1010钻孔采集4件样品，ZK1003钻孔采集1件样品。菱锰矿样品中黄铁矿都具有极高的δ^{34}S，李家湾矿区测得的黄铁矿δ^{34}S为47.69‰～59.15‰，平均为53.01‰；道坨矿区δ^{34}S为53.85‰～62.86‰，平均为59.67‰；西溪堡矿区的δ^{34}S为55.53‰～66.76‰，平均为59.60‰(图4.18)。

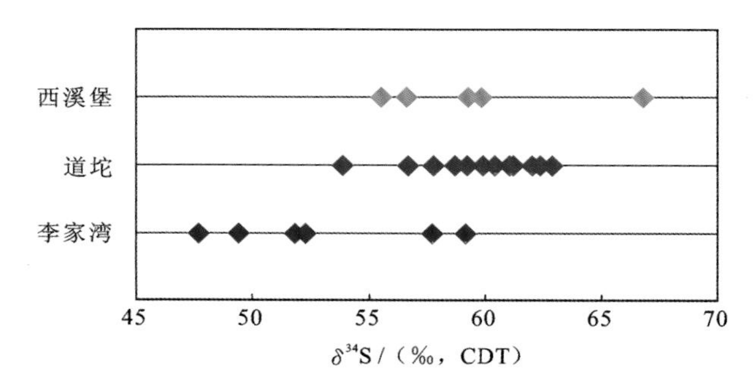

图4.18　松桃地区李家湾、道坨、西溪堡矿区菱锰矿样品δ^{34}S分布图

松桃李家湾、道坨和西溪堡三个矿区含锰矿层中黄铁矿均具有较高的δ^{34}S(47.69‰～66.76‰)，这与前人在华南大塘坡组测得的黄铁矿δ^{34}S相近(周琦 等，2013b；2012a；Li et al.，2012；Feng et al.，2010；Chen et al.，2008；周琦，2008；Liu et al.，2006；Chu et al.，2003；储雪蕾 等，2001；Li et al.，1999；李任伟 等，1996；唐世瑜，1990)，说明我国南方南华系大塘坡组含锰岩系中高δ^{34}S是一种普遍的现象。资料显示，在澳大利亚(Hurtgen et al.，2005；Gorjan et al.，2000；Hayes et al.，1992)、纳米比亚(Ries et al.，2009；Gorjan et al.，2003)和加拿大(Hurtgen et al.，2002；Strauss et al.，1992)的Sturtian冰期和Marinoan冰期之间的间冰期层位，沉积黄铁矿也具有极高的δ^{34}S，因此新元古代间冰期出现的沉积黄铁矿具有异常高的δ^{34}S的现象不是局部的，可能具有全球性，这与罗迪尼亚超大陆的裂解大背景相关。其形成原因一般认为是黄铁矿S同位素组成受当时海水硫酸盐S同位素组成及硫化物和硫酸盐之间生物分馏作用的制约，即细菌硫酸盐还原作用所致。认为在Sturtian冰期期间，由于巨厚冰层的覆盖作用，陆源输入的硫酸盐大大减少，深部海洋中持续的细菌硫酸盐还原过程导致残余海水硫酸盐浓度逐渐降低，δ^{34}S增加。罗迪尼亚超大陆裂解，在华南形成一系列被动陆缘裂谷盆地(王剑，2000)，并形成一系列次级断陷盆地。在Sturtian冰期，这些断陷盆地与广洋分离，处于封闭状态，缺少外界输入，硫酸盐还原的速度超过供给的速度，导致受限盆地中海水相对于广洋水具有更低的硫酸盐浓度和更高的δ^{34}S(Chen et al.，2008；Li et al.，1999)。Sturtian冰期结束之后，温度上升，气候变暖，冰川逐渐融化，海平面上升，微生物大量繁殖，海水中初级生产力增加，形成的有机质也增加。有机质为细菌硫酸盐还原过程提供营养物质和还原剂，硫酸盐还原

速率增加，此时形成的 H_2S 继承了海水高 $\delta^{34}S$ 的特征，与海洋中的活性铁结合，最终形成的黄铁矿也具有相对高的 $\delta^{34}S$。

前已述及，包括松桃李家湾、道坨和西溪堡三个矿区在内的我国南方南华系大塘坡组含锰岩系中黄铁矿的高 $\delta^{34}S$，正是在 IV 级断陷盆地中心发生古天然气渗漏喷溢沉积成锰作用，因热化学硫酸盐还原反应作用的结果。松桃李家湾锰矿区是从隆起区（地垒）迅速变化到 IV 级断陷盆地（图 5.19，图 5.20），其黄铁矿 $\delta^{34}S$ 是逐渐增大的（47.69‰～59.15‰，平均为 53.01‰）。而松桃道坨锰矿区主要位于 IV 级断陷盆地中心（图 5.20，图 5.21），即渗漏喷溢中心相区，黄铁矿 $\delta^{34}S$(53.85‰～62.86‰，平均为 59.67‰）高于李家湾锰矿区则完全可以理解（图 4.19）。而湖南杨家坪地区已经不在 IV 级断陷盆地中，而在 III 级盆地中，故其黄铁矿 $\delta^{34}S$ 迅速下降到 22‰～25‰。

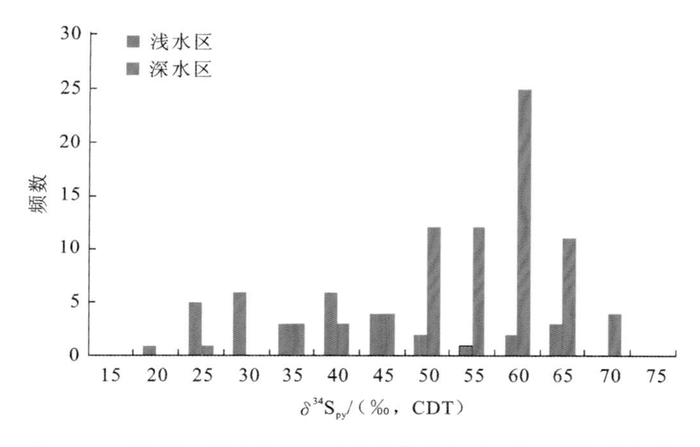

图 4.19　华南大塘坡组黄铁矿硫同位素组成（$\delta^{34}S$）频数分布图

因此，我国华南南华系大塘坡组含锰岩系中黄铁矿的高 $\delta^{34}S$ 的形成原因，一定要结合具体的地质背景进行分析研究，不能以点带面、以偏概全。

在华南成锰盆地中，位于 IV 级断陷盆地的中心相区，其水深最深，往边缘相区相对变浅，过渡相区位于两者之间。由于本书菱锰矿样品中心相区 $\delta^{34}S$(53.85‰～66.76‰）明显高于过渡相区 $\delta^{34}S$(47.69‰～59.15‰）（图 4.18）。从另一个侧面表明黄铁矿 $\delta^{34}S$ 与水深存在相关关系，即水深越深的地区，黄铁矿 $\delta^{34}S$ 越高，反之，黄铁矿 $\delta^{34}S$ 越低。本书收集了华南大塘坡组 $\delta^{34}S$ 的数据，也支持新元古代海洋氧化还原分层。华南新元古代间冰期黄铁矿中 $\delta^{34}S$ 与水深的关系明显（图 4.19），$\delta^{34}S$ 表现出明显的深度梯度效应。

前人所测的华南大塘坡组锰矿中黄铁矿也具有极高的 $\delta^{34}S$。例如，周琦等（2007c）对松桃大塘坡和大屋的菱锰矿样品进行测试，黄铁矿 $\delta^{34}S$ 高达 57.8‰；周琦等（2013b）对松桃李家湾、杨立掌、道坨锰矿区菱锰矿样品分析测试，黄铁矿 $\delta^{34}S$ 高达 63.23‰。南华纪古天然气渗漏沉积型锰矿床（“大塘坡式”锰矿）都位于罗迪尼亚超大陆裂解形成的次级断陷盆地中，受同沉积断层控制，表明华南南华纪锰矿形成的环境背景具有相似性。

第五章 古天然气渗漏沉积型锰矿床典型矿床特征

古天然气渗漏沉积型锰矿床是一种新的锰矿床类型。本章从区域地质、矿区地质、矿体形态产状规模、古天然气渗漏喷溢沉积构造与喷溢口特征、矿石特征、成矿时间与资源储量等方面，详细介绍华南地区的松桃大塘坡、松桃普觉(西溪堡)、松桃道坨、松桃高地、松桃桃子坪和花垣民乐等典型锰矿床特征。

第一节　松桃大塘坡锰矿床

著名的贵州松桃大塘坡锰矿床位于松桃县寨英镇大塘坡铁矿坪。最早由贵州省地质局103地质大队李伯皋等发现于1958年上半年。1961年7月，该队邹盛荣发现原生碳酸锰矿(菱锰矿)。虽然从20世纪60年代初到1988年，断续开展普查、详查、初勘等地质工作，铁矿坪矿段提交的锰矿石资源储量为696.10万t(包括1989年提交的万家堰矿段、2005年提交的大坪盖矿段，大塘坡锰矿床总资源储量则为1 186.44万t)，为一中型锰矿床，目前铁矿坪矿段基本上已开采殆尽。但它对中国南华纪锰矿成矿与找矿的研究，为古天然气渗漏沉积型锰矿床这一全球新的、重要的锰矿床类型的发现，建立锰矿裂谷盆地古天然气渗漏沉积成矿系统理论与深部找矿预测模型，实现我国锰矿找矿有史以来的最大突破做出不可替代的贡献。因为大塘坡锰矿床相关地层、含锰岩系等出露条件好，未在教科书的野外罕见地质现象丰富，未解之谜多，加之大量勘查钻孔、开采坑道，为中国乃至世界研究锰矿成矿与找矿提供了一个不可多得的窗口和野外观测基地与锰矿地学科普基地。

一、区域地质

按照大地构造单元划分，松桃大塘坡锰矿床位于上扬子陆块、鄂渝湘黔前陆褶断带；按照全国成矿区带的划分(陈毓川 等，2010)，属于滨太平洋成矿域(I-4)的扬子成矿省(II-15)、华南成矿省(II-16)。三级成矿单元中属于上扬子中东部(台褶带)Pb-Zn-Cu-Ag-Fe-Mn-Hg-Sb磷铝土矿硫铁矿成矿带(III77)；位于全国26个重要成矿区带中的上扬子东缘成矿带(肖克炎 等，2016)；按照华南南华纪锰矿成矿区带划分(周琦 等，2016)，位于南华裂谷盆地锰矿成矿区、武陵锰矿成矿带、石阡—松桃—古丈锰矿成矿亚带。

区域构造上位于梵净山穹状背斜北东侧的铁矿坪次级向斜中，区域性的红石断裂从矿区南东侧通过。区域上梵净山群、板溪群、南华系、震旦系、寒武系、奥陶系地层均有出露。区域上燕山构造发育，区域地层、构造走向主要为北北东向和北东向。

二、矿区地质

（一）矿区地层

大塘坡锰矿区主要分布南华系大塘坡组、铁丝坳组、两界河组、南沱组，青白口系板溪群地层，局部分布有寒武系留茶坡组、震旦系陡山坨组地层（图 5.1）。具体地层特征详见第二章第五节松桃两界河地层剖面等。现重点叙述大塘坡锰矿区含锰岩系的特征。

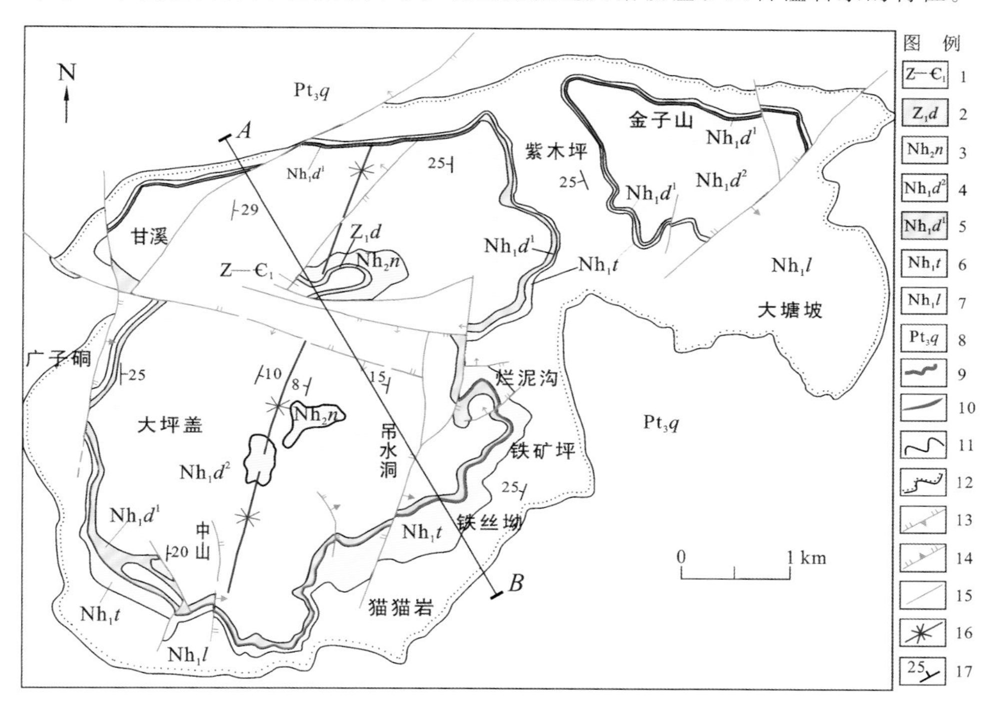

图 5.1　贵州省松桃县大塘坡锰矿床地质图

1. 震旦系-寒武系留茶坡组；2. 震旦系陡山沱组；3. 南华系南沱组；4. 南华系大塘坡组第二段；5. 南华系大塘坡组第一段；6. 南华系铁丝坳组；7. 南华系两界河组；8. 新元古代清水江组；9. "盖帽"白云岩；10. 菱锰矿矿体；11. 地层界线；12. 不整合面；13. 逆冲断层；14. 正断层；15. 性质不明断层；16 向斜轴线；17. 地层产状；AB 线为图 5.2 剖面位置

1. 含锰岩系组成特征

"含锰岩系"是指大塘坡组第一段的黑色碳质页岩夹菱锰矿体的组合，通常还夹有白云岩、火山凝灰质等，富含星点状黄铁矿，厚度为 10～30 m。

松桃大塘坡地区含锰岩系组成如下。

上覆地层：大塘坡组二段　主要为深灰色粉砂质页岩，与下伏地体整合接触。　>200.00 m

8. 黑色、深灰色含锰碳质页岩，局部夹黏土岩及含凝灰质细砂岩透镜体。　5.02 m
7. 黑色碳质页岩，夹锰质条带，见少量细粒黄铁矿分布。　4.27 m
6. 深灰色、黑色条带状菱锰矿透镜体及黑色碳质页岩，顶部偶见含锰白云岩。菱锰矿透镜体数量较少且厚度小，分布不均匀。见少量细粒黄铁矿呈星点状散分布。　0.69 m

5. 黑色碳质页岩，局部含锰质。偶见少量细粒黄铁矿星散状分布。	2.17 m
4. 浅灰色、灰色薄至中层状凝灰质细砂岩，细粒黄铁矿含量较多，局部含碳质。	0.29 m
3. 黑色碳质页岩，局部含锰质较多，偶见少量细粒黄铁矿星散状分布。	1.41 m
2. 深灰黑色、钢灰色条带状、块状、气泡状含碳菱锰矿透镜体，间夹黑色碳质页岩，气泡中为沥青充填。见星点状细粒黄铁矿。	2.93 m
1. 黑色碳质页岩，局部含砂质、锰质较多，见细粒黄铁矿星点状分布。与下伏铁丝坳组含砾碳质细砂岩呈整合接触。	0.99 m
下伏岩性：南华系铁丝坳组　灰色、深灰色中体含砾碳质细砂岩，夹锰质结构或团块，含细粒黄铁矿较多，呈星散状或团块状产出。	0.88 m

2. 含锰岩系厚度变化规律

通过对大塘坡锰矿区所有的钻孔资料中的含锰岩系(大塘坡组第一段)的厚度进行分析，发现松桃大塘坡锰矿区的含锰岩系存在三个厚度中心(图 5.2)。一是以 ZK10 和 ZK301 钻孔连线为中心的北东东向厚度中心；二是以 ZK2104 和 ZK1503 钻孔连线为中心的北东东向厚度中心；三是以 ZK909 钻孔为中心的北东东向椭圆状厚度中心。前两个厚度中心大致沿 65°～70°展布。

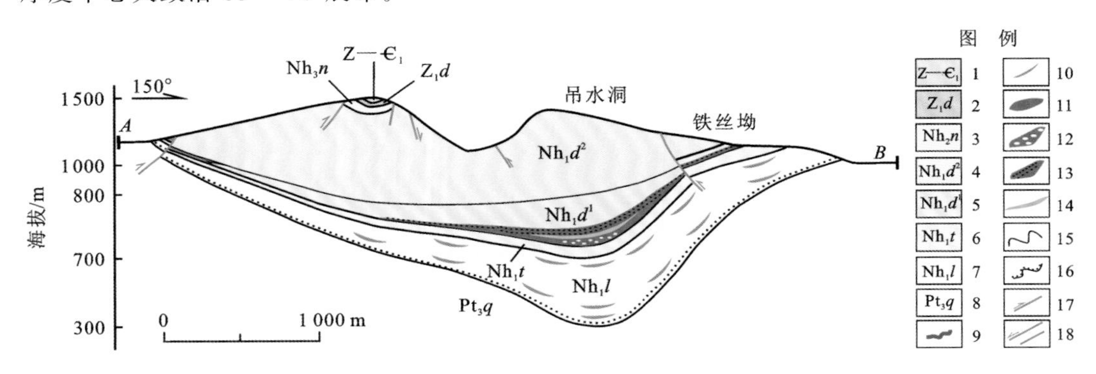

图 5.2　松桃大塘坡锰矿床地质剖面图(A-B 剖面位置见图 5.1)

1. 震旦系—寒武系留茶坡组；2. 震旦系陡山沱组；3. 南华系南沱组；4. 南华系大塘坡组第二段；5. 南华系大塘坡组第一段；6. 南华系铁丝坳组；7. 南华系两界河组；8. 新元古代清水江组；9. 大塘坡早期“盖帽”白云岩；10. 两界河组甲烷成因的白云岩透镜体；11. 块状菱锰矿矿体；12. 被沥青充填的气泡状菱锰矿矿体；13. 条带状菱锰矿矿体；14. 凝灰岩透镜体；15. 地层界线；16. 不整合面；17. 逆断层；18. 正断层、性质不明断层

(二) 矿区构造

松桃大塘坡锰矿区构造表面上看似相对简单，实则较为复杂(图 5.1)。总体是一个北北东向的短轴向斜，即铁矿坪向斜，铁矿坪向斜的北东侧，还分布有金子山向斜。

典型的含锰岩系也仅分布在铁矿坪向斜的南段，北段及金子山向斜无典型的含锰岩系分布，大塘坡组第一段在铁矿坪向斜北段已相变为“盖帽”白云岩及含碳质黏土岩(图 5.2)；大塘坡锰矿床菱锰矿体仅分布在铁矿坪向斜的南段，并沿烂泥沟、铁矿坪、铁丝坳、中山一线出露地表(图 5.1)。铁矿坪向斜北段则无菱锰矿体分布。同时，金子山向斜均无菱锰矿体分布。

从南华纪大塘坡早期构造古地理恢复分析，大塘坡Ⅳ级断陷（地堑）盆地大部分已被剥蚀，仅剩盆地北西侧残端，致使古天然气渗漏喷溢中心的结构构造特征出露地表，十分有利于解剖和研究该类型锰矿床。铁矿坪向斜北段和金子山向斜的南华纪大塘坡早期的构造古地理位置已不在大塘坡Ⅳ级断陷（地堑）盆地之中，已处于大塘坡Ⅳ级断陷（地堑）盆地北西侧的甘溪隆起（地垒）区域，含锰岩系主要相变为盖帽白云岩及零星黑色页岩等，故铁矿坪向斜北段至金子山向斜无锰矿产出。

大塘坡锰矿区断裂构造主要为北北东向的燕山期构造，矿区中部分布有一组北西西向张性断裂构造，但断距不大。燕山期构造主要表现为成矿后的后生构造，对菱锰矿体产生破坏作用；实际控制大塘坡锰矿区菱锰矿形成和分布的是该矿区南华纪大塘坡早期北东东向同沉积断层，它控制了两界河组地层、大塘坡组第一段和菱锰矿体的空间展布。后期燕山期构造与南华纪大塘坡早期锰矿成矿构造相差40°左右。

三、矿体形态、产状、规模

（一）矿体形态、产状、规模

松桃大塘坡锰矿床矿体的产出形态以透镜状为主，即“锰枕”。锰枕大小不等，分布于含锰岩系中下部，并组成较密集的矿体群，其间夹有不规则的碳质页岩夹石。层位稳定，产状与围岩一致，有两层锰矿。下层锰矿体产于含锰岩系底部，由大小不等的透镜状锰矿体组成“锰枕”群赋存于碳质黏土岩中，走向长3 000余米（残留部分），倾向延伸大于2 000 m（残留部分）。最大厚度4.46 m，平均厚度2.09 m。平均含Mn大于22%，Mn/Fe为6.88～9.45，P/Mn为0.009，$w(SiO_2)$为18～21%；上层矿分布在矿区南部（即万家堰矿段），断续延长2 900 m，厚度0.7～1.10 m。平均含Mn为13.59%，Mn/Fe为4.82，P/Mn为0.019 2，$w(SiO_2)$为35.31%。

锰矿枕长度不等，从几米至几十米，最长达60余米；宽度为1.0～18.70 m，平均为6.87 m；厚度一般为0.5～4.0 m，平均为1.68 m。“锰枕”总体是两端均向上翘（图5.2、图5.3L），同时，显示早期菱锰矿形成后，被稍晚的“气体”向上冲断，导致“锰枕”中下部大致水平的层理与稍晚期“气体”上冲形成的穿层的碳质黏土岩的软沉积变形纹理垂直相交，但有趣的是，与菱锰矿体近水平的层理垂直相交的、穿层的碳质黏土岩软沉积变形纹理在“锰枕”的上部及顶部发生包卷，形成“相处和谐，融入一体”的罕见地质现象[图5.4(i)，图6.22，图6.23]。

在平面上，锰矿枕多呈长条形产出，且相互平行。在剖面上，锰矿枕分布于含锰岩系下部，以凝灰质细砂岩为顶界标志的近6 m内不定分布。自上而下产出的一般规律是：上部的锰矿枕个体较小，数量少，排列稀疏，矿枕间间距较大，矿石多为条带状或薄体块状；中部的锰矿枕个体厚大，数量少，紧密排列，矿枕间间距小，矿石多为被沥青充填的气泡状菱锰矿；下部的锰矿枕个体较小，数量少，稀疏排列，往往单个产出，矿枕间间距较大，矿石多为薄体块状或条带状菱锰矿。

（二）矿体厚度变化规律

通过大塘坡矿区铁矿坪、万家堰和大坪盖三个矿段共34个钻孔进行分析研究后发

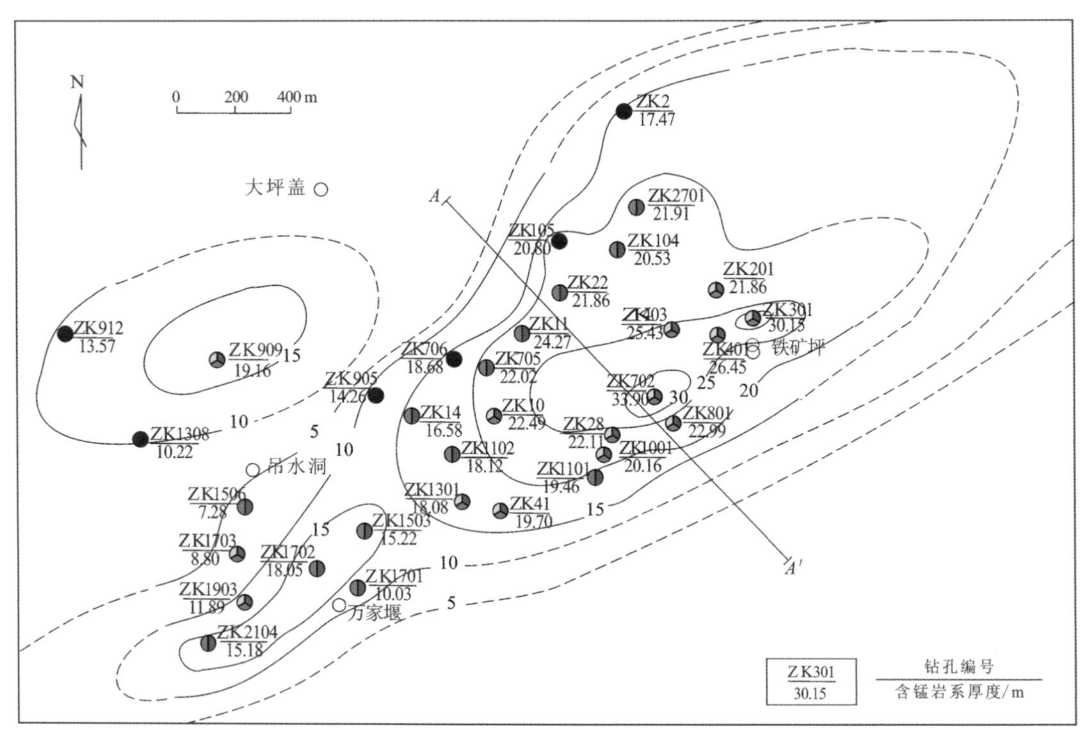

（a）含锰岩系厚度等值线图

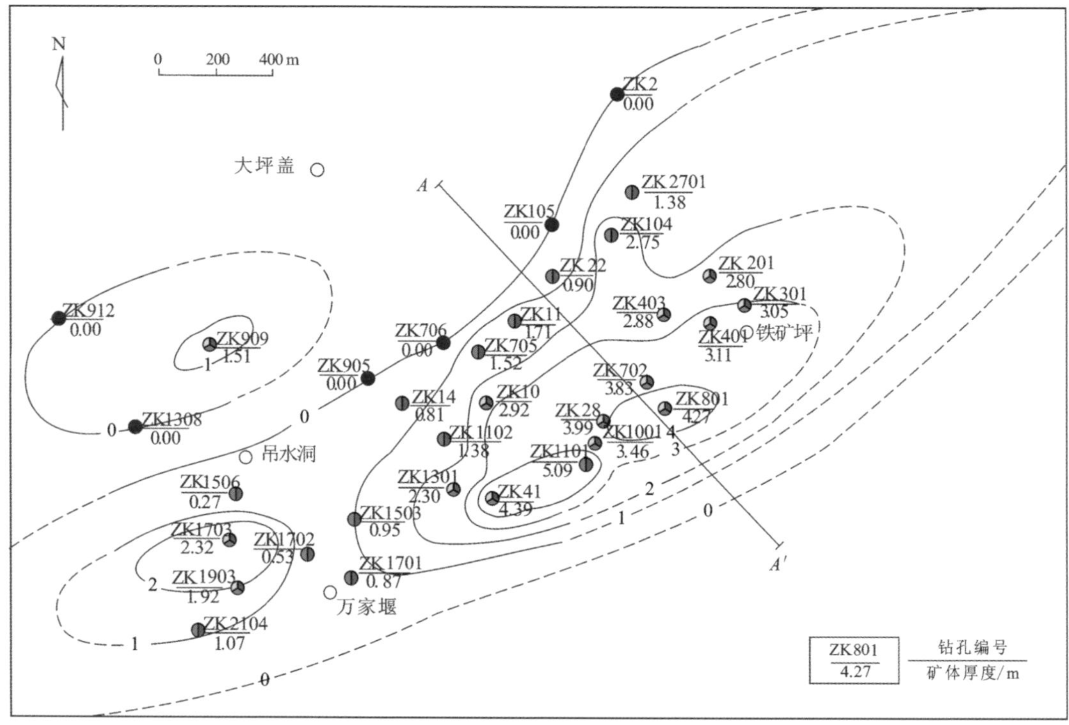

（b）菱锰矿体厚度等值线图

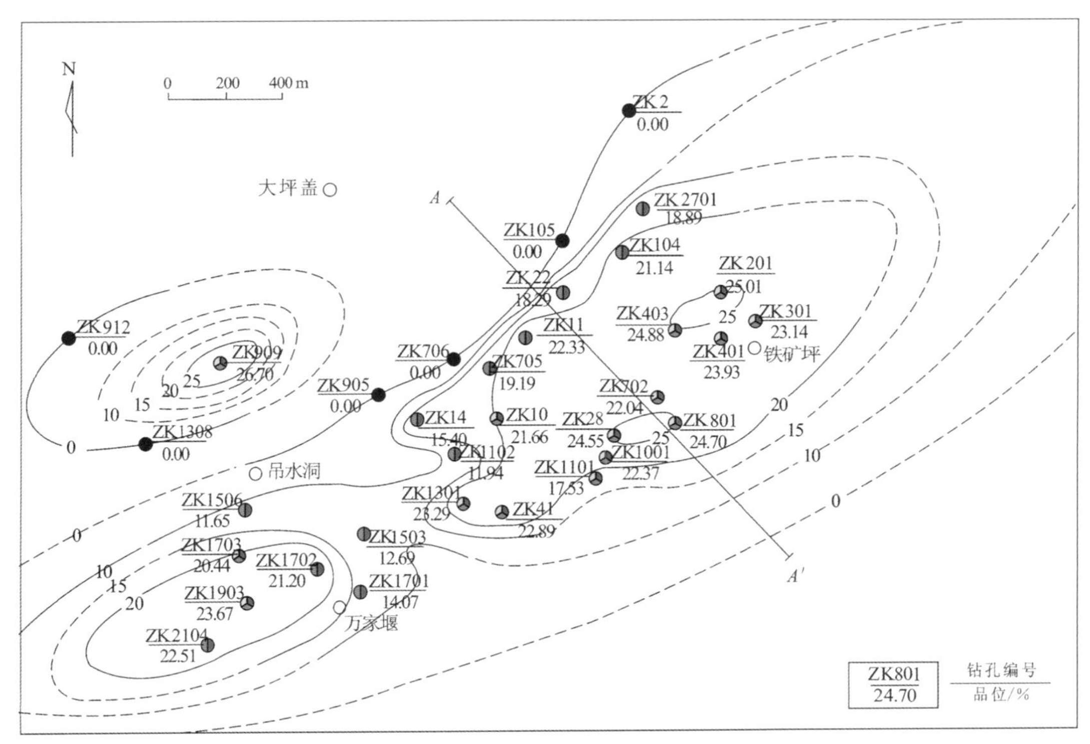

(c) 矿体品位等值线图

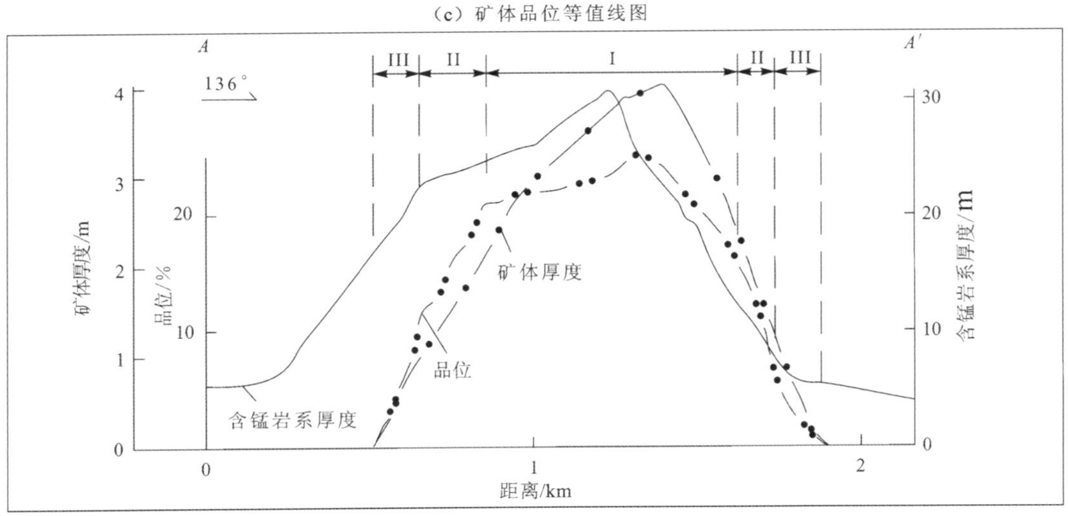

(d) 含锰岩系厚度、菱锰矿体厚度、矿体品位三者关系

图例

符号	说明	符号	说明	符号	说明
◐	见矿钻孔（含气泡状）	20	实测等值线及值	I	中心相
◐	见矿钻孔（不含气泡状）	20	推测等值线及值	II	过渡相
●	未见矿钻孔	A—A′	图切剖面位置及编号	III	边缘相

图 5.3　贵州松桃大塘坡锰矿床含锰岩系与锰矿体、矿石类型空间分布图

现(刘雨 等,2015):大塘坡锰矿矿区菱锰矿体分别以大坪盖 ZK909(1.51 m),万家堰 ZK1703(2.32 m)及铁矿坪 ZK801(4.27 m)一带为中心,其厚度从中心向四周逐渐变薄,与大塘坡含锰岩系厚度规律表现一致[图 5.3(a),(b)]。从南东往北西方向,各钻孔的矿体厚度分别为:ZK1001 3.46 m、ZK28 3.99 m、ZK10 2.92 m、ZK705 1.52 m、ZK706 0.00 m。菱锰矿体厚度从中心往四周逐渐变薄,直至尖灭。

综合大塘坡含锰岩系厚度等值线和菱锰矿矿体厚度等值线分析,可以发现,菱锰矿矿床矿体展布方向为 65°～70°,矿区也存在三个矿体厚度高值区,这与含锰岩系厚度的三个高值区(即更次级的沉降中心)的空间位置是完全重合的。反映出含锰岩系、菱锰矿体均是受相同的同沉积断体控制的,两者的变化规律呈正相关。

(三) 矿体品位变化规律

同样,通过大塘坡矿区铁矿坪、万家堰和大坪盖三个矿段共 34 个钻孔进行分析研究后发现(刘雨 等,2015):大塘坡锰矿矿床的三个矿段所表现出来的菱锰矿品位的变化规律与含锰岩系厚度、菱锰矿体厚度的变化规律基本保持一致,呈明显的正相关。同样存在以 ZK909(26.70%)、ZK1903(23.67%)及 ZK801(24.70%)一带为中心,从南东到北西方向,各钻孔的菱锰矿品位分别为:ZK1001 22.37%、ZK28 24.55%、ZK10 22.33%、ZK705 19.19%、ZK706 0.00%。菱锰矿的品位的分布特征也是沿 65°～70°方向展布,出现三个高值区域[图 5.3(c)]。

四、古天然气渗漏沉积构造与喷溢口

(一) 古天然气渗漏沉积构造

周琦等(2007)在贵州松桃大塘坡锰矿区首先发现了与现代甲烷渗漏十分相似的一系列典型的古天然气渗漏沉积构造。例如,被沥青充填的气泡状构造[图 5.4(a),(b),(c)]、底辟构造[图 5.4(e),(g)]、渗漏管构造[图 5.4(d)]、泥火山构造[图 5.4(i)]和软沉积变形纹理[图 5.4(f),(g),(h),(i)]等。渗漏沉积构造是古天然气渗漏系统中心相区的典型构造(详见第六章第二节)。

过去其他一些学者研究该类型锰矿的成因时,没有注意和认识到大塘坡锰矿区内菱锰矿、白云岩透镜体及含锰岩系中大量的古天然气渗漏沉积构造的存在,从而得出正常海相沉积型锰矿的结论(详见本书第六章)。

(二) 古天然气渗漏喷溢口群

松桃大塘坡锰矿区内的铁矿坪、吊水洞、中山等地的菱锰矿石中均发现了大量典型的古天然气渗漏沉积构造(周琦 等,2013b,2012a,2007)。刘雨等(2015)通过对松桃大塘坡锰矿区所有勘查钻孔的原始地质编录描述中,将记录有含沥青玉髓质菱锰矿石(即被沥青充填的气泡状菱锰矿石)的钻孔进行归类分析,同时补充了部分野外实地调查资料。成功地恢复和识别出南华纪大塘坡早期三个喷溢口(图 6.26,详见第六章第二节)。

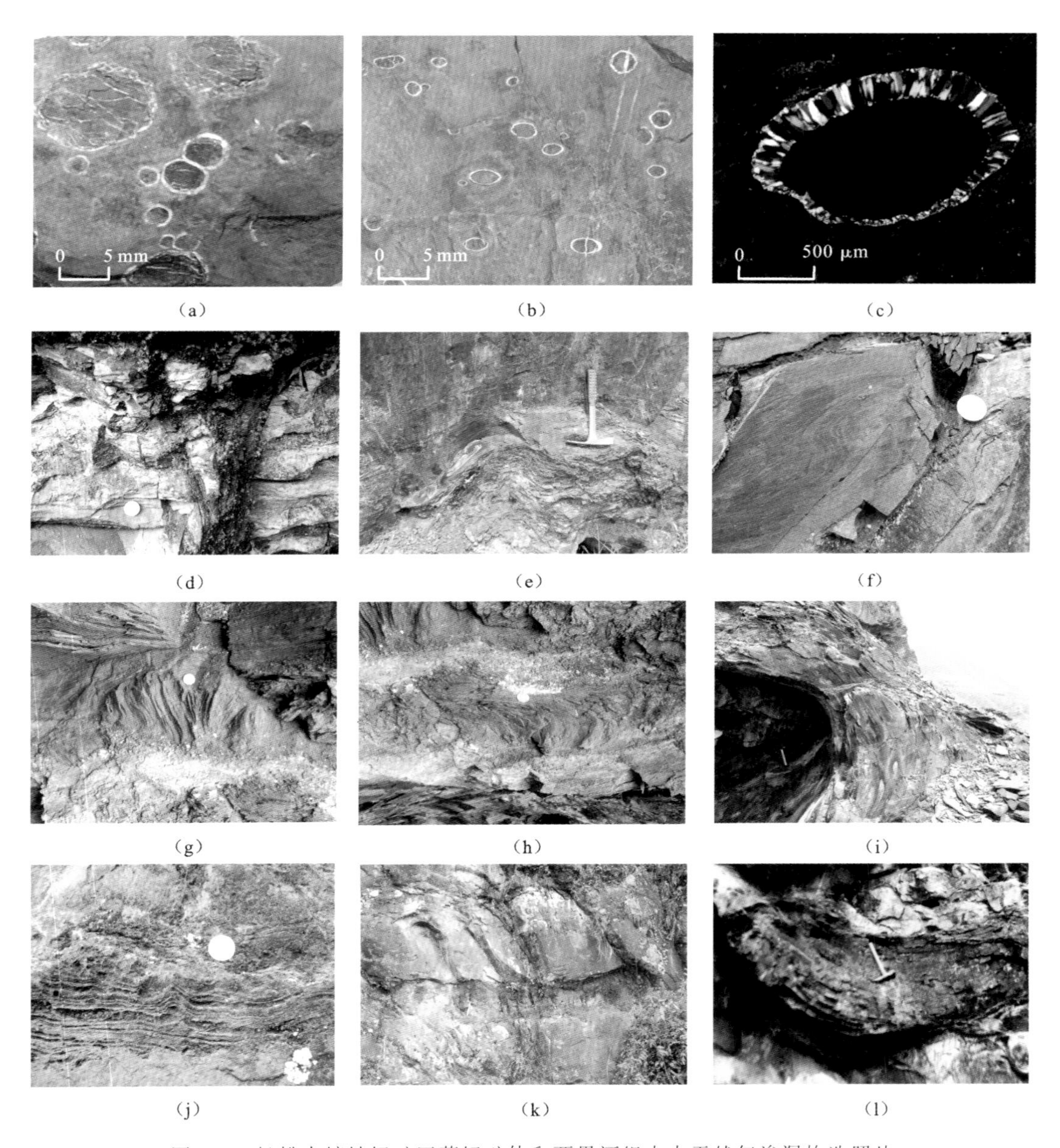

图 5.4　松桃大塘坡锰矿区菱锰矿体和两界河组中古天然气渗漏构造照片

(a)(b) 气泡状构造菱锰矿矿石，气孔中充填物为沥青。其中(a) 为顶面形态(圆状)，(b) 为剖面形态(压扁状)；(c) 气泡状构造显微照片(沥青核四周为栉状结构的玉髓)；(d) 含锰岩系中的渗漏管构造；(e) 含锰岩系中的底辟构造；(f) 底辟构造(e) 左侧的"S"形软沉积变形纹理；(g) 莲花状底辟构造及"S"形软沉积变形纹理；(h) 平卧褶曲状变形纹理；(i) 穿层变形纹理，切穿菱锰矿矿体(左侧)并对其包卷(平面上则为泥火山)；(j) 两界河组白云岩透镜体中的帐篷构造；(k) 两界河组中的白云岩透镜体；(l) 透镜状菱锰矿矿体(两端上翘并被穿层的软沉积变形纹理切穿、包卷)

五、矿石特征

（一）矿物成分特征

根据薄片鉴定和电子探针显微分析结果表明，大塘坡锰矿床矿物组分主要由菱锰矿、钙菱锰矿、镁钙菱锰矿、硫锰矿及少量锰白云石、锰方解石和闪锌矿等组成，含少量黏土矿物、有机质碳及黄铁矿、石英、磷灰石、重晶石、绿泥石等自生矿物；碎屑矿物有斜长石、钠长石、锆石、石英等。

（二）结构构造特征

矿石结构主要有泥晶、泥晶凝块、砂屑、藻生物等结构；矿石构造主要有被沥青充填的气泡状构造、块状构造、纹体状构造及条纹（带）构造等。

泥晶结构：为大塘坡锰矿区锰矿石的主要结构类型。矿石主要为泥晶菱锰矿，同时含有大量不均匀分布的含碳有机质，菱锰矿呈泥晶晶粒状，粒度多为 4.8 μm 以内，呈长条状、扁豆状、椭圆状、团块状集中分布。

泥晶凝块结构：矿石由泥晶菱锰矿构成，伴随含碳有机质组成的凝块体，结构致密，菱锰矿粒度较细，粒度一般 1.3～7.5 μm。

砂屑藻泥晶结构：矿石主要由泥晶菱锰矿及砂屑、藻屑构成，粒径为 5～10 μm，并伴有一些含碳有机质，而凝块体呈圆粒状，粒径为 4～12 μm，其中有少量锰白云石及石英分布。

气泡状构造：是在大塘坡矿区发现的一种特殊而且典型的构造，主要为块状构造，不同的是，菱锰矿体上形成有许多气泡，其周围常为白色放射状玉髓镶边，俗称“鱼眼睛”，气泡中均被沥青质所填充。由泥晶菱锰矿等锰矿物组成，伴有极少量的有机质、碳质、黏土矿物等。结构致密，矿物颗粒细小，分布均匀，不显体纹，具贝壳状断口，单体厚一般为 20～50 cm。主要特征是矿石中见有圆形、椭圆形、不规则状的含沥青玉髓结核。结构多为同心圆状，大小不一，一般在 0.2～1 mm，大者 1.5 cm。中心为黑色沥青，部分沥青具收缩裂纹，沥青边缘往往有石英、铁白云石、黏土矿物、粒状黄铁矿等星散状分布。结核边缘被一体厚为 0.5～1 mm 的白色薄壳所包围，薄壳中主要由石英、玉髓、水云母、铁白云石等组成的薄膜。沥青玉髓结核构造，酷似玄武岩中的杏仁状构造。

气泡构造平行体理分布，剖面上主要分布在大塘坡组菱锰矿矿体的中下部，平面上则主要分布在沉积盆地中心，即菱锰矿矿体最厚、最富的中心区域。通过野外开采坑道的实测观察发现，气泡从下向上由小逐渐变大，最小直径仅为 1 mm，最大为 11 mm。因后期的成岩（矿）压实作用，气泡在剖面上多为压扁的椭圆状，平面上则为圆形。菱锰矿中气泡的含量一般为 5%～10%，局部可达 25%～30%。气泡中的沥青在地表极易风化流失，从而形成孔洞构造。

薄层块状构造：主要由泥晶菱锰矿等矿物组成，伴有碳质、有机质及少量黏土矿物、石英、白云石等粉砂碎屑。泥晶菱锰矿粒径极细小，分布均一、结构致密，一般为凝块状、团块状、扁砾状和不规则状集合体，彼此紧密相嵌，界线模糊不清，有时微显体纹。单体厚度5～10 cm。

条带状构造：由菱锰矿或钙菱锰矿、锰方解石、锰白云石和黏土矿物、有机质、碳质、石英等各自偏集成条带或条纹，宽0.1～3 mm。

根据菱锰矿石的构造特征不同，大塘坡锰矿床的矿石类型可分为：气泡状菱锰矿石、块状菱锰矿石、条带状菱锰矿石三种类型。

(三) 矿石质量特征

大塘坡锰矿床下层锰矿体平均含Mn大于22%，Mn/Fe为6.88～9.45，P/Mn为0.009，$w(SiO_2)$为18%～21%；上层锰矿体平均含Mn 13.59%，Mn/Fe为4.82，P/Mn为0.019 2，$w(SiO_2)$为35.31%。

大塘坡锰矿床由于矿石的类型不同，其矿石的质量变化较大。气泡状菱锰矿石Mn品位最高，一般可达26%～29%。块状菱锰矿石Mn品位其次，一般可达20%～23%。条带状菱锰矿矿石Mn品位最低，一般为13%～17%；SiO_2的含量相差较大，气泡状菱锰矿SiO_2的含量明显较块状菱锰矿和条带状菱锰矿石低，SiO_2的含量一般为3.34%～7.33%。而块状菱锰矿SiO_2的含量一般为7.44%～17.36%，偶尔大于20%。条带状菱锰矿的SiO_2的含量较高，一般为19.61%～34.70%；FeO的含量总体较低，属于低Fe类型；P_2O_5含量总体较高，属于高P类型。在不同类型的菱锰矿石中的FeO和P_2O_5含量变化规律与SiO_2的变化规律一样。

大塘坡锰矿区以含锰岩系中所夹的凝灰质粉砂岩或黏土岩为界，将菱锰矿体分为"下层矿"和"上层矿"，但主体是"下层矿"。"上层矿"一般为条带状菱锰矿石，品位较低。"下层矿"中，锰品位最高的气泡状菱锰矿石一般分布在下部或底部，往上出现块状、条带状锰矿石，锰品位逐渐下降。

六、成矿时间

大塘坡锰矿床与区内其他锰矿床一样，锰矿产于南华纪大塘坡组第一段黑色碳质页岩(俗称"含锰岩系")底部(安正泽 等，2014；覃英 等，2013，2005；周琦 等，2002；周琦，1989)，锰矿体中局部也夹凝灰质透镜体(周琦，1989)。大塘坡组是介于铁丝坳组含砾砂岩(相当于Sturtian冰期的冰海沉积)与南沱组含砾砂岩(相当于Marinoan冰期沉积)之间的间冰期沉积。尹崇玉等(2006)在毗邻的松桃黑水溪锰矿区大塘坡组底部凝灰质透镜体中，测定的锆石SHRIMP II U-Pb年龄为(667.3±9.9) Ma(MSWD=1.6)，与Zhou等(2004)在*Geology*上报道的松桃杨立掌锰矿床寨郎沟剖面大塘坡组下部凝灰质体的锆石U-Pb年龄为(662.9±4.3) Ma(MSWD=1.24)完全一致。这一结果确定了华南地区位于扬子地块东南缘南华纪古天然气渗漏沉积型锰矿床的成矿年龄和古天然气渗漏喷溢成矿的时间。同时也限定了我国南华系大塘坡组间冰期的下限年龄(尹崇玉 等，2006；Jiang，et al.，2003a，b；Hoffman et al.，2002，1998)。

七、资源储量

贵州省松桃县大塘坡锰矿床共分为三个矿段，即铁矿坪向斜南东翼的铁矿坪矿段、铁矿坪向斜南西段及翘起端翼的万家堰矿段、铁矿坪向斜北西翼的大坪盖矿段。根据铁矿坪矿段1988年提交的最终初勘报告，锰矿石C+D级储量为696.10万t(其中C级315.80万t)；根据万家堰矿段1989年提交的详查报告，锰矿石C+D级储量为239.34万t；根据大坪盖矿段2005年提交的普查报告，C+D级储量为251.0万t。

因此，松桃县大塘坡锰矿床累计探明资源储量：1 186.44万t。截至2016年底，铁矿坪矿段锰矿石资源储量已基本采空。

八、矿床类型

（一）成因类型

大塘坡锰矿床的成因类型是一个新类型，即古天然气渗漏沉积型锰矿床，也称“内生外成”型锰矿床。

过去将“大塘坡式”锰矿床划为传统的海相沉积型锰矿床，认为成矿物质主要来自大陆风化等。

（二）工业类型

过去将大塘坡锰矿床工业类型划为难利用“高磷低铁碳酸锰矿石”。随着20世纪末电解锰湿法冶金技术取得重大突破，“大塘坡式”锰矿则为优质的湿法冶金用碳酸锰矿石。其入选锰品位可低至10%。

关于大塘坡锰矿床的成矿机制和成矿模式、找矿模型等参见第六章、第七章，在此不再赘述。

第二节　松桃普觉(西溪堡)超大型锰矿床

贵州省松桃县普觉(西溪堡)超大型锰矿床位于贵州省松桃县平头乡。自1981年12月贵州省地质局103地质大队锰矿科研组测制松桃西溪村南华系地层剖面，到2016年底，亚洲最大、世界第五的松桃普觉(西溪堡)超大型锰矿床详查地质报告备案，前后历时35年(笔者周琦参与了20世纪80年代初期锰矿科研组工作，并从20世纪90年代中后期以来，一直具体主持这一艰难的探索创新与实现深部找矿突破过程)。

20世纪90年代初期，贵州省地质矿产局(1996年更名为贵州省地质矿产勘查开发局)103地质大队首次派出普查组，开展松桃西溪堡锰矿区大雅堡地区锰矿普查未果；

2000～2003年，贵州省地质矿产勘查开发局103地质大队通过国土资源大调查项目，再次开展西溪堡锰矿区冷水溪一带锰矿调查评价取得重要进展，后引进商业勘查资金进行普查，提交了松桃县西溪堡锰矿床普查地质报告，提交锰矿石资源量为237.39万t，刚好超过中型锰矿床的下限。之后该矿区锰矿找矿成果一直徘徊不前。例如，2008～2009年，贵州省地质矿产勘查开发局103地质大队通过铜仁市政府与贵州省地质矿产勘查开发局合作风险勘查，在西溪堡锰矿区太平、白石溪一带先后施工4个钻孔，均以失败告终。

2010年以来，笔者运用锰矿裂谷盆地古天然气渗漏沉积成矿系统模式和深部找矿预测模型理论方法进行找矿预测（周琦 等，2013b，2012a，2007a，b，c；周琦，2008），圈定锰矿找矿靶区，通过贵州铜仁松桃锰矿国家整装勘查区平台，引进商业勘查资金进行实践检验，实现找矿重大突破。2016年12月，通过国土资源主管部门备案的锰矿石详查资源量达2.03亿t，成为亚洲第一、位居世界第五的超大型锰矿床。

一、区域地质

按照大地构造单元划分，松桃普觉（西溪堡）超大型锰矿床位于上扬子陆块、鄂渝湘黔前陆褶断带；按照全国成矿区带的划分（陈毓川 等，2010），属于滨太平洋成矿域（I-4）的扬子成矿省（II-15）、华南成矿省（II-16）。三级成矿单元中属于上扬子中东部（台褶带）Pb-Zn-Cu-Ag-Fe-Mn-Hg-Sb磷铝土矿硫铁矿成矿带（III77）；位于全国26个重要成矿区带中的上扬子东缘成矿带（肖克炎 等，2016）；按照华南南华纪锰矿成矿区带划分（周琦 等，2016），位于南华裂谷盆地锰矿成矿区、武陵锰矿成矿带、石阡—松桃—古丈锰矿成矿亚带。

区域构造上位于松桃盘山背斜北段的大雅堡背斜北西翼，区域性的红石断裂从矿区平头一带通过。区域上梵净山群、板溪群、南华系、震旦系、寒武系、奥陶系地层均有出露。区域上燕山构造发育，区域地层、构造走向主要为北北东向和北东向。

二、矿区地质

（一）矿区地层

矿区地层格架主要由一套粗细相间的陆源碎屑沉积序列组成，沉积环境和沉积作用在时空上复杂多变。出露的地层有青白口系红子溪组，南华系两界河组、铁丝坳组、大塘坡组、南沱组，震旦系陡山沱组、留茶坡组，寒武系九门冲组、变马冲组、杷榔组、清虚洞组、高台组、石冷水组等（图5.5），主要特征如下。

红子溪组（Qb*h*）：主要为一套巨厚的紫红色粉砂质板岩与灰绿色粉砂质板岩不等厚互层，厚度大于500 m。

两界河组（Nh_1l）：底部以含砾长石石英砂岩或含砾泥晶白云岩透镜体与下伏红子溪组呈角度不整合接触。中上部为灰色厚层含砾长石石英砂岩夹含砾泥（粉）晶白云岩透镜体。区域上呈线状展布，厚度变化较大，厚度为0～126.14 m。

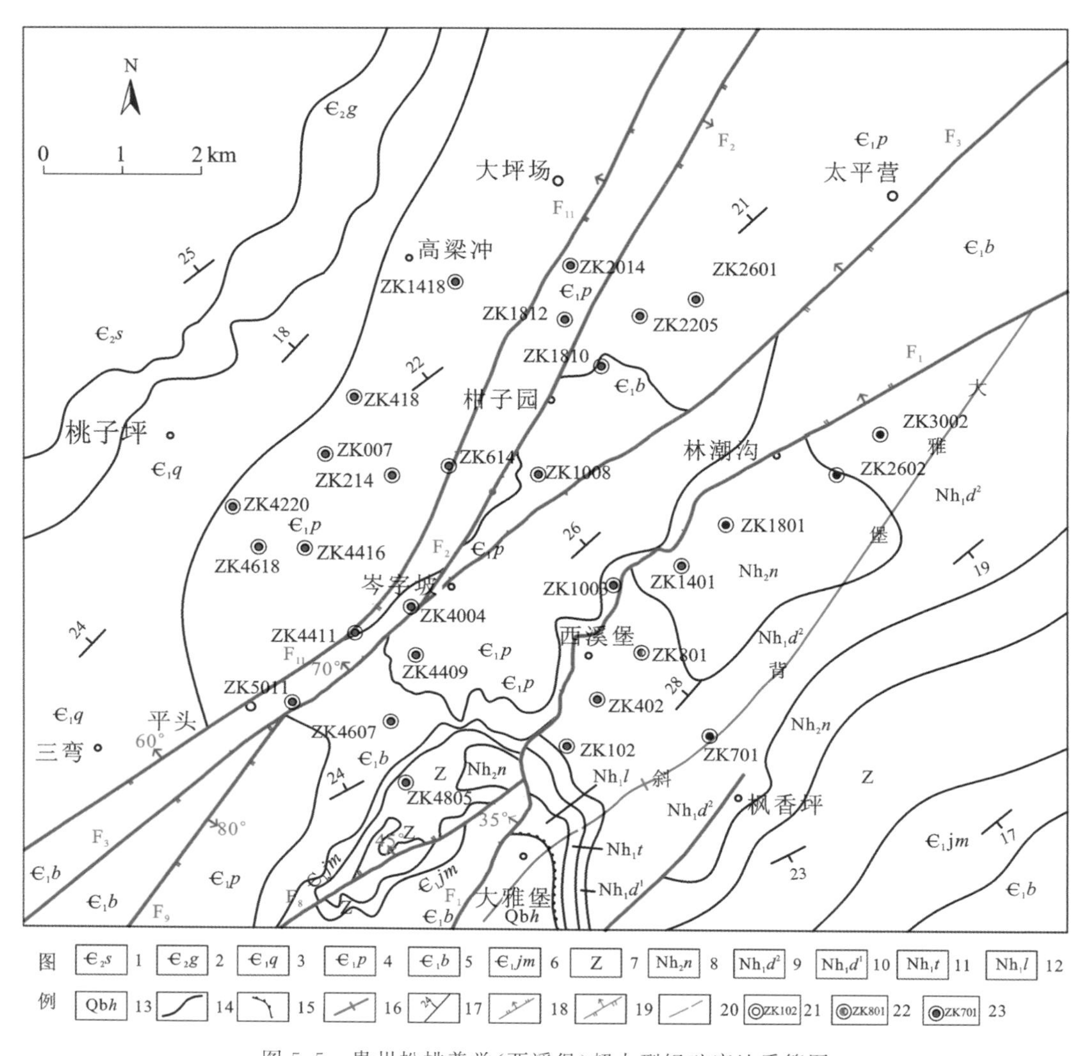

图 5.5　贵州松桃普觉（西溪堡）超大型锰矿床地质简图

1. 石冷水组；2. 高台组；3. 清虚洞组；4. 杷榔组；5. 变马冲组；6. 九门冲组；7. 震旦系；8. 南沱组；9. 大塘坡组二段；10. 大塘坡组一段；11. 铁丝坳组；12. 两界河组；13. 红子溪组；14. 地层界线；15. 角度不整合界线；16. 背斜轴线；17. 地层产状；18. 正断层；19. 逆断层；20. 性质不明断层；21. 见矿钻孔；22. 矿化钻孔；23. 未见矿钻孔

铁丝坳组（Nh_1t）：灰色含砾砂岩（冰碛砾岩），砾石成分较为复杂，以棱角状、次棱角状为主。厚度为 3.61～5.78 m。

大塘坡组（Nh_1d），根据岩性特征，分为两段：第一段（Nh_1d^1），下部为黑色含锰碳质页岩。在地堑盆地（成锰沉积盆地）近中心区域，时夹 1～3 层黑色、钢灰色条带状、块状菱锰矿体，偶夹少量厚 0.05～0.15 m 的玻屑晶屑凝灰岩、凝灰质砂岩透镜体。上部为灰黑色、黑色碳质页岩夹少量深灰色黏土岩。与下伏铁丝坳组呈整合接触。厚度变化较大，3.61～117.60 m。第二段（Nh_1d^2），底部为深灰色含碳质粉砂质页岩，与第一段的黑色碳质页岩呈渐变过渡关系。下部为深灰色-灰色条带状含粉砂质页岩夹灰色薄层黏土岩。上部为灰色-深灰色纹层状粉砂质页岩夹少量石英细砂岩。厚度变化较大，为 240.93～641.07 m。

南沱组(Nh_2n)：主要为一套黄绿色、黄灰色块状含砾砂岩、含砾粉砂质页岩、含砾黏土岩。与下伏大塘坡组呈平行不整合接触。厚度为 106.75～615.53 m。

陡山沱组(Z_1d)：主要为灰色厚层块状微晶白云岩，中部夹碳质页岩、砂质黏土岩，上部局部夹磷块岩。与下伏南沱组呈平行不整合接触。厚度为 30.62～105.07 m。

留茶坡组(Z_2l)：为黑色薄层硅质岩，层间夹黑色碳质黏土页岩。与下伏陡山沱组呈整合接触。厚度为 13.56～86.09 m。

九门冲组($∈_1jm$)：底部为钒矿体，厚度为 1.36～4.56 m，平均为 2.40 m；V_2O_5 品位为 0.70%～1.17%，平均为 1.00%。下部为黑色碳质页岩。中部为灰色、黄灰色粉砂质页岩。上部为灰色、深灰色中至厚层粉晶灰岩。与下伏留茶坡组呈整合接触。厚度为 27.61～137.69 m。

变马冲组($∈_1b$)：下部为黑色碳质页岩；上部为黄灰色中至厚层砂岩、石英砂岩。与下伏九门冲组呈整合接触。厚度为 176.73～308.04 m。

杷榔组($∈_1p$)：底部为黑色碳质页岩。下部为灰色、黄灰色薄层黏土岩；上部为黄绿色钙质页岩，局部夹泥质灰岩。与下伏变马冲组呈整合接触。厚度为 631.47～786.20 m。

清虚洞组($∈_1q$)：下部为深灰色薄层泥-粉晶灰岩；中部为灰色厚层藻灰岩。上部为灰色、深灰色中至厚层粉晶-细晶白云岩。厚度为 240.88～367.70 m。

高台组($∈_2g$)：为灰色黏土岩与粉砂质泥-粉晶白云岩。厚度为 2.70～16.62 m。

石冷水组($∈_2s$)：为灰色-深灰色中-厚层细晶及粉-泥晶白云岩。厚度为 103.56～149.8 m。

（二）矿区构造

矿区地处于盘山背斜北段的大雅堡背斜北西翼，主体为单斜岩层，被一系列北东向断裂破坏，断裂构造较发育，褶曲构造简单(图 5.5)。主要构造特征如下。

大雅堡背斜：轴线大致从古丈坪—天堂—大雅堡一带通过，轴向为 30°～40 的复式背斜，长 10 km，宽 7 km，普觉(西溪堡)超大型锰矿床即位于该背斜北西翼，核部地层为板溪群及中南华统，翼部地层为上南华统、震旦系及寒武系。

冷水溪断层(F_1)：位于矿区东部，贯穿整个矿区，将西溪堡成锰盆地一分为二。走向为 30°～50°，倾向为北西，是一条十分典型的上陡(倾角 55°～60°)、下缓(倾角 32°～35°)的犁式正断层(袁良军 等，2013；陈发景 等，2004)。走向延伸大于 20 km，破碎带宽 5～15 m，断距可达 800～1 000 m。冷水溪断层为犁式正断层，其发生伸展作用的时间应与早白垩世区域挤压构造体制向伸展构造体制转换的时间一致。整个冷水溪断层及其分支断层造成含锰岩系呈阶梯状下降拉伸，造成含锰岩系的不连续，越往深部，断层滑脱面越趋于平缓，拉空带宽度越加增加。该断层及其次级断层将含锰岩系破坏并断切为几个部分，影响了含锰岩系的连续性，形成矿体-拉空带-矿体这样一种空间组合形态。冷水溪断层上盘的下降，造成了上盘含锰岩系的埋深加大。

柑子园断层(F_2)：位于矿区中部。走向 30°左右，倾向南东，倾角 80°左右，走向延长大于 6 km，断距约 300 m，为正断层性质。对钒矿破坏较大，未对锰矿产生破坏。

平头断层(F_3)：位于矿区中部，具有多期次活动的特征，走向 50°左右，倾向北西，倾角 70°左右，走向延长大于 5 km，破碎带宽约 8 m，断距约 30 m，为逆断层性质。

菜花坪断层(F_9)：位于勘查区南西部，为一条规模较大、多期活动的古断裂。走向 30°左右，倾向南东，倾角 80°左右，走向延长大于 6 km，断距约 550 m，北东端隐伏于地下，被 F_1 断层限制，南西方向延伸出区外，为逆断层性质。

罗家断层(F_{11})：位于矿区西部，走向延长大于 5 km，走向 30°左右，倾向北西，倾角 60°左右，破碎带宽 2 m 左右，断距约 50 m，为逆断层性质；

白岩屯断层(F_{12})：位于矿区西部，区内沿走向延长近 4 km，走向 30°左右，倾向北西，倾角 50°左右，为正断层性质。

（三）含锰岩系特征

“含锰岩系”即大塘坡组第一段，普觉（西溪堡）锰矿床中含锰岩系根据其岩性组合特征可分为 12 小层，由上而下依次如下。

上覆地层大塘坡组第二段(Nh_1d^2)：灰色、深灰色层纹状含碳质粉砂质页岩。

12. 黑色碳质页岩，发育泥砂质平直纹体及少量顺层分布的黄铁矿细脉。 厚度：16.52～48.74 m

11. 灰绿色-深绿色薄层含黄铁矿黏土岩。 0.40 m

10. 黑色碳质页岩，局部含黄铁矿。 10.77 m

9. 深绿色薄层含黄铁矿碳质有机质黏土岩。 0.32 m

8. 黑色碳质页岩，局部含细粒黄铁矿及石英脉。 12.33 m

7. 深黑色含锰碳质页岩，页理清晰。 0.86 m

6. 钢灰色条带状菱锰矿，局部含星点状黄铁矿及杂乱分布的方解石细脉。 1.83 m

5. 黑色含锰碳质页岩，偶见星点状黄铁矿、穿层分布方解石细脉。 1.34 m

4. 钢灰色条带状菱锰矿，局部见细粒黄铁矿及方解石细脉。 0.71～8.21 m

3. 灰色-深灰色含碳玻屑晶屑凝灰岩，硅化较严重。 0～1.01 m

2. 钢灰色块状菱锰矿，多发育网格状方解石细脉局部可见星点状黄铁矿。 0.78～4.54 m

1. 黑色碳质页岩。 0.30～2.94 m

下伏地层铁丝坳组(Nh_1t)：深灰色厚层含碳质含砾砂岩。

三、矿体形态、产状、规模

普觉（西溪堡）超大型锰矿床因后生 F_1 犁式正断层的破坏（袁良军 等，2013），分为东、西两个部分，之间拉空带宽达 800～1 000 m，埋深相差达 800 m。F_1 犁式正断层以东部分为西溪堡矿段，锰矿体均位于 F_1 犁式正断层的下盘，矿体埋藏很浅。以西部分为下院子-平土矿段，均为隐伏锰矿体，是普觉（西溪堡）超大型锰矿床的主体，埋藏较深，锰矿

体均位于 F_1 犁式正断层的上盘。

锰矿体总体呈层状、似层状缓倾斜顺层产出，产状与围岩基本一致，倾向北西。在西溪堡锰矿段，锰矿体长约 3 000 m，宽 500～1 000 m，矿体规模大。倾角 10°～16°，矿体距底板铁丝坳组含砾砂岩距离一般为 0.5～1.5 m。矿体厚度一般为 0.68～4.75 m，平均为 2.37 m。锰矿体中一般夹 1～2 层含锰碳质页岩，往南东至枫香坪一带，锰矿体与含锰岩系厚度均逐渐减薄，矿体中碳质页岩夹层增多，直至锰矿体尖灭；在下院子-平土矿段，锰矿体长大于 6 000 m，宽度大于 3 000 m，矿体规模巨大。倾角为 13°～27°，矿体距底板铁丝坳组含砾砂岩距离一般为 0.3～2.94 m。矿体厚一般为 1.87～13.41 m，平均 5.49 m，且由南东往北西，矿体逐渐增厚，矿体中一般夹 1～3 层含锰碳质页岩。

四、矿石特征

（一）矿物组分特征

矿石矿物主要为菱锰矿，其次为钙菱锰矿、镁钙菱锰矿，少量锰方解石和白云石。脉石矿物主要为黏土矿物、碳质有机质，少量黄铁矿、石英、方解石、白云石，微量磷灰石、长石、绿泥石、电气石、锆石等。

菱锰矿是矿石中的主要含锰矿物，含量为 40%～60%，最高为 70%～75%。菱锰矿嵌布粒度微细，一般小于 10 μm，在矿石中常与碳质相伴混生，呈深浅不同的颜色。一般块状矿石主要由菱锰矿组成，而钙菱锰矿、镁钙菱锰矿则多见于条带状矿石中。菱锰矿在矿石中有三种产出形式：一是呈泥晶粉晶结构的他形晶粒，粒度为 0.5～1.5 μm，紧密相聚组成纹体、条纹、凝块状集合体，透镜状的囊团及异化颗粒，为菱锰矿的主要产出形式；二是呈显微圆粒状（或称显微鲕粒状），粒度一般在 2～20 μm，大者可达 50 μm，内部发育 2～5 圈不等的同心体，核心稍暗。常数粒至数十粒相聚，组成大小不一、形态不规则、没有磨蚀搬运痕迹的凝块状集合体，不均匀地分布于泥粉晶结构的菱锰矿或碳泥质之间，有时也组成延续不稳定的纹体；三是呈透明度较好的微亮晶晶粒，粒度为 10～20 μm，其量不多，见于凝块状集合体之间，时而也组成团块的微亮晶薄壳和异化颗粒的等厚环边胶结物，属于同生-重结晶和成岩阶段的产物。

锰方解石是矿石中含量很少的一种含锰矿物。在菱锰矿之间或颗粒之间成粒度不等的他形亮晶晶粒，大多无色洁净透明，系为成岩阶段的产物。锰方解石还见于后生脉石中。

白云石是矿石中量微而少见的矿物，白云石含量为 3%～25%，局部达 15%～25%，有时也出现于后生脉石中。但白云石更主要的产出形式是作为菱锰矿的同质异相的产物。铁白云石是一种成岩中的次生矿物，量微少。

黏土矿物是矿石中常见的主要杂质成分，常偏集成纹体，与菱锰矿条纹、条带韵律相间。含量一般为 5%～35%，主要为伊利石水云母，少见的为高岭石、绿泥石和绢云母。水云母在镜下呈显微鳞片状，一般小于 5 μm，电镜观察水云母呈薄片状。高岭石在电镜下呈假六方板片状。绿泥石也呈显微鳞片状，偶尔可见呈显微圆粒状，并隐约可见同心圆构造，类似于鲕绿泥石。

碳质有机质是矿石中的次要组分，碳质有机质为5%～15%，镜下呈黑色至褐黑色，它们呈分散的泥状物与菱锰矿相伴生，或以线状与黏土矿物、硅质及碎屑矿物等组成纹体、条带状分布。

黄铁矿是矿石中常见的少量矿物，含量一般为1%～3%。多数偏集分布成断续纹体或斑块状，部分分散分布。黄铁矿有三种形态特征：一是呈显微晶粒状（多为半自形晶粒），粒度为0.001～0.028 cm；二是草莓状的显微团粒和锁链状、链环状的集合体，草莓状黄铁矿的个体大小一般为0.001 5～0.04 cm；三是前两者的重结晶形成的半自形-自形晶粒的黄铁矿，它们粒度较大，可达0.5 cm，分散分布或组成纹体。

磷灰石多以显微晶粒状、柱状见于菱锰矿的晶粒间，且常见于显微园粒状菱锰矿的个体之间，并与石英脉相伴，它们的粒度比较细微，多小于10 μm，个别较大，可达50 μm×80 μm，另有与陆源粉砂碎屑物与黏土矿物及石英等碎屑物相伴，粒度为10～30 μm。此外，还见磷灰石作为后生脉石矿物产出，其晶粒较大，可达16 μm×23 μm左右。

（二）结构构造特征

主要为泥晶结构、碎裂结构和块状构造、条带状构造等。

泥晶结构是本区锰矿石的主要结构类型。矿石主要由泥晶菱锰矿组成，相伴有碳质有机质不均匀分布，菱锰矿呈泥晶晶粒状，粒径为0.003 2～0.005 cm，呈长条状、扁豆状、椭圆状、团块状偏集分布。

碎裂结构：矿石由泥晶菱锰矿构成。受构造应力影响形成棱角状、尖棱角状等大小不等、形态各异的碎块，无明显位移，裂隙间多被铁白云石、石英、玉髓、碳质有机质充填。

块状构造：由泥晶菱锰矿构成，伴有碳质有机质、黏土矿物，分布均一，结构致密，一般呈扁豆状、团块状、椭圆状集合体，彼此紧密相嵌，界线模糊不清。

条带状构造：由泥晶菱锰矿、碳质有机质、黏土矿物等各自相对偏集定向排列构成颜色不同的条纹或条带。

（三）矿石化学组分特征

矿石中主要有益组分Mn含量为10.01%～28.76%，平均为17.20%。其他化学组分的特征是：P含量为0.072%～1.049%，平均为0.257%；TFe含量为1.50%～4.82%，平均为2.54%；SiO_2含量为8.96%～46.16%，平均为30.33%；CaO含量为0.06%～10.19%，平均为4.78%；MgO含量0.94%～3.24%，平均为2.01%；Al_2O_3含量为1.29%～22.72%，平均为11.02%；S含量为0.90%～2.73%，平均为1.80%。

据统计分析：锰矿石组分中具有Mn-SiO_2密切负相关、Mn-MgO、TFe-S显著正相关，MgO-S、MgO-Al_2O_3、CaO-Al_2O_3显著负相关的特点，这与扬子地块东南缘其他南华系“大塘坡式”锰矿床特征相似（侯宗林 等，1997，1996）。

五、西溪堡断陷(地堑)盆地特征

前已述及,普觉(西溪堡)锰矿床具体产于南华裂谷盆地(I级)、武陵次级裂谷盆地(II级)、石阡-松桃-古丈地堑盆地(III级)中的西溪堡IV级断陷(地堑)盆地中,在该断陷(地堑)盆地中,两界河组、含锰岩系、锰矿体和大塘坡组第二段的沉积相特征、演变特征和空间分布规律等十分独特,总结其特征,对于开展该类型锰矿床找矿与勘查示范,既有理论意义又有实践意义。

(一)两界河组(Nh_1l)厚度、岩性变化规律

通过岩相剖面测量和钻孔揭露,西溪堡锰矿区从南东往北西两界河组地层迅速增厚(图5.6),仅在5 km范围内,厚度增加了约3倍,从44.05 m(石门溪)增加到126.14 m(下院子—平土矿段ZK4406);在岩性组合方面,南东侧的剖面相对较简单,且未出现白云岩透镜体(如石门溪剖面)。往北西,则逐渐开始出现白云岩透镜体,且含量也逐渐增多。岩石组合也渐趋复杂,岩石中的碳质、黄铁矿等含量渐增(图5.6)。说明西溪堡地区在青白

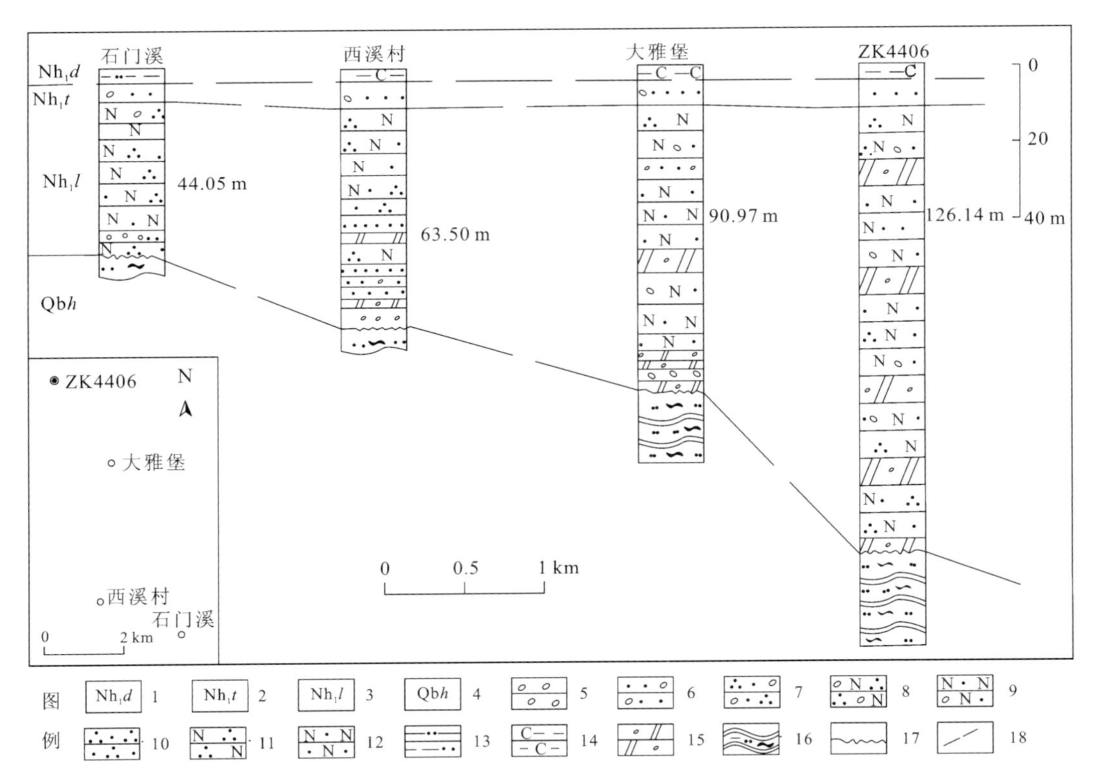

图5.6 西溪堡锰矿区两界河组柱状对比图

1. 大塘坡组;2. 铁丝坳组;3. 两界河组;4. 红子溪组;5. 砾岩;6. 含砾砂岩;7. 含砾石英砂岩;8. 含砾长石石英砂岩;9. 含砾长石砂岩;10. 石英砂岩;11. 长石石英砂岩;12. 长石砂岩;13. 粉砂质页岩;14. 碳质页岩;15. 泥粉晶白云岩;16. 层纹状粉砂质板岩;17. 角度不整合界线;18. 地层对比线

口系板溪群沉积之后，南华纪两界河期又开始发生裂陷，即西溪堡Ⅳ级地堑沉积盆地开始发育，沉积了线状展布的水道沉积相两界河组沉积物。其间零星分布的白云岩透镜体，为裂解初期甲烷（古天然气）渗漏成因的冷泉碳酸盐岩透镜体（周琦 等，2017a，b，c；周琦，2008）。

（二）含锰岩系（Nh_1d^1）厚度、岩相变化规律

与两界河组变化规律相似，西溪堡锰矿区从南东往北西，含锰岩系具有从无到有，从薄到厚，从不夹菱锰矿体到夹菱锰矿体，菱锰矿体从薄到厚的变化规律。如南东侧的石门溪剖面含锰岩系厚度为零，西溪村剖面含锰岩系开始出现，厚度为 2.11 m，不含矿，大雅堡剖面含锰岩系略微增厚（8.60 m），夹含锰白云岩透镜体，不含矿，到北西侧的下院子矿段 ZK4406 孔，其含锰岩系的厚度增加到 31.88 m，其中见菱锰矿体，厚度达 4.98 m（图 5.7）。再往北西，含锰岩系厚度更大（如 ZK414 孔，含锰岩系厚度达 95.16 m），菱锰矿体的厚度也更大（ZK414 孔锰矿体厚度达 11.26 m），说明两界河组厚度、含锰岩系的厚度与菱锰矿体的还是呈明显的正相关。因此，预测北西侧下院子-平土矿段中的 ZK1012、ZK1010、ZK414 一带，含锰岩系之下的两界河组厚度应超过 400 m，比大塘坡地区两界河组的厚度（380 m）还要大。

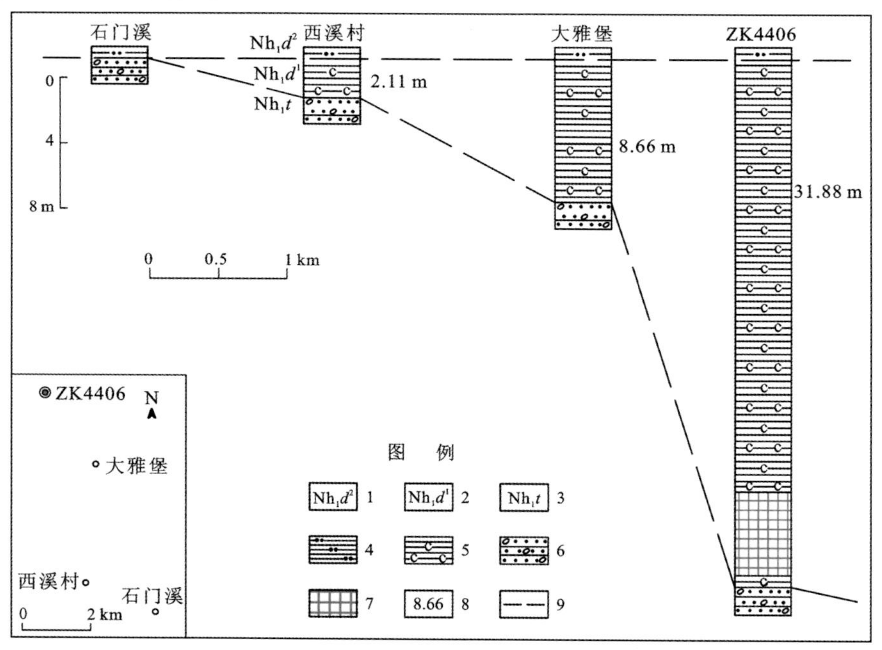

图 5.7　西溪堡锰矿区含锰岩系柱状对比图

1. 大塘坡组第二段；2. 大塘坡组第一段；3. 铁丝坳组；4. 粉砂质页岩；5. 碳质页岩；6. 含砾砂岩；7. 锰矿体；8. 含锰岩系厚度（m）；9. 地层对比线

具体在普觉（西溪堡）锰矿床中，从南东侧的西溪堡矿段（如 ZK701、ZK402、ZK405）到北西部的下院子—平土矿段（如 ZK612、ZK614、ZK414、ZK418），含锰岩系具有由薄变

厚，再由厚变薄的变化规律（图 5.8），即：ZK701 7.41 m、ZK402 22.49 m、ZK405 35.12 m、ZK612 74.15 m、ZK614 84.08 m、ZK414 95.16 m、ZK418 52.34 m。

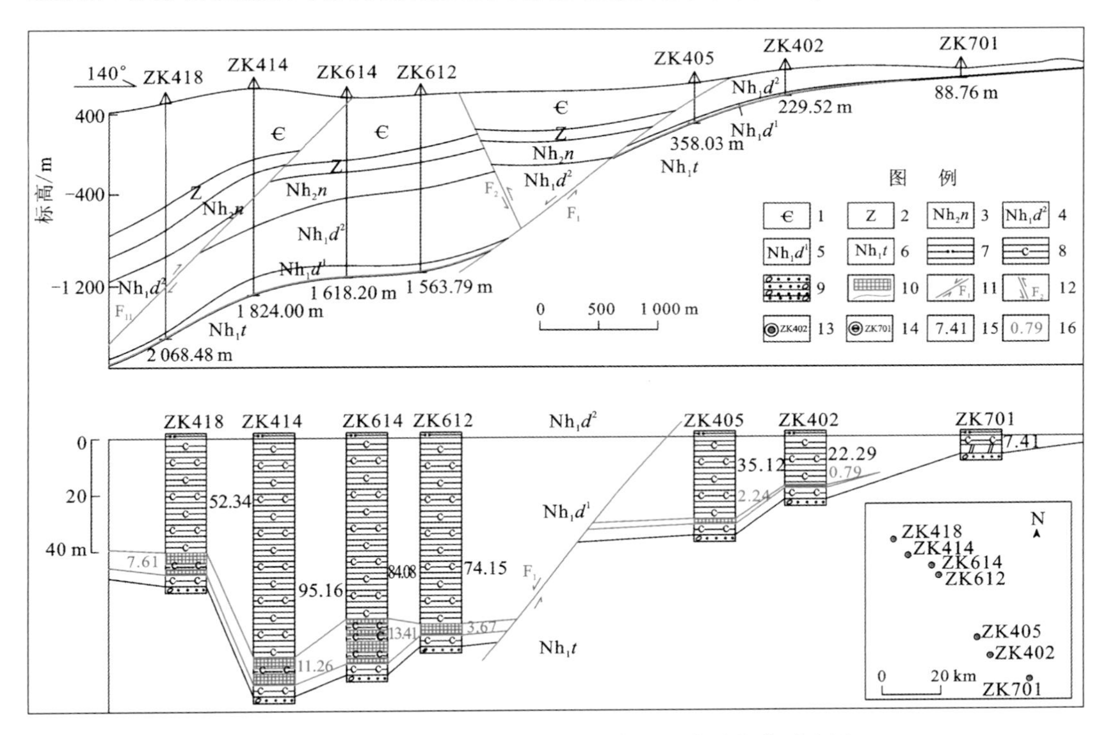

图 5.8　普觉（西溪堡）超大型锰矿床含锰岩系柱状对比图

1.寒武系；2.震旦系；3.南沱组；4.大塘坡组二段；5.大塘坡组一段；6.铁丝坳组；7.粉砂质页岩；8.碳质页岩；9.含砾砂岩；10.锰矿体；11.正断层及编号；12.逆断层及编号；13.见矿钻孔；14.未见矿钻孔；15.含锰岩系厚度（m）；16.锰矿体厚度（m）

从松桃普觉（西溪堡）超大型锰矿床含锰岩系厚度等值线图（图 5.9）可发现，在南华纪大塘坡早期，由于同沉积断层控制，西溪堡地堑盆地中存在两个更次级的两个沉降中心（可划为第 V 级）。断陷（地堑）盆地的长轴方向是 65°～70°，与燕山期 20°～30°的地层走向存在明显的夹角。

（三）菱锰矿体厚度变化规律

在普觉（西溪堡）超大型锰矿床中，锰矿体以 ZK614（矿体厚 13.41 m）、ZK414（矿体厚 11.26 m）为中心，向四周逐渐变薄，与含锰岩系的厚度变化规律相似（图 5.10）。由南东往北西，各孔的矿体厚度为：ZK1401 1.27 m、ZK1008 3.52 m、ZK808 4.13 m、ZK614 13.41 m、ZK414 11.26 m、ZK418 7.61 m，菱锰矿矿体厚度总体是增厚的。

从锰矿体厚度等值线图（图 5.10）可发现，普觉（西溪堡）锰矿床中锰矿体厚度也存在两个呈 65°方向展布的高值区，这与该矿床含锰岩系两个厚度高值区（即两个更次级的两个沉降中心）的空间位置（图 5.9）是完全重合的。反映出含锰岩系、锰矿体均是受相同的

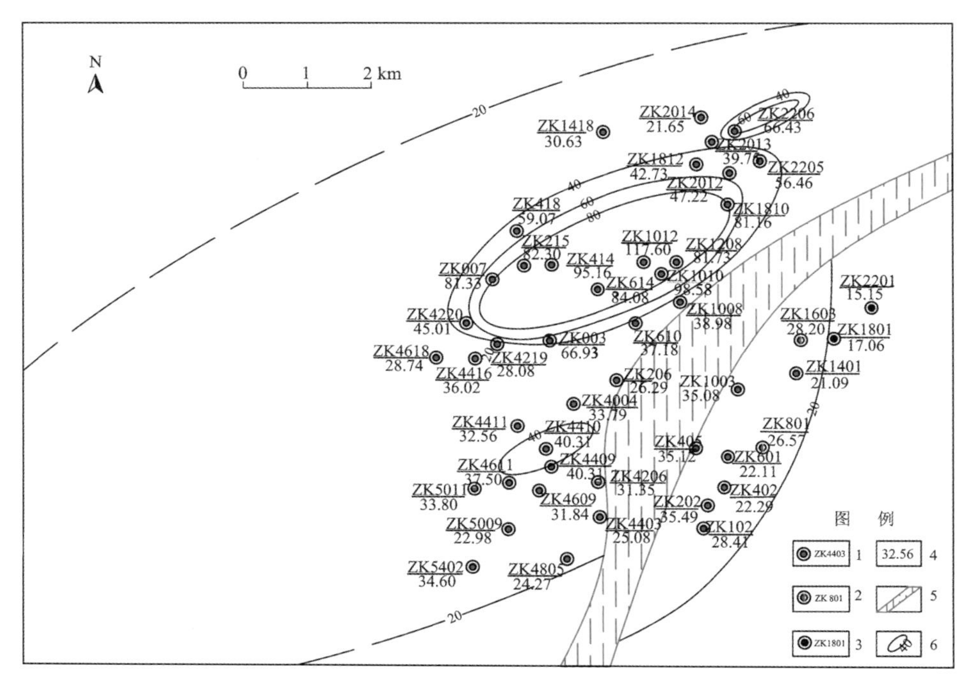

图 5.9　松桃普觉(西溪堡)超大型锰矿床含锰岩系厚度等值线图

1. 见矿钻孔；2. 矿化钻孔；3. 未见矿钻孔；4. 含锰岩系厚度(m)；5. 后生 F_1 犁式正断层拉空带；6. 含锰岩系厚度等值线(m)

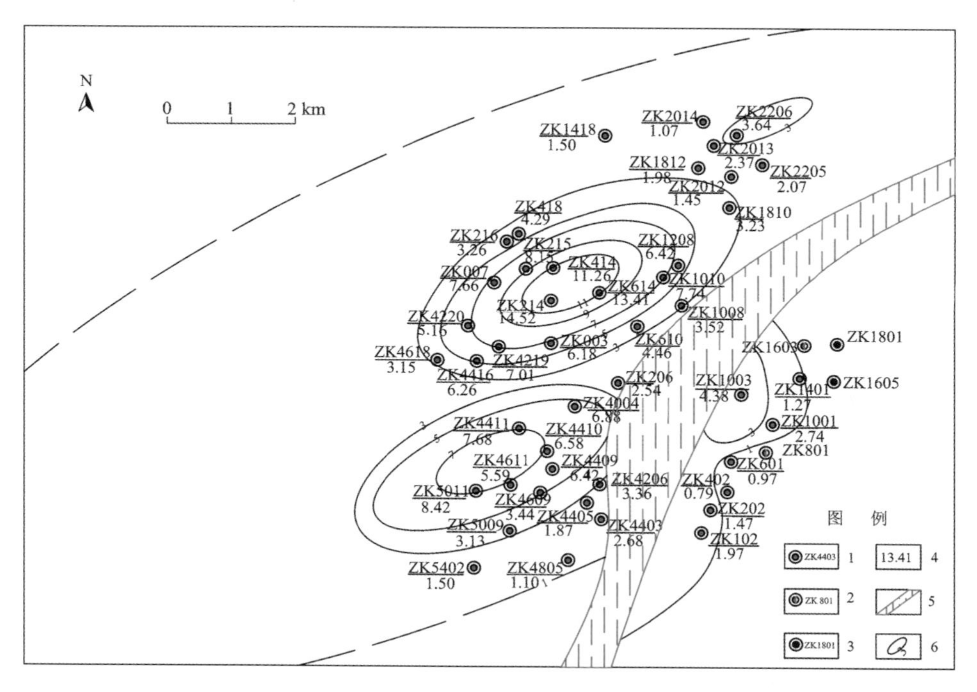

图 5.10　松桃普觉(西溪堡)超大型锰矿床锰矿体厚度等值线图

1. 见矿钻孔；2. 矿化钻孔；3. 未见矿钻孔；4. 锰矿体厚度(m)；5. 后生 F_1 犁式正断层拉空带；6. 锰矿体厚度等值线(m)

同沉积断层控制，锰矿是其演化过程中的一次事件沉积。还需说明的是：在西溪堡地堑盆地中心区域，锰矿体中出现凝灰岩透镜体，并将其分为上下两层矿。盆地中心向外，凝灰岩透镜体消失，只出现下层锰矿体，缺上层锰矿体分布。

（四）大塘坡组第二段（Nh_1d^2）厚度变化规律

在普觉（西溪堡）锰矿床中，由于同沉积断层的继续作用，大塘坡组第二段厚度变化规律与含锰岩系变化规律、锰矿体的变化规律总体相似，同样存在两个分别以 ZK614（611.13 m）和 ZK5011（641.07 m）为中心，沿 65°方向展布的大塘坡组第二段厚度高值区（图 5.11），反映出同样有两个更次级的地堑盆地。与含锰岩系、锰矿体厚度等值线图对比，地堑盆地略有向南东迁移的趋势。

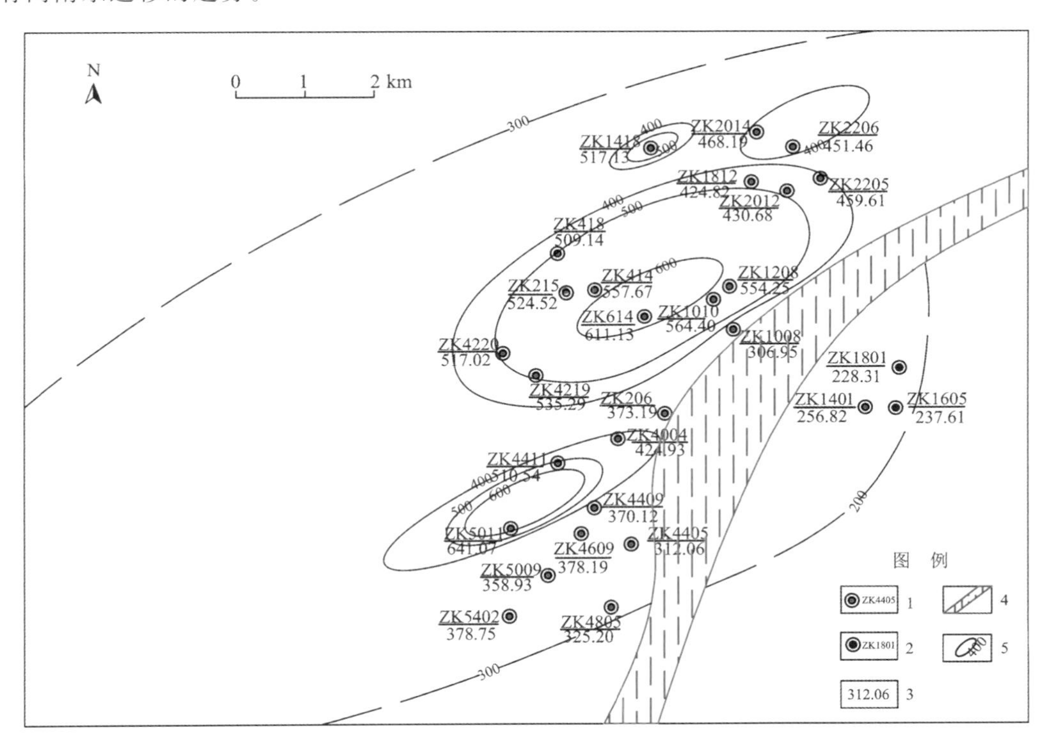

图 5.11　松桃普觉（西溪堡）超大型锰矿床大塘坡组第二段厚度等值线图

1. 见矿钻孔；2. 未见矿钻孔；3. 大塘坡组第二段厚度（m）；4. 后生 F_1 犁式正断层拉空带；5. 大塘坡组第二段厚度等值线（m）

（五）渗漏喷溢沉积相特征

根据古天然气渗漏沉积型锰矿床成矿系统成矿模式（周琦 等，2013b），平面上以渗漏喷溢口（一般为狭长带状）为中心向外，依次可划分为中心相、过渡相和边缘相三个相带。即由中心相→过渡相→边缘相，$\delta^{34}S$ 正值、$\delta^{13}C$ 负偏值和锰品位逐渐降低，两层锰矿逐渐变为一层，直至尖灭。普觉（西溪堡）超大型锰矿床实际上就是具体运用这一成矿理论与成矿模式，逐步探索发现的。

西溪堡断陷（地堑）盆地（IV 级）中心相、过渡相和边缘相三个渗漏沉积相特征十分明显，具体划分和特征如下。

1. 中心相

从含锰岩系厚度、锰矿体厚度分布变化规律分析（图 5.9、图 5.10），西溪堡地堑盆地（IV 级）应存在两个渗漏喷溢的中心。分别位于 ZK1012、ZK1010、ZK414、ZK614、ZK1208 和 ZK5011、ZK4409 一带（图 5.12），但以前者为主。宽度为 1 000～1 500 m，长度大于 2 000 m。主要特征如下。

（1）钻孔岩心中在锰矿体上下及矿体中，普遍可见典型的渗漏沉积构造和软沉积变形纹理。

（2）见较多的草莓状黄铁矿，$\delta^{34}S$ 出现异常高的正值（周琦 等，2013b；李任伟 等，1996），ZK1010 孔中黄铁矿的 $\delta^{34}S$ 最高可达 66.66‰，一般大于 60‰，这与大塘坡、道坨地堑沉积成锰盆地中心相特征一致（周琦 等，2013b；杜光映 等，2013）。

（3）锰矿体中含碳玻屑晶屑凝灰岩透镜体。

（4）以块状锰矿石为主，条带状锰矿石次之。矿体品位最高，一般大于 20%。

（5）锰矿体厚度与含锰岩系厚度大。

2. 过渡相

过渡相是西溪堡地堑盆地的主体，分布范围见（图 5.12）。其主要特征如下。

（1）钻孔岩心中在锰矿体上下及矿体中，以水平层理为主。

（2）可见较多的草莓状黄铁矿，$\delta^{34}S$ 出现也出现异常高的正值（周琦 等，2013b），但明显较中心相有所降低，一般为 55‰～60‰。

（3）锰矿体中一般不含碳玻屑晶屑凝灰岩透镜体，主要为一体矿体。

（4）以条带状锰矿石为主，块状锰矿石次之。矿体锰品位中等，一般 15%～17%。

（5）锰矿体厚度与含锰岩系较中心相区减小。

3. 边缘相

边缘相是西溪堡地堑盆地的分布也较窄，分布范围如图 5.12 所示。其主要特征如下。

（1）锰矿体中及上下含锰岩系中，为水平体理。

（2）草莓状黄铁矿明显减少，$\delta^{34}S$ 高正的值迅速降低，为 40‰～55‰。例如，ZK5005 含锰岩系碳质页岩中黄铁矿的 $\delta^{34}S$ 降为 43.85‰。

（3）主要为条带状锰矿石，并夹多层碳质页岩。

（4）锰矿体品位较低，一般 12%～16%。

（5）锰矿体厚度与含锰岩系厚度均较小。

（六）资源潜力预测

（1）超大型矿床产出的最重要的构造背景就是裂谷构造和同生断层（翟裕生 等，1997）。西溪堡锰矿区就具有这样的特殊构造背景，即南华裂谷盆地演化过程中，因再次拉张，

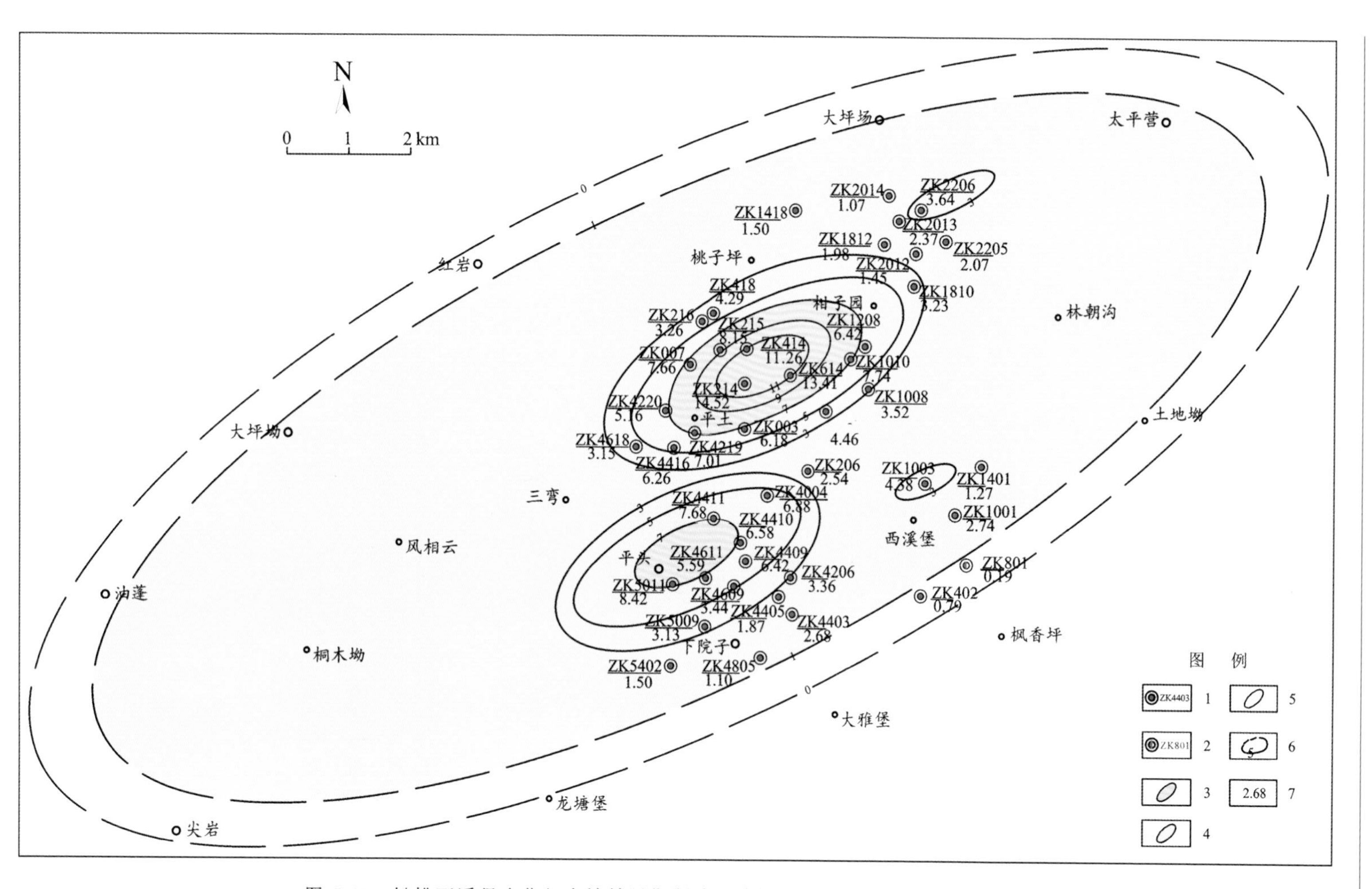

图 5.12　松桃西溪堡南华纪大塘坡早期断陷（地堑）盆地微相与锰矿找矿预测图

1.见矿钻孔；2.矿化钻孔；3.成锰盆地中心相带；4.成锰盆地过渡相带；5.成锰盆地边缘相带；6.含锰岩系厚度等值线；7.锰矿体厚度（m）

盆地下陷，同沉积断层活动，切入深部富含锰质的无机成因气液（张景廉，2000），导致上涌、渗漏喷溢到次级小拗陷，在闭塞、还原环境充分沉淀、富集形成超大型锰矿床的条件和背景。

(2) 西溪堡断陷（地堑）盆地（IV 级）是一个典型的古天然气渗漏沉积成矿系统，其中心相、过渡相和边缘相等微相分带特征明显。渗漏喷溢中心相沿 65°～70°长轴方向展布，西溪堡古天然气渗漏沉积成矿地堑盆地延长大于 20 km、宽 4～6 km（图 5.12）。目前，该盆地往西北、东北和西南方向均未完全控制，锰矿找矿潜力巨大。因此，预测该盆地锰矿资源总潜力应是目前已控制资源量的 2～3 倍，至少 5 亿 t 以上，是一个新的世界级巨型锰矿床。

六、成矿时间

松桃普觉（西溪堡）超大型锰矿床未单独测定其菱锰矿体之间凝灰质砂岩或黏土岩中的锆石年龄。但它应与区内其他锰矿床一样，如松桃李家湾（杨立掌）、黑水溪等锰矿床成矿时间一致。尹崇玉等（2006）在毗邻的松桃黑水溪锰矿区大塘坡组底部凝灰质透镜体中，测定的锆石 SHRIMP II U-Pb 年龄为（667.3±9.9）Ma（MSWD＝1.6），与 Zhou 等（2004）在 Geology 上报道的松桃杨立掌锰矿床寨郎沟剖面大塘坡组下部凝灰质层的锆石 U-Pb 年龄（662.9±4.3）Ma（MSWD＝1.24）一致。因此，松桃普觉（西溪堡）超大型锰矿床锰矿成矿时间应为 667.3～662.9 Ma。

七、资源储量

2011 年，贵州省地质矿产勘查开发局 103 地质大队提交了《贵州省松桃县西溪堡锰矿（整合）资源储量核实报告》，核实松桃县西溪堡锰矿（整合）矿区范围内总的资源储量为 1 276.31 万 t，扣除已消耗的资源储量（111b）144.85 万 t，核实备案的（122b＋333）锰矿石资源储量 1 131.46 万 t。

2016 年 12 月，贵州省地质矿产勘查开发局 103 地质大队提交《贵州省松桃县普觉（整合）锰矿床详查地质报告》，备案的（332＋333）锰矿石资源量为 19 217.39 万 t，其中 332 资源量为 3 540.78 万 t、333 资源量为 15 676.61 万 t。

因此，贵州省松桃县普觉（西溪堡）超大型锰矿床锰矿石资源量总计为 2.03 亿 t。

八、矿床类型

（一）成因类型

与松桃大塘坡锰矿床的成因类型一样，松桃县普觉（西溪堡）超大型锰矿床的成因类型为古天然气渗漏沉积型锰矿床，也称“内生外成”型锰矿床。

（二）工业类型

过去将“大塘坡式”锰矿床工业类型划为难利用“高磷低铁碳酸锰矿石”。随着20世纪末电解锰湿法冶金技术取得重大突破，松桃县普觉（西溪堡）超大型锰矿床的工业类型为优质的湿法冶金用碳酸锰矿石。

关于松桃县普觉（西溪堡）超大型锰矿床的成矿机制和成矿模式、找矿模型等参见第六章、第七章，在此不再赘述。

第三节　松桃道坨超大型锰矿床

贵州松桃道坨超大型锰矿位于贵州省松桃县冷水乡境内，是一个于2010年发现的全隐伏的超大型锰矿床，地理坐标东经：108°52′00″～108°56′00″，北纬：28°05′45″～28°10′30″，矿区面积30.08 km^2。

松桃道坨隐伏超大型锰矿发现是贵州省地质矿产勘查开发局103地质大队几代地质工作者长期坚持不懈、探索创新的成果，也是与中国地质大学（武汉）长期产学研协同创新的成果。矿床的发现经历了以下四个阶段。

第一阶段，20世纪80年代：早期预测阶段

1981～1984年，贵州省地质局（1983年更名为贵州省地质矿产局）103地质大队承担完成了贵州省科学技术委员会下达的《松桃地区早震旦世大塘早期锰矿成矿地质条件与找矿方向研究》专题科研项目（周琦参与了该项目研究工作），通过该项目研究，圈定了位于道坨锰矿床南侧、大屋锰矿床北侧之间的松桃笔架山锰矿预测区。

20世纪80年代初期至中期，贵州省地质矿产局103地质大队先后安排了道坨锰矿床北侧的松桃黑水溪锰矿床普查和松桃黑水溪-乜江地区锰矿普查找矿工作。由于道坨锰矿床系隐伏矿床，地表未出露，故未发现。但黑水溪-乜江地区锰矿普查项目沿黑水溪锰矿床以南施工了一系列探槽，以揭露含锰岩系的厚度、分布变化特征，提出黑水溪锰矿床东南侧施家田一带为下步锰矿找矿远景区。

第二阶段，1999～2000年：初步探索阶段

2000年初，贵州省地质调查院项目三处（即贵州省地质矿产勘查开发局103地质大队）承担实施的首批国土资源大调查项目“贵州铜仁松桃地区锰矿资源富集区评价项目”（项目负责人周琦），即对20世纪80年代初期圈定的位于道坨锰矿床南侧、大屋锰矿床北侧之间的笔架山锰矿预测区进行验证，先后施工了ZK108和ZK103两个钻孔，但未见矿（图5.13）。

第三阶段，2007～2009年：缩小靶区阶段

2007年，贵州省地质矿产勘查开发局103地质大队承担了黑水溪锰矿床东南侧的杨家湾锰矿普查，取得了重要进展，在南东—北西方向宽度仅1 000 m的范围内，发现了杨家湾大型锰矿床，特别是发现含锰岩系厚度变化剧烈，最厚竟达80余米，菱锰矿体厚度也较大，加之矿区旁侧的向家坡的含锰岩系中凝灰岩厚度是整个黔东及毗邻地区最厚的，达

1.15 m。因此,明显受一同沉积断层控制。

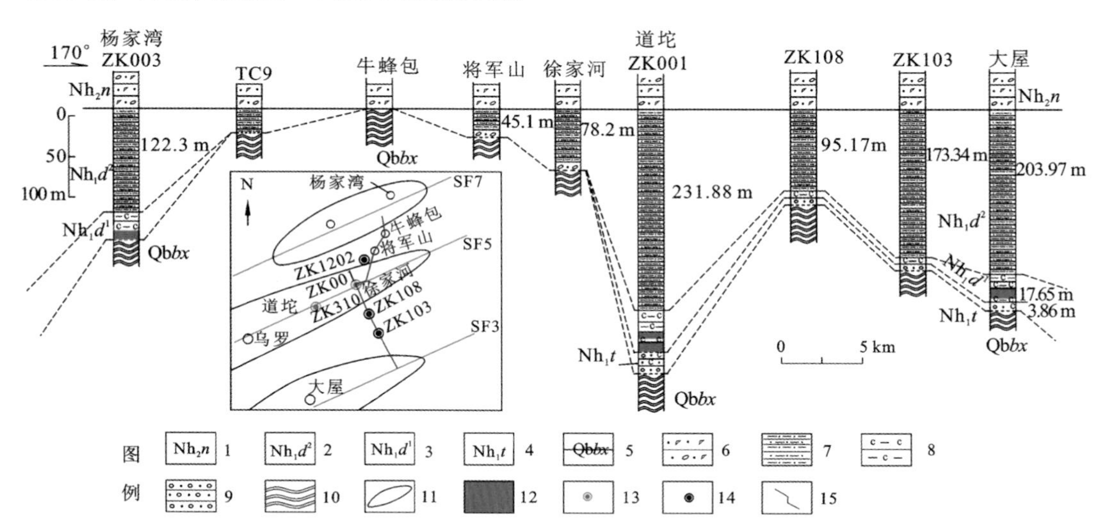

图 5.13　松桃杨家湾—大屋南华纪早期地体柱状对比与同沉积断层、断陷盆地分布图

1. 南沱组;2. 大塘坡组第二段;3. 大塘坡组第一段(含锰岩系);4. 铁丝坳＋两界河组;5. 青白口系板溪群;6. 含砾砂岩;7. 粉砂质页岩;8. 碳质页岩;9. 菱锰矿体;10. 板岩;11. Ⅳ级断陷(地堑)盆地;12. 南华纪早期同沉积断体及编号;13. 见菱锰矿体钻孔及编号;14. 未见菱锰矿体钻孔及编号;15. 地表地体柱状对比连线

但是否与控制松桃杨立掌锰矿床为同一条同沉积断层?从杨家湾锰矿床的含锰岩系厚度、菱锰矿体品位相对比杨立掌锰矿床低,矿床规模杨立掌锰矿床视乎更大等情况分析,似乎不是同一条同沉积断层控制。如果不是,那么控制杨立掌锰矿床的古断层就只能从牛蜂包古岛(缺失大塘坡组地体)南侧、笔架山预测区 ZK108 孔的北侧通过。

2008～2009 年,贵州省地质矿产勘查开发局 103 地质大队承担实施的贵州省地勘基金项目“贵州省松桃县千工坪锰矿普查”,该项目虽未找到锰矿,但对杨家湾-千工坪-道坨地区含锰岩系的变化规律、古构造及所控制的断陷盆地特征得以基本查明,增强了地质工作者的信心,缩小了锰矿找矿靶区。

通过千工坪地区锰矿普查发现:该地区含锰岩系由黑色碳质页岩、砂质菱锰矿、条带状菱锰矿及含砾黏土岩、条带状凝灰质黏土岩等组成。厚度与岩相变化大,含锰岩系的厚度在 0～48 m,风化较强,黑色碳质页岩大多因碳质流失成为灰白色黏土,局部地段碳质页岩缺失,并发现以下变化规律。

(1) 千工坪地区北部的干溪沟一带,自西向东(TC21 到 TC19 探槽),含锰岩系的从厚变薄(28.1 m 变为 0.4 m)甚至尖灭。从南到北(TC20、ZK204、ZK003 号孔)含锰岩系的从薄变厚(3.8 m 变为 48.18 m)。

(2) 千工坪地区北东部的风歇坡一带,从 TC01 到 TC05 探槽。厚度从 20 余米变为 0 m 而尖灭;东部含锰岩系缺失(从 TC05 至 TC17)。为南华系铁丝坳组(Nh_1t)直接与南华系大塘坡组第二段(Nh_1d^2)或者南沱组直接接触,在接触界线处见厚为 0.10～0.90 cm 的褐色氧化锰土。

(3) 千工坪地区南部沿寨沟一带，从 TC17、TC18 到 ZK1202 孔，厚度为 0.1～2 m，并有逐渐增厚的趋势，并在位于道坨锰矿区北侧的沿寨沟，施工了 ZK1202 孔进行验证，该孔虽未见矿，但发现大塘坡组厚度从 TC17 到 ZK1202 孔迅速增厚。因此，初步认为在千工坪地区的南侧可能存在一个断陷(地堑)盆地，当时因超出千工坪锰矿探矿权范围，故未能往南继续进行验证。

第四阶段，2010～2013 年：重大突破阶段

2009 年，广东鹰泰集团公司获得了松桃道坨锰矿预测区探矿权，委托贵州省地质矿产勘查开发局 103 地质大队进行锰矿深部找矿工作，该项目(项目负责人安正泽)纳入了贵州铜仁松桃锰矿国家整装勘查区整体工作部署。贵州省地质矿产勘查开发局 103 地质大队在对该地区前三个阶段地质资料和认识成果的基础上，认为如存在含锰的断陷(地堑)盆地，就应在沿寨沟 ZK1202 孔以南、笔架山 ZK108 孔以北的区域，于是首先设计施工了 ZK001 孔。该孔于 2010 年 12 月终孔，终孔深度 773.15 m，终于打到矿体厚度达 3.95 m，平均锰品位为18.11%的隐伏菱锰矿体，从而打开了道坨地区锰矿找矿局面。特别是在 ZK310 孔打到了被沥青充填的气泡状菱锰矿矿体以后，即古天然气渗漏喷溢的中心相位置，深部找矿工作部署的思路更加清晰。按照锰矿裂谷盆地古天然气渗漏沉积成矿系统与成矿模式、找矿模型的理论方法，整装勘查指挥部在 2011 年初，进一步调整深部钻探工作部署，基本做到了有的放矢，大幅度提高了深部钻孔的见矿率，找矿成果不断扩大，截至 2013 年底，矿区已完成详查地质工作，共施工钻孔 44 个，完成钻探工作量 55 216.07 m，提交锰矿资源量14 163.91万 t，其中 332 锰矿资源量 3 637.79 万 t，333 锰矿资源量 10 526.12 万 t。就这样，罕见的、位居亚洲第二的松桃道坨超大型锰矿床被成功发现了。

一、区域地质

按照大地构造单元划分，松桃道坨超大型锰矿床位于上扬子陆块、鄂渝湘黔前陆褶断带；按照全国成矿区带的划分(陈毓川 等，2010)，属于滨太平洋成矿域(I-4)的扬子成矿省(II-15)、华南成矿省(II-16)。三级成矿单元中属于上扬子中东部(台褶带) Pb-Zn-Cu-Ag-Fe-Mn-Hg-Sb 磷铝土矿硫铁矿成矿带(III77)；位于全国 26 个重要成矿区带中的上扬子东缘成矿带(肖克炎 等，2016)；按照华南南华纪锰矿成矿区带划分(周琦 等，2016)，位于南华裂谷盆地锰矿成矿区、武陵锰矿成矿带、石阡—松桃—古丈锰矿成矿亚带。

矿床位于区域性的猴子坳向斜中段，区域性的杨立掌断裂从矿区南东旁侧通过。区域地层上梵净山群、板溪群、南华系、震旦系、寒武系、奥陶系均有出露。区域上燕山期构造发育，区域地层、构造走向主要为北北东向(图 5.14)。

二、矿区地质

(一) 矿区地层

矿区范围内出露的地体主要为震旦系陡山沱组、留茶坡组，下寒武统九门冲组、变马

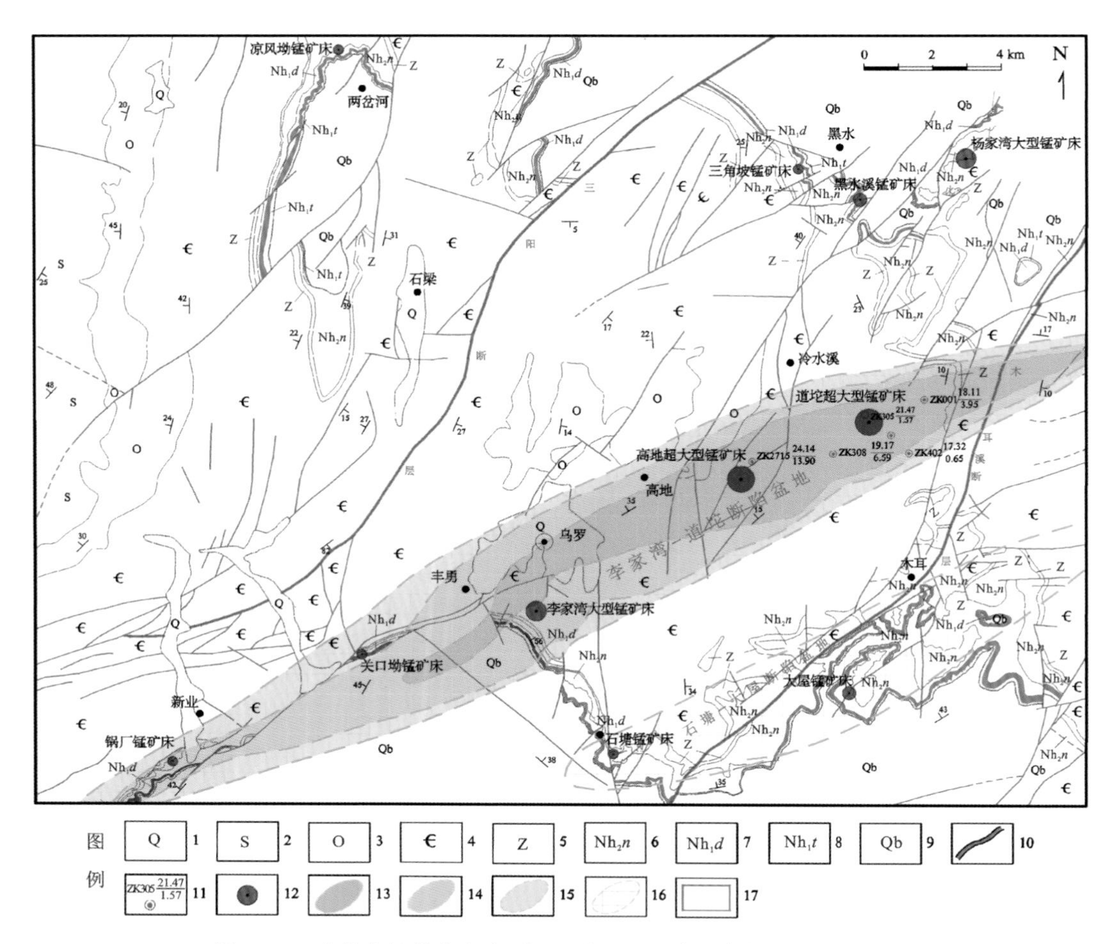

图 5.14　贵州省松桃李家湾-高地-道坨锰矿资源富集区区域地质图

1. 第四系；2. 志留系；3. 奥陶系；4. 寒武系；5. 震旦系；6. 南沱组；7. 大塘坡组；8. 铁丝坳组；9. 青白口系；10. 南沱组；11. 大塘坡组；12. 铁丝坳组；13. 清水江组；14. 地层界线；15. 地体层产状；16. 实测性质不明断层；17. 推测性质不明断层

冲组、杷榔组、清虚洞组，南华系地层均未出露地表。

震旦系陡山沱组(Z_1d)下部为灰色厚层块状粉晶白云岩夹黑色碳质页岩，分布于矿区北东面。与下伏南沱组呈不整合接触，厚度为 22.60～42.11 m。留茶坡组(Z_2l)为灰色、灰黑色薄层状硅质岩夹黑色磷质结核碳质页岩和灰黑色薄至中体豆荚状磷块岩，分布于矿区北部及东部，厚度为 14.89～54.09 m。寒武系九门冲组($€_1jm$)下部为黑色粉砂质碳质页岩，含少量黄铁矿结核，为本区钼、镍、钒矿富集部位；中部为深灰色粉砂质页岩；上部为灰色、灰黑色薄至中层状细晶灰岩，局部偶夹黑色碳质页岩，体理清楚，分布于勘查区北部及东部，厚度为 41.90～136.84 m。变马冲组($€_1b$)下部为黑色粉砂质碳质页岩；中部为灰色、深灰色细-中体粉砂岩夹黑色粉砂质碳质页岩呈不厚互层；上部为灰黑色粉砂质碳质页岩；分布于勘查区北部及东部，厚度为 198.88～394.93 m。杷榔组($€_1p$)下部为灰色、灰绿色粉砂质页岩；上部为灰色、深灰色粉砂质页岩夹灰色薄-厚层石英砂岩，大量分布于勘查区内，厚度大于400 m。清虚洞组（$\in_1 q$）下部为灰色-深灰色薄层条带状泥粉晶灰岩；中部为灰色-深灰色厚层白云质泥粉晶灰岩夹砂砾屑灰岩；上部为灰色厚层泥粉晶白云岩夹泥粉晶灰岩，主要分布于矿区西面及道坨一带，厚度为239.49～310.49 m。

（二）矿区构造

矿床位于区域性的猴子坳向斜中段，构造线总体呈北北东向，主要有道坨次级向斜。矿床东面为区域性木耳溪断裂（F_5），西边有冷水断裂带（F_2），探明的锰矿体分布于木耳溪断裂和冷水断裂之间。除此之外，矿区内还有耿溪断裂（F_4）、烂泥田断裂（F_3）、大坳断裂（F_6）等构造（图5.14）。

（三）含锰岩系特征

下南华统大塘坡组第一段，即"含锰岩系"，为菱锰矿赋存层位，但矿区内地表未出露。根据深部钻孔资料，由黑色碳质页岩夹菱锰矿、粉砂质碳质页岩及凝灰岩等组成，厚度为12.53～39.80 m。以ZK001钻孔为代表，含锰岩系从下而上可细分8层。

上覆地层：上覆大塘坡组第二段（$Nh_1 d^2$）

灰色、深灰色层纹状粉砂质页岩。	厚度
8. 黑色碳质页岩。	18.22 m
7. 黑色块状菱锰矿夹黑色碳质页岩，见星点状黄铁矿。	1.71 m
6. 浅灰色凝灰岩及凝灰质黏土岩。	0.34 m
5. 黑色含锰碳质页岩，见少量线状黄铁矿顺体分布。	0.98 m
4. 黑色薄层状菱锰矿夹黑色厚0.27 m碳质页岩，见星点状黄铁矿。	1.42 m
3. 黑色碳质页岩、泥岩，见方解石细脉呈花斑状，表面具光滑碳质镜面。	0.15 m
2. 黑色、钢灰色薄层状菱锰矿，金属光泽，见黄铁矿呈断线状顺体分布。	1.02 m
1. 黑色碳质页岩，见星点状黄铁矿。	0.19 m

下伏地层：铁丝坳组（$Nh_1 t$）

灰色薄-中层状冰碛含砾杂砂岩，砾石较细小，呈细粒状，主要成分为石英、砂岩。

（四）矿体形态、产状、规模

根据深部钻探工程揭露与控制结果，道坨锰矿区锰矿体隐伏在地下700～1 500 m，锰矿赋存于含锰岩系的下部，呈层状、似层状缓倾斜顺体产出，产状与围岩一致，为稳定的单一矿体，其锰矿体分布区地质构造简单，地层产状较为稳定，变化小，呈单斜及宽缓褶皱产出（图5.15）。

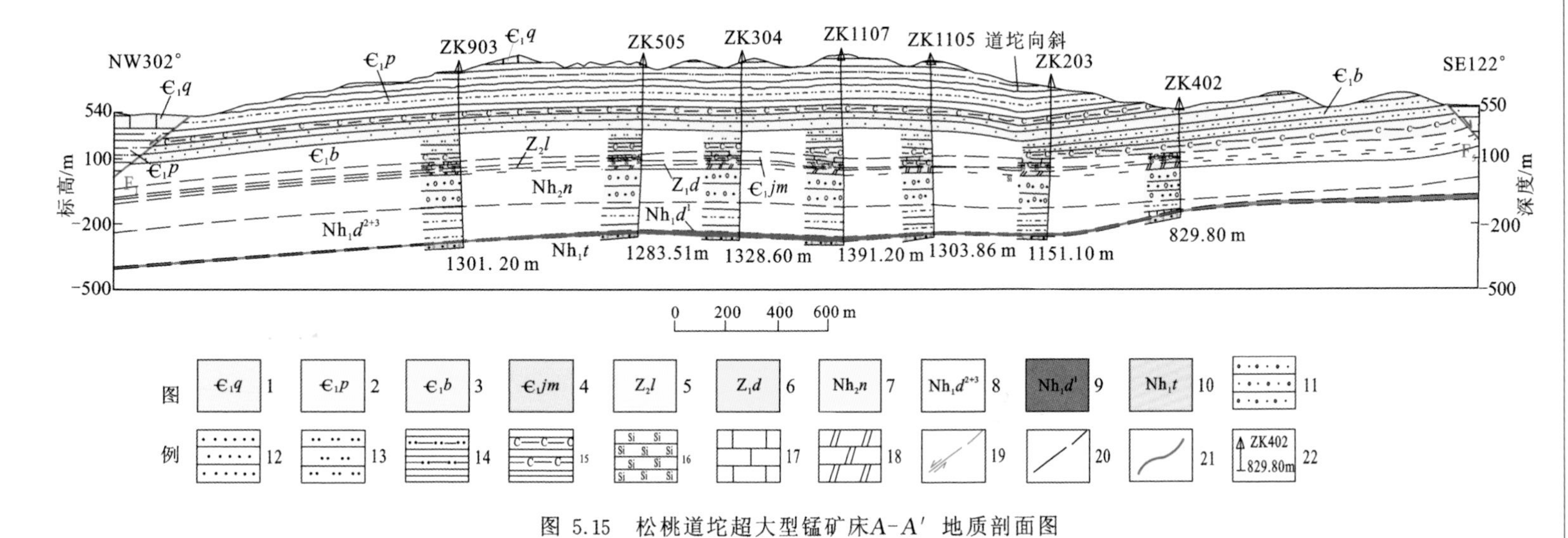

图 5.15　松桃道坨超大型锰矿床A-A′ 地质剖面图

1.清虚洞组；2.杷榔组；3.变马冲组；4.九门冲组；5.留茶坡组；6.陡山沱组；7.南沱组；8.大塘坡组第二、三段；9.大塘坡组第一段；10.铁丝坳组；11.含砾砂岩；12.细砂岩；13.粉砂岩；14.粉砂质页岩；15.碳质页岩；16.硅质岩；17.灰岩；18.白云岩；19.断体及编号；20.地质界线；21.矿体；22.钻孔位置、编号及孔深锰矿体长大于6 000 m，宽为4 500 m，矿体厚度一般为0.60～12.52 m，平均厚度为4.54 m，矿体厚度变化系数为0.16，形态简单，具有稳定性好、厚度大、展布宽、岩性简单的特点。

矿体中常夹1～3层黑色碳质页岩、含锰碳质页岩，夹石在矿体中不稳定，变化较大，在盆地中心区域夹石厚度小，含量少，盆地边部地段则夹石层数多，厚度也相对较大；夹石一般厚度十几至几十厘米。具泥状结构，层纹状构造，物质组分与顶、底板碳质页岩一致，局部偶夹浅灰色薄层凝灰岩（ZK005、ZK303），见断线及草莓状黄铁矿。

三、矿石特征

矿石矿物组分由含锰碳酸盐类、碳泥质矿物、碎屑沉积物组成及少量次生脉石矿物组成。主要矿物及含量：菱锰矿40%～60%，最高为75%。其他矿物组分：碳质有机质5%～15%；黏土矿物5%～35%；石英5%～15%；白云石3%～25%；方解石1%～5%，局部达15%～25%；黄铁矿1%～3%。微量矿物组分：磷灰石、锆石、金红石、绢云母、锐钛矿、钾长石、斜长石、电气石。

矿石结构构造：矿石结构有泥晶结构、碎裂结构；矿石构造主要有块状构造、条带状构造及气泡状构造。气泡状构造主要分布在ZK310矿体中部。

矿石品位：单件样品Mn品位10.00%～29.21%，矿床平均品位为19.92%，品位变化系数为31%，属品位变化均匀矿石。其他组分的含量见表5.1。

表5.1　松桃道坨锰矿床锰矿石化学分析结果统计表

元素组分	含量极值/%	均值/%	元素组分	含量极值/%	均值/%
P	0.139～0.217	0.173	SiO_2	18.20～34.86	25.15
TFe	2.32～2.87	2.69	CaO	12.04～16.79	14.44
MgO	3.52～4.63	3.69	Al_2O_3	1.86～9.53	4.64
S	1.81～2.30	2.07	As	0.04～0.32	0.17
烧失量	22.52～28.55	26.35	P/Mn		0.009

通过类比研究，道坨锰矿床的矿石加工技术性能与区内其他锰矿石一样，是优质的湿法冶金用锰矿石。

四、古天然气渗漏喷溢成矿特征

本项目团队的研究并经道坨锰矿详查工作已证明，松桃道坨超大型锰矿床与松桃杨立掌锰矿床、李家湾锰矿床等均是受同一同沉积断层控制的同一个Ⅳ级断陷（地堑）盆地中，通过古天然气渗漏喷溢沉积成锰作用而形成。展现了一个十分完整而典型的锰矿裂谷盆地古天然气渗漏沉积成矿系统，其渗漏沉积的中心相、过渡相和边缘相发育完整。

1. 中心相

为道坨锰矿成矿系统中古天然气渗漏喷溢的中心，位于ZK308、ZK310、ZK2711一带，大致呈65°～70°方向展布。相带长大于1 200 m(向南西延至高地锰矿床中)，宽200～400 m。该相带以出现被沥青充填的气泡状菱锰矿石、渗漏喷溢导致的软沉积变形纹理和菱锰矿体之间夹薄体凝灰岩、凝灰质砂岩透镜体(厚3～5 cm)为特征，矿石锰品位高、矿体厚度大，如ZK310中锰矿体厚度达12.51 m，锰平均品位为20.16%，碳质页岩夹层少，夹薄层凝灰岩透镜体。与大塘坡锰矿区一样，该孔被沥青充填的气泡状菱锰矿矿石出现在锰矿体的下部，厚度达1.97 m，其锰品位为23.00%～29.10%。

2. 过渡相

该相带围绕中心相呈狭长环带状分布，相带宽一般为800～1 200 m，长度大于6 000 m(南西段延出道坨详查区外)。以块状菱锰矿石为特征(主要分布在菱锰矿体的中下部)，条带状菱锰矿石一般分布在菱锰矿体的上部。该相带靠近中心相区域锰品位较高、矿体厚度较大，远离中心相区域锰品位则逐渐降低，矿体厚度逐渐变薄，且条带状锰矿石逐渐增多。过渡相区锰矿石资源量是道沱锰矿床的主体。

3. 边缘相

该相带围绕过渡相也呈狭长环带状分布，相带宽一般为400～600 m，长度大于6 000 m(南西段延出道坨详查区外)。以条带状菱锰矿石为特征，靠近过渡相区域有部分块状菱锰矿石分布。该相带往断陷(地堑)盆地边缘方向品位则逐渐降低，矿体厚度逐渐变薄，碳质页岩夹体越来越多、越来越厚，菱锰矿体逐渐尖灭，如ZK903钻孔矿体厚仅0.60 m，锰品位11.42%。

五、成矿时间

现在的勘查成果已经证实了当初的预测成果(周琦等，2016)，松桃道坨超大型锰矿床实际与松桃杨立掌锰矿床、李家湾锰矿床、高地锰矿床和大路等锰矿床同属一个巨型锰矿床。因此，据Zhou等(2004)在Geology上报道的松桃杨立掌锰矿床寨郎沟剖面大塘坡组下部凝灰质体的锆石U-Pb年龄(662.9±4.3) Ma(MSWD=1.24)和尹崇玉等(2006)在毗邻的松桃黑水溪锰矿区大塘坡组底部凝灰质透镜体中，测定的锆石SHRIMP II U-Pb年龄为(667.3±9.9) Ma(MSWD=1.6)，可以确定松桃高地超大型锰矿床锰矿成矿时间应为662.9～667.3 Ma。

六、资源储量

贵州省地质矿产勘查开发局103地质大队于2014年提交《贵州省松桃县道坨锰矿床详查报告》，备案的332+333锰矿石资源量为1.42亿t，其中332资源量为0.364亿t、

333 资源量为 1.053 亿 t，成为亚洲第二、世界第十的超大型锰矿床。

七、矿床类型

（一）成因类型

与松桃大塘坡锰矿床的成因类型一样，松桃县高地超大型锰矿床的成因类型为古天然气渗漏沉积型锰矿床，也称“内生外成”型锰矿床。

（二）工业类型

松桃县道坨超大型锰矿床的工业类型为优质的湿法冶金用碳酸锰矿石。

关于松桃县高地超大型锰矿床的成矿机制和成矿模式、找矿模型等参见第六章、第七章，不再赘述。

第四节　松桃高地超大型锰矿床

贵州松桃高地超大型锰矿床位于松桃县城西侧 37 km 的高地村，辖属松桃县乌罗镇。它是贵州省地质矿产勘查开发局 103 地质大队在 2014～2017 年，运用锰矿裂谷盆地古天然气渗漏成矿理论和方法，在贵州铜仁松桃锰矿国家整装勘查区内找到的又一个隐伏超大型锰矿床。2017 年年底，在该超大型锰矿床中圈定和提交了我国首个特大型富锰矿床。

一、区域地质

按照大地构造单元划分，松桃高地超大型锰矿床位于上扬子陆块、鄂渝湘黔前陆褶断带；按照全国成矿区带的划分（陈毓川 等，2010），属于滨太平洋成矿域（I-4）的扬子成矿省（II-15）、华南成矿省（II-16）。三级成矿单元中属于上扬子中东部（台褶带）Pb-Zn-Cu-Ag-Fe-Mn-Hg-Sb 磷铝土矿硫铁矿成矿带（III77）；位于全国 26 个重要成矿区带中的上扬子东缘成矿带（肖克炎 等，2016）；按照华南南华纪锰矿成矿区带划分（周琦 等，2016），位于南华裂谷盆地锰矿成矿区、武陵锰矿成矿带、石阡—松桃—古丈锰矿成矿亚带、松桃李家湾-高地-道坨 IV 级断陷（地堑）中（周琦 等，2016），该 IV 级断陷（地堑）还同时控制形成了松桃道坨超大型锰矿床、松桃李家湾（含杨立掌、乌罗）和松桃大路大型锰矿床。高地超大型锰矿床具体位于李家湾大型锰矿床与道坨超大型锰矿床之间（图 5.14）。

区域构造主要有梵净山穹状背斜、猴子坳向斜及凉风坳背斜等。高地锰矿床位于猴子坳向斜中段。区域上主要分布有三阳、杨立掌、木耳、红石等区域性大断裂。区域地层上梵净山群、板溪群、南华系、震旦系、寒武系、奥陶系均有出露。区域上燕山构造发育，区域地层、构造走向主要为北北东向。

二、矿区地质

（一）矿区地层

矿区内出露地层由老至新依次为古生界下寒武统九门冲组($\epsilon_1 jm$)、变马冲组($\epsilon_1 b$)、杷榔组($\epsilon_1 p$)、清虚洞组($\epsilon_1 q$)；中寒武统高台组($\epsilon_2 g$)、石冷水组($\epsilon_2 s$)；中上寒武统娄山关组($\epsilon_{2\text{-}3} ls$)；上寒武统毛田组($\epsilon_3\ mt$)；下奥陶统桐梓组($O_1 t$)、红花园组($O_1 h$)、大湾组($O_1 d$)(图5.16)。而赋存菱锰矿的南华系地层等则全部隐伏在1 000 m以下的深部，锰矿产于大塘坡组第一段，即含锰岩系的底部。

（二）矿区构造

高地锰矿位于猴子坳向斜南东翼，矿区内次级褶皱不发育，为单斜构造(图5.16)。浅部断裂构造虽较为发育，但对深部菱锰矿体无影响。因为高地锰矿区存在浅层滑脱系统，一是下寒武统的九门冲组—杷榔组，浅层的系列断层均未穿过F_3滑脱断层(或称犁式断层)，从而未对深部菱锰矿体产生破坏和影响(图5.17)。总体构造线呈北北东方向展布，区内主要褶皱、断裂构造特征如下。

(1) 猴子坳向斜：位于矿区北西部，呈南西至北东方向展布，自西向东分别被三阳、杨立掌断裂所影响，向斜完整性较差。向斜轴部出露最新地层为下奥陶统大湾组，向两翼依次出露寒武系、震旦系及南华系地层，地层倾角一般为10°～30°，断层附近及向斜翼部可达40°～50°。

(2) 冷水溪断裂(F_3)：为矿区内的主要断层，也是十分重要的后生断层。位于矿区南东侧，区域上延伸达数百公里，走向25°左右，倾向北西，倾角35°～60°，在矿区范围内其上盘为中上寒武统地层，下盘为下寒武统清虚洞组及杷榔组地层，为一犁式正断层，上陡下缓，在九门冲组—杷榔组地层断层倾角迅速变缓，地表相关断层未穿过该犁式正断层，以致F_3犁式正断层对深部锰矿体没有产生破坏和影响，在目前高地详查探矿权范围内对深部隐伏锰矿体反而起到良好的保护作用(图5.17)。

(3) F_2断层：位于矿区东部，其走向25°～35°，呈北东向展布，倾向南东，倾角65°左右，其上盘、下盘均为寒武系地层，断层断距较小，约60 m，为逆性断层性质，深部止于F_3犁式正断层，未对隐伏锰矿体产生破坏作用。

(4) F_1断层：位于矿区中部，走向35°左右，倾角57°～70°，倾向北西，断距约400 m，为一逆断层。分析由于该逆断层的存在，对高地锰矿床北西侧尚未控制的隐伏锰矿体的埋深有可能变浅。

（三）含锰岩系特征

松桃高地超大型锰矿床与松桃道坨超大型锰矿床一样，含锰岩系均未出露地表，全为

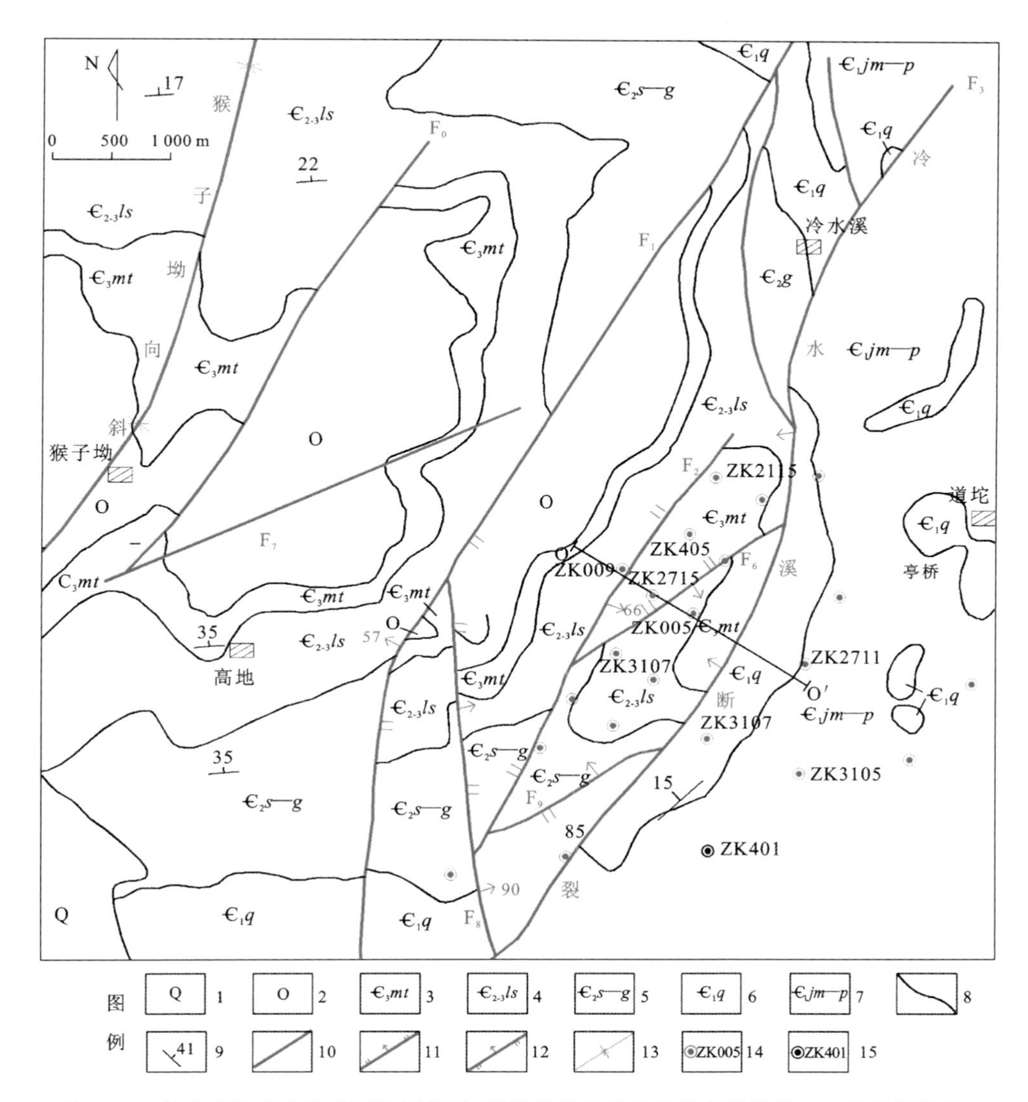

图 5.16　松桃高地锰矿床矿区地质简图(据贵州省地质矿产勘查开发局 103 地质队资料)
1. 第四系浮土;2. 奥陶系;3. 寒武系毛田组;4. 寒武系娄山关组;5. 寒武系石冷水组—高台组;6. 寒武系清虚洞组;7. 寒武系九门冲组—杷榔组;8. 地质界线;9. 地层产状;10. 实测性质不明断层;11. 实测正断层;12. 实测逆断层;13. 向斜;14. 见矿钻孔位置及编号;15. 未见矿钻孔位置及编号

隐伏超大型锰矿床。综合钻孔资料,含锰岩系主要由黑色碳质页岩、含碳质页岩、粉砂质碳质页岩夹菱锰矿、含锰碳质页岩、凝灰岩透镜体等组成。在矿区中部的 ZK2715、ZK009、ZK005 一带菱锰矿体最厚(菱锰矿体累计最大厚度可达 17.08 m)。现以 ZK2715 钻孔揭露的含锰岩系为例,该钻孔含锰岩系可细分为 16 个小层,由上至下依次如下。

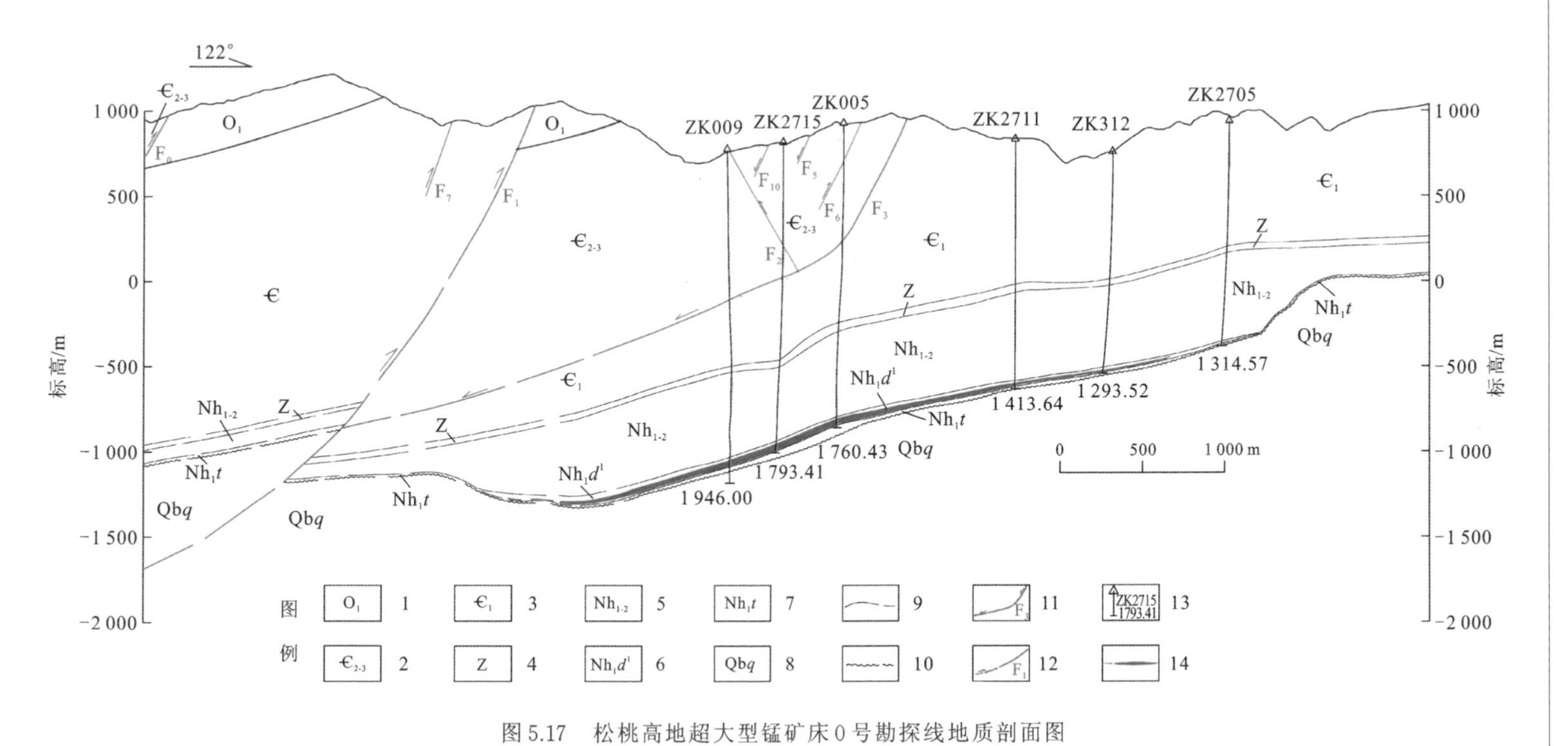

图5.17　松桃高地超大型锰矿床0号勘探线地质剖面图

1.下奥陶统；2.中上寒武统；3.下寒武统；4.震旦系；5.下至上南华统；6.下南华统大塘坡组第一段（含锰岩系）；7.下南华统铁丝坳组；8.青白口系；9.实测及推测地层界线；10.实测及推测角度不整合界线；11.实测及推测犁式正断层及编号；12.实测及推测逆断层及编号；13.钻孔位置及编号；14.实测及推测深部隐伏锰矿体

上覆地层大塘坡组第二段(Nh_1d^2):灰色、深灰色层纹状含碳质粉砂质页岩。

16. 黑色含黄铁矿碳质页岩,岩性单一,质纯。　厚度:38.69 m
15. 钢灰色条带状菱锰矿。　0.58 m
14. 黑色含锰碳质页岩,局部见少量黄铁矿顺层分布。　1.17 m
13. 钢灰色条带状菱锰矿,见星点状黄铁矿,石英细脉穿层分布。　0.73 m
12. 灰黑色含锰碳质页岩。　1.48 m
11. 钢灰色条带状菱锰矿,见石英细脉沿节理面分布。　1.03 m
10. 灰色含凝灰质黏土岩。　0.72 m
9. 钢灰色条带状菱锰矿夹黑色碳质页岩。　0.69 m
8. 灰黑色含锰碳质页岩,局部见少量黄铁矿集合体。　1.55 m
7. 钢灰色条带状菱锰矿,断口呈半金属光泽,见石英细脉。　1.12 m
6. 黑色含锰碳质页岩,见星点状、断线状黄铁矿,见石英细脉杂乱分布。　0.94 m
5. 钢灰色块状菱锰矿,断口呈半金属光泽,顺层见石英细脉,见气泡状结核。　3.28 m
4. 黑色碳质页岩,见星点状黄铁矿。　0.26 m
3. 钢灰色块状菱锰矿,上部多见星点状、断线状黄铁矿,下部多见石英细脉及气泡状结核。　6.74 m
2. 黑色碳质页岩,见星点状、断线状黄铁矿。　1.07 m
1. 黑色、灰黑色块状锰矿,局部见气泡及穿层断线状黄铁矿脉。　3.60 m

下伏地层铁丝坳组(Nh_1t):灰色块状冰碛含砾砂岩,顶部的冰碛含砾砂岩中夹两层厚0.12～0.40 m的条带状菱锰矿体。

三、矿体形态、产状、规模

(一)矿体形态、产状、规模

锰矿体赋存于含锰岩系底部。呈层状、似层状大致顺层产出,总体倾向北西,产状总体较平缓,倾角2°～22°;矿体规模十分巨大,高地锰矿区内已控制矿体走向长超过4 000 m,实际与道坨锰矿床是一个锰矿体,目前两个锰矿床实际控制的锰矿体总长度已达7 300 m,倾向延深宽3 000 m,且锰矿体沿走向和倾向均未圈边。已控制的矿体底板标高为－450～－1 125 m。

锰矿矿体厚度3.30～17.08 m,矿体最富厚地段分布在ZK2715孔附近。矿体平均厚度达7.77 m,为目前华南地区南华纪古天然气渗漏沉积型锰矿床矿体厚度最大的锰矿床,也是平均品位最高的菱锰矿床。

矿体保存条件好。虽然矿区地表构造发育,但对目前详查控制范围内的隐伏锰矿体均在F_3犁式断层下盘,锰矿体具断层尚有1 km的距离,未产生破坏作用。

(二)矿体空间展布特征

高地锰矿床与黔东及毗邻区其他锰矿床一样。深部隐伏菱锰矿体的走向呈65°～70°方向展布,与地表燕山期北北东主构造北北东方向存在40°左右的交角。这是过去未能认识的一个十分关键的矿体展布规律,过去常按照地表构造北北东方向开展锰矿找矿,导致未能取得找矿突破。

以ZK2715钻孔为中心,选择大致沿垂直松桃李家湾-高地-道坨Ⅳ级断陷(地堑)盆地长轴方向(65°～70°)的 ZK009、ZK2715、ZK005、ZK307、ZK3107、ZK401 钻孔,进行锰矿体与含锰岩系的柱状对比研究发现(图 5.18)。

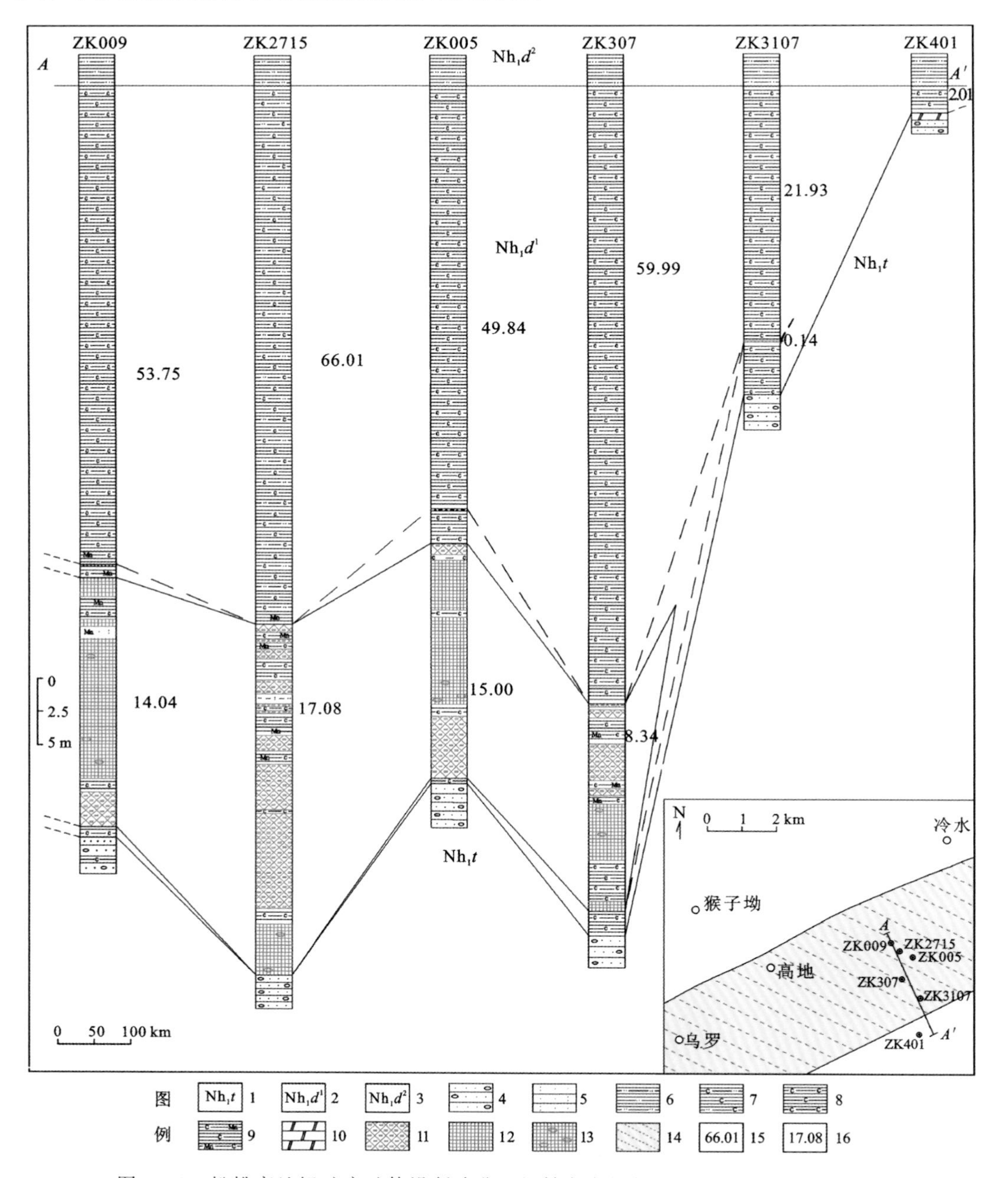

图 5.18　松桃高地锰矿床矿体沿断陷盆地短轴方向柱状对比图(姚希才 等,2017)

1. 铁丝坳组;2. 大塘坡组第一段;3. 大塘坡组第二段;4. 含砾砂岩;5. 凝灰质砂岩;6. 粉砂质页岩;7. 含碳质粉砂质页岩;8. 碳质页岩;9. 含锰碳质页岩;10. 白云岩;11. 条带状菱锰矿;12. 块状菱锰矿;13. 气泡状菱锰矿;14. 李家湾-道坨 IV 级断陷(地堑)盆地分布范围(未全);15. 大塘坡组一段厚度(m);16. 矿体厚度(m)

(1) 以 ZK2715、ZK307 为中心，出现两个更次级的沉降中心，反映出存在两个主渗漏喷溢口。从 ZK009 钻孔至 ZK2715 钻孔，矿体厚度由 15.00 m 增加至 17.08 m，矿体由 4 层增加至 7 层，往 ZK005 又减少至 5 层。

(2) 被沥青充填的气泡状菱锰矿石均出现在靠近底部铁丝坳组冰碛含砾砂岩界线之上的附近。往上则出现块状、条带状菱锰矿石。

(3) 菱锰矿体的厚度、层数与含锰岩系的厚度呈明显的正相关关系。

(4) 在锰矿渗漏喷溢成矿期，ZK401 孔位置为次级隆起(地垒)位置，无菱锰矿和碳质页岩沉积，出现了 Sturtian 冰期典型的盖帽白云岩沉积。后期随着裂解的发展，逐步下陷接受碳质页岩沉积，反映成锰期后的断陷(地堑)盆地特征。

高地超大型锰矿床南西西方向的李家湾(杨立掌)大型锰矿床，菱锰矿体的空间展布特征也同样具有规律(图 5.19)。菱锰矿体空间展布规律及与南华纪大塘坡早期 IV 级断陷(地堑)盆地中的分布规律，在黔东地区各锰矿区具有普遍性，如普觉(西溪堡)超大型锰矿床(图 5.8)、松桃大屋锰矿床、松桃大塘坡锰矿床、松桃杨家湾锰矿床等。

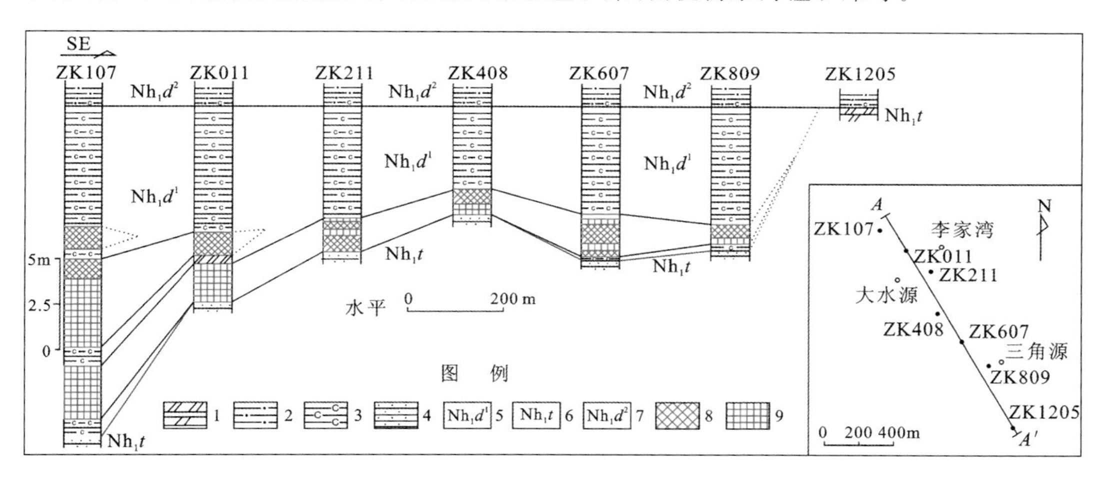

图 5.19 松桃李家湾(杨立掌)锰矿床菱锰矿体北西—南东方向柱状对比图

1. 砾屑细晶白云岩(大塘坡早期盖帽白云岩)；2. 粉砂质页岩；3. 碳质页岩；4. 含砾砂岩；5. 大塘坡组第一段；6. 铁丝坳组；7. 大塘坡组二段；8. 条带状菱锰矿；9. 块状菱锰矿

松桃李家湾-高地-道坨 IV 级断陷(地堑)盆地分别以李家湾 ZK107(8.19 m)、高地 ZK2715(17.08 m)及 ZK103(7.87 m)一带为中心，向四周矿体厚度逐渐变薄，与含锰岩系的厚度变化相似(图 5.20)，该盆地长轴方向大致为 65°～70°。李家湾-高地-道坨 IV 级断陷(地堑)盆地中，存在三个矿体厚度高值区，这与含锰岩系厚度的三个高值区(即更次级的沉降中心)空间位置是完全重合的，含锰岩系厚度与菱锰矿体厚度呈高度正相关。垂直该断陷盆地方向，含锰岩系厚度迅速变薄、尖灭，相变为隆起(地垒)区盖帽白云岩(图 5.18，图 5.19)。

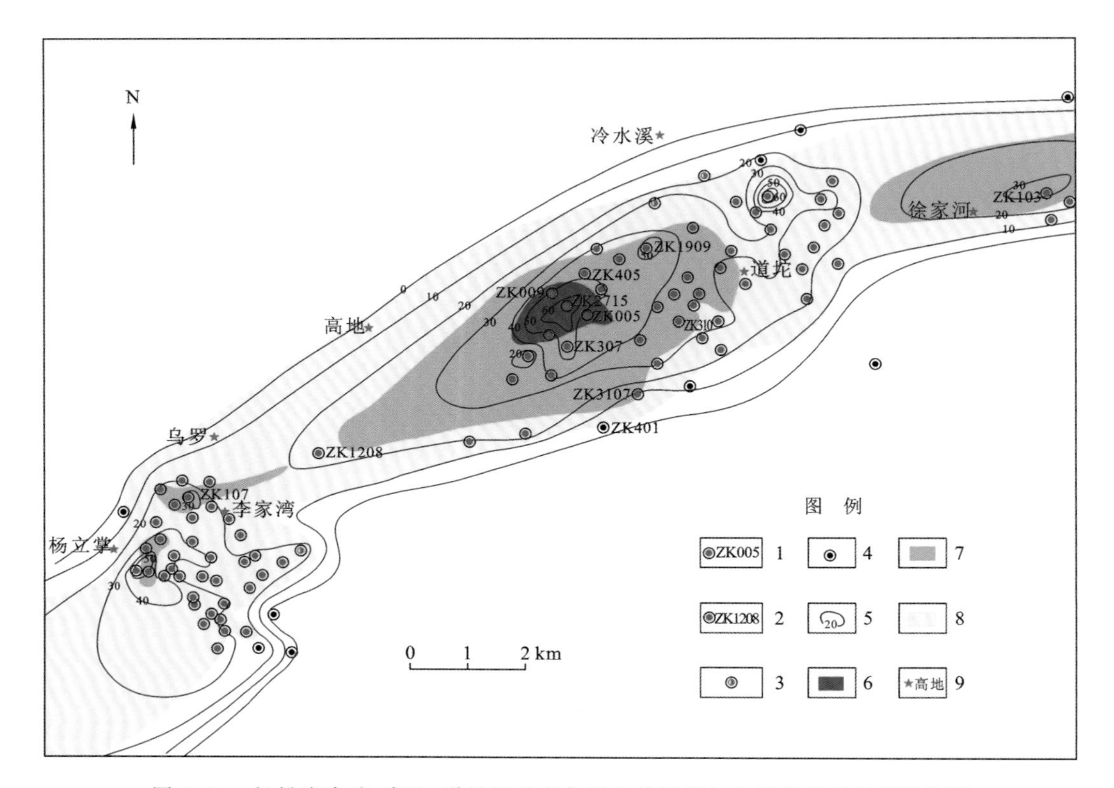

图 5.20　松桃李家湾-高地-道坨锰矿富集区矿体厚度与含锰岩系厚度等值线图

1. 见矿钻孔(含气泡);2. 见矿钻孔(不含气泡);3. 矿化钻孔;4. 未见矿钻孔;5. 含锰岩系厚度等值线;6. 矿体厚度大于 10 m;7. 矿体厚度为 4～10 mm;8. 矿体厚度为 0～4 m;9. 村庄名

四、矿石特征

矿石矿物由菱锰矿、锰方解石和黏土矿物、自生矿物石英、玉髓等成分构成,混伴有大量碳质组分。菱锰矿含量一般为 50%～75%,在单偏光镜下主要呈细小隐晶粒状、细小球粒状、卵圆粒状等形态,其粒径一般小于 0.005 mm,呈泥晶集合体堆积成不规则团块状、葡萄状、眼球状、偏长的囊体或近似圆形的各种囊体状,其间充填锰方解石、碳质组分,混杂有少量粉砂碎屑石英、黏土矿物、微晶石英、玉髓等。锰方解石含量一般为 2%～12%,最高可达 20%;黏土矿物一般为 1%～3%,最高可达 15%;泥碳质有机物含量一般为 7%～15%;石英和玉髓为 5%～18%;磷灰石、黄铁矿等含量较少,一般在 2%以下。

矿石结构主要为泥晶结构,少量为粉砂质结构;矿石构造有四种类型,主要为块状、气泡状,其次为条带状及网脉状。

单件样品 Mn 品位为 10.01%～33.11%,平均为 21.19%,变化系数为 28.30%;单工

程平均 Mn 品位为 19.70%～22.82%，矿床平均品位达 22.17%，品位变化系数仅为 4.57%。P 是矿石中主要有害组分，单件样品含量为 0.030%～0.728%，平均为 0.240%，单工程含量为 0.151%～0.281%，平均为 0.228%；矿石中其他主要组分含量见表 5.2。

表 5.2　高地锰矿床锰矿石主要化学成分含量特征统计表

组分	极值/%	平均值/%	方差	变化系数/%
Mn	10.01～33.11	21.19	35.95	28.30
SiO_2	2.34～67.22	21.67	140.11	54.62
TFe	0.94～7.78	2.47	0.75	35.08
P	0.030～0.728	0.235	0.01	44.85
CaO	4.96～9.61	6.87	1.11	10.97
Al_2O_3	2.13～6.45	4.12	1.45	40.15
MgO	2.77～4.40	3.57	0.23	14.90
S	0.59～2.93	1.40	0.36	49.94
烧失量	26.64～33.43	30.40	3.97	6.43

测试单位：贵州省地质矿产勘查开发局黔东地矿测试中心

矿石类型按用途工业类型为优质湿法冶金用锰矿石，按结构构造为气泡状、块状、条带状碳酸锰矿石。

五、古天然气渗漏喷溢成矿特征

高地锰矿床属典型的古天然气渗漏沉积型锰矿床，古天然气渗漏喷溢成矿的中心相、过渡相和边缘相三个相带特征十分明显，特别是呈狭长带状中心相分布范围大(图 5.21)，以致高地锰矿床的锰矿平均品位是该地区该类型所有锰矿床之最。

(一) 中心相

大致以松桃李家湾锰矿床 ZK107 孔至高地锰矿床 ZK2715 孔一线为中心，呈狭长带状分布。其主要特征是底部菱锰矿体均出现被沥青充填的气泡状菱锰矿石和古天然气渗漏喷溢成矿过程中产生的系列软沉积变形纹理、底辟构造等，一般分布有多层菱锰矿体，锰矿体平均品位最高。出现一层或多层凝灰质黏土岩等。该带宽 950～2 800 m，长大于 15 km。含锰岩系厚度最大，是碳酸锰富锰矿(Mn≥25%)分布区。

高地锰矿区以 ZK2715 为中心区域，向两侧矿体厚度均有变薄的趋势，该孔矿体厚度最大(17.08 m)，可划分为 7 层矿，其中下部的 3 层矿石厚度均大于 3 m，累计 13.62 m，矿石类型以块状、气泡状菱锰矿为主，品位最高可达 32.69%，平均品位大于 25%；上部 4 层矿石主要以条带状菱锰矿为主，品位一般为 15%。钻孔整个矿体平均品位大于 22%。矿层夹石厚度为0.26～2.96 m，夹石岩性组合为碳质页岩、含锰碳质页岩、凝灰质黏土岩等。

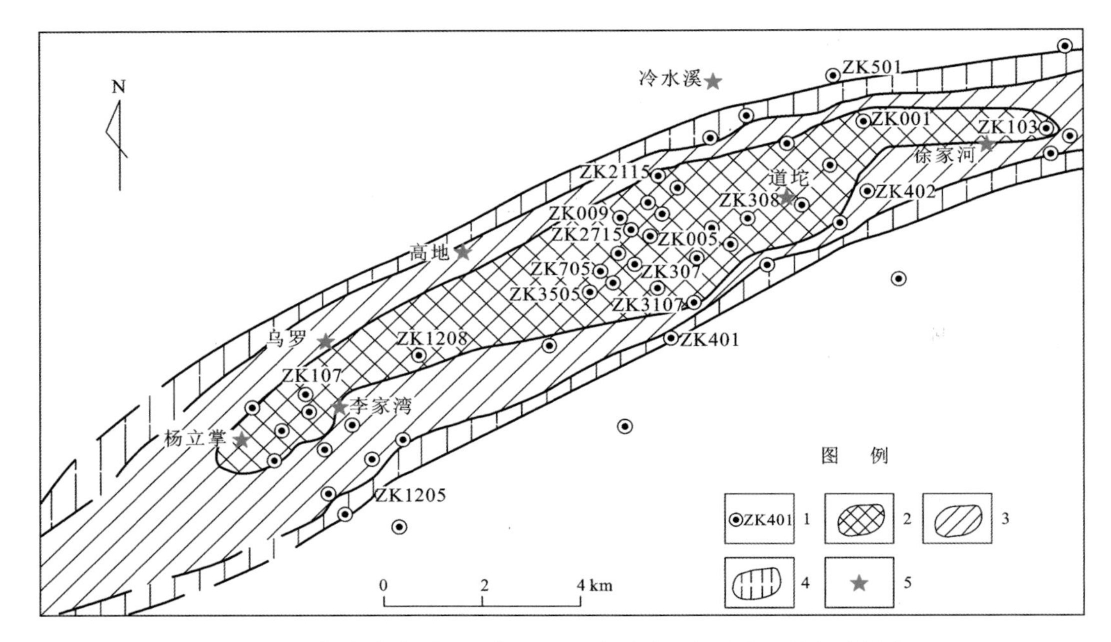

图 5.21　松桃李家湾-高地-道坨 IV 级断陷盆地锰矿古天然气渗漏喷溢成矿中心相/过渡相/边缘相平面分布图

1. 钻孔位置及编号；2. 中心相；3. 过渡相；4. 边缘相；5. 村庄名称

中心相区的 ZK009、ZK405、ZK403、ZK005 及 ZK309 5 个钻孔，均出现 3 层以上菱锰矿体，中部、底部矿均为气泡状、块状菱锰矿，上部则主要为条带状菱锰矿，矿石品位一般在21%左右，矿体厚度大于 8 m。

（二）过渡相

该相带以围绕中心相呈环带状分布为特征。一般不出现被沥青充填的气泡状菱锰矿石和软沉积变形纹理、底辟构造等，主要以块状菱锰矿石及部分条带状菱锰矿石为特征。发育 2～3 层菱锰矿体，锰矿体品位较中心相低，含锰岩系厚度也较中心相区有所减薄。该带单侧宽 150～1 500 m，长大于 20 km。

（三）边缘相

该相带以围绕过渡相呈环带状分布为特征。以主要为条带状锰矿石和与碳质页岩互层为特征，锰矿体品位又较过渡相低。含锰岩系厚度较过渡相区明显减薄。越靠近断陷（地堑）盆地边缘，菱锰矿体厚度越薄，直至尖灭。

需说明的是，高地锰矿床边缘相的北西、南西侧的边界尚未完全控制，目前仅是推测界线。

六、成矿时间

现在的勘查成果已经证实了当初的预测成果(周琦 等,2016),松桃高地超大型锰矿床实际与松桃杨立掌锰矿床、李家湾锰矿床、道坨锰矿床和大路等锰矿床整体是一个锰矿床。因此,据 Zhou 等(2004)在 *Geology* 上报道的松桃杨立掌锰矿床寨郎沟剖面大塘坡组下部凝灰质体的锆石 U-Pb 年龄(662.9±4.3) Ma(MSWD=1.24)和尹崇玉等(2006)在毗邻的松桃黑水溪锰矿区大塘坡组底部凝灰质透镜体中,测定的锆石 SHRIMP II U-Pb年龄为(667.3±9.9) Ma(MSWD=1.6),可以确定松桃高地超大型锰矿床锰矿成矿时间应为 662.9～667.3 Ma。

七、资源储量

贵州省地质矿产勘查开发局 103 地质大队 2016 年提交《贵州省松桃县高地锰矿床普查报告》,备案 333+334 锰矿石资源量为 1.17 亿 t(其中 333 资源量为 0.8 亿 t),成为亚洲第四、世界第十二的超大型锰矿床。

截至 2017 年底,松桃高地超大型锰矿床已实际控制锰矿石资源量突破 1.6 亿 t,特别是成功探获我国第一个特大型富锰矿床,碳酸锰富矿资源储量(332+333)类可突破 7 000 万 t,意义非常重大。它说明华南古天然气渗漏沉积型锰矿床不仅规模大(已发现四个世界级超大型锰矿床),而且在古天然气渗漏喷溢成矿的中心相区,分布有规模达特大型的富锰矿床。

八、矿床类型

(一) 成因类型

与松桃大塘坡锰矿床的成因类型一样,松桃高地超大型锰矿床的成因类型为古天然气渗漏沉积型锰矿床,也称“内生外成”型锰矿床。

(二) 工业类型

松桃高地超大型锰矿床的工业类型为优质的湿法冶金用碳酸锰矿石;除已圈定提交 7 000 余万吨碳酸锰富锰矿石,提交我国第一个特大型富锰矿床外,考虑其全矿床 Mn 的平均品位达 22.17%,虽略低于 25%,考虑烧失量高达 30.40%,根据《矿产资源工业要求手册》(《矿产资源工业要求手册》编委会,2010),高地超大型锰矿床所有锰矿石均可以作为碳酸锰富锰矿石,这一超大型的碳酸锰富锰矿床,在中国是十分罕见的、更是十分宝贵的。

关于松桃高地超大型锰矿床的成矿机制和成矿模式、找矿模型等参见第六章、第七章,不再赘述。

第五节 松桃桃子坪超大型锰矿床

贵州省松桃县桃子坪超大型锰矿床位于贵州省松桃县南西 224°方向，平距 16 km，行政区辖属松桃县平头乡。矿区面积 23.65 km^2。该矿床是贵州省地质矿产勘查开发局 103 地质大队在松桃普觉（西溪堡）超大型锰矿床实现重大突破的过程中和基础上，探边摸底，继续扩大战果，通过成果转化和商业勘查，于 2016 年提交的又一个超大型锰矿床。

一、区域地质

按照大地构造单元划分，松桃桃子坪超大型锰矿床与毗邻的普觉（西溪堡）超大型锰矿床一样，位于上扬子陆块、鄂渝湘黔前陆褶断带；按照全国成矿区带的划分（陈毓川 等，2010），属于滨太平洋成矿域（I-4）的扬子成矿省（II-15）、华南成矿省（II-16）。三级成矿单元中属于上扬子中东部（台褶带）Pb-Zn-Cu-Ag-Fe-Mn-Hg-Sb 磷铝土矿硫铁矿成矿带（III77）；位于全国 26 个重要成矿区带中的上扬子东缘成矿带（肖克炎 等，2016）；按照华南南华纪锰矿成矿区带划分（周琦 等，2016），位于南华裂谷盆地锰矿成矿区、武陵锰矿成矿带、石阡—松桃—古丈锰矿成矿亚带。

区域构造上松桃桃子坪超大型锰矿床位于松桃盘山背斜北段的大雅堡背斜北西翼，区域性的红石断裂从矿区平头一带通过。区域地层上梵净山群、板溪群、南华系、震旦系、寒武系、奥陶系均有出露。区域上燕山期构造发育，区域地层、构造走向主要为北北东向和北东向。

二、矿区地质

（一）矿区地层

矿区地层格架主要由一套粗细相间的陆源碎屑沉积序列组成，沉积环境和沉积作用在时空上复杂多变。出露的地层有青白口系红子溪组，南华系两界河组、铁丝坳组、大塘坡组、南沱组，震旦系陡山沱组、留茶坡组，寒武系九门冲组、变马冲组、杷榔组、清虚洞组、高台组、石冷水组等（图 5.5），主要特征与普觉（西溪堡）超大型锰矿床相似。

（二）矿区构造

矿区地处于盘山背斜北段的大雅堡背斜北西翼，总体为单斜构造，地层倾向北西，倾角 10°～35°，一般为 20°左右。区内断层主要发育有北东向 F_2、F_{11}、F_{12}、F_{13}，南东向 F_{101} 断层，F_{101} 断层将锰矿体分为北南两个矿体。矿区构造复杂程度为简单—中等。

桃子坪锰矿区发育逆冲叠瓦状构造，具体由一组北东向逆冲断层组成，以石灰窑断层和柿子树断层构成逆冲叠瓦状构造。两条断层的断面向北西倾斜，断层上盘为杷榔组页岩、粉砂质页岩，断层下盘为清虚洞组一段泥质条带状灰岩，上盘杷榔组向南东方向逆冲到下盘清虚洞组之上。在平面上，沿断层带地层发生了明显的左行剪切而形成的牵引构造。断层的总逆冲矢量方向向南，逆冲角度为40°～50°，其运动分量显示不仅向南东方向逆冲且向南南西方向左行平移。

（三）含锰岩系特征

“含锰岩系”即大塘坡组第一段，桃子坪锰矿床中含锰岩系根据其岩性组合特征可分为12小层，由上而下依次如下。

上覆地体：大塘坡组第二段（Nh_1d^2） 灰色、深灰色层纹状含碳质粉砂质页岩。

12. 黑色碳质页岩，发育泥砂质平直纹体及少量顺体分布的黄铁矿细脉。	厚度：16.52～48.74 m
11. 灰绿色-深绿色薄体含黄铁矿黏土岩。	0.40 m
10. 黑色碳质页岩，局部含黄铁矿。	10.77 m
9. 深绿色薄体含黄铁矿碳质有机质黏土岩。	0.32 m
8. 黑色碳质页岩，局部含细粒黄铁矿及石英脉。	12.33 m
7. 深黑色含锰碳质页岩，页理清晰。	0.86 m
6. 钢灰色条带状菱锰矿，局部含星点状黄铁矿及杂乱分布的方解石细脉。	1.83 m
5. 黑色含锰碳质页岩，偶见星点状黄铁矿、穿体分布方解石细脉。	1.34 m
4. 钢灰色条带状菱锰矿，局部见细粒黄铁矿及方解石细脉。	0.71～8.21 m
3. 灰色-深灰色含碳玻屑晶屑凝灰岩，硅化较严重。	0～1.01 m
2. 钢灰色块状菱锰矿，多发育网格状方解石细脉局部可见星点状黄铁矿。	0.78～4.54 m
1. 黑色碳质页岩。	0.30～2.94 m

下伏地层：铁丝坳组（Nh_1t） 深灰色厚体含碳质含砾砂岩。

三、矿体形态、产状、规模

锰矿体呈层状、似层状产于下南华统大塘坡组第一段（Nh_1d^1）黑色含锰岩系下部，层位稳定。产状与围岩基本一致。总体倾向北西，延伸2 400 m，倾角10°～35°，平均20°。

矿区内含锰岩系厚度15.15～117.60 m，东北角厚度大，向西北有变薄趋势。矿区锰矿体以F_{101}断层为界，分为南北2个隐伏锰矿体。

北矿体：呈似层状，产状较缓，倾向北西，延伸2 000 m，倾角10°～28°，平均16°，由16个钻孔控制，长3 500 m，宽780～1 700 m，厚2.12～14.58 m，平均为6.07 m，变化系数为168%。Mn品位15.01%～20.13%，平均为15.83%，变化系数为8%；$w(CaO)$为3.73%～8.66%，平均为5.33%；$w(MgO)$为2.21%～3.84%，平均为2.82%；$w(Al_2O_3)$为5.41%～10.70%，平均为8.15%；$w(S)$为1.33%～2.16%，平均为1.81%；烧失量为16.33%～25.13%，平均为20.33%。北矿体估算锰矿石资源量3 699.47万t。

南矿体：呈似层状，产状较陡，倾向北西，延伸 2 000 m，倾角 20°～35°，平均为 23°，由 17 个钻孔控制，长 3 550 m，宽 2 500 m，厚 1.07～6.71 m，平均为 2.49 m，变化系数 59%。Mn 品位 15.02%～17.08%，平均为 16.27%，变化系数 5%；$w(CaO)$为 5.55%～6.98%，平均为 6.22%；$w(MgO)$为 2.76%～3.82%，平均为 3.21%；$w(Al_2O_3)$为 4.90%～8.58%，平均为 7.20%；$w(S)$为 1.17%～2.01%，平均为 1.62%；烧失量为 18.67%～26.94%，平均为 22.63%。南矿体估算锰矿石资源量 6 940.01 万 t。

四、矿石特征

矿石矿物以菱锰矿为主，含量为 40%～60%，最高为 70%～75%，呈泥晶粉晶他形晶粒、显微团粒、微亮晶晶粒形态。其次为少量锰方解石。脉石矿物有方解石，含量 1%～5%，白云石 3%～25%，黏土矿物 5%～35%。此外，含黄铁矿 1%～3%，碳质有机质 5%～15%，少量磷灰石和碎屑矿物。黏土矿物以伊利石为主，次有高岭石、绿泥石、绢云母。

矿体单工程平均品位：$w(Mn)$为 15.01%～20.13%，平均为 15.84%，变化系数 7%；$w(TFe)$为 1.93%～9.48%，平均为 2.61%；$w(SiO_2)$为 21.43%～38.77%，平均为 31.75%；$w(CaO)$为 3.73%～8.66%，平均为 5.70%；$w(MgO)$为 2.21%～3.84%，平均为 2.98%；$w(Al_2O_3)$为 4.90%～10.70%，平均为 7.76%；$w(S)$为 1.17%～2.01%，平均为 1.62%；烧失量为16.33%～26.94%，平均为 21.28%；$w(P)$为 0.178%～0.480%，平均为 0.264。

矿石结构有泥晶结构、碎裂结构、显微鳞片状结构、粉砂质结构。构造主要有块状和条带状构造。

五、南华纪早期断陷(地堑)盆地特征

桃子坪超大型锰矿床与普觉(西溪堡)超大型锰矿床一样，具体产于南华裂谷盆地(I 级)、武陵次级裂谷盆地(II 级)、石阡-松桃-古丈断陷(地堑)盆地(III 级)中的西溪堡(普觉)IV 级断陷(地堑)盆地中，在该断陷(地堑)盆地中，两界河组、含锰岩系、锰矿体和大塘坡组第二段的沉积相特征、演变特征和空间分布规律等十分独特。具体详见本章第二节，此处不再赘述。

六、成矿时间

松桃桃子坪超大型锰矿床未单独测定其菱锰矿体之间凝灰质砂岩或黏土岩中的锆石年龄。但它应与区内其他锰矿床一样，如松桃李家湾(杨立掌)、黑水溪等锰矿床成矿时间一致。尹崇玉等(2006)在毗邻的松桃黑水溪锰矿区大塘坡组底部凝灰质透镜体中，测定的锆石 SHRIMP II U-Pb 年龄为(667.3±9.9) Ma(MSWD=1.6)，与 Zhou 等(2004)在 *Geology* 上报道的松桃杨立掌锰矿床寨郎沟剖面大塘坡组下部凝灰质体的锆石 U-Pb 年龄(662.9±4.3) Ma(MSWD=1.24)完全一致。因此，松桃桃子坪超大型锰矿床锰矿成

矿时间应为 662.9～667.3 Ma。

七、资源储量

贵州省地质矿产勘查开发局 103 地质大队于 2016 年提交《贵州省松桃县桃子坪锰矿床普查报告》，备案的 332+333 锰矿石资源量为 1.06 亿 t，其中 332 资源量为 0.33 亿 t，333 资源量为 0.73 亿 t。成为亚洲第五、世界第十三的超大型锰矿床。

八、矿床类型

（一）成因类型

与松桃大塘坡锰矿床的成因类型一样，松桃县桃子坪超大型锰矿床的成因类型为古天然气渗漏沉积型锰矿床，也称“内生外成”型锰矿床。该超大型锰矿床总体位于锰矿裂谷盆地古天然气渗漏沉积成矿系统边缘相，部分位于过渡相，故锰矿床锰平均品位较普觉（西溪堡）超大型锰矿床和高地超大型锰矿床低。

（二）工业类型

矿石的自然类型为碳酸锰矿石。过去将大塘坡式锰矿床工业类型划为难利用“高磷低铁碳酸锰矿石”。随着 20 世纪末电解锰湿法冶金技术取得重大突破，松桃县桃子坪超大型锰矿床的工业类型为优质的湿法冶金用碳酸锰矿石。

关于松桃县桃子坪超大型锰矿床的成矿机制和成矿模式、找矿模型等参见第六～七章，不再赘述。

第六节　花垣民乐大型锰矿床

1966 年春，湖南省地质局 405 队根据贵州省地质局 103 地质大队介绍的贵州松桃大塘坡锰矿地质情况，经过对比分析后，认为在湘西泸溪、古丈、花垣等县存在和大塘坡锰矿同样的含锰层位，岩性组合也相似，有希望找到大塘坡类型的锰矿。于是，组成 3 个锰矿普查组，分赴三个县进行锰矿找矿工作，很快在花垣民乐发现锰矿露头数处，这样，著名的湖南花垣民乐大型锰矿床被发现了[①]。

一、区域地质

按照大地构造单元划分，湖南花垣民乐锰矿床位于上扬子陆块、鄂渝湘黔前陆褶断

① 本节主要参考湖南省地质矿产局 405 队、湖南省地质矿产局实验测试中心 1985 年提交的《湖南省花垣县民乐锰矿地质特征和成矿规律研究报告》。

带;按照全国成矿区带的划分(陈毓川 等,2010),属于滨太平洋成矿域(I-4)的扬子成矿省(II-15)、华南成矿省(II-16)。三级成矿单元中属于上扬子中东部(台褶带)Pb-Zn-Cu-Ag-Fe-Mn-Hg-Sb 磷铝土矿硫铁矿成矿带(III77);位于全国 26 个重要成矿区带中的上扬子东缘成矿带(肖克炎 等,2016);按照华南南华纪锰矿成矿区带划分(周琦 等,2016),位于南华裂谷盆地锰矿成矿区、武陵锰矿成矿带、石阡-松桃-古丈锰矿成矿亚带。

区域构造上位于摩天岭背斜南东翼,北西翼已被剥蚀殆尽。区域性的红石断裂从矿区南东侧通过。区域地层从新元古界的梵净山群、板溪群、南华系、震旦系、寒武系地层均有出露。区域上燕山构造发育,区域地层、构造走向主要为北北东向。

二、矿区地质

(一) 矿区地层

花垣民乐大型锰矿床与松桃大塘坡、西溪堡、道坨等锰矿床一样,赋存于大塘坡组第一段黑色含锰岩系的底部。

民乐锰矿床含锰岩系呈北东—南西向分布。其厚度变化是以矿床为中心向四周循序变薄。大致以 ZK9-2—ZK3-8 孔一带最厚,达 50.21～52.05 m,另于 ZK3-2、ZKII-2 孔局部地段含锰岩系厚度也大。在走向上,矿区北东端延至火麻冲伸向矿区之外,厚度为26～34 m,梯度变化不大。向南西梯度变化大,如茶园寨一带为 22～29 m,夯戎为 14.5 m,贵州松桃四龙山为 2.72 m,至松桃马颈坳则全部尖灭。在横向上以第 8 排勘探线为例,矿床中心地段的 ZK8-10 孔厚度 51.39 m,向北西侧依次变为 43.60 m、37.07 m、0.11 m,向南东侧依次变为 40.12 m、38.41 m、22.74 m。含锰岩系总体上是以 ZK9-2、ZK9-10、ZK7-IO、ZK3-8 孔一线为断陷(地堑)盆地中心,从中心向四周逐渐变薄。

含锰岩系与矿体厚度之间存在着正相关关系。据矿区第 12 勘探线以北 96 个工程控制的含锰岩系厚度与 I、II 矿体厚度之和的相关散点图分析,含锰岩系厚度为 25～35 m 时,矿体厚度为 1.5～2.5 m;当含锰岩系厚度为 35～52 m 时,矿体厚度为 3.5～7 m。因此,含锰岩系厚度越大,锰矿体则越厚。

(二) 矿区构造

矿区褶皱简单,断裂发育。褶皱为轴向 20°～45°的平缓背斜和向斜。断层发育有 30 余条,主要为逆断层,少数为正断层,按照排列方位分为两组:一组为北东—南西向断裂,规模较大,延伸较长,为矿区主要的断裂构造,对矿层有一定影响;另一组为北西向和近东西向断裂,属次一级派生断裂。

三、矿体、形态、产状、规模

(一) 矿体形态产状规模

民乐锰矿床的锰矿体,系由若干似层状、透镜状矿体紧密交错叠置而成,矿体与围岩在总体上呈整合接触(图 5.22)。按矿体产出部位、形态、物质组分含量和矿石的结构构造特征，同时考虑工程样品组合后的矿石品级，该矿床可划分为 I、II 两个工业矿体。其间一般为厚 0.5～1 m(最厚达 2 m)的黑色页岩所隔开。黑色页岩的岩性特征除矿物成分与底板的黑色页岩略有差别外，没有其他的特殊宏观标志。

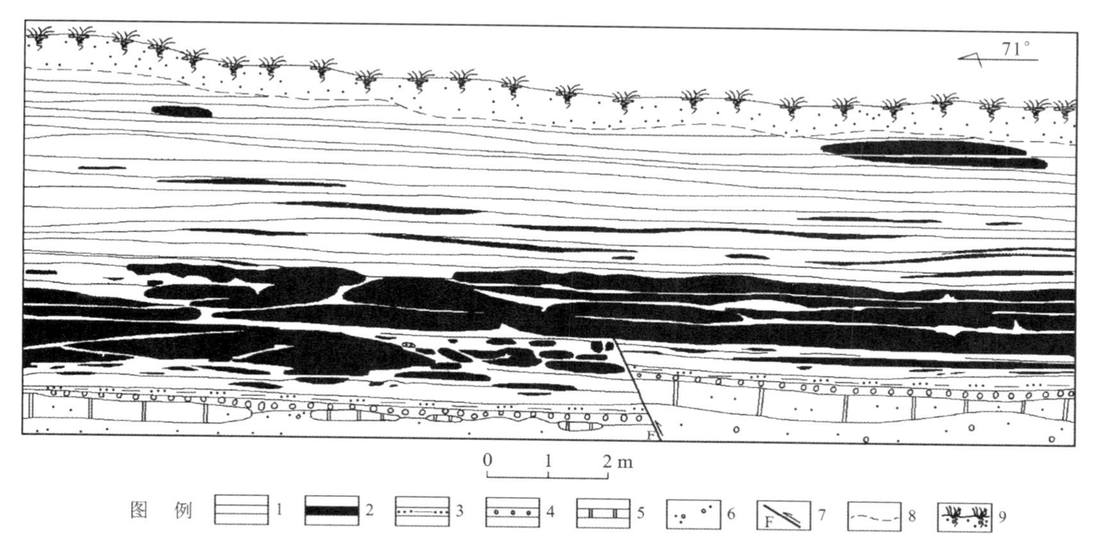

图 5.22 湖南花垣民乐锰矿床透镜状菱锰矿体素描图(据湖南省地质矿产局 405 队资料)

1. 碳质页岩；2. 透镜状菱锰矿体；3. 粉砂岩；4. 岩屑杂砂岩；5. 白云岩透镜体；6. 含砾岩屑砂岩；7. 断层；8. 浮土层界线；9. 残坡积物

在空间上矿体为一长轴 40°的椭圆形，其南西段的北西部分已被剥蚀。矿体出露的海拔标高为 684～850 m，其南段和北段较高，中段较低。矿体走向最大延伸长度 5 530 m，其中工业矿体为 4 250 m；倾向最大延伸宽度为 1 820 m，其中工业矿体为1 800 m。矿体倾角在浅部(650 m 标高以上)较陡，一般为 22°～30°；深部(650 m 标高以下)较缓，一般为 6°～20°。

(二) 矿体产出特征

1. 下矿体(I 矿体)特征

下矿体(I 矿体)分布于矿区的中部，即第 6 勘深线至第 12 勘深线，走向上断续延长 1 500 m，宽度 1 290 m。矿体底界与含锰岩系底界的距离最大为 3.6 m，最小为 0.1 m，一般为 1～2 m。矿体厚度较薄，一般为 0.89～1.22 m，个别达 2.28 m，平均厚度为 1.07 m。该体一般由一体组成，个别由二小体组成，厚度不很稳定，无论在走向或倾向上常有时厚时薄的变化，或出现无矿天窗。例如，ZK8-6 孔矿体厚度仅为 0.35 m，不具工业意义，而其两侧的 ZK8-4、ZK 8-7 孔，厚度则分别为 0.75 m 及 0.92 m；又如 ZK9-3 孔仅见含锰页岩，其两侧的 ZK9-2、ZK9-4 孔矿体厚度分别为 1.71 m 和 1.17 m。I 矿体厚度变化系数为 28%，属于中等变化程度。总之，该矿体于 ZK10-4 孔一带为中心，厚度较大，向边缘逐渐变薄而不可采，直至相变为含锰页岩而尖灭。

矿体在剖面上呈透镜状或似层状产出，具尖灭再现的特征；在平面上，除在ZK8-4、ZK9-6、ZK9-7、ZK10-3、ZK10-4、ZK10-5等钻孔工程锰矿成片分布外，其余多呈单个透镜体出现；工业矿体的大小，除上述工程分布区具较大规模（长达540 m、宽达250 m）外，其余矿体长与宽多在200 m×120 m。

矿石类型以条带状矿石为主，系由菱锰矿条带与极薄层黑色页岩相间所构成。菱锰矿条带宽一般小于1 mm，部分宽达2～3 mm，分布较密集，但常为黑色页岩所隔开，形成不连续的短细条状菱锰矿沿层理方向排列。据镜下鉴定，菱锰矿一般含量为30%～40%，黏土矿物一般含量为25%～35%，碳质含量为2%～3%，黄铁矿含量一般为1%。

矿石中主元素含量：Mn含量一般15%～17%，平均为16.15%，除ZK8-4—ZK10-5孔锰的含量较高外，向边缘锰含量变低，多为表外矿石。有害元素P含量一般为0.2%～0.3%，平均为0.235%，P与Mn的比值为0.008～0.024，平均为0.017；SiO_2平均含量为27.61%；TFe平均含量为3.59%；S平均含量为2.35%。

一般说，I矿体的Mn、CaO、MgO、Co、Mn/Fe、Mn＋Fe均比II矿体低，而SiO_2＋Al_2O_3/CaO＋MgO及有害组分SiO_2、S、As、Pb、Zn则比II矿体高，Ni和有害组分P在I、II矿体中含量大致相等。矿石中砂屑（包括长石、石英岩屑）及黄铁矿的含量也比II矿体高。矿石结构主要是微粒结构，其次是变砂屑结构和泥晶结构。矿石构造以条带状构造为主，块状少见。本矿体以分布范围小，矿石质量差，矿体厚度较薄，且变化较大为特点。本矿体矿石量少，仅占全区表内总储量的1.6%，工业意义不大。

2. 上矿体（II矿体）特征

上矿体（II矿体）为民乐锰矿床之主体，产于I矿体之上，主要由3～4个小矿体与黑色页岩相间组成。其下部一二个小矿体主要呈层状、似层状，上部小矿体常出现扁豆状、透镜状。II矿体分布面积为480万m^2，其中工业矿体分布面积为354万m^2。矿体规模大，厚度比较稳定，在勘探范围内，厚度最小为0.32 m，最大为6.53 m，一般为1～3 m，平均为2.71 m。矿体厚度在纵横剖面上变化规律较为明显，由矿床的中心向四周边缘逐渐变薄，通过II矿体厚度趋势面分析，厚度变化趋势与地表、地下勘探工程控制的矿体厚度资料是相符合的。II矿体厚度变化总趋势，在走向上以PD28—ZK3-10孔一带为中心，厚度为5.64～4.14 m。向两端逐渐变薄，但递减梯度较小，趋势等值线作稀疏排列，其间局部地段也有增厚变薄的现象。在横向上，厚度由中心向边缘逐渐变薄的趋势也很明显，且递减梯度较大，趋势等值线分布较密集。厚度趋势等值线均有封闭的趋势，而且不同阶次厚度趋势面等值线图的高值区基本上是重合的。据统计，矿体在横向上每延伸100～150 m，厚度减薄1 m。II矿体厚度变化系数为65%，属变化中等类型。

II矿体的矿石品位普遍比I矿体高，Mn含量一般为16.01%～25.74%，最高含量为26.69%，平均品位为19.79%，含锰品位变化系数为13%，属于均匀类型。在品位等值线图上品位的高值区呈孤岛状零星分布，且多分布于矿体的中心部位，越向矿体边缘，品位等值线越表现出一定的方向性和连续性。通过品位的趋势面分析，发现II矿体品位变化的总趋势是以PD29、ZK9-5、ZK7-14孔一线为中心，向四周边缘逐渐降低，而且对称性较好。在南西和北东方向品位递减梯度较小，品位趋势等值线分布较稀疏；在北西和南东方向品位递减梯度较大，品位趋势等值线分布较密集，并且越向边缘越加密集。不同阶次的品位趋势面等值线图的高值区基本上是重合的，趋势等值线均有封闭的趋势。此外，II 矿体品位变化的总趋势与其厚度变化的总趋势极为相似，说明两者的变化有着内在的联系，即矿体中心部位厚度大，品位也高，向四周边缘厚度逐渐变薄，品位也随之逐渐减小。

主要有益组分——Fe 的含量比较稳定，TFe 含量一般为 2%～3%，全区平均 TFe 含量为 2.55%。该矿体 TFe 含量略低于 I 矿体，而且 II 矿体富矿段 TFe 含量低于贫矿段。铁与锰之间相关系数为－0.24，即具极不密切的负相关关系。

II 矿体的锰铁比值为 6.59，按别捷赫金的矿石分类，属于单金属的锰矿石，其变化的总趋势是中心部位（ZK8-12、ZK10-4、PD29 一带）较高，向四周边缘逐渐降低。

矿石中有害组分——P，主要分布于矿体北东段（第 13 排勘探线以北），即矿床中心地段的北西侧 ZK7-6、ZK8-7、ZK8-8 孔一带最高，达 0.96%，另在北东端 ZK1-6 孔也有一高值区，为 0.538%。一般 P 含量为 0.1%～0.3%，平均为 0.235%。含量大于 0.4%的高值区多为零星分布，而小于 0.4%的低值区连续成片分布。矿体南西段的 P 含量普遍降低。通过 P 含量的趋势面分析，得知 II 矿体 P 含量的变化总趋势是以 ZK82-7、ZK101-3、PD25B 一带为中心，向四周边缘逐渐降低。中心部位趋势等值线分布宽缓，递降梯度较小，边缘部分递降梯度较大，趋势等值线较密，尤以南东和北西方向递降梯度较大。P 含量变化的趋势中心同厚度及 Mn 品位变化的趋势中心相比较，略向北西偏移一定的距离，说明含量的变化与厚度、Mn 品位变化的同步性较差。II 矿体磷锰比值为 0.008～0.013。P 与 Mn 含量变化关系在矿区没有表现明显的规律性。

成渣组分中，SiO_2 含量一般为 16.89%～30.20%，平均为 22.83%；Al_2O_3 含量一般为 4%～6%，平均为 4.91%；CaO 含量一般为 7%～9%，平均为 7.56%；MgO 含量一般为 3%～5%，平均为 3.72%，SiO_2＋Al_2O_3 与 CaO＋MgO 含量比值，在 II 矿体中平均为 2.82，为酸性碳酸锰矿石。一般来说由矿体中心向边缘，SiO_2、Al_2O_3 有所降低，而 CaO、MgO 则有所增高。其 SiO_2 的含量同 Mn 含量有极为密切的负相关关系，两者互为消长，无论在矿体走向或倾向上均很明显。

其他伴生元素的含量甚微，且很稳定，经化学分析均未达到综合利用价值。

综上所述，矿区范围内含矿岩系和 II 矿体的厚度、品位及磷锰比值、TFe 含量的变化总趋势，虽然它们各自的趋势中心不完全吻合，但都具有由中心向边缘变薄或降低的总趋势，这一共同的规律，说明它们的富集和形成是在一个局限盆地中完成的，盆地中心的物理化学条件对 Mn、P、Fe 等物质的聚集是有利的。

II 矿体的内部层数较多，特别是在矿床中心地段，即 ZK9-12—ZK9-8 和 ZK4-6—PD28 这一范围内由 3～4 层菱锰矿与 3～4 层黑色页岩相间组成，个别工程达 5 层，而使矿体具有多层性，但夹石仍在矿体之内收敛尖灭。夹石的体数及厚度由矿体中心地段向四周边缘逐渐减少变薄。相应地使矿体由中心向边缘逐渐由多体收敛聚合为一层。

不管 II 矿体表现为多体的地段或以单体产出的地段，每一层矿均由若干透镜状或似体状矿体（自然形态）紧密交错叠置构成。最上部一层矿的结构单元以小透镜状矿体居多，它们沿走向或倾向上均不稳定，往往具尖灭再现或尖灭侧现的特点。厚度一般很薄，除 ZK82-7、ZK9-0、ZK 9-2、ZK 9-3 等钻孔，厚度分别为 1.71 m、1.2 m、2.68 m 及0.71 m 外，其余均小于 0.7 m。单个透镜体的大小，一般长 20 至 100 余米，个别大于200 m，宽 50～120 m，不具工业意义。下部 1～3 层矿的矿体结构单元，为似层状矿体和透镜状矿体兼而有之。

矿体边界与围岩的界线有两种情况：一种是突变式的，两者的接触界线非常清晰；另一种是渐变式的，两者的接触界线不清晰，这是由于在成矿过程中，矿化强度由矿体向围岩逐渐减弱，在矿体边缘往往有一些菱锰矿透镜体或条带分布，向围岩逐渐消失，而形成一种过渡关系。

矿体边界与围岩层理一般为整合接触，但局部有穿切层理的现象，这在矿体呈分枝状和透镜状产出的部位较为清楚。当然，也有部分透镜状矿体没有穿切围岩层理、矿体中的夹石，据 200 个见矿钻孔统计，其中有 99 个工程中的矿体夹有 1～4 层(个别工程达 5 层)厚度不等的夹石，其岩性为黑色页岩。

II 矿体之上为“矿化层”，即指含矿岩系由上而下菱锰矿条带开始出现至 II 矿体顶界这一含锰黑色页岩体，厚度为几米至 26.3 m 不等，平均厚度 10 m，一般厚度 8～12 m，与含矿岩系基本上具有同步消长关系。在 I 矿体之下及矿体外围边缘也同样存在“矿化层”。其岩性特征与上覆黑色页岩并无明显的区别，唯其不同的是在矿化层中都赋存有密集程度不同的菱锰矿条带，一般是在 3～10 cm 内有 1～2 mm 厚的一菱锰矿条带若干条，而且越接近矿体，菱锰矿条带的密集程度越高，有时可形成规模大小不一的扁豆状、透镜状矿体，构成分布不连续的透镜状矿体，其分布主要在含锰岩系厚度大于 40 m 的地段。“矿化层”中的矿体产出部位距 II 矿体顶界的距离各不相同，最高产出部位距 II 矿体顶界为 13.5 m。一般多在 II 矿体之上 5 m 范围内产出。矿体规模一般甚小，其中以 ZK9-0 至 ZK9-5 孔之间产出的透镜状矿体规模稍大，长约 590 m，最大厚度 3.35 m，但变化剧烈。由于这些透镜状矿体均小，厚度大于可采厚度(0.7 m)的不多，或因单工程样品组合后降低了 II 矿体的矿石品级，所以均未纳入储量计算。

四、矿床中火山碎屑物质的分布及特征

民乐锰矿体之底界各层位中，均有沉积火山碎屑岩和火山碎屑沉积岩分布，由于这种沉积火山碎屑岩的粒级细微，多属于细凝灰粒级(粒径 $d<0.05$ mm)，一般不易识别。通过多种测试手段，特别是扫描电镜的分析，均发现了比较典型的火山灰结构和玻璃质，火山物质在锰矿中的存在是肯定的。

(一) 火山碎屑分布特征

(1) 火山碎屑物在矿床垂直(剖面)方向上的含量及其变化经研究，该矿床中的火山碎屑物主要赋存在锰矿体的底板和 I 矿体中，往上在 I、II 矿体间的夹石中含量则大大减少，再往上在 II 矿体之中则含量甚微，到矿体顶板页岩中则无火山碎屑物存在。反映在

岩石定名上,矿体底板常见有粉砂质沉凝灰岩或沉凝灰岩和凝灰质粉砂岩等,向上则为凝灰质菱锰矿、含凝灰质菱锰矿或含凝灰质页岩,再向上则为微含凝灰质的页岩或菱锰矿,至II矿体或矿体顶板部位,火山物质含量极少以至不能参加定名。由此可见,火山碎屑在矿床垂直(剖面)方向上的分布,是由矿体底板→I矿体→夹石→II矿体→顶板,其火山碎屑物质在含量上是由很多→多→少→极少→无,构成一个递减数列式特征,这种特征可能与火山喷发处于尾声而渐渐静止的过程有关。

(2)火山碎屑物质在矿床水平方向上的含量及其变化。据若干剖面对比研究,发现矿床中的火山碎屑物主要集中在北部4排勘探线和南部17排勘探线之间的地段,其他地段虽有分布,远不及这一地段丰富,特别是7线至13线一带,可以认为是火山碎屑堆积的中心。这一火山碎屑堆积地段正好是I矿体的分布地段及II矿体的中心地带,同时又是Mn、P含量的高值区。这种现象的出现,可能是它们(Mn、P、火山碎屑与火山)之间有一定的成生联系。

(二)火山物质与锰矿的关系

在镜下清楚可见火山物质条纹与锰矿条纹相互构成叠复层理,或互相混合堆积呈条带状,在垂向上,矿床中的火山物质主要赋存在锰矿体的底板岩石中或矿体底部的条带状矿石中,即从矿体的下部至上部,火山物质含量由多到少,相反,锰质的含量则从低到高,火山物质与锰质之间表现为互为消长的负相关关系。在平面上,火山物质的富集地段恰好是主矿体的中心地带和Mn、P含量的高值区,说明火山物质与锰质、磷质三者之间具有正相关关系,或者说具有相同性。火山物质与锰质之间垂向上的负相关关系和平面上的正相关关系这一矛盾性,似乎反映了它们的成生联系,即火山碎屑是在火山喷发期喷出的,而含锰物质往往在火山喷发末期或间歇期溢出,所以两者在时间上有相对的先后关系,又因为它们都是在同一地点同一盆地和同一环境沉积下来的产物,于是又表现出它们之间在平面分布上的相同特征。

(三)火山物质的形态特征

矿床中火山碎屑主要为晶屑和火山灰或火山尘,岩屑较少。石英晶屑:粒径$d<0.18$ mm为主,大小多数晶屑的表面比较明亮,外形奇特,具尖棱角状,有刀把状等奇特形状。斜长石晶屑:大小与石英相当,表面比较明净,最大的特点是普遍具有阶梯状断口,斜长石式双晶发育,由斜长石垂直于(010)面的晶带消光角法经测定牌号为22～26号。钾长石晶屑(限于大塘坡组):为棱角状及次棱角状,外形奇特,碎屑大小为0.12～0.05 mm,表面有黏土质麻点(泥化),没有双晶,裂缝发育。云母晶屑(限于民乐组):晶片常弯曲或裂开。熔岩碎屑(主要见于含矿层)为酸性斑岩屑,棱角尖锐。除此,尚有为数甚多的尘状火山灰,经扫描电镜分析,放大5 000～10 000倍,可见火山灰结构。

锰矿石中火山碎屑与菱锰矿球粒集合体的关系,即火山碎屑分布于锰矿之中,其晶屑周围为菱锰矿球粒所围绕。火山碎屑与菱锰矿微体相互叠复,构成不连续的叠复式层理构造。镜下常见各种晶屑、岩屑和粒径小于0.05 mm的细微物质杂乱混合形成的"流动"

构造，在矿石中为胶结菱锰矿集合体粒屑，有些具有尖棱角状。大小不等的未经分选的菱锰矿集合体粒屑似为此种由火山灰为主的物质构成的火山灰流所冲破。

大塘坡组底部岩体中的火山碎屑多为细微凝灰质和火山灰尘，未发现粗的火山碎屑，故不可能属于爆发作用的火山口附近和火山口相的物质。

五、矿石特征

（一）化学成分特征

组成锰矿石的化学成分，主要有 Mn、CaO、MgO、CO_2，其次有 SiO_2、Al_2O_3、TiO_2、FeO、Fe_2O_3、K_2O、Na_2O、H_2O、P_2O_5、C(有机)、S 等，其中 CaO、MgO、Mn 与 CO_2 组成锰矿物，以及其他伴生的碳酸盐矿物。此外，矿石中有机质占 1%～4%，其他杂质也较高，SiO_2、Al_2O_3、K_2O、Na_2O 等也占有较大的比例。特别是条带状矿石，S 的含量变化较大，而且表现硫高铁也高的特点，Fe 的含量较同类矿床低些，故属低铁的锰矿。

微量元素栏中，Ba、Mo、Pb、Cu、Hg、As、Cl 都高于沉积岩中的含量，其中 Ba、B、Cl 具有指相意义。As 高可能因为大塘坡组有较多的黄铁矿存在。除此，还有一些元素明显低于沉积岩中的含量，如 Cr、Ga、Zn、Co、Ni、Sn、F、Se、Rb，其中 Se 低 44 倍，Rb 低 18 倍，Ni 低 6 倍，Co 低 3 倍。

（二）矿物成分特征

民乐锰矿主要矿物成分为含锰碳酸盐的系列矿物。为了研究碳酸盐的系列矿物，前人进行了一定的工作。现将各种测试资料进行综合分析，确定了以下各种矿物(据湖南省地矿局 405 队资料)。

1. 碳酸盐矿物(含锰矿物)

该区锰主要是一些 $CaCO_3$-$MnCO_3$、$MgCO_3$-$MnCO_3$ 二元系，$MgCO_3$-$CaCO_3$-$MnCO_3$、$CaCO_3$-$MgCO_3$-$MnCO_3$ 三元系矿物组成，纯净的 $MnCO_3$ 矿物不多，它们是菱锰矿、钙菱锰矿、镁菱锰矿、钙镁菱锰矿、镁钙菱锰矿、锰白云石。

(1) 菱锰矿($MgCO_3$)为矿石的主要成分。民乐锰矿区菱锰矿与自然界一样，大部分有 Fe^{3+}、Ca^{2+}、Mg^{2+} 阳离子代替，但尚未全部改变其本质，故多有特征的 X 射线谱线(d_{104}=22.835～2.850)；物相分析结果看出各种组分的摩尔浓度值计算得出纯 $MnCO_3$。分子式或其他阳离子置换很少的菱锰矿，组成了矿石的基本成分；电子探针(能谱)分析的结果也有少部分点子落在纯菱锰矿的区域；各种测试资料表明，该区矿石中存在着成分纯或较纯的菱锰矿是毋庸置疑的。菱锰矿在显微镜下呈浅褐色，球粒状，正突起高，N_o=1.750 8～1.759 1，其菱形解理只在电镜照片中见到，没有双晶，闪突起因颗粒细难以觉察，高级干涉色珍珠灰色。

(2) 钙(镁)菱锰矿和钙镁(镁钙)菱锰矿。由于 Fe，Mg、Ca 阳离子的连续交替 Mn 离子，使矿物中出现钙镁锰碳酸盐的类质同象，其中以 Ca 对 Mn 的交替是比较常见和肯定的。其次是钙镁同时以各种不同比例对 Mn 的置换及单独的 Mg-Mn 系列。矿物则由于 Mn 被 Ca、Mg 置换，使其颜色变浅，表面往往比较清晰，球粒常有加大的现象，而且呈环带状、放射状和葡萄状等集合体。闪突起相对明显些，$N_o=1.7341 \sim 1.7403$，这些集合体有时形成对突起高的球粒菱锰矿的包围。

(3) 锰白云石，似球粒、暗褐色，$N_o=1.7122$，干涉色为高级珍珠灰(颗粒因有机质的渲染，不易辨认)。

(4) 白云石。矿石中最常见的一种与菱锰矿伴生的矿物，常分布于菱锰矿集合体的球粒单晶之间，成为连接锰矿的"胶结物"。薄片中以他形微粒状为主，白色，表面比较纯净，干涉色为高级白，比较清晰。

(5) 方解石。据物相分析，多数样品中有方解石存在，但含量甚低，仅百分之几，可能是方解石细脉的矿物。

2. 黏土矿物类

矿石中黏土矿物主要用 X 射线衍射分析鉴定其种属。与碳酸盐混积的矿物主要是伊利石，此外尚有相当部分微细的石英、长石。伊利石、石英、长石的微细颗粒主要与碳酸盐有机质混合在一起，分布于锰矿球粒隙或锰矿集合体之间，据自然击开面的电镜扫描分析，见有初期风化的长石和蒙脱石。

在矿体的底板或夹体中，砂质页岩的黏土矿物主要为伊利石和细微颗粒的石英、长石，其次是绿泥石、铁白云石。其中伊利石几乎在每件试样中均有存在，其出谱率达98%。细微粒长英质矿物的出谱率分别达83%和89%，由于本身颗粒极细及有机质的影响，偏光显微镜下无法见其真面目，但在扫描电镜放大数千倍便很清楚。

3. 碎屑矿物类

(1) 火山碎屑。仔细研究矿石中的火山碎屑可分两部分，其一为继承性碎屑，应归入陆源碎屑部分去描述；其二为同期火山作用形成的火山碎屑。

(2) 陆源碎屑。主要为一些稍远距离搬运的石英砂屑。这些砂屑以所具稍滚圆的外形和另一些表面磨损现象与火山碎屑分开。除此之外，部分条带状矿石中尚见白云母、绢云母碎片，平行层理分布。锆石、电气石等陆屑则更少见。

4. 其他矿物

(1) 磷灰石

矿石中 P_2O_5 的分布极不均匀，但总的来说，都属高磷矿石。磷主要形成磷灰石，另有少量胶磷矿。磷灰石呈半自形短柱粒状和粒状，一般粒径小于 0.04 mm。这些短柱粒状的磷灰石成不规则状集合体，不均匀地分布于黏土和碳质物中，常见磷灰石的集合体被菱锰矿集合体所包裹，磷灰石微粒也常分布于石英和白云石细脉中，或成细分散状浸染于菱锰矿微粒集合体中，似乎磷灰石和菱锰矿有反复包裹的现象。

(2) 胶磷矿

含量很少，呈团块状产于菱锰矿的集合体中，往往有碳质掺杂其中。

(3) 黄铁矿(FeS)

矿石中比较普遍地存在，一般粒径为0.03～0.001 mm，有两种晶形，一种为草莓状发育良好的单晶，一般为圆球粒状，发育不良的半圆形或3/4圆球粒，集合体呈典型的草莓球状，集堆或散布于纹体状菱锰矿或黑色页岩中，反射色为淡黄白色，反射率高，具有平滑的磨光面。另一种为立方体黄铁矿，其周围往往有细鳞片状的云母丛生，云母晶片平行且垂直于黄铁矿立方体生长；除星散分布外，常见沿岩石的体理分布。这两种黄铁矿的成因显然是不同的，前者是成岩早期或准同生沉积的产物，而后者无疑地应为成岩晚期形成的。光片中也曾见莓状黄铁矿向立方体转变的颗粒。

六、成矿时间

花垣民乐大型锰矿床未单独测定其菱锰矿体之间的凝灰质砂岩或黏土岩的锆石年龄。但分析它应与区内其他锰矿床一样，如贵州松桃李家湾(杨立掌)、黑水溪等锰矿床成矿时间一致。尹崇玉等(2006)在毗邻的松桃黑水溪锰矿区大塘坡组底部凝灰质透镜体中，测定的锆石SHRIMP II U-Pb年龄为(667.3±9.9) Ma(MSWD=1.6)，与Zhou等(2004)在*Geology*上报道的松桃杨立掌锰矿床寨郎沟剖面大塘坡组下部凝灰质体的锆石U-Pb年龄(662.9±4.3) Ma(MSWD=1.24)完全一致。因此，花垣民乐大型锰矿床锰矿成矿时间应在662.9～667.3 Ma。

七、资源储量

1978年10月至1982年12月，湖南省地质局405地质队提交了《湖南省花垣县民乐锰矿床详细勘探地质报告》，共获得锰矿石储量2 969.81万t，并通过湖南省储委审查，成为华南地区当时最大的“大塘坡式”锰矿床，即古天然气渗漏沉积型锰矿床。

八、矿床类型

(一) 成因类型

与松桃大塘坡锰矿床的成因类型一样，花垣民乐大型锰矿床的成因类型为古天然气渗漏沉积型锰矿床，也称“内生外成”型锰矿床。

(二) 工业类型

矿石的自然类型为碳酸锰矿石。过去将大塘坡式锰矿床工业类型划为难利用“高磷低铁碳酸锰矿石”。随着20世纪末电解锰湿法冶金技术取得重大突破，花垣民乐大型锰矿床的工业类型为优质的湿法冶金用碳酸锰矿石。

锰矿裂谷盆地古天然气渗漏沉积成矿系统

第六章

与南非、加蓬、澳大利亚和黑海周边的乌克兰、格鲁吉亚超大型锰矿床形成于稳定克拉通背景条件下、盆地边缘的外生沉积成锰条件不同，华南南华纪锰矿形成南华裂谷盆地背景，形成与断陷盆地中心，是成矿时间很短的事件沉积。本章拟从锰矿成矿时代与空间分布规律、深部锰质来源的角度，介绍华南地区南华纪锰矿裂谷盆地古天然气渗漏沉积成矿系统、古天然气渗漏与锰矿成矿作用等特征。

第一节　锰矿成矿时代与时空分布规律

一、锰矿成矿时代

在世界范围内，成冰纪(Cryogenian)至少存在四次冰期沉积记录，依时代由老到新分别被命名为 Kaigas 冰期、Sturtian 冰期、Marinoan 冰期与 Gaskiers 冰期。目前在我国华南地区只存在 Sturtian 冰期与 Marinoan 冰期两期冰川沉积记录(赵彦彦和郑永飞，2011)，但根据最新化学地层学与定年结果，在华南 Sturtian 冰期之前的沉积记录中即存在气候转冷记录(Lan et al.，2015a，b；Huang et al.，2014)。我国华南地区在 Sturtian 冰期结束前后，发育以南华盆地为代表的裂谷盆地沉积。整体来看，两界河组在区内分布较局限，岩性以中-厚层岩屑砂岩及石英砂岩组成，可能是裂谷盆地发育过程中的产物(周琦 等，2016)。铁丝坳组与南沱组为含砾石的冰川/冰海沉积，分别代表 Sturtian 冰期与 Marinoan 冰期沉积，夹于铁丝坳组与南沱组之间的大塘坡组为间冰期沉积。

根据最近地层对比及盆地恢复研究成果，由于地壳拉张作用，南华盆地中出现隆起(地垒)区与断陷(地堑)区相隔出现的盆地格局，两种相区出现明显的沉积分异(周琦 等，2016；杜远生 等，2015)。在地堑区，铁丝坳组一般为厚度几米至数十米的含砾杂砂岩，为典型冰川沉积；大塘坡组则可分为三段，其中第一段底部为锰矿赋矿层，一段为黑色碳质页岩，厚度变化在数十米至近百米，第二段、第三段岩性主要为灰绿色粉砂岩，厚度在近100～600 m。在地垒区，两界河组缺失，铁丝坳组相变为含砾砂岩、含砾白云岩及中-薄层白云岩，与下伏板溪群呈现平行不整合接触，大塘坡组一段在地垒区往往缺失或仅存在近 1 m 厚的含锰泥岩-碳质页岩组合，第二段、第三段厚度相较于地堑区同样减小，一般在数十米至百余米。

松桃将军山剖面位于黔东松桃县冷水溪乡东北方向约 5 km 将军山乡村公路边(图 6.1)，沿公路出露青白口系板溪群清水江组中-薄层砂岩及粉砂岩，南华系铁丝坳组含砾白云岩与板溪群清水江组砂岩呈平行不整合接触，可见厚约 5 cm 的褐色古风化

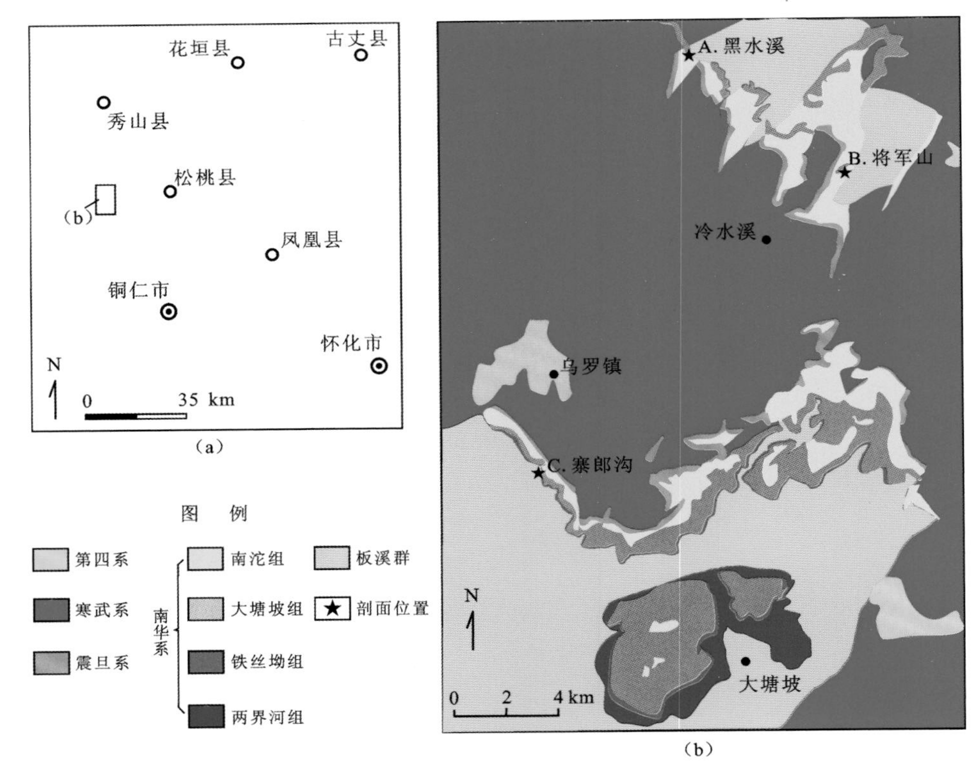

图 6.1　贵州省松桃地区大塘坡组分布地质简图

壳。铁丝坳组总厚 3.8 m，下部为白云质砾岩，由下至上白云岩基质中的砾石含量与大小均减小[图 6.2(a)]；上部见约 1.5 m 厚中层黑色白云岩，风化面上见明显刀砍纹。在铁

(a) 铁丝坳组含砾白云岩及白云岩

(b) 大塘坡组底部黑色含锰页岩及凝灰层

(c) 大塘坡组二段灰绿色粉砂岩

图 6.2　贵州省铜仁松桃将军山剖面

丝坳组顶部出现厚约 15 cm 薄层砂岩与上覆大塘坡组黑色含锰泥岩相分隔，铁丝坳组与大塘坡组之间呈整合接触关系。该剖面大塘坡组底部为厚约 30 cm 的含锰泥岩，下部夹厚约10 cm的白色薄层凝灰层[图 6.2(b)]，在该凝灰层位采集样品 JJS-7。凝灰层之上为黑色碳质页岩，大塘坡组第一段总厚为 1 m。该剖面中大塘坡组第二、三段出露不全，仅出露约 10 m，但厚度大为减薄，岩性以灰绿色中薄层粉砂岩及粉砂质泥岩为主。

在该凝灰层位采集样品进行 LA-ICP-MS 锆石 U-Pb 定年。在阴极发光显微图像中，大部分锆石显示出明显震荡环带结构和条带结构(图 6.3)，显示出岩浆锆石特征，这些锆石一般保留较完好晶型，显示出等轴状或柱状自型晶结构特征。长轴在 100～150 μm 内变化，短轴在 40～60 μm 内变化。少部分锆石呈现碎裂的形态，可能是经过搬运作用的结果。也有极少部分显示出核幔边结构，显示出继承锆石特征。

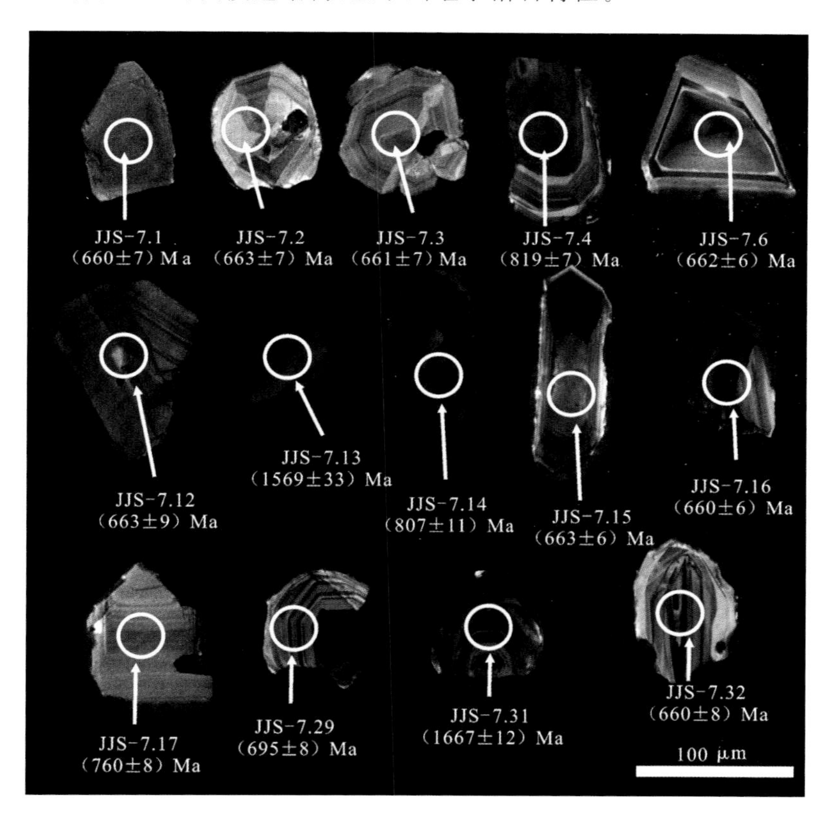

图 6.3　贵州省松桃将军山剖面大塘坡组底部凝灰层样品 JJS-7 中锆石阴极发光图

该样品共获得 52 个锆石 U-Pb 年龄数据，其中有 40 个年龄数据谐和度大于 90%，对这 40 个年龄数据的进一步分析表明，这些锆石 Th/U 为 0.43～2.09。结合阴极发光显微观察结果，进一步证实了这些锆石的岩浆成因来源(Belousova et al.，2002)。谐和锆石 U-Pb 年龄分布范围为 657～1 777 Ma，其中最主要的年龄峰值(n＝30)出现于 650～700 Ma[图 6.4(b)]，加权年龄为(664.2±2.6) Ma(MSWD＝0.57)[图 6.4(a)]。此外，有 1 个 760 Ma 锆石年龄，4 个锆石年龄分布在 800～820 Ma。此外尚有 5 个锆石年龄分布在 1 220～1 777 Ma。

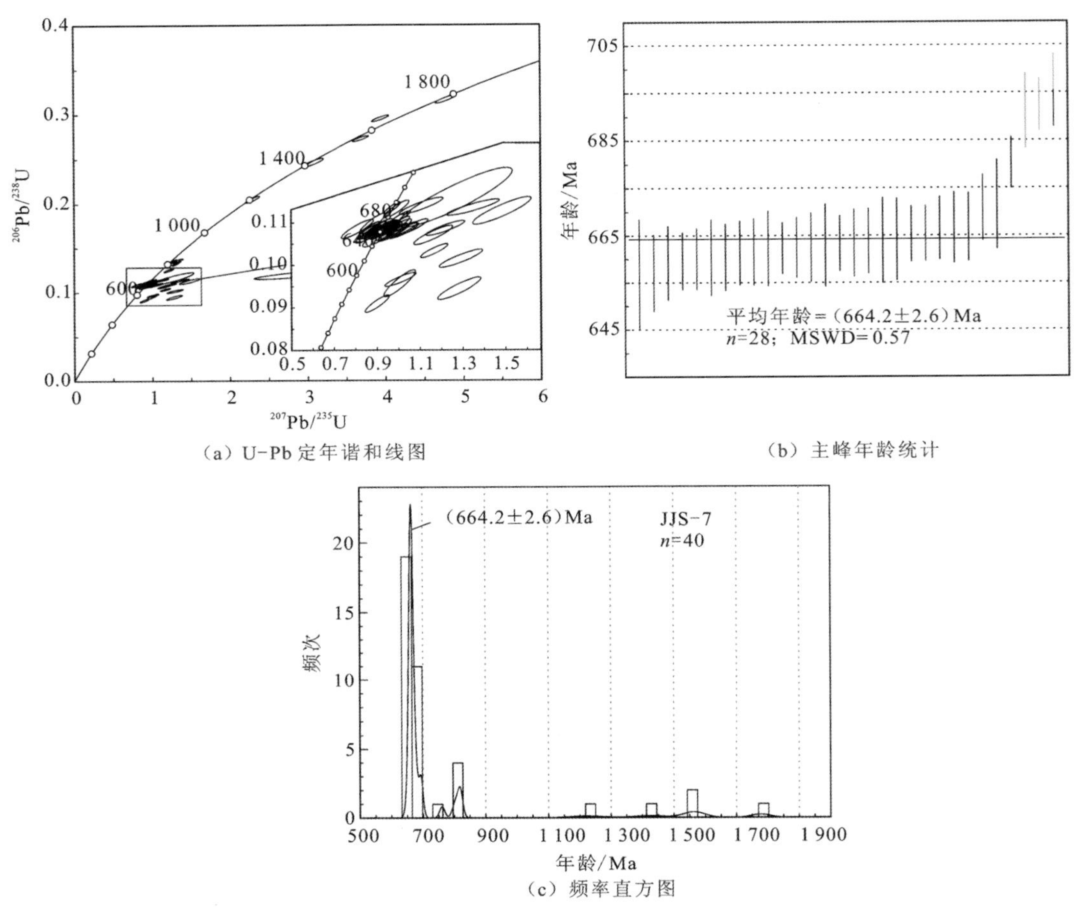

图 6.4　贵州省松桃地区将军山剖面大塘坡组底部凝灰层样品锆石

在锆石 U-Pb 定年结果中，1 220～1 777 Ma 内锆石的零星出现可能来自于岩浆形成过程中的捕获作用。760 Ma 及 800～820 Ma 的锆石则分别代表扬子地块新元古代两期大规模岩浆作用(李献华 等，2012)。主年龄峰值所获得的加权年龄为 664 Ma，该年龄值与前人分别在松桃杨家湾 IV 级断陷(地堑)盆地中的松桃黑水溪剖面、松桃李家湾-高地-道坨 IV 级断陷(地堑)盆地中的松桃寨郎沟剖面大塘坡组底部菱锰矿体中的凝灰夹层测定的年龄值(662.9±4.3) Ma 和(667.3±9.9) Ma 高度吻合，证明南华裂谷盆地内的隆起(地垒)区与断陷(地堑)盆地区所存在的凝灰层具有一致的年龄，这也为裂谷盆地中两种不同构造古地理单元中的地层对比提供了有力依据。基于地层对比与同位素年龄证据，华南第一次冰期的结束时间应在 667～663 Ma。考虑到在邻区大塘坡组顶部获得 654 Ma的锆石 U-Pb 年龄。Sturtian-Marinoan 间冰期在华南地区持续时间应约为 10 Ma

(Zhang et al.,2008)。

近年来,在世界范围内针对Sturtian冰期沉积之上的间冰期碎屑岩沉积进行了大量研究,通过Re-Os同位素及锆石U-Pb SHRIMP测年方法获得了一批高精度年代学信息(图6.5)。在成冰纪晚期位于劳伦古陆北缘的加拿大Mackenzie山脉地区,代表Sturtian冰期沉积的是厚约600 m的Rapitan群,间冰期Twitya组底部出现厚约10 m的"盖帽"白云岩,向上变为黑色页岩,在黑色页岩段最底部得到的Re-Os同位素年龄为(662.2±4.3) Ma(Rooney et al.,2014)。同样位于劳伦古陆的美国爱荷华州Pocatello地区Pocatello组Scout Mountain段中存在底界为717 Ma的Sturtian冰期沉积,冰期沉积物之上为数米厚的"盖帽"白云岩段,在距离冰碛岩之上10 m的粉砂岩段中获得锆石U-Pb SHRIMP年龄为(667±5) Ma(Fanning et al.,2004)。西伯利亚板块西缘的蒙古国西南部地区Zavkhan盆地区域内Maikhan-Uul组为冰碛岩沉积,对应Sturtian冰期,Taishir组为间冰期沉积,下部存在"盖帽"白云岩,并以碳酸盐岩沉积为主,在其中所夹页岩层中获得Re-Os年龄为(659±4.5) Ma(Rooney et al.,2015)。在澳大利亚-南极洲板块中,位于板块东部的Amadeus盆地中Areyonga组为Sturtian冰期沉积,其上Aralka组黑色页岩底部获得Re-Os年龄为(657.2±5.4) Ma(Kendall et al.,2006)。对上述数据进行总结后发现,紧邻Sturtian冰期沉积物的黑色页岩或砂岩夹层沉积年龄在657~667 Ma,这些结果与我国华南地区代表Sturtian间冰期开始的大塘坡组底部年龄一致(余文超 等,2016a;尹崇玉 等,2006;Zhou et al.,2004)。与此同时,以上剖面信息证明,Sturtian冰期沉积之上存在"盖帽"白云岩,并且形成类似的由碳酸盐岩或黑色页岩组成的海侵序列。并且Sturtian冰期的结束与间冰期发生的海侵作用不仅在南华裂谷盆地范围内,在世界范围内具有同时性,是一个可供对比的标志性事件沉积。

二、锰矿时空分布规律

(一)锰矿是南华纪早期古天然气渗漏喷溢事件沉积产物

华南南华纪古天然气渗漏沉积型锰矿床,不同于传统的海相沉积型锰矿床,它是典型的锰矿裂谷盆地古天然气渗漏喷溢沉积成矿这一事件沉积的产物,发生在665~667 Ma(南华纪大塘坡早期),成矿时间很短。来自深部富锰的流(气)体藏沿同沉积断层上升,在系列次级裂谷盆地中心迅速释放、沉积成矿后即结束。虽存在几个渗漏喷溢周期,但间隔时间很短。渗漏喷溢结束后,尽管断陷(地堑)盆地继续拉张、下陷,接受黑色页岩沉积,但因短暂的成锰期已结束,而无菱锰矿体分布。这在李家湾-高地-道坨IV级断陷(地堑)盆地南东侧、和尚坪隆起(地垒)的南西端,古天然气渗漏喷溢成锰期结束后才开始拉张断陷,接受沉积,尽管含锰岩系厚度可大于30 m,但多个钻孔揭露均未见矿(图6.6),就是这一原因。这类现象在大塘坡断陷(地堑)盆地、万山盆架山-长行坡-芷江莫家溪断陷(地堑)盆地中也有发现。这又从另一侧面证明锰质不是来自大陆风化,而是"内生外成"、渗漏喷溢成锰作用时间很短的事件沉积。

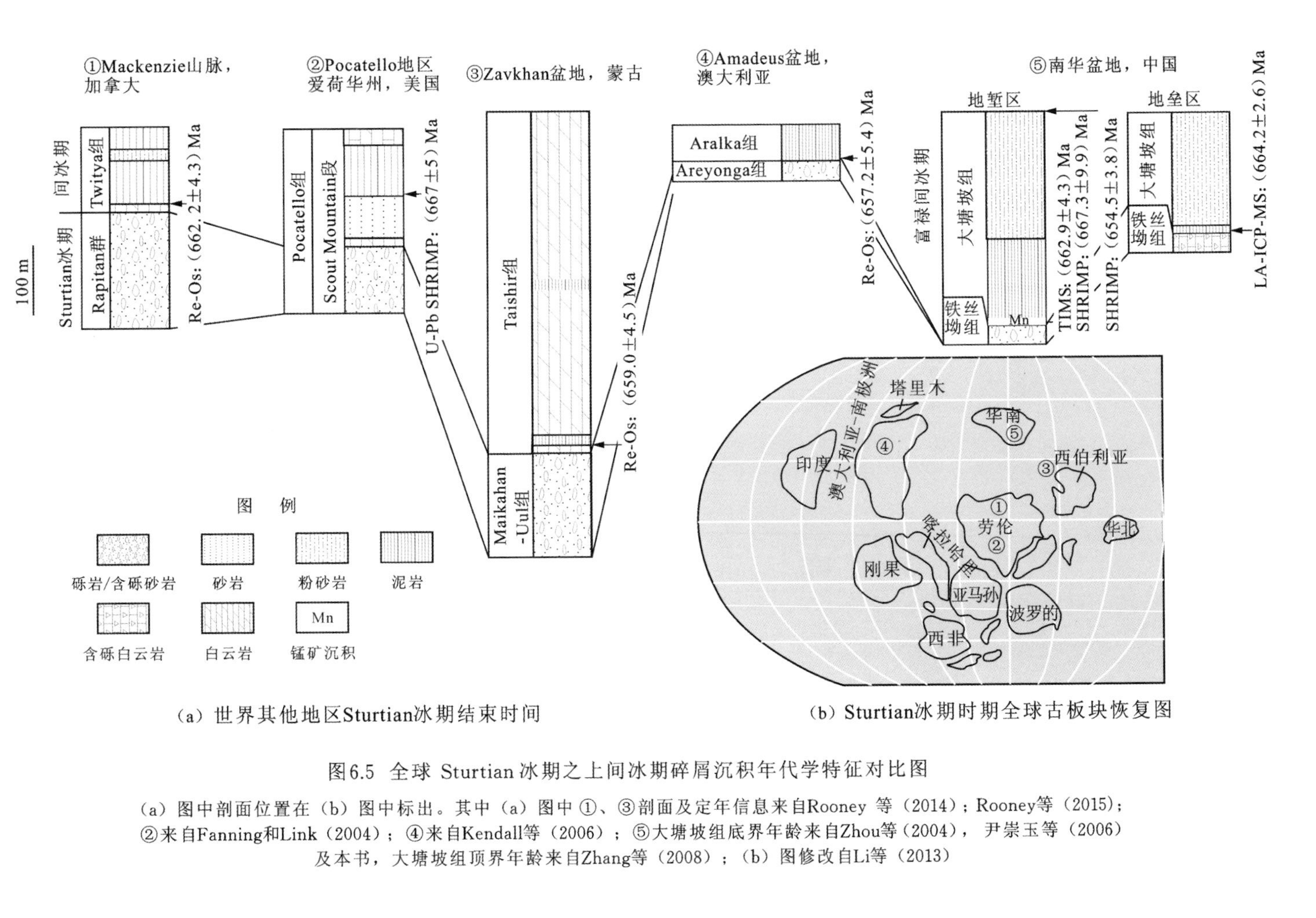

图6.5 全球 Sturtian 冰期之上间冰期碎屑沉积年代学特征对比图

（a）图中剖面位置在（b）图中标出。其中（a）图中①、③剖面及定年信息来自Rooney 等（2014）；Rooney等（2015）；②来自Fanning和Link（2004）；④来自Kendall等（2006）；⑤大塘坡组底界年龄来自Zhou等（2004），尹崇玉等（2006）及本书，大塘坡组顶界年龄来自Zhang等（2008）；（b）图修改自Li等（2013）

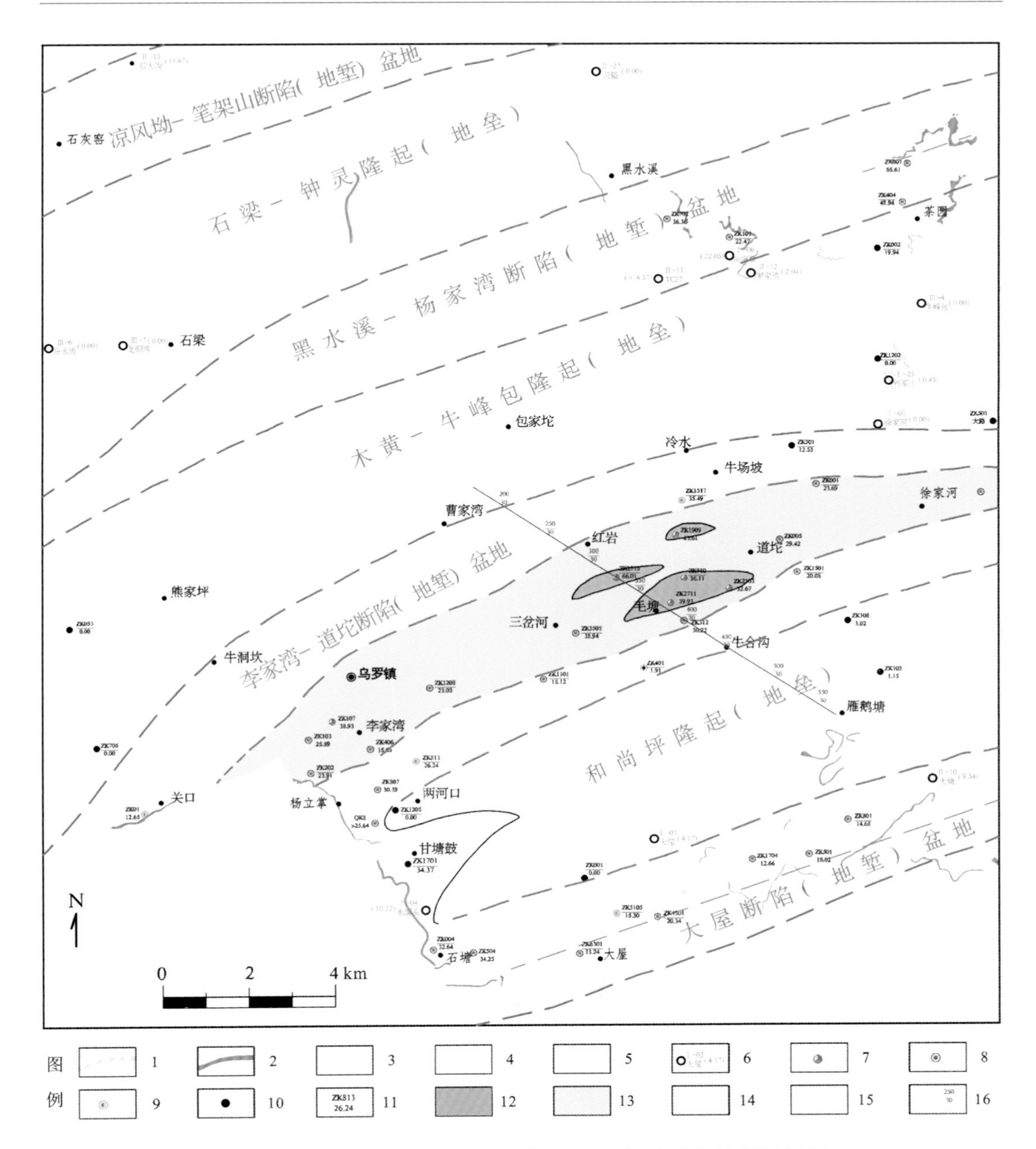

图 6.6　贵州铜仁松桃锰矿整装勘查区(北段)南华纪早期同沉积断层、IV级断陷(地堑)盆地与隆起(地垒)分布图

1. 下南华统铁丝坳组露头；2. 下南华统大塘坡组第一段(含锰岩系)露头；3. 控制IV级断陷(地堑)盆地和隆起(地垒)的同沉积断层；4. IV级断陷(地堑)盆地中心线；5. 岩相分带线；6. 剖面位置及编号(含锰岩系厚度 m)；7. 见矿钻孔(含气泡状)；8. 见矿钻孔(不含气泡状)；9. 见矿厚度<0.5 m钻孔；10. 未见矿钻孔；11. 钻孔编号/含锰岩系厚度(m)；12. 中心相；13. 过渡相；14. 边缘相；15. IV级隆起(地垒)范围；16. 物探(AMT)测量剖面线及测量编号

（二）锰矿仅分布在IV级断陷（地堑）盆地

华南南华纪古天然气渗漏沉积型锰矿床，形成于罗迪尼亚超大陆裂解背景下的南华裂谷盆地（I级）中，锰矿在南华裂谷盆地中的空间分布具有明显的规律性，与裂谷盆地的内部结构关系密切。锰矿床分布在武陵、雪峰两个次级（II级）裂谷盆地之中，其间的天柱-会同-隆回隆起（地垒）区则无菱锰矿体分布；武陵次级（II级）裂谷盆地之中，锰矿又仅分布III级断陷（地堑）盆地中，其间的隆起（地垒）无锰矿分布；在武陵次级裂谷盆地中的石阡-松桃-古丈、玉屏-黔阳-湘潭、溪口-小茶园等III级断陷（地堑）盆地中，锰矿床又进一步分布在IV级断陷（地堑）盆地中。例如，松桃杨立掌、李家湾锰矿床、高地、道坨超大型锰矿床分布在李家湾-高地-道坨IV级断陷（地堑）盆地，杨家湾大型锰矿床、黑水溪锰矿床分布在黑水溪-杨家湾IV级断陷（地堑）盆地，大屋锰矿床分布在大屋IV级断陷（地堑）盆地，印江凉风坳锰矿床、秀山笔架山锰矿床分布在IV级断陷（地堑）盆地等（图6.6）。IV级断陷（地堑）盆地之间的如和尚坪地垒、木黄-牛峰包地垒、石梁-钟灵地垒区（图6.6）则无菱锰矿床分布，并缺失含锰岩系，以分布大塘坡早期的盖帽白云岩为特征。

因此，华南南华纪古天然气渗漏沉积型锰矿床仅分布南华裂谷盆地中的IV级断陷（地堑）盆地中。

（三）锰矿体是沿北东东方向展布

通过构造古地理恢复分析，南华纪古天然气渗漏沉积型锰矿床严格受系列同沉积断层控制。南华纪早期同沉积断层及所控制的断陷（地堑）盆地，沿65°～70°方向展布，故菱锰矿体的空间展布方向也是65°～70°方向。这与地表所展现的燕山期北北东主要构造方向，存在40°左右的夹角（图5.14），这对指导深部隐伏锰矿床找矿预测十分关键。前人由于未能厘清南华纪早期构造古地理特征，将后期的地表燕山期北北东—北东的构造方向误认为是锰矿成锰盆地和矿体的走向，是导致南华纪锰矿找矿长期未能取得重要突破的关键原因之一。

第二节　锰质来源

一、来自深源的地球化学证据

（一）元素地球化学证据

关于大塘坡组锰矿中锰质来源的问题长期以来一直存在争议，之前的讨论中存在两种主要观点。第一种观点根据矿石中具有同心状纹层的结核结构及胶体状结构将矿石判别为热液活动成因（Xu et al.，1990）。第二种观点认为锰矿石中的稀土元素特征并没有反映出热液活动证据而将锰质视为大陆风化的产物，并认为锰质是Sturtian冰后期随着碎屑物质进入到盆地内部的（Liu et al.，2006），Tang和Liu（1999）也赞成锰质风化来源说，但更强调生物富集作用在锰矿成矿过程中的重要性。鉴于大塘坡组锰矿锰质来源的争议性，且新元古代晚期华南地区的锰矿大规模成矿事件在地球地质演化历史中具有重要意义，因此本书使用元素地球化学及 Sr-Nd 同位素地球化学的手段来对大塘坡组锰矿中的锰质来源问题进行探究。

研究所采用的样品来自于松桃西溪堡锰矿区 ZK4207 钻孔（图 6.7），在该钻孔中大塘坡组总厚度达到 370 m，其中大塘坡组底部 13 m 为富锰层。富锰层之上被厚 27 m 的黑色页岩层覆盖，再向上变为厚 330 m 的粉砂岩。富锰层中包括 4 层含锰页岩层与 3 层菱锰矿体，含锰页岩层厚度较薄（0.29～1.27 m），而菱锰矿体厚度较厚（0.51～7.41 m）。从 ZK4207 钻孔中共采获 40 件样品，其中包括 1 件从铁丝坳组顶部采获的钙质页岩（ZK4207-77），1 件从铁丝坳组—大塘坡组交界处采获的含锰页岩样品（ZK4207-0）。在大塘坡组底部富锰层共采获 29 块样品（ZK4207-1 至-29），在黑色页岩段采获 6 块样品（ZK4207-30 至-35），从粉砂岩段采获 1 块样品（ZK4207-36），在上覆南沱组冰碛岩中采集两块冰碛岩基质样品（ZK4207-37 及-38）。

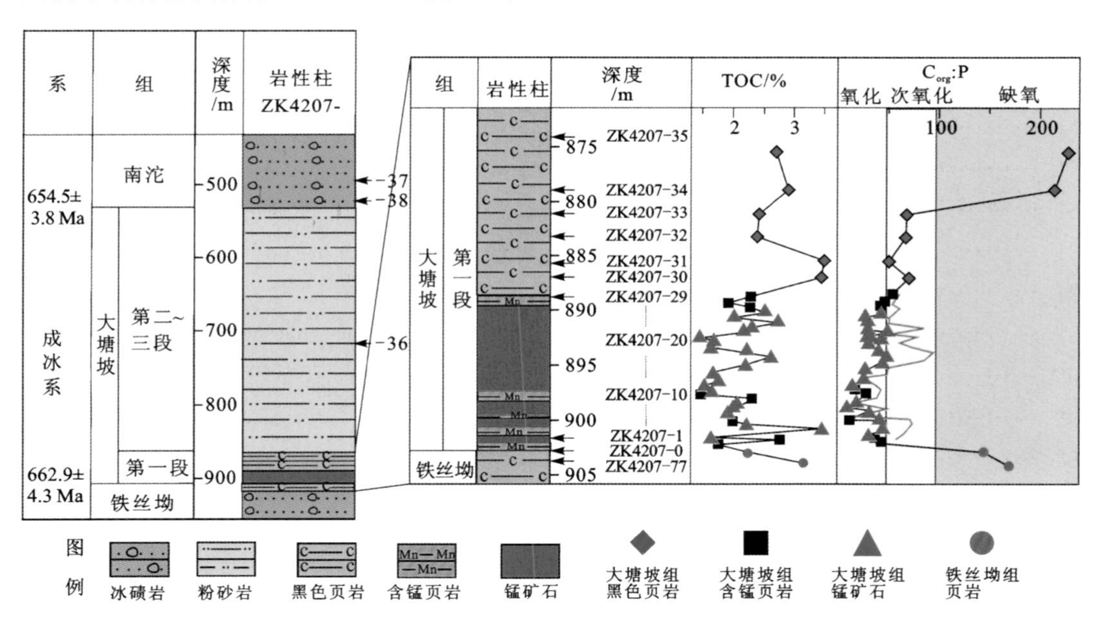

图 6.7　黔东松桃地区 ZK4207 钻孔岩性柱状图与总有机碳含量（TOC）、有机碳与磷比值（C_{org}:P）指标纵向变化图解

（a）黔东松桃西溪堡锰矿区 ZK4207 钻孔岩性柱状图；（b）钻孔 ZK4207 铁丝坳组顶部至大塘坡组下部 TOC 含量及 C_{org}:P 摩尔比值地球化学剖面，黑线代表使用测量 TOC 值计算所得 C_{org}:P 摩尔比值，红线代表经过菱锰矿有机碳校正获得 C_{org}:P 摩尔比值。图中氧化还原环境判别标准参考 Algeo 和 Ingall（2007）。

研究手段包括扫描电子显微镜（SEM）及配套的能谱仪系统（EDS），该实验在中国地质大学（武汉）地质过程与矿产资源国家重点实验室完成，所使用仪器型号为 FEI Quanta 450 型场发射扫描电子显微镜。为了测定样品的矿物学组分，使用 PANaltical 公司生产的 X′Pert Pro 型号 X 射线粉晶衍射仪（XRD）对样品粉末进行粉晶衍射测定工作，实验在中国地质大学(武汉)地质过程与矿产资源国家重点实验室完成。实验条件为连续扫描，扫面速率为 8°/min，Cu-Ni 合金管，仪器工作电压 40 kV，工作电流 40 mA。矿物组分误差范围为 3%。元素分析工作主要在广州澳实分析测试实验室完成，主量元素分析使用 Rigaku 公司生产的 3080EX 荧光光谱仪完成，分析误差小于±3%。样品粉末在进行主量元素测定之前先进行烧失量(LOI)测定。微量及稀土元素测定使用 PerkinElmer 公司生产的 Elan 9000 型电感耦合等离子体质谱仪(ICP-MS)完成，溶样方法为称取 40 mg 样品使用 $HF+HNO_3$ 作为溶剂，放入高压 Teflon 瓶中进行溶样，Rh 元素作为单一元素内标加入溶液中进行数据质量监控，分析精度为±5%。稀土元素使用平均上地壳(UCC)作为标准化指标(Rudnick et al.,2003)。TOC 测试在中国地质大学(武汉)生物地质与环境地质国家重点实验室使用 Analytik Jena 公司生产的 Multi EA 4000 型 C-S 分析仪进行测定，分析精度为±0.2%。Sr 和 Nd 同位素测定在中国科学院广州地球化学研究所内完成，使用 VG 345 同位素质谱仪测定。样品粉末在进行溶解前先经过 150 ℃进行灼烧以去除有机质，对 Sr、Nd 同位素质量分馏的校正标准分别为 $^{86}Sr/^{88}Sr=0.1194$，$^{146}Nd/^{144}Nd=0.7219$，测试时内标 La Jolla 标准值为 $^{143}Nd/^{144}Nd=0.511862(\pm10\times10^{-6})(n=6)$，NIST SRM 987 标准值为 $^{87}Sr/^{86}Sr=0.710265(\pm12\times10^{-6})(n=6)$。对 Sr 同位素测量的空白样质量为 200～500 pg，对 Nd 同位素测量的空白样质量小于 50 pg。$^{87}Rb/^{86}Sr$ 及 $^{147}Sm/^{144}Nd$ 比值的计算基于 Rb、Sr、Sm 及 Nd 的微量元素含量。

岩矿薄片观察显示，块状锰矿石中以菱锰矿为特征矿物(20%～30%)，菱锰矿呈现球粒状，直径范围为 2～10 μm，此外尚含有白云石、石英、黄铁矿及以伊利石为主的黏土矿物。在纹层状锰矿石及含锰页岩样品中，黏土矿物、石英及黄铁矿可形成纹层，在含锰页岩中陆源碎屑物质的成分明显上升。在含锰页岩及黑色页岩层内黄铁矿常见，主要以莓状及侵染状自形形态出现(图 6.8)。EDS 分析显示在菱锰矿矿物也存在 Ca、Mg 等元素。矿石及含锰页岩样品中常见被有机质充填的微裂隙，锰矿石中的有机质显黑色或深棕色，不定形，主要附着在菱锰矿球粒边缘。从锰矿石及含锰页岩的 XRD 分析结果来看，各样品均含有高含量的石英(22%～40%，平均值为 33%)及伊利石(14%～43%，平均值为 30%)。长石在各样品中常见，含量范围 2%～16%，在含锰页岩中的平均值(10%)高于锰矿石中的平均值(5%)。样品中的碳酸盐矿物主要为菱锰矿及白云石，在锰矿石样品中菱锰矿含量范围为 11%～35%(平均值为 16%)，白云石含量范围为 8%～28%(平均值为 14%)。碳酸盐矿物在含锰页岩中含量相对较低，含有 1%～10%的菱锰矿(平均值 5%)，白云石含量为 4%～22%(平均值 8%)。黄铁矿是主要的含铁矿物，含量平均值为 3%。

主量元素测定结果显示，从大塘坡组底部开始锰含量发生大范围上升，从小于 0.1%升至 2.5%，富锰层内的 21 个锰矿石样品具有高锰(11.6%～29.8%，平均值 19.8%)，低铁(2.8%～5.2%，平均值 4.1%)，低铝(3.6%～12.6%，平均值 8.4%)，中等硅含量(20.1%～40.5%，平均值 35.1%)的特征，Fe/Mn 为 2.4～8.9。在 8 个含锰页岩样品中，锰含量较低(2.5%～10.3%，平均值 7.8%)，铝含量上升(9.3%～14.6%，平均值 12.3%)，硅含量上升(42.4%～61.1%，平均值 50.8%)，Mn/Fe 下降(0.8～4.1)。铁丝坳组顶部样品具有高 TOC(2%～3%)，大塘坡组底部富锰层中 TOC 为 1.4%～3.5%，

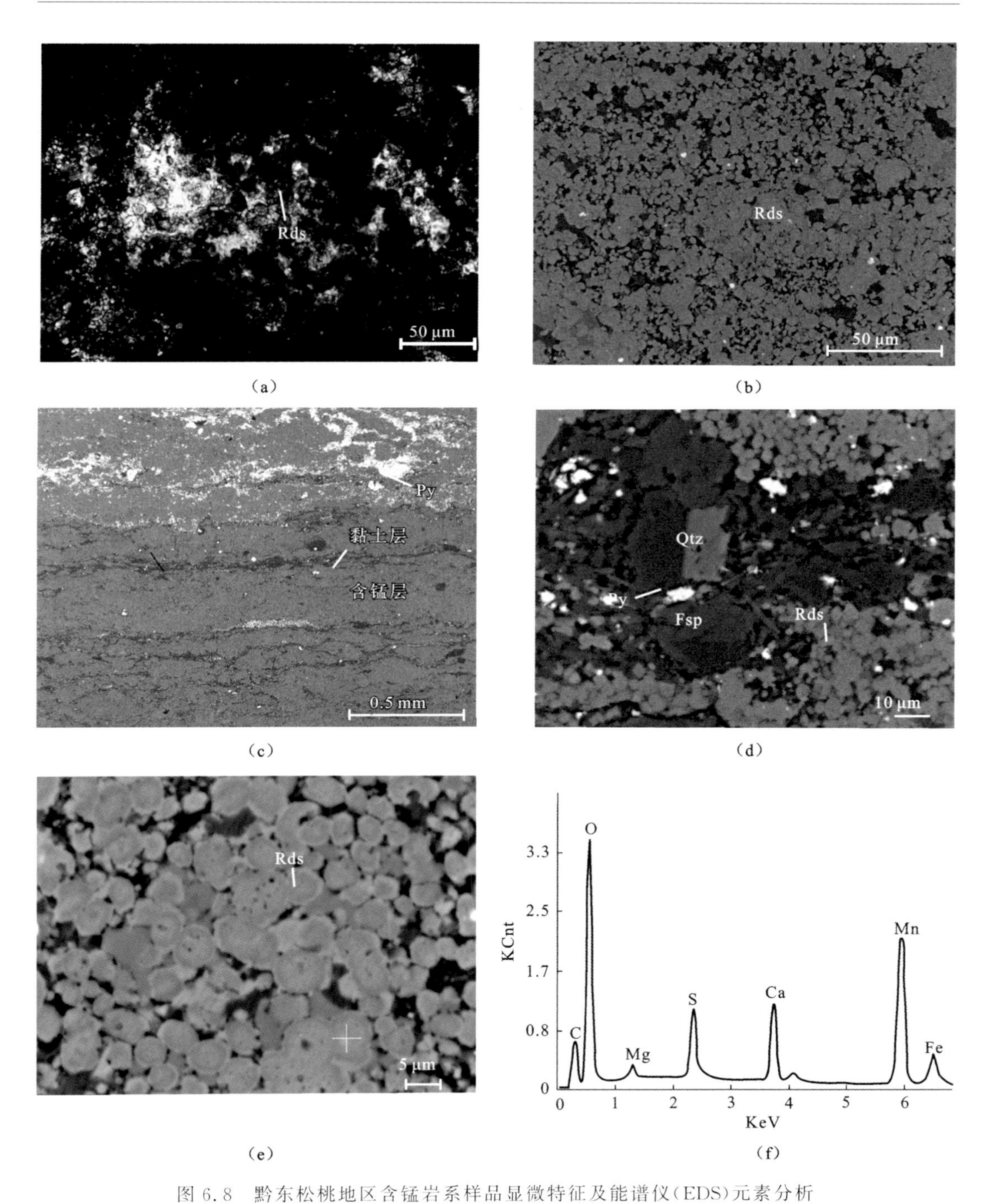

图 6.8 黔东松桃地区含锰岩系样品显微特征及能谱仪(EDS)元素分析

(a) 偏光显微镜下菱锰矿球形晶体，样品 ZK4207-4，40 倍；(b) SEM 下锰矿石中菱锰矿，样品 ZK4207-21，60 倍；(c) (d) 锰矿石及含锰页岩中主要矿物组分，样品 ZK4207-4，100 倍；(e) 球状菱锰矿细部特征，ZK4207-4，200 倍；(f) 图(e)中菱锰矿化学成分 EDS 分析结果；Rds 为菱锰矿，Qtz 为石英，Py 为黄铁矿，Fsp 为长石平均值为 2.1%。TOC 在大塘坡组黑色页岩段上升至 2.4%～3.5%，平均值为 2.9%，在大塘坡组粉砂岩段又下降至约 0.2%。在南沱组两个冰碛岩样品中，TOC 分别为 0.3%与 0.8%。鉴于 C_{org}/P 摩尔比值可以用以指示沉积岩中氧化还原条件（Algeo et al.，2007），对钻孔 ZK4207 中 C_{org}/P 摩尔比值进行计算后发现，各样品中该项指标的变化与岩性存在强的关联性。在富锰层中 C_{org}/P 摩尔比值范围为 10～56，指示氧化环境；铁丝坳组及大塘坡组中黑色页岩 C_{org}/P 摩尔比值升高，范围为 50～228，指示次氧化至缺氧环境；大塘坡组粉砂岩段及南沱组中比值范围为 14～52，指示氧化环境（图 6.7）。富锰层内与两个主要的矿物端元组分（锰碳酸盐及黏土矿物）相关的元素在二元图解存在显著负相关，如 Al_2O_3- Mn[$r=-0.91$，$p(\alpha)<0.01$]及 SiO_2- Mn[$r=-0.97$，$p(\alpha)<0.01$]（图 6.9）。与此同时，与碳酸盐共生的一些元素，如 MgO、CaO 等与 Mn 含量存在显著正相关。主量元素图解进一步证实了富锰沉积是锰碳酸盐及陆源碎屑两种端元组分的混合。Fe 元素在富锰层内的矿物相主要为黄铁矿，此外还有一些含铁黏土矿物，Fe 与 S 元素之间存在显著正相关关系[$r=0.89$，$p(\alpha)<0.01$]。

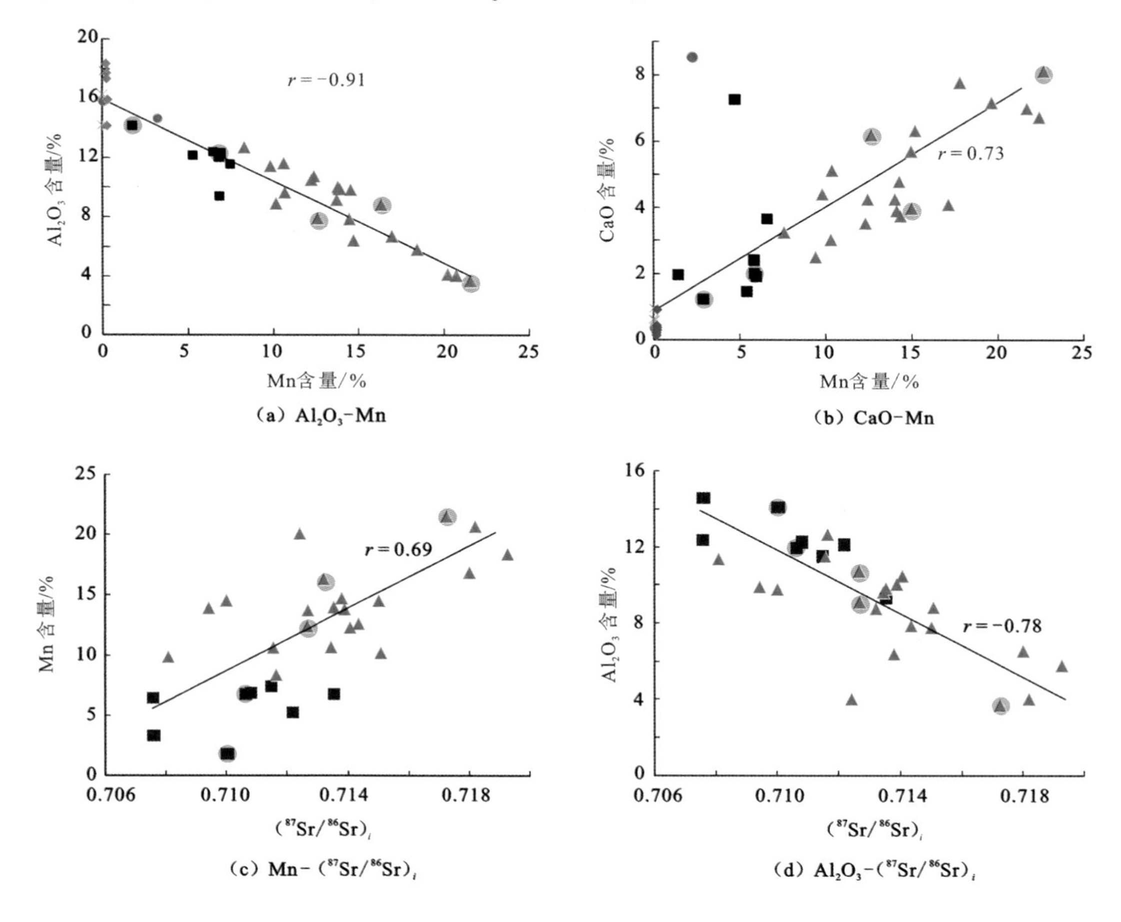

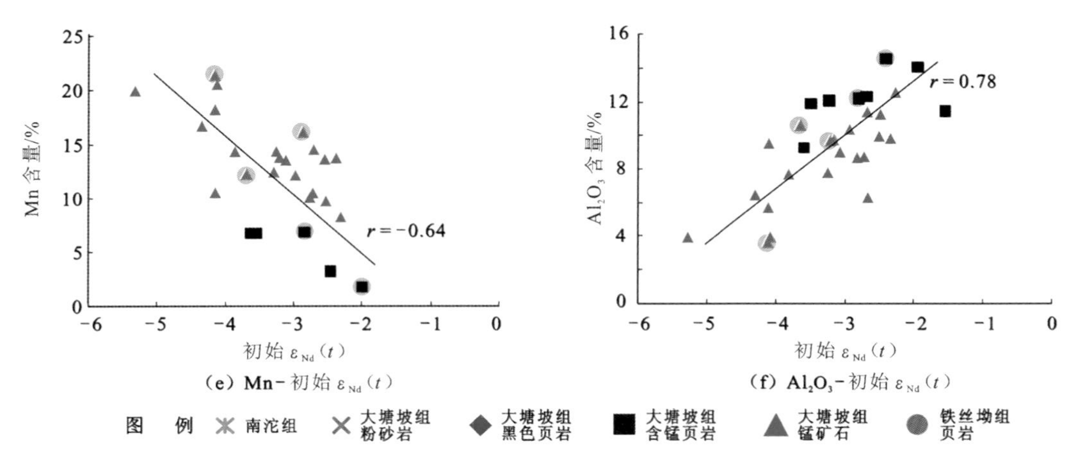

图 6.9　松桃西溪堡锰矿区 ZK4207 钻孔样品 Mn、Al_2O_3 含量与代表性主量元素及 Sr、Nd 同位素比值之间二元关系图解

微量及稀土元素测试结果显示，分析样品中 Rb、Sr、Sm、Nd 元素含量范围分别为 31～118 μg/g、99～297 μg/g、6～14 μg/g、30～60 μg/g。一些金属元素如 Co、Cr、Ni、Cu、Zn 在富锰层样品中的含量远低于典型现代大洋 Fe-Mn 结核（Hein et al.，1994；Nicholson，1992）。样品中稀土元素的总含量范围为 143～325 μg/g，平均含量 238 μg/g。富锰层的样品显示轻稀土亏损，中稀土富集的特征（La_N/Yb_N＝0.61～0.81，平均值为0.69），在锰矿石样品中，La/Sc（平均值 6.7）要高于含锰页岩样品（平均值 4.7）。正 Ce 异常在富锰层样品中常见，正负 Eu/Eu* 在锰矿石及含锰页岩样品中均存在，并且 Eu/Eu* 与 Mn 含量之间呈正相关关系。大塘坡组其他样品，如黑色页岩及粉砂岩，以及来自铁丝坳组及南沱组的样品，稀土配分曲线均显示平缓的特征，显示这些样品更加接近平均上地壳的稀土配分模式。在南沱组及铁丝坳组的样品中，Eu 的负异常较为明显（图 6.10）。

（二）Sr-Nd 同位素地球化学证据

从 Sr、Nd 同位素的测试结果来看，$(^{87}Sr/^{86}Sr)_i$ 为 0.707 585～0.719 335。$^{147}Sm/^{144}Nd$ 为 0.10～0.15，平均值为 0.13。$\varepsilon_{Nd}(t)$ 为－5.3～－1.6。在计算 Nd 模式年龄（T_{DM}）的时候，$^{147}Sm/^{144}Nd$ 在＞0.13 及＜0.10 的样品使用二阶段 Nd 模式年龄（T_{2DM}）以减小 Sm-Nd同位素体系分馏造成的同位素分馏效应（Wang et al.，2011；Li et al.，1996）。Nd 模式年龄（TDM）为 1.46～1.79 Ga，大部分样品集中在1.50～1.70 Ga。在$(^{87}Sr/^{86}Sr)_i$ 与 Mn 含量的二元图解中呈正相关关系[r＝0.69，$p(\alpha)$＜0.01)][图 6.9(c)]，而在 $(^{87}Sr/^{86}Sr)_i$ 与 Al_2O_3 含量二元图解中则呈负相关关系[r＝－0.78，$p(\alpha)$＜0.01][图 6.9(d)]。相似地，在 Al_2O_3 含量与 $\varepsilon_{Nd}(t)$ 之间存在正相关性[r＝0.64，$p(\alpha)$＜0.01][图 6.9(f)]，而在 Mn 含量与 $\varepsilon_{Nd}(t)$ 之间存在负相关性[r＝－0.73，$p(\alpha)$＜0.01][图 6.9(e)]。在$(^{87}Sr/^{86}Sr)_i$ 与 $\varepsilon_{Nd}(t)$ 之间存在负相关关系[r＝－0.58，$p(\alpha)$＜0.01]（图 6.11）。以上这些证据表明样品中 Sr、Nd 同位素特征与富锰层中两个端元组分存在

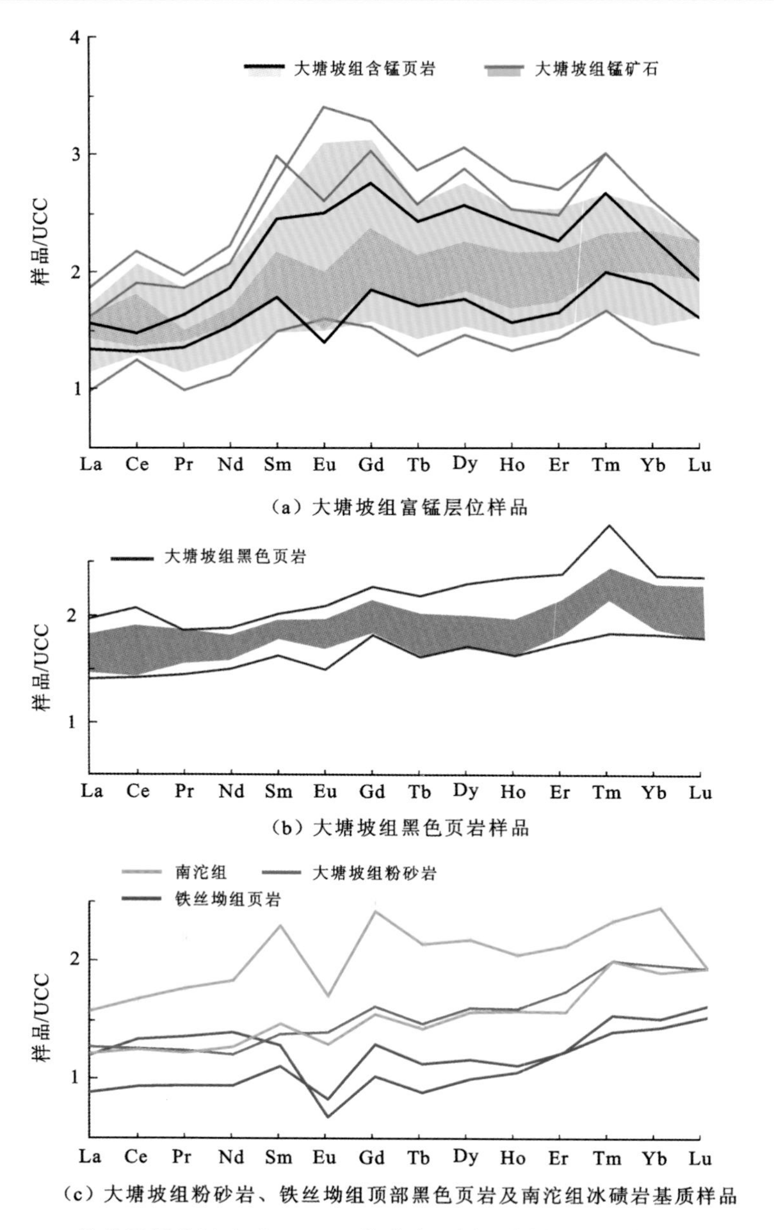

图 6.10　松桃西溪堡锰矿区 ZK4207 钻孔中不同层位样品上地壳平均值(UCC)标准化稀土配分模式图

直接联系。

在对古老地层及现代沉积环境中富锰沉积物的形成环境及 Sr、Nd 同位素特征进行总结分析后发现，不同锰质来源的锰质沉积具有不同的 Sr、Nd 同位素特征(图 6.12)。从现代大洋锰结核的 Nd、Sr 同位素组成来看，虽然各个大洋中的数据存在差异，但与深海沉积物及海水的 Sr、Nd 同位素值基本一致，反映在地层中即具有明显水成特征的锰矿沉

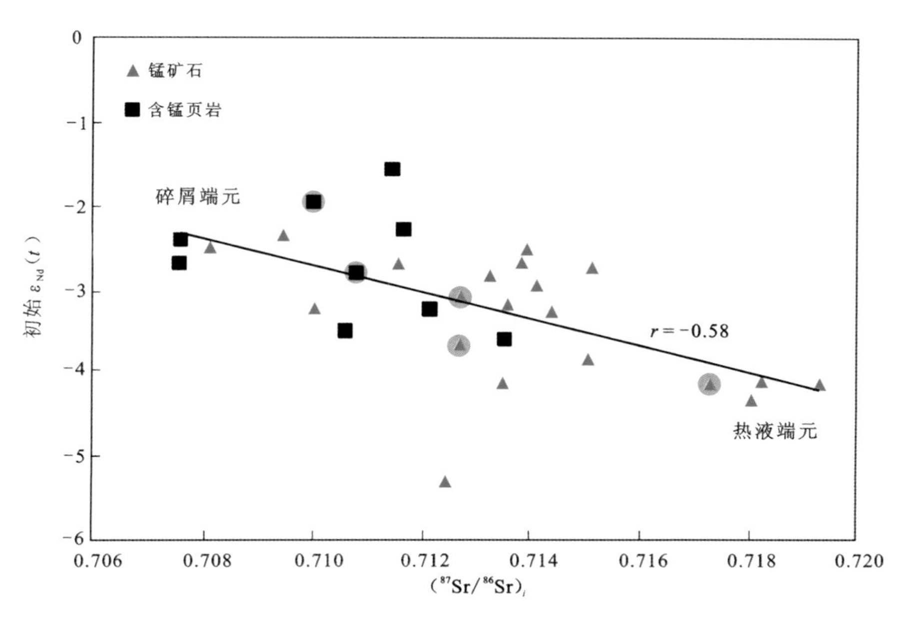

图 6.11 松桃西溪堡锰矿区 ZK4207 钻孔中大塘坡组富锰层内样品$(^{87}Sr/^{86}Sr)_i$ 与 $\varepsilon_{Nd}(t)$二元图解

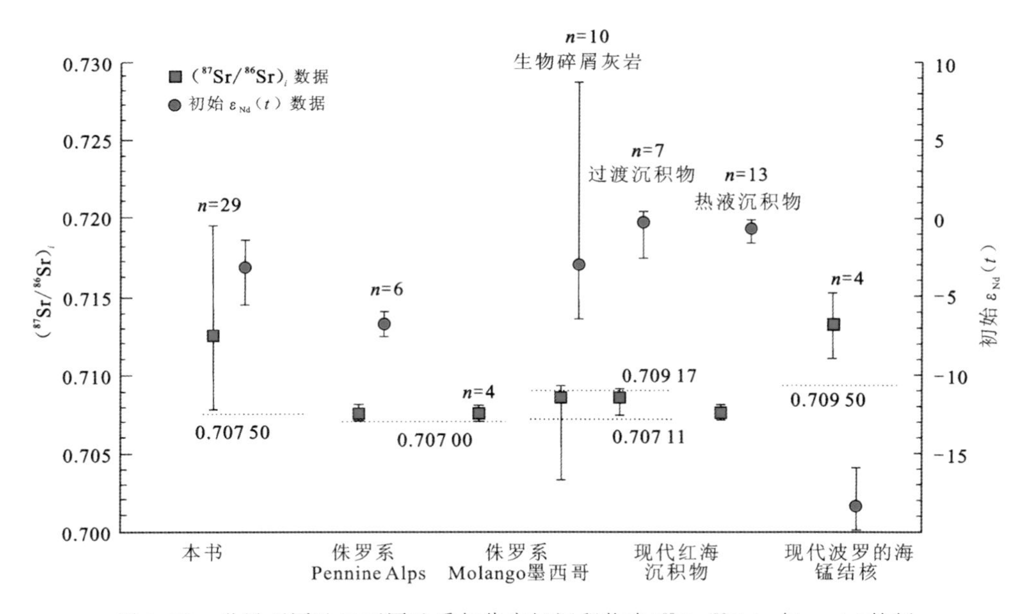

图 6.12 世界不同地区不同地质年代富锰沉积物中$(^{87}Sr/^{86}Sr)_i$ 与 $\varepsilon_{Nd}(t)$特征

数据来源为意大利 Pennine Alps 地区侏罗系(Stille et al.,1989);墨西哥 Molango 地区侏罗系(Doe et al.,1996);现代红海沉积物(Cocherie et al.,1994);现代波罗的海沉积物(Amakawa et al.,1991)。图中虚线代表沉积物形成时海水$(^{87}Sr/^{86}Sr)_i$

积 Sr、Nd 同位素与古海水 Sr、Nd 同位素特征一致,如在本宁阿尔卑斯地区、墨西哥 Molango 地区及摩纳哥 I mini 地区,侏罗系及白垩系锰矿赋存于海相碳酸盐岩中(Stille et al.,1989;Doe et al.,1996)。在本宁阿尔卑斯地区中出现含锰大理岩、浅变质放射虫硅质岩、板岩与浅变质玄武岩的地层组合,显示出洋壳缝合带的特征(Stille et al.,1989)。以上地区的锰矿石的$^{87}Sr/^{86}Sr$均接近或略高于同时期海水$(^{87}Sr/^{86}Sr)_i$,指示锰质在沉淀过程中应直接从海水析出。现代红海地区的研究案例对具有深源特征的热液系统及碎屑物质输入如何影响沉积物中Sr同位素比值这一问题具有重要参考意义。位于东非大裂谷最东段的红海,是地幔柱上涌导致地壳强烈拉张的产物(Rogers et al.,2000)。受到目前仍在活动的深部岩浆作用的影响,红海底部一些区域,如著名的Atlantic II及Shaban海渊,存在强烈热液活动,热液系统从下伏玄武岩中萃取出元素带入海水,其中不仅包括大量金属元素,也包括稀土及Sr等元素。在这些海渊区域,海水出现明显的分层,底层是高温缺氧的热卤水层,表层是低温富氧的表层海水,两者之间存在厚度不定的混合海水层,底层热卤水中富含金属元素,Fe、Mn等元素一般以氧化物及氢氧化物的形式被固定于混合层位置(Butuzova et al.,1999;Hart mann et al.,1998;Anschutz et al.,1995)。针对红海中不同类型现代沉积物的Sr同位素比值研究证明(Cocherie et al.,1994),在热卤水层内的沉积物$^{87}Sr/^{86}Sr$为0.707 32～0.707 81,平均值为0.707 54,略高于热卤水$^{87}Sr/^{86}Sr$的0.707 105(Anschutz et al.,1995);而混合水层与浅部海水区域的沉积物均具有与表层海水$^{87}Sr/^{86}Sr$ 0.709 17(Anschutz et al.,1995)相接近的平均$^{87}Sr/^{86}Sr$,当沉积物中出现玄武质火山岩碎屑时,会出现极低的$^{87}Sr/^{86}Sr$(对比红海正常海水沉积物中的$^{87}Sr/^{86}Sr$ 0.703 32)。这说明,深源物质进入沉积物后会导致沉积物$^{87}Sr/^{86}Sr$降低。在现代波罗的海,富锰沉积厚度平均为2 m,Mn含量在2%～5%(Huckriede et al. ,1996)。这些锰矿沉积集中于Gotland、Faro、Landsort三个盆地中心位置,以锰碳酸盐集合体(主要为菱锰矿及锰白云石)及锰硫化物形式存在(Neumann et al.,2002)。波罗的海中锰矿沉积模式具有其特殊性,并且由于波罗的海为大陆海,其沉积物主要来自陆源碎屑风化物质,因而在其锰矿沉积中$(^{87}Sr/^{86}Sr)_i$高而$\varepsilon_{Nd}(t)$高,这与红海中的沉积物Sr、Nd同位素特征形成了对比。

大塘坡组底部富锰层中样品存在较宽广的$(^{87}Sr/^{86}Sr)_i$分布(0.707 585～0.719 335),该值域较新元古代古海水$(^{87}Sr/^{86}Sr)_i$(约0.707 5)更高(Halverson et al.,2007)。相似地,富锰层样品中的$\varepsilon_{Nd}(t)$为－5.3～－1.6,较之扬子板块新元古代古海水的$\varepsilon_{Nd}(t)$为－4(Yang et al.,1997),其分布范围更为宽广。从$(^{87}Sr/^{86}Sr)_i$-Al_2O_3及$\varepsilon_{Nd}(t)$-$w(Al_2O_3)$分别存在负相关及正相关的现象说明,大塘坡组底部富锰层内的陆源碎屑组分存在低$(^{87}Sr/^{86}Sr)i$及高$\varepsilon_{Nd}(t)$的特征。而在$(^{87}Sr/^{86}Sr)_i$-Mn及$\varepsilon_{Nd}(t)$-Mn分别存在正相关及负相关的现象说明,锰碳酸盐组分具有高$(^{87}Sr/^{86}Sr)_i$及低$\varepsilon_{Nd}(t)$的特征。

新元古代古海水$\varepsilon_{Nd}(t)$的变化受到Rodina超大陆裂解过程的直接控制(图6.13)。扬子板块新元古代古海水$\varepsilon_{Nd}(t)$演化曲线出现一个明显的上升趋势(Yang et al.,1997)[图6.13(c)],并伴随着T_{DM}的下降(Wang et al.,2011;Chen et al. ,1998;Li et al. ,1996)[图6.13(a)]。在澳大利亚中南部,Adeladie裂谷混杂岩、Amadeus盆地及Officer盆地内前Sturtian冰期沉积中出现$\varepsilon_{Nd}(t)$的上升(－12～－4)(Barovich et al. ,2000)。以上这些新元古代$\varepsilon_{Nd}(t)$异常改变现象均被解释为新生板块物质加入[图6.13(b)]。在华南地区,在新元古代主要存在两期的大陆生长时间(约825 Ma及约750 Ma),均与罗迪尼亚超

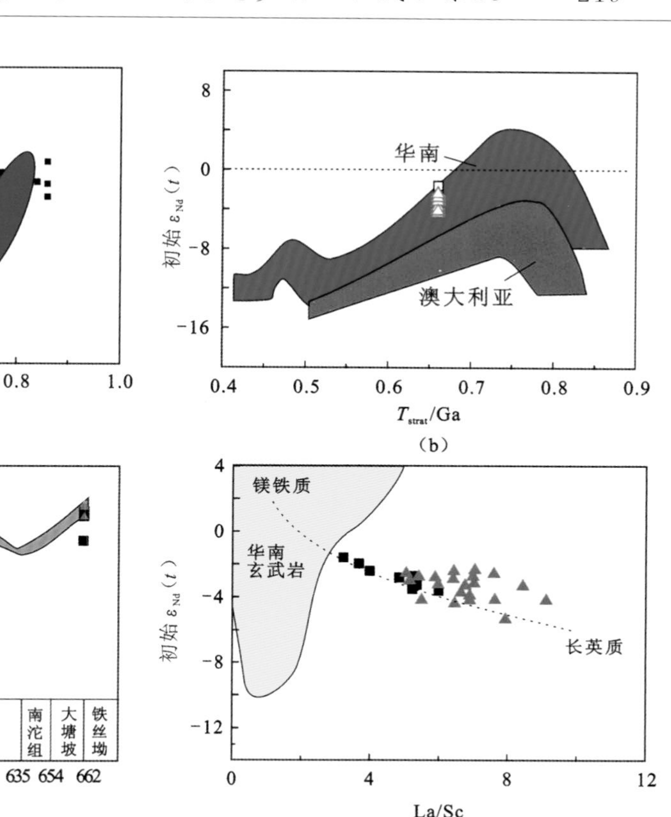

图 6.13　华南新元古代—早古生代 Nd 模式年龄及 $\varepsilon_{Nd}(t)$ 值对碎屑岩物质来源的判别图解

(a) 华南新元古代-早古生代地层 Nd 模式年龄与地层年龄对应曲线，修改自 Li 和 McCulloch(1996)；(b) 华南南华盆地内沉积地层与 Adelaide 裂谷混杂岩及 Amadeus、Officer 盆地内沉积地层初始 $\varepsilon_{Nd}(t)$ 值与地层年龄对应曲线，修改自 Wang 等(2011)；(c) 华南晚古生代至早寒武世古海水 $\varepsilon_{Nd}(t)$ 值变化曲线，修改自 Yang 等(1997)；(d) 研究样品中初始 $\varepsilon_{Nd}(t)$ 与 La/Sc 变化趋势以及在镁铁质-长英质物源曲线中的位置，黄色区域指示华南新元古代玄武岩值域

级大陆的裂解、裂谷岩浆活动及造山带碰撞有关(Zheng and Zhang，2007)[图 6.13(b)]。年龄在 825～750 Ma 的大陆溢流玄武岩被认为是具有高 $\varepsilon_{Nd}(t)$ 的硅铝酸盐碎屑物质来源(Wang et al.，2011；Li et al.，1996)。此外，华南地区新元古代沉积岩均显示出镁铁质及长英质两个端元组分的混合趋势(Wang et al.，2011)，从大塘坡组富锰层样品在 $\varepsilon_{Nd}(t)$-Sc/La图解中的分布情况来看，样品恰落入镁铁质物源及长英质物源的混合线之上[图 6.13(d)]。

诸多证据表明大塘坡组富锰层内锰质来源并非来自于陆源风化过程。首先，Mn 元素含量与 Al_2O_3 含量之间呈现显著负相关关系，而 Al 元素一般被认为是陆源碎屑输入的检测指标。其次，从地球化学元素富集的角度来看，平均上地壳 Al/Mn 为 105 (Rudnick et al.，2003)，在华南新元古代镁铁质岩石中，Al/Mn 为 31～187，平均值为 62 (Zhou et al.，2009；Ling et al.，2003；Li et al.，2002)。而在大塘坡组富锰层内，样品的 Al/Mn 为 0.09～4.19，平均值为 0.68。富锰层样品与平均上地壳及华南新元古代镁铁质岩之间 Mn 元素富集的差距巨大，若要通过大陆风化过程实现 Mn 元素的富集则需要极强的化学风化强度以将 Al 及 Si 等元素排除（Weber，1997），但在华南南华系间冰期沉积地层中，CIA 平均值仅为 71，代表中等强度的化学风化作用，因此无论是陆源碎屑供应还是间冰期的古气候条件均不支持锰质陆源风化成因假说。

根据新获得的数据，认为大塘坡组底部富锰沉积的锰质主要来源于海底古天然气渗漏喷溢活动，锰矿沉积可视为热液端元物质与水成（以海水为主）端元物质的混合（图 6.14）。正 Eu 异常通常被视为热液活动的良好指示，因为在其形成机理与热液活动还原环境下高温岩石-流体作用相联系（Peter et al.，1996）。在大塘坡组样品中，部分矿石样品出现正 Eu 异常现象，而 Mn 与 Eu/Eu* 之间存在中等程度的相关性，在锰矿样品中 Eu/Eu* 达到 1.22，接近于热液端元的约 1.5 的 Eu/Eu*，而水成端元 Eu/Eu* 仅为约 0.8。此外，对于研究样品使用了多种针对海相富金属沉积物的沉积环境的判别图解，如 Y/P_2O_5-Zr/Cr，Fe/Ti-Al/（Al＋Fe＋Mn）及 SiO_2-Al_2O_3（Peter et al.，1996；Boström，1983；Marchig et al.，1982；Bonatti，1975）。在这些判别图解中，大塘坡组锰矿石样品的位置更加靠近热液端元，而含锰页岩样品多落在热液及水成端元中间位置，其他黑色页岩

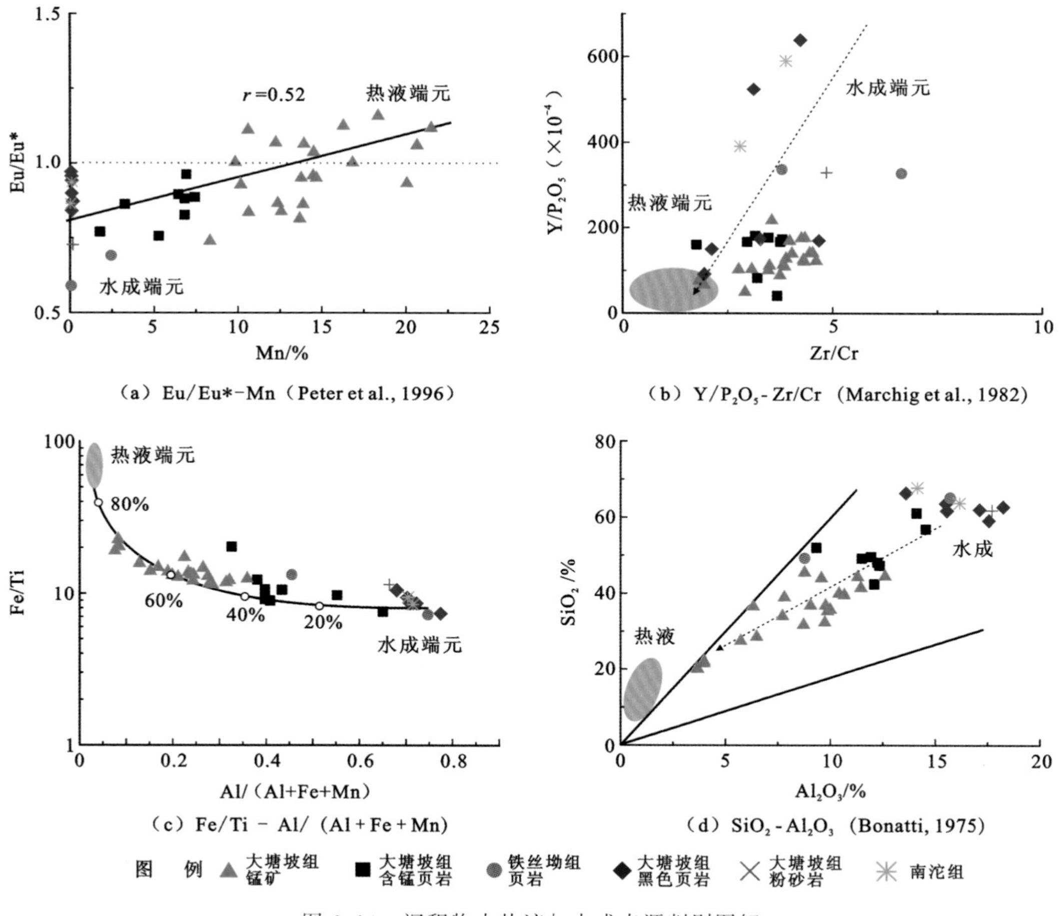

图 6.14　沉积物中热液与水成来源判别图解

样品、粉砂岩及冰碛岩样品均落入水成端元附近，各样品间存在一个良好的物源演化曲线。通过图解进一步可见，锰矿石样品中热液组分所占比例为40%～60%，在含锰页岩中占到20%～40%，而在其他样品中所占比例不到20%。

以上结论可对比来自湖南湘潭及棠甘山大塘坡组锰矿样品地球化学数据判别结果（注：湖南湘潭及棠甘山大塘坡组锰矿属于南华裂谷盆地、武陵次级裂谷盆地中的玉屏-黔阳-湘潭断陷盆地——详见本书第二章第七节），其最终结果与本书一致（Liu et al.，2006）。作为一个“夭折”的裂谷盆地，南华裂谷盆地在南华纪的发展过程中并未形成典型的洋壳物质，考虑到南华盆地中普遍存在巨厚的沉积基底，一个合理的推断是在大塘坡组形成时段的热液系统主要发育在陆壳之内，因为该热液系统具有高$(^{87}Sr/^{86}Sr)_i$及低$\varepsilon_{Nd}(t)$的特征。

综上所述，大塘坡组富锰沉积物具有双重物源组成，分别为深源的菱锰矿等锰碳酸盐和陆源碎屑（黑色页岩、黏土质等）。锰碳酸盐以高La/Sc、高$(^{87}Sr/^{86}Sr)_i$及低$\varepsilon_{Nd}(t)$为特征，代表南华裂谷盆地内热液作用结果，即来自深源。而陆源碎屑物质以低La/Sc、低$(^{87}Sr/^{86}Sr)_i$及高$\varepsilon_{Nd}(t)$为特征，代表新元古代华南大陆玄武岩的风化输入作用。

二、来自深源的沉积学证据

（一）古天然气渗漏喷溢沉积构造

1. 底辟构造

底辟构造是一种特殊的褶皱，是横弯褶皱作用形成的。而横弯褶皱作用岩层受到与层面垂直的应力作用而发生弯曲的行为，由此引起的弯流作用是使岩层物质从弯曲的顶部向翼部流动，褶皱翼部的韧性岩层由于重力作用和层间差异流动可能形成轴面向外倾倒的层间小褶皱，底辟褶皱的左侧小褶皱形成“S”形褶皱，右侧小褶皱形成“Z”形褶皱，即“左S右Z”。其轴面与主褶皱的上、下层面的锐夹角指示上层顺倾向滑动，下层逆倾向滑动（朱志澄，1992）。一般认为发育于地壳较深部位（大于3 km），由地下岩盐、石膏或黏土等低黏性易动的物质，在构造力或浮力的作用下向上流动，以至刺穿或部分刺穿上覆岩层，使上覆岩层拱起形成的构造（朱志澄，1992）。

而松桃大塘坡地区含锰岩系底部普遍的底辟构造则是具有独特成因，过去一直无法解释其成因。团队研究后发现，它是由于古天然气由下往上涌、溢出过程中形成的，完全符合横弯褶皱作用的力学特征。一般先刺穿块状的菱锰矿矿体，而在块状菱锰矿体上部的含黏土质较重、塑性程度较强的条带状、层纹状菱锰矿体和上覆与之过渡的含锰碳质黏土岩之中形成天然气渗漏溢出成因的底辟构造，再向上则为正常的层理不明显的板状碳质黏土岩。该类成因底辟构造与其他成因（岩盐、石膏及岩体侵入等）一样，均表现为向上凸出（图6.15），一般宽为0.3～1.6 m，高为0.2～1.0 m，最小可在手标本上显示。底辟构造的轴部一般变形强烈，导致破碎和角砾化[图6.16(b)]，但尚未完全刺穿上覆板状碳质黏土岩层。左翼的“S”形软沉积变形纹理[图6.16(a)]，是由于弯流作用形成轴面向外倾倒的层间小褶皱，其轴面与主褶皱（底辟构造）的上、下层面的锐夹角指示上层顺倾向滑

（a）松桃大塘坡联营厂　　（b）松桃李家湾锰矿床ZK107孔

图 6.15　发育在菱锰矿矿体顶板含锰碳质页岩中的底辟构造

动，下层逆倾向滑动，进一步证实该褶皱是由下往上的、垂直方向的作用力所形成，即横弯褶皱作用形成的典型底辟构造。

（a）底辟构造翼部（左侧）的“S”形软沉积变形纹理

（b）底辟构造轴部破碎并形成角砾

图 6.16　发育在菱锰矿体顶板含锰碳质页岩中的底辟构造（放大）（松桃大塘坡联营厂）

2. 渗漏管构造和泥火山构造

古天然气渗漏管构造在大松桃塘坡锰矿床铁矿坪矿段含菱锰矿体的碳质黏土岩和紧靠菱锰矿体上覆的碳质黏土岩中分布较普遍，有时在含锰岩系中的含凝灰质砂岩中也发育渗漏管构造。渗漏管构造以刺穿上覆层为特征，未刺穿前类似火焰状构造或楔状构造。

渗漏管构造的形态特征总体表现为：上部表现为两侧对称弧形上凸发散的特殊形态并与上覆层层理相切，之下与细长的渗漏管相连接[图 6.17(a)]。渗漏管中沉积物为下伏含碳质的菱锰矿物质，渗漏管宽 1～10 cm，高 10～50 cm，垂直层理细而长分布。

泥火山为古天然气沿渗漏管向上溢出释放，穿过上覆岩层形成的平透镜状沉积体。剖面上就构成了"Y"字形古天然气渗漏管构造(图 6.17)。三维定向上则表现为泥火山构造。

(a) 发育在菱锰矿矿体顶部碳质页岩中的"Y"字形古天然气渗漏管构造（下部为菱锰矿体，上部为碳质黏土岩）

(b) 放大的"Y"字形古天然气渗漏管构造（松桃大塘坡联营厂）

图 6.17　古天然气渗漏管构造

古天然气渗漏管构造一般成组分布。在菱锰矿矿体上部与上覆碳质黏土岩过渡部位、菱锰矿体中和菱锰矿体之下及两界河组的白云岩透镜体中均有发育。但在菱锰矿矿体中及上覆碳质黏土岩中普遍发育，规模大小不等。

含锰岩系底部和两界河组上部的白云岩透镜体内部也普遍分布"Y"字形的古天然气渗漏管构造，它与在菱锰矿体和碳质页岩中形成的"Y"字形古天然气渗漏管特征一样(图 6.18，图 6.19)，故说明白云岩透镜体与菱锰矿体具有相同的成因，即古天然气渗漏沉积成因。

(a) 白云岩镜体中心"Y"字形古天然气渗漏管

(b) 不规则状的白云岩透镜体

图 6.18　含锰岩系底部(Nh_1d^1)古天然气渗漏沉积成因的白云岩透镜体(松桃大塘坡联营厂)

（a）白云岩透镜体中心“Y”字形渗漏管

（b）白云岩透镜体中因风化显示独特的“Y”字型渗漏管

图 6.19　松桃大塘坡两界河组上部古天然气渗漏沉积成因的白云岩透镜体（松桃大塘坡猫猫岩剖面）

3. 软沉积变形纹理

松桃大塘坡地区大塘坡组的含锰岩系和下伏的两界河组中与古天然气渗漏有关的软沉积变形纹理非常发育。软沉积变形纹理主要见于含锰岩系中的菱锰矿矿体的上部或近顶部与上覆碳质黏土岩过渡部位，该部位黏土质含量较高、塑性较强，因此可以排除为后期构造成因。含锰岩系中的软沉积变形纹理主要有“莲花状底辟”及派生的“S”形软沉积变形纹理、平卧褶曲状软沉积变形纹理、穿层状（刺穿块状菱锰矿体）软沉积变形纹理等。它们是在天然气渗漏、溢出过程中，导致尚未固结的条带状菱锰矿体、含锰的层纹状碳质黏土岩发生系列软沉积变形。大塘坡地区主要有以下几种形态的软沉积变形纹理。

“莲花状底辟”软沉积变形纹理是在大塘坡铁矿坪发现的一个十分独特的古天然气渗漏沉积构造（图 6.20），实际上是一个特殊的底辟构造，古天然气上涌喷气过程中，底辟褶皱中心部分不但已经直立，并且两翼发生相向倾斜，形成开口向上的“V”字形，形似“莲花

图 6.20　发育在条带状菱锰矿体上部罕见的莲花状底辟构造（松桃大塘坡铁矿坪）

状”。左翼的“S”形软沉积变形纹理[图 6.21(a)],同样由于弯流作用形成轴面向外倾倒的层间小褶皱,其轴面与主褶皱(底辟构造)的上、下层面的锐夹角指示上层顺倾向滑动,下层逆倾向滑动。因此,该“莲花状底辟”软沉积变形纹理是由下往上的垂直方向的作用力所形成。

该“莲花状底辟”宽约 20 cm,高约 15 cm,“V”字形的放射状纹层在左翼呈“S”形软沉积变形纹理过渡,右翼呈圆弧状过渡,中心部分则直交,这一古天然气渗漏溢出构造独特而罕见。

1)“S”形软沉积变形纹理

“S”形软沉积变形纹理出现在特殊的“莲花状底辟”软沉积变形纹理的左翼[图 6.21(a)],并能与之配套。系由于弯流作用形成轴面向外倾倒的层间小褶皱,其轴面与主褶皱(底辟构造)的上、下层面的锐夹角指示上层顺倾向滑动,下层逆倾向滑动。它指示古天然气由下往上涌动渗漏溢出。

2)平卧褶曲状软沉积变形纹理

平卧褶曲状软沉积纹理出现在“莲花状底辟”软沉积变形纹理的下方,褶曲层厚约 25 cm,表现出与下伏的岩层“不整合”接触[图 6.21(b)]。

平卧褶曲状软沉积纹理是在古天然气体尚未向上形成底辟构造或渗漏溢出之前,气体沿水平方向运移过程中形成的。因此,它也是一种特殊的古天然气渗漏沉积构造。

(a)左侧“S”形软沉积变形纹理

(b)下伏的平卧褶曲状软沉积变形纹理

图 6.21　莲花状底辟构造配套的软沉积变形纹理(松桃大塘坡铁矿坪)

3)穿层状软沉积变形纹理

穿层状软沉积变形纹理是指位于菱锰矿体之下的、尚未固结且塑性程度较高的条带状、纹层状碳质黏土岩由于深部的天然气大规模上涌、喷溢,刺穿上覆尚未完全固结的稍早的喷溢作用形成层状菱锰矿体,使层状菱锰矿矿体被分割成为若干个大小不等的透镜状,类似“锰枕”(图 6.22,图 6.23)。值得说明的是,因古天然气向上涌动,先形成底辟构造,再进一步刺穿冲断层状菱锰矿体,从而导致菱锰矿透镜体的两端均向上翘起的特征(图 6.23)。

由于穿层的软沉积变形纹理刺穿了菱锰矿矿层,导致菱锰矿的层理与穿层的碳质页岩纹理相互垂直。部分穿层后的碳质黏土岩,又对切断的菱锰矿透镜体发生又不同程度的包卷。因此,位于菱锰矿透镜体之间的,且与菱锰矿层理垂直相交的碳质黏土岩,实际上是滞留在古天然气渗漏喷溢通道中的碳质黏土岩[图 6.22(a)]。

(a) 刺穿菱锰矿体的“X”字形软沉积菱形纹理

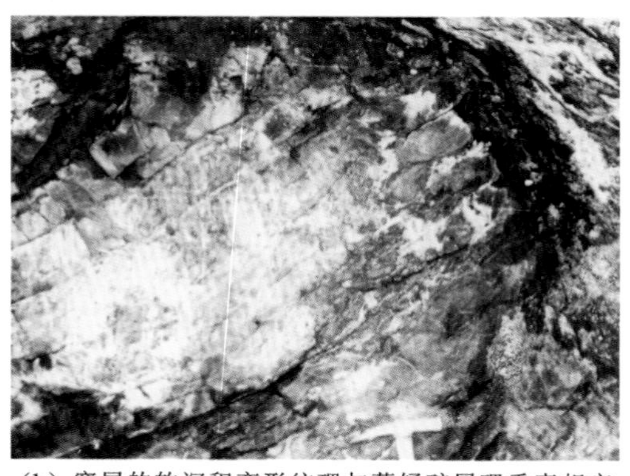

(b) 穿层的软沉积变形纹理与菱锰矿层理垂直相交,使之上翘

图 6.22 刺穿锰矿体的软沉积变形纹理(大塘坡铁矿坪)

图 6.23 两端向上翘起的透镜状菱锰矿体(大塘坡铁矿坪)

上述系列软沉积变形纹理与前述的古天然气渗漏管构造和所形成的底辟构造等,主要表现为以喷气作用留下的证据,构成了一个独特而完整的古天然气渗漏喷溢构造系统,是判断导致菱锰矿形成的古喷溢口的关键标志之一。

4. 气泡状构造

在松桃大塘坡、松桃道坨、松桃高地、湖南花垣民乐、秀山小茶园等锰矿床中的菱锰矿矿体中,均可见到被沥青质所充填,其周围常为白色放射状玉髓镶边,俗称“鱼眼睛”的气泡状构造[图 6.24(a),(b)]。特别是大塘坡地区的铁矿坪、吊水洞一带的菱锰矿体中分布较为普遍(主要分布在菱锰矿体下部),其含量一般为 5%~10%,局部可达 25%~30%。

1) 气泡形态特征

气泡在顺层理的方向上,总体表现为压扁的透镜状。其长轴方向平行于层理方向,短轴垂直于层理方向。长轴一般 5~12 mm,短轴为 2~5 mm,顺层理方向的压扁状气泡,说明气泡与菱锰矿同时形成，成岩期受到上覆岩层的压实作用发生形变[图 6.24(b)]。气泡在菱锰矿体的层面上则表现为圆形，层面上常见气泡中充填的沥青核脱落后所形成的圆形凹坑[图 6.24(c)、(b)]。

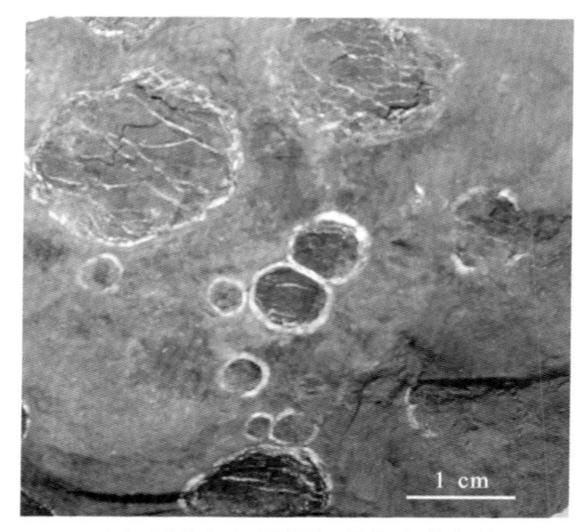

(a) 圆状气泡(顶面)，见集合状气泡

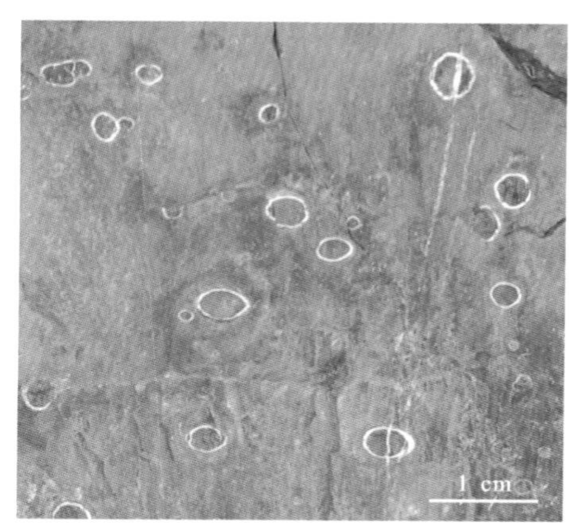

(b) 压扁状气泡(侧面)

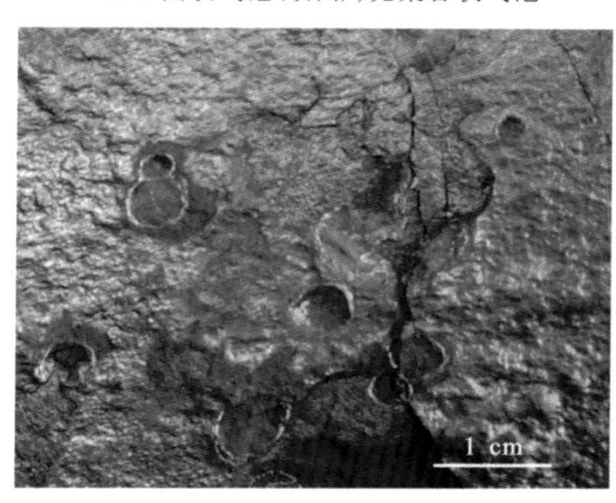

(c) 气泡底面形态，见集合状气泡

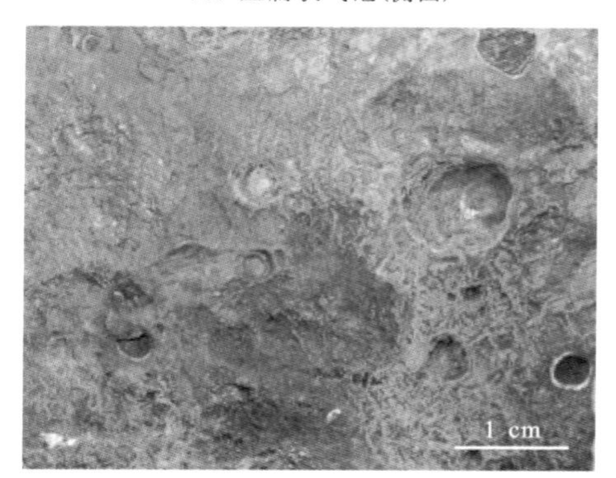

(d) 气泡底面因沥青核脱落后形成的凹坑

图 6.24 贵州松桃大塘坡菱锰矿石中的气泡状构造(气泡中为沥青充填)

菱锰矿体中，有时由 1～3 个或多个大小不等的气泡相连或组合在一起而构成集合状气泡。集合状气泡一般较单个气泡大，最大可达 15～20 mm。集合状气泡内部玉髓质气泡壁是相切而不贯通，从而可判断集合状气泡是由几个气泡所构成[图 6.24(a)、(b)、(c)]。

2) 气泡在菱锰矿体中的分布特征

气泡状构造按其在菱锰矿体中发育程度，其空间分布特征主要有密集状和稀疏状。一般密集状分布时，气泡往往较小，大小相对较均匀；稀疏状分布时则大小不等，有时出现集合状大气泡。一般具密集状气泡分布的菱锰矿石品位较稀疏状气泡分布的菱锰矿石锰品位略高。含小气泡的菱锰矿石的锰品位较含大气泡的菱锰矿石锰品位高。在开采坑道中观察发现，菱锰矿体下部的气泡较小，往上气泡则逐步变大，但锰的含量则逐渐降低，不含气泡的块状菱锰矿石的锰品位低于含气泡的块状菱锰矿石品位(周琦，1989)(表 6.1)。

表 6.1　松桃大塘坡铁矿坪 PD1307 坑道菱锰矿矿体取样分析结果表

样品编号	矿石类型	分析结果/%				备注
		Mn	SiO_2	TFe	P	
H272	块状菱锰矿	26.39	10.16	1.59	0.153	上 ↑
H273	气泡状菱锰矿	27.21	11.54	1.71	0.077	
H274	气泡状菱锰矿	28.37	6.86	1.60	0.065	
H275	气泡状菱锰矿	28.42	3.27	1.18	0.064	
H276	气泡状菱锰矿	28.91	3.50	1.40	0.074	
H277	气泡状菱锰矿	28.96	7.80	1.50	0.081	

含沥青的气泡状构造菱锰矿矿石一般分布于含锰岩系的下部，即菱锰矿下矿层的中下部。在平面上，大塘坡矿区中气泡状构造的菱锰矿石并不是普遍分布的，主要分布在渗漏喷溢口附近，即菱锰矿矿体最厚、最富的中心区域，往外逐步减少以至消失。气泡状构造菱锰矿石是判断导致菱锰矿形成的古喷溢口的关键标志。具体可根据含沥青的气泡状构造菱锰矿石在平面上的分布规律来判断古天然气渗漏喷溢口的位置和展布规律，一般古天然气渗漏喷溢口沿一定方向（如 65°）呈群出现，如松桃大塘坡锰矿区至少存在 3 个渗漏喷溢口。

3）气泡的显微结构特征

含沥青的气泡状构造的显微结构特征也是十分独特和典型：一是气泡壁均为玉髓，厚度总体较为均匀，一般厚 0.1～0.5 mm。但有时气泡壁的一侧较另一侧厚[图 6.25(d)]；二是构成气泡壁的玉髓均呈由中心向外有规律的放射状结构[图 6.25(a)，(b)，(d)，(f)]；三是多数气泡的玉髓壁由于后期成岩压实作用的影响，发生变形或压裂[图 6.25(e)，(f)]，变形的长轴方向与层理平行。

菱锰矿体中出现压扁状充填沥青的气泡这一特殊且较罕见的地质现象，说明在古天然气渗漏、溢出过程中，还夹有少量大小不等的石油油珠，在漫长的地质演化过程中，石油油珠则变成了压扁状的沥青球。

包裹沥青核的玉髓壳的成因，则可能是石油油珠在演变为沥青的过程中，由于体积收缩，导致与周围菱锰矿物质之间球面状间隙的产生；另外，菱锰矿体中的 SiO_2 充填于间隙，形成典型的放射状或栉状结构。部分较小的气泡的玉髓壁则表现为褶皱变形[图 6-25(c)]，其形成可能与压扁状或压裂状气泡壁不完全一样，可能是石油油珠受热演变为沥青后，不均匀收缩形成的间隙，导致后期充填的 SiO_2 形成褶皱状。在图 6.25 中，还可见沥青收缩环状裂隙被玉髓所充填的现象。

（二）大塘坡古天然气渗漏喷溢口群

松桃大塘坡锰矿区内的铁矿坪、吊水洞、中山、大坪盖等地的菱锰矿石中均发现了大量典型的古天然气渗漏沉积构造（周琦 等，2013b，2012a，2007a，b）。为研究其空间分布规律，刘雨等（2015）通过查阅贵州省地质矿产勘查开发局 103 地质大队 20 世纪 60～80 年代在松桃大塘坡锰矿区，不同勘查阶段施工中所有勘查钻孔的原始地质编录资料，将记

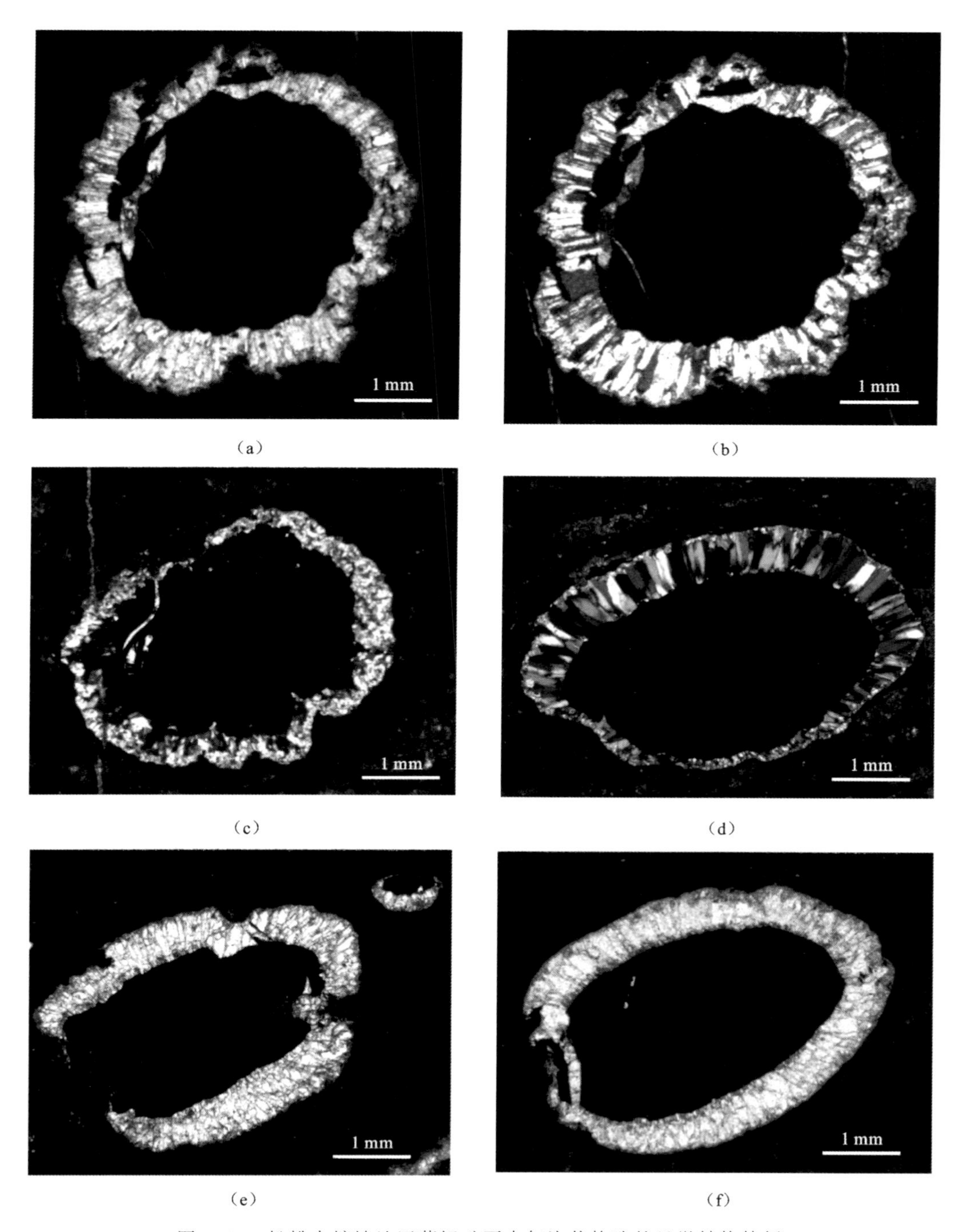

图 6.25　松桃大塘坡地区菱锰矿石中气泡状构造的显微结构特征

(a)(b) 气泡壁的放射状结构及沥青收缩后产生的环状裂隙被玉髓所充填；(c) 气泡壁的褶皱变形；(d) 气泡壁不对称发育，一侧较另一侧厚；(e) 气泡壁被后期成岩作用压扁变形；(f) 气泡壁被后期成岩作用压扁变形及放射状结构

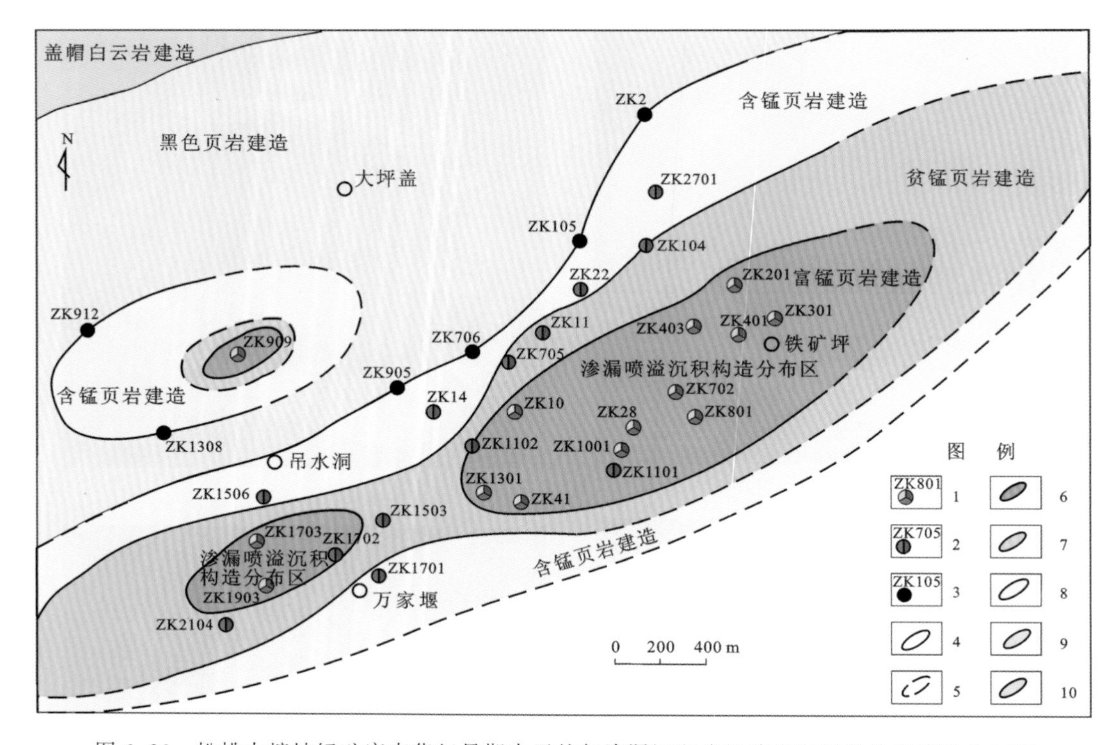

图 6.26　松桃大塘坡锰矿床南华纪早期古天然气渗漏沉积成锰喷溢口群及含锰建造分布图

1. 见被沥青充填的气泡状菱锰矿石钻孔位置及编号；2. 见块状菱锰矿石钻孔位置及编号；3. 未见菱锰矿钻孔位置及编号；4. 实测渗漏喷溢相及含锰建造界线；5. 推测渗漏喷溢相及含锰建造界线；6. 古天然气渗漏喷溢口（中心相-富锰页岩建造）；7. 古天然气渗漏喷溢过渡相（贫锰页岩建造）；8. 古天然气渗漏喷溢边缘相（含锰页岩建造）；9. 黑色页岩建造；10. 盖帽白云岩建造

录有含沥青玉髓质菱锰矿（即被沥青充填的气泡状菱锰矿石）的钻孔进行统计分析，发现所有见气泡状构造菱锰矿石的钻孔，在空间上具有十分独特的分布规律，它集中分布在三个区域（图 6.26）：一是铁矿坪矿段的 ZK1301 至 ZK301 一线；二是分布在万家堰矿段 ZK1702、ZK1703、ZK1903 孔；三是大坪盖矿段的 ZK909 孔；且铁矿坪矿段、万家堰矿段的两个分布区域是沿 65°～70°方向呈线状展布，这正好与南华纪早期的同沉积断层、断陷（地堑）盆地、菱锰矿体的走向完全吻合。

被沥青充填的气泡状菱锰矿石被认为是古天然气渗漏喷溢形成的典型构造（周琦等，2016，2013b，2007a，b），它出现的区域，就应是当时古天然气渗漏喷溢中心区域，即喷溢口。因此，大塘坡锰矿床中见气泡状构造菱锰矿石钻孔分布的三个区域，正是南华纪大塘坡早期形成大塘坡古天然气渗漏沉积型锰矿床的“一大两小”三个喷溢口，构成一个罕见的、沿 65°～70°方向展布的古天然气渗漏沉积成锰的喷溢口群。

将图 6.26 与图 5.3 进行对比分析研究，该喷溢口群还具有以下规律，进一步形成了一个完整的地质与成矿的宏观证据链：

（1）大塘坡锰矿区含锰岩系（大塘坡组第一段）存在三个厚度中心的空间分布位置

[图 5.3(a)]与三个古天然气渗漏喷溢口空间展布位置完全重合。

(2) 大塘坡锰矿区菱锰矿体的厚度、品位存在的三个高值区域,其空间分布位置也与三个古天然气渗漏喷溢口空间展布区域完全重合。喷溢口中心的 ZK801、ZK1903、ZK909 孔锰矿体平均品位分别可达 24.70%、23.67%、26.70%。且中心分布有两层甚至多层菱锰矿体,其间为薄层凝灰岩或凝灰质砂岩透镜体,往外逐渐演变为一层菱锰矿体。再向外,菱锰矿体则尖灭。

(3) 菱锰矿体中所夹的凝灰岩或凝灰质砂岩透镜体,也主要分布在三个古天然气渗漏喷溢口及附近,越靠近渗漏喷溢口,厚度越大,往外则迅速减薄和尖灭。

(三) 锰矿体仅分布在次级断陷盆地中心

通过构造古地理恢复分析,结合松桃大塘坡锰矿区、李家湾-高地-道坨锰矿区、万山盆架山-长行坡锰矿区勘探线上钻孔资料分析研究,还发现一个特殊现象:菱锰矿矿体仅分布在次级裂谷盆地中 IV 级断陷(地堑)盆地中心的更次级断陷盆地中,而离隆起(地垒)距离最近的更次级断陷盆地中,尽管有时含锰岩系厚度也较大,但却无菱锰矿体分布。这一现象也证明锰质不是来自大陆风化,而是来自深源。因为这些离隆起(地垒)距离最近的更次级断陷盆地,是在短暂的古天然气渗漏喷溢成锰期之后再发生断陷的,故没有菱锰矿体分布。如果锰质来自大陆风化,其成矿期应较长,且离隆起(地垒)距离最近的更次级断陷盆地不但应分布有菱锰矿体,而且矿体厚度应最厚、品位应最高等。

如在李家湾-高地-道坨和大屋 IV 级断陷(地堑)盆地之间的和尚坪隆起(地垒)的南西就存在一个成锰期之后断陷的次级盆地(图 6.6),它距离和尚坪隆起是最近的,但所施工的 ZK1701 等钻孔,尽管揭露的含锰岩系较厚(达 34.37 m),但却无锰矿分布。因此,将含锰岩系的厚度与菱锰矿体的厚度成正比,并作为找矿标志也不一定完全正确,要注意区分上述特殊情况。

第三节 锰矿裂谷盆地古天然气渗漏沉积成矿系统

华南南华纪大塘坡早期“大塘坡式”锰矿是一种新的矿床类型,即古天然气渗漏沉积型锰矿床。与传统的海相沉积型锰矿床、沉积变质型锰矿床等沿稳定克拉通边缘或盆地边缘分布不一样,古天然气渗漏沉积型锰矿床则分布在裂谷盆地中心,沿系列同沉积断层控制的次级断陷(地堑)盆地中心分布,锰质和古天然气等均来自深部,具独特的锰矿裂谷盆地古天然气渗漏沉积成矿系统。该成矿系统是由地内子系统和表层子系统耦合作用构成。

一、地内子系统

(一) 壳幔韧性剪切带——无机成因天然气等深部流体通道

前已述及,壳幔韧性剪切带(深大断裂)往往是上地幔含矿玄武质岩浆、幔源烃类、二氧化碳、氦气等深部流体的通道(张景廉,2014;蔡学林 等,2008)。例如,松辽盆地东部火山岩系中的庆深无机成因气田,其附近深部发育青山壳幔韧性剪切带、四川盆地普光深层气田正好位于合川壳幔韧性剪切带向北东延伸的端点,推测天然气的运移与聚集可能与该壳幔韧性剪切带的活动有一定联系等(蔡学林 等,2008)。而华南黔湘渝地区古天然气渗漏沉积型锰矿床分布区域,通过地学断面人工地震测深表明其深部分别发育有秀山壳幔韧性剪切带、黔阳壳幔韧性剪切带和金兰寺壳幔韧性剪切带。同时通过大足—泉州的大地电磁测深观测剖面,在扬子地块东南缘分别出现秀山—松桃、黔阳—邵阳和衡阳—茶陵三个垂向低阻带(图 2.5)完成对应,其深度可达 200 km(朱介寿 等,2005)。与周琦等(2016)进行构造古地理恢复分析得出的控制锰矿形成的武陵次级裂谷盆地、雪峰次级裂谷盆地在空间上也完全吻合。说明武陵山锰矿成矿带、雪峰山锰矿成矿带,其深部均存在壳幔韧性剪切带(深大断裂),而壳幔韧性剪切带是无机成因气等深部流体的重要通道,地幔流体(以气体为主,为地幔脱气作用生成的 CO_2、H_2 等)通过壳幔韧性剪切带进入中地壳低速高导层,通过发生费-托反应等,生成无机成因的烃类气体再沿次一级断裂上升成藏或渗漏喷溢。

(二)南华纪早期发生多次火山喷发活动

南华纪早期,黔湘渝地区在成锰前、成锰期均发生多次火山喷发活动,尤其是锰矿成矿前。导致在断陷(地堑)盆地区的含锰岩系中出现多层凝灰岩、凝灰质岩石透镜体分布,厚度从几厘米至几十厘米不等,在松桃黑水溪的向家坡,凝灰岩厚度最大,达 3.65 m,为深灰色-黑灰色厚层微密块状凝灰岩。岩石由黏土矿物、霏细石英及碳质等组成,黏土矿物呈显微鳞片状,霏细石英组成弓状、眉毛状、枝丫状等火山灰的残迹,少量石英晶屑具尖锐棱角状、港湾状,碳质呈污染状、线条状与之相伴。2014 年底,笔者项目团队在与松桃黑水溪毗邻的松桃道坨-李家湾锰矿重点预测区中的高地锰矿找矿预测靶区施工的 ZK2715 孔中,出现 3~4 层凝灰岩,累计厚度可达 3 m,与菱锰矿体大致相间产出,而菱锰矿体的累计厚度竟达 16 m 左右。下层矿的厚度超过 13 m,且品位富,锰平均品位达25%。一共出现 10 层菱锰矿体,特别是在铁丝坳组的上部冰碛含砾砂岩中也出现两层几十厘米厚的菱锰矿体,气泡状菱锰矿体直接与铁丝坳组冰碛含砾砂岩正常接触等,反映菱锰矿渗漏喷溢直接成矿的证据。

据湖南省地质矿产局 405 队等单位完成的《湖南省花垣县民乐锰矿地质特征和成矿规律研究报告》(1985 年),认为花垣民乐锰矿分布有较多的火山碎屑,并发现火山碎屑具有明显的空间分布规律:

(1) 火山碎屑在矿床垂直(剖面)方向上的分布,是由矿体底板→I 矿体→夹石→II 矿体→顶板,其火山碎屑物质在含量上是由很多→多→少→极少→无,构成一个递减数列式特征。

(2) 火山碎屑物质在矿床水平方向上的含量及其变化。据若干剖面对比研究,发现矿床中的火山碎屑物主要集中在北部 4 排勘探线和南部 17 排勘探线之间的地段,其他地段虽有分布,远不及这一地段丰富,特别是 7 线至 13 线一带,可以认为是火山碎屑堆积的中心。这一火山碎屑堆积地段正好是I矿体的分布地段及II矿体的中心地带，同时又是Mn含量的高值区。

从锰矿体的下部至上部，火山物质含量由多到少。相反，锰质的含量则由低到高，火山物质与锰质之间表现为互为消长的负相关关系。在平面上，火山物质的富集地段恰好是主矿体的中心地带和Mn含量的高值区。

杨绍祥和劳可通(2006)对湖南花垣民乐锰矿中的火山碎屑物质研究后也得出同样的结论：火山碎屑物质主要赋存在“含锰岩系”中菱锰矿矿层的底板和“含锰岩系”下部，往上则大大减少，到矿层顶板页岩中则无火山碎屑物存在，这可能与火山喷发处于尾声而渐渐静止的过程有关。火山碎屑主要为晶屑和火山灰或火山尘，岩屑较少，其晶屑周围为菱锰矿球粒所围绕。具体在锰矿体中，镜下清楚可见火山物质条纹与锰矿条纹相互构成叠复层理，或互相混合堆积呈条带状，火山物质主要赋存在锰矿体的底板岩石中或矿体底部的条带状菱锰矿矿石中，即从矿体的下部至上部，火山物质含量由多到少，锰质的含量则由低至高，火山物质与锰质之间表现为负相关关系。而在平面上，火山物质的富集地段恰好是矿床的中心地带和Mn、P含量的高值区，说明在平面上火山物质、锰质、磷质分布区域是重合的。火山物质与锰质之间垂向上的负相关关系，但在平面分布又相互重合，反映了它们之间的成因联系。

上述火山碎屑的空间分布规律与贵州松桃大塘坡、高地锰矿床火山碎屑的分布规律是一致的。并且结合与松桃大塘坡、松桃高地锰矿床对比分析研究后认为：

(1) 花垣民乐锰矿床出露和控制的含锰岩系，总体表现为40°方向的狭长椭圆形，但实际上不代表锰矿体真正的走向方向。

(2) 从火山碎屑物质集中分布7线至13线之间，被认为是火山碎屑堆积中心。同时又是Mn含量的高值区。说明7线至13线之间是花垣民乐锰矿床古天然气渗漏喷溢成矿的喷溢口分布区。

(3) 7线至13线之间应是民乐锰矿床古天然气渗漏喷溢中心相分布区，宽为1 000～1 500 m。

(4) 可以确定控制民乐锰矿床形成的南华纪早期断陷盆地的真正走向，大致是以7线至13线之间的二分之一处沿65°～70°方向展布。这一认识，对下一步民乐锰矿深部找矿预测是很关键的。

因此，华南地区南华纪早期出现多次火山喷发活动，而锰矿的形成时间和空间分布与火山活动密切相关，锰矿成矿主要发生在火山喷发末期或间歇期。火山活动诱发或导致了深部富锰的古天然气(液)渗漏喷溢沉积成矿。即火山喷发在先，锰质喷溢成矿在后。它们是同一地内成矿子系统中火山喷发、富锰的天然气渗漏喷溢耦合作用的结果。多层凝灰岩出现，说明火山活动是多期次的，诱发或引发的古天然气渗漏喷溢活动也是多期次的，导致多层菱锰矿体的出现。因而富锰流体的溢出与气体的喷出也是多期的，火山喷发的强度越强，诱发的古天然气与富锰流体渗漏喷溢的强度也越强，形成的菱锰矿体就越厚、品位就越高。

（三）壳幔深部存在丰富的无机成因的甲烷气

1. 南华纪早期发生大规模的古天然气渗漏喷溢活动

前已述及，华南黔湘渝地区在南华纪早期发生多期次的大规模古天然气渗漏喷溢沉积成锰作用，如松桃大塘坡、李家湾-高地-道坨、西溪堡和花垣民乐、秀山小茶园等锰矿区，在菱锰矿体中及上下围岩中发现大量古天然气渗漏喷溢沉积构造，如底辟构造、渗漏管构造、系列软沉积变形纹理构造、气泡状（沥青球）构造等，相互配套，十分独特和罕见。这表明南华纪早期，黔湘渝地区深部存在十分丰富的无机成因的天然气。

2. C 同位素特征表明为深部无机成因天然气

大塘坡式中的菱锰矿石的 $\delta^{13}C$ 为－8.14‰～－10.38‰，对菱锰矿石中充填在气泡状构造中的沥青的有机 C 同位素 $\delta^{13}C$ 为－30.98‰（周琦 等，2007a），含锰岩系（Nh_1d^1）中的白云岩透镜体的 $\delta^{13}C$ 为－8.19‰～－12.98‰（杨绍祥 等，2006），按照戴金星等（2008）的无机成因甲烷 C 同位素组成一般大于－30‰，有机成因甲烷 C 同位素组成一般小于－30‰的划分标准，大塘坡式锰矿的天然气属于深部无机成因气。测定气泡状菱锰矿石中的沥青的有机 C 同位素 $\delta^{13}C$ 也仅略小于－30‰（－30.98‰），说明主要为深部无机成因气，可能在甲烷渗漏喷溢口附近存在部分依靠甲烷为生的甲烷菌的污染。

"大塘坡式"锰矿床 $\delta^{13}C$ 的分布范围与沉积碳酸盐岩来源和有机碳来源的 $\delta^{13}C$ 的正常范围有较大偏差，从而表明该类锰矿床中的碳不太可能主要来自碳酸盐岩和有机碳。岩浆和地幔的 C 同位素组成相似，一般认为其 $\delta^{13}C$ 主要在－3‰～－9‰（胡瑞忠 等，2007；王先彬 等，2000；杜乐天 等，1996）。研究表明，在相对封闭的系统中，地幔去气作用产生的无机成因甲烷气（戴金星，2006；张景廉，2000；张景廉 等，1998）、CO_2 气与母体相比在 C 同位素组成上差别很小，应大致具有其母体的 C 同位素组成。由于菱锰矿及白云岩的 $\delta^{13}C$ 与地幔的 $\delta^{13}C$ 十分吻合。结合菱锰矿体底部和之间，分布有火山凝灰岩透镜体这一背景，说明锰矿成矿期间，发生有多次火山喷发这一地质背景，故该地区古天然气渗漏沉积型锰矿床的古天然气应主要反映深部无机成因气的特点。

（四）锰质来自深部

锰质来自深部的相关微量元素证据、Sr-Nd 同位素地球化学证据和沉积学证据详见本章第二节。本节仅作进一步分析补充：

（1）该类型锰矿床中菱锰矿及含锰岩系中的白云岩透镜体的 $\delta^{13}C$ 大致相同，集中在－7‰～－10‰，变化范围很窄。而大塘坡地区含锰岩系之下、两界河组中的白云岩透镜体 $\delta^{13}C$ 也集中在－2‰～－3‰。因此，碳与锰的来源应相当稳定，应具共同的源区。

（2）锰矿床受裂谷盆地和同生断层等大型构造控制。秀山、黔阳壳幔韧性剪切带控制的武陵次级裂谷盆地中，发育一系列的同生的伸展断层（古断裂），控制和形成了 III 级和 IV 级地堑盆地，而这一系列的同生断层正是富含锰质、无机成因甲烷气等深部流体进入成锰沉积盆地的通道，菱锰矿矿体具体赋存在裂谷盆地的最深，即最次级的 IV 级断陷（地堑）盆地中心部位，呈狭长带状分布。

(3) 由于区内大规模锰矿成矿作用大致同时(667～662 Ma),锰矿成矿时间很短,是超大陆裂解过程中的一次事件沉积。锰矿体沿同生断层呈狭长带状,断续分布在Ⅳ级断陷(地堑)盆地的中心,说明锰质不是来源于大陆风化。

(4) 分布在Ⅳ级断陷(地堑)中的锰矿床,出现独特的Mn/Cr规律(详见第七章第三节),它不是偶然的,可能反映了锰与铬共同来自深部的证据。

(5) 在湖南洞口江口南华系剖面上(侯宗林 等,1997),一是相当于南华系两界河组和铁丝坳组的江口组,其厚度高达1 235 m,说明其裂解作用剧烈;二是相当于两界河期的江口组中下部,出现了2～3层气孔状玄武质火山岩及多层火山凝灰岩、集块岩等;三是在大塘坡组下部出现铁绿泥石页岩(江口铁矿赋存层位),往上则为含锰岩系,夹菱锰矿体(称"江口式"锰矿),江口锰矿达中-大型规模。特别是在两界河期沿同沉积断层出现了2～3层气孔状玄武质火山岩及多层火山凝灰岩、集块岩等,使锰矿裂谷盆地古天然气渗漏沉积成矿系统,即锰矿"内生外成"形成了一个完整的证据链。

(6) 结合较南华纪大塘坡期更早的青白口纪丹州群沉积时期(新元古代早期),桂北地区的合桐组至三门街及拱洞组、湘西南地区天井组均出现与海底火山喷发有关的钠质硅质岩及锰质岩相(王剑,2000)分析,说明华南地区基底可能是富锰的,故在超大陆裂解过程中发生多期次的锰矿成矿作用不是偶然的(包括黔东地区石阡拉祥、三穗-天柱灯盏田、铁山坳等地的震旦纪陡山沱期菱锰矿、铁锰矿沉积)。只不过是在南华纪大塘坡早期,华南黔湘渝地区因超大陆裂解,进一步沟通了深部更富锰岩石,在大量无机成因甲烷等流体的作用下,沿着系列同生断层上涌,在系列Ⅳ级地堑盆地的底部发生大规模的锰矿成矿作用,导致了一批大型、甚至超大型锰矿床的形成。

二、表层子系统

华南南华纪锰矿裂谷盆地古天然气渗漏沉积成矿系统中表层子系统就是指古天然气和锰质从壳幔深部上升到南华裂谷盆地中沉积成矿与就位的表层系统,主要由同沉积断层、次级裂谷盆地(Ⅱ级)与Ⅲ级Ⅳ级断陷(地堑)盆地、封闭还原缺氧的沉积环境、Ⅳ级断陷(地堑)盆地中代表古天然气渗漏沉积成矿系统中的中心相/过渡相/边缘相三个特征相带等构成。

(一) 同沉积断层

同沉积断层属伸展构造系统,它产于拗拉槽、裂谷、裂陷槽等拉张构造环境,是这些构造的重要组成因素和一种形成机制(翟裕生 等,1997)。同沉积断层是与沉积、火山、地震、流体及成矿作用同时发生,持续进行的一种特殊构造型式。因此,同沉积断层是古天然气渗漏沉积型锰矿床成矿系统中连接地内子系统与表层子系统的纽带:一是成矿物质上升的通道,二是控制形成沉积成矿的特定空间(系列断陷盆地)。

1. 同沉积断层垂向发育形成锰矿成矿通道

同沉积断层垂向发育一是使其成为沟通深部与表层子系统的气液与成矿物质的通

道，包括壳幔源的古天然气等。华南黔湘渝地区南华纪同沉积断层的形成与该区地处鄂湘黔岩石圈断裂带（饶家荣 等，1993）或秀山壳幔韧性剪切带（蔡学林 等，2008，2004a，b；朱介寿 等，2005）的特殊地质背景有关，是新元古代以来长期发育，反复活动的古老断裂。先后控制了研究区板溪群、南华系、寒武系的沉积相、沉积物厚度和沉积成矿作用。壳幔韧性剪切带被认为是深部壳幔源无机成因气上升通道（张景廉 等，2014；蔡学林 等，2008；张景廉，2000）。二是使其成为沟通深部锰矿成矿物质的通道。是锰矿大规模成矿作用、形成若干超大型锰矿床的特殊成矿背景。

2. 同沉积断层控制和形成了不同序次的次级裂谷盆地

发育完好的同沉积断层不是单一的构造形迹，它是由不同尺度、不同序次的断层群组成。不同序次的同沉积断层则控制了不同序次的裂谷盆地，不同序次的裂谷盆地又分别控制了成矿区、成矿带、成矿亚带和矿床，控制形成锰矿沉积成矿的特定空间（系列断陷盆地）。例如，南华裂谷盆地锰矿成矿区中的武陵次级裂谷盆地，同沉积断层就控制和形成了石阡-松桃-古丈 III 级断陷盆地、玉屏-黔阳-湘潭 III 级断陷盆地、溪口-小茶园 III 级断陷盆地；石阡-松桃-古丈 III 级断陷盆地中，因同沉积断层又分布控制形成了西溪堡（普觉）、李家湾-高地-道坨、民乐、杨家湾等若干 IV 级断陷盆地等。

（二）裂谷盆地与断陷（地堑）盆地

华南黔湘渝地区南华纪同沉积断层控制和形成了系列次级裂谷盆地与断陷（地堑）盆地，反映了该时期的构造古地理面貌，是菱锰矿体沉积成矿的特殊环境与堆积的空间。不同序次的裂谷盆地、断陷（地堑）盆地，是造成盆地中水底地形、水动力学、水文地球化学和物理化学差异的重要因素，故造成锰矿等成矿物质大量堆积的特定局部空间，如研究区的 IV 级断陷（地堑）盆地。同一同沉积断层走向方向上，往往形成串珠状的 IV 级断陷（地堑）盆地，如松桃李家湾-高地-道坨盆地、花垣民乐盆地和古丈烂泥田 IV 级断陷（地堑）盆地等，而这些 IV 级断陷（地堑）盆地就是锰矿沉积的空间。

（三）中心相/过渡相/边缘相

古天然气渗漏沉积型锰矿表层子系统中，在 IV 级断陷（地堑）盆地中，以渗漏喷溢口（一般为狭长带状）为中心向外，依次可明显地划分出中心相、过渡相和边缘相三个古天然气渗漏沉积成矿的特征相带（图 6.27）。

三、锰矿裂谷盆地古天然气渗漏沉积成矿模式

（一）关于南华纪“大塘坡式”锰矿成因评述

新元古代南华纪大塘坡早期是中国最重要的锰矿成矿期。1958 年贵州省地质局 103 地质大队在贵州松桃大塘坡铁矿坪的南华纪早期地层中率先发现菱锰矿床以来，至 20 世纪 80 年代末，先后发现和探明了贵州松桃大塘坡、杨立掌、大屋、黑水溪，湖南花垣民乐、

重庆秀山小茶园、革里坳等一批大中型锰矿床，使黔、渝、湘毗邻的“三角”地区成为我国重要的锰矿资源富集区之一。同时，湘中、湘西南和鄂西南及桂北等地区的南华系大塘坡组或相当地层都见有菱锰矿分布，故把产于南华系大塘坡组底部黑色岩系中的菱锰矿床，称为“大塘坡式”锰矿。因此，该类型锰矿在华南地区分布广泛。

关于“大塘坡式”锰矿的成因，前人作过较多研究，主要集中在20世纪80年代。但一直存在热水成因、生物成因或化学成因的争议。

高兴基等(1985)对松桃地区南华系早期锰矿成矿条件及找矿方向进行了较为详细的研究，分别从岩相古地理、沉积环境分析、矿床地球化学、成矿机理等方面进行了研究，提出锰质来源于海底火山，并进行了成矿预测(刘巽锋 等，1989)。

王砚耕等(1985)，运用多重地层划分的概念，对本地区南华系大塘坡组进行详细研究，进一步查明了该地区大塘坡组的空间分布和变化情况。并运用沉积学的有关理论，对大塘坡时期的沉积环境进行了研究，认为属海相深水环境，菱锰矿富集于成岩阶段，是继黄铁矿形成之后经还原而成的，并认为氧化锰转变为碳酸锰的全过程中，有机质起了相当重要的作用(王砚耕 等，1985)。

赵东旭(1990)认为“大塘坡式”锰矿的锰矿石是由菱锰矿内碎屑和碳泥质基质组成，提出菱锰矿内碎屑是浅水沉积环境中的锰质沉积物破碎而成。它们沿着盆地斜坡流入深水地区与碳、黏土和粉砂沉积在一起形成内碎屑菱锰矿，且认为一部分矿石有递变层理，具有浊流沉积特征。

陈多福和陈先沛(1992)提出该类锰矿产于具有高地热场的近岸盆地，锰矿为热水沉积的观点；与此同时，刘巽锋等(1983)、郑光夏等(1987)则认为锰矿Si、Ba、Fe、Sr含量较低，而Ti、Al含量较高，这与热水沉积特征相矛盾，认为锰矿主要分布在浅水低凹地区，与潮坪沉积(藻坪)关系密切，属于藻类生物成矿。

杨瑞东等(2002)通过对贵州松桃大塘坡期锰矿的C、S同位素和藻类化石的研究，认为南华纪大塘坡期锰矿是在700～695 Ma全球性Sturtian冰期后形成，由于大气中含有很高的CO_2与海洋中的Ca^{2+}、Mn^{2+}反应，造成大量$CaCO_3$和$MnCO_3$快速沉淀，形成“碳酸盐岩帽”(碳酸锰)，即用“雪球地球”的观点进行解释。并认为冰期后没有形成世界分布的菱锰矿矿层，很可能是富锰环境分布有限，只有局部地区由于深大断裂和热水提供了大量的Mn^{2+}，才有碳酸锰沉积。通过对大塘坡组藻类化石研究，认为在含锰矿的层位，藻类化石很少，而锰矿层上下，微体藻类化石都很丰富，提出锰矿成矿与藻类关系并不那么密切的观点。

杨绍祥和劳可通(2006)认为在南华纪早期，该地区地壳拉张裂陷发育，形成了一系列裂陷槽或地堑盆地并引发大规模的海底火山运动，喷发中心区分布于湘西南—湘中一带。在花垣、凤凰、古丈等地沿深断裂带也有裂陷槽分布，并在裂陷槽或地堑盆地中形成了一些规模大小不等的民乐式锰矿床(点)。根据矿床的成矿作用和成矿的全过程建立了矿床的成矿模式：火山喷发时，锰质和细粒火山物质迅速堆积成为含锰的凝灰质沉积物，由于火山派生的气液或被气液烘热的海水进一步溶滤这些疏松的沉积物，使含锰物质富集起来并运移到该区最合适其停集的裂陷槽中沉积下来富集形成了锰矿床。因此，认为锰矿属离火山喷发中心较远的海底火山喷发-沉积锰矿床。

从上述前人研究成果可知，彼此认识之间存在很多矛盾。例如，从有机质含量很高，菱锰矿产于黑色岩系之中等因素分析，菱锰矿的形成环境肯定是较为封闭的还原环境；从主要发育水平层理、纹层状等沉积构造，下伏的两界河组和铁丝坳组中存在的“落石”等冰筏沉积构造分析，菱锰矿的形成环境是较深的。但菱锰矿中又发现很多生物（主要是微生物、藻类）特征，似乎其形成又是较浅的环境。因此，该类型锰矿一直存在深水沉积与浅水沉积的矛盾。为解决这一矛盾，刘巽锋等（1983）提出了海湾和潟湖潮坪沉积（藻坪）的浅水沉积为主的观点；王砚耕等（1985）则认为菱锰矿属海相深水环境，但菱锰矿是富集于成岩阶段；赵东旭（1990）认为一部分矿石有递变层理，具有浊流沉积特征出发，提出了一个折中的观点，认为菱锰矿是浅水环境中沉积，然后它们沿着盆地斜坡流入深水地区与碳质、黏土和粉砂沉积在一起形成内碎屑菱锰矿；杨瑞东等（2002）认为锰矿成矿与藻类关系并不密切，提出在含锰矿的层位，藻类化石很少，而锰矿层上下，微体藻类化石都很丰富。采用“雪球地球”形成“碳酸盐岩帽”的观点进行解释锰矿形成，从而回避锰矿浅水与深水沉积的争论。

（二）锰矿裂谷盆地古天然气渗漏沉积成矿模式

现代海底天然气渗漏系统演化地质模型为研究华南黔湘渝南华纪“大塘坡式”锰矿的成矿作用的研究提供了启示。例如，松桃大塘坡锰矿床，是一个典型的古天然气渗漏沉积型锰矿成矿系统。其剖面上表现为两界河组、铁丝坳组、“含锰岩系”和锰矿体的厚度大，呈狭长带状分布，往四周迅速减薄，体现断陷盆地沉积特征。因出现多期古天然气渗漏，从而形成了多期次的菱锰矿和白云岩透镜体。相关的渗漏沉积构造齐全配套，具有与现代天然气渗漏系统（冯东等，2005；沙志斌 等，2005a，b；陈多福，2004；Peckmann et al.，2004，2001，1999；Jiang et al.，2003a，b；Greinert et al.，2002；Pancost et al.，2001）类似的渗漏沉积构造和同位素地球化学等特征。渗漏沉积型锰矿成矿系统平面上可划分为中心相、过渡相和边缘相（图 6.27）。松桃大塘坡锰矿床古天然气渗漏沉积成矿系统的中心相带因剥蚀出露地表，故易于观察到大量的古天然气渗漏沉积构造。

黔东地区南华纪早期古天然气渗漏沉积型锰矿成矿系统与成矿模式如图 6.27 所示（周琦 等，2013b，2012a）。

（1）新元古代罗迪尼亚超大陆裂解，导致南华裂谷盆地开始形成，并形成一系列的次级断陷（地堑）盆地。由于裂解作用，逐步使地壳浅层断裂系统逐渐与下地壳或地幔贯通，壳幔源的无机成因天然气上涌，沿同沉积断层在盆地中发生小规模的天然气渗漏，形成两界河组冷泉碳酸盐岩——白云岩小透镜体。

（2）裂解作用继续发展，使地壳浅层断裂系统与壳幔继续贯通，因火山喷发，诱发、触发壳幔源的无机成因天然气发生大规模上涌，并作用于深部富锰的岩石，形成富锰、含硫的气液，沿断裂上升，在断陷盆地中心部位发生古天然气渗漏沉积，形成古天然气渗漏沉积型菱锰矿体。

（3）“含锰岩系”的底部和上下层矿体之间普遍见凝灰岩或凝灰质砂岩透镜体沉积，

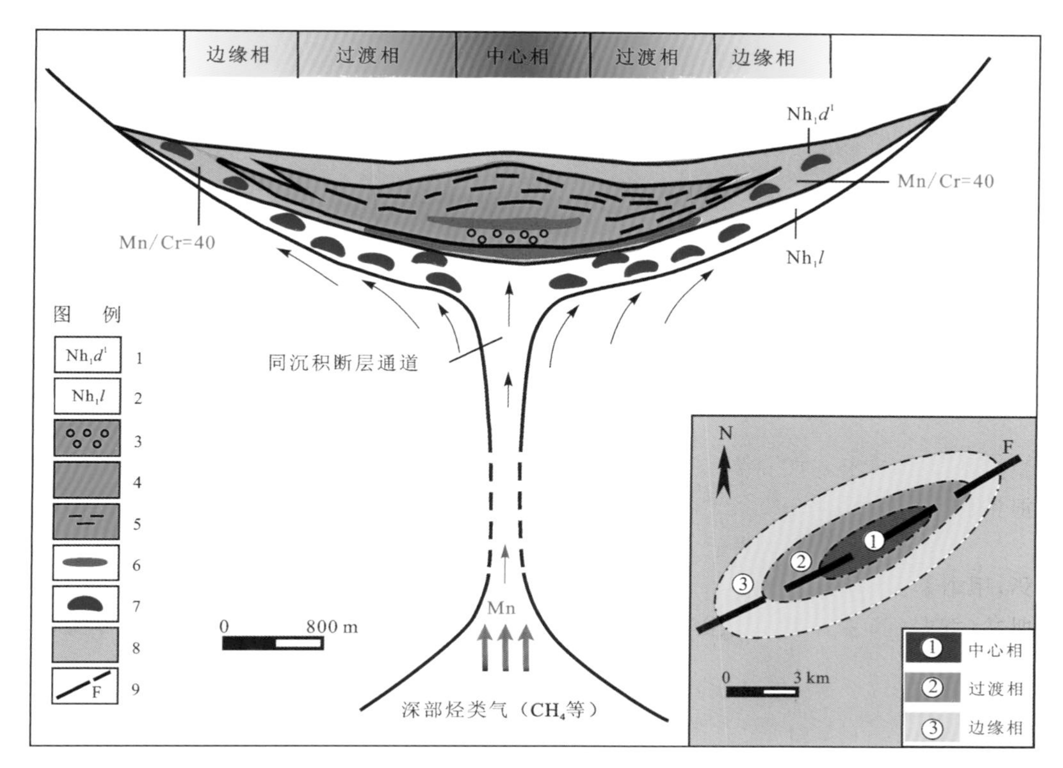

图 6.27　锰矿裂谷盆地古天然气渗漏沉积成矿系统与成矿模式(周琦等,2013b)

1. 下南华统大塘坡组第一段(黑色含锰岩系);2. 下南华统两界河组+铁丝坳组;3. 气泡状构造菱锰矿石;4. 块状构造菱锰矿石;5. 条带状构造菱锰矿石;6. 凝灰岩或凝灰质砂岩透镜体;7. 白云岩透镜体;8. 碳质页岩;9. 同沉积断层

说明在裂解过程中,曾多次发生海底火山喷发活动。其喷发的间隙可能诱发多次古天然气渗漏,导致多期菱锰矿体的形成。

(4) 古天然气渗漏沉积型锰矿成矿系统平面上以渗漏喷溢口(一般为狭长带状)为中心向外,依次可划分为中心相、过渡相和边缘相三个相带(图 6.27)。由中心相→过渡相→边缘相,$\delta^{34}S$ 正值、$\delta^{13}C$ 负偏值和 Mn 品位逐渐降低,两层或多层菱锰矿矿体逐渐变为一层,直至尖灭。各相带的主要特征如下。

中心相。即古天然气渗漏喷溢口中心区域,呈狭长带状分布,一般宽 400～1 000 m,长宽 500～1 500 m。该相带一是普遍发育各种渗漏喷溢沉积构造,如底辟构造、渗漏管构造、被沥青充填的气泡状构造、系列软沉积变形纹理等;二是出现透镜状菱锰矿矿体和上下两层、甚至多层菱锰矿矿体,反映渗漏喷溢口附近发生多期次古天然气渗漏沉积成锰作用。上下菱锰矿体之间出现 2～10 cm 厚的凝灰岩或凝灰质砂岩透镜体;三是中心相的菱锰矿、碳质页岩和含砾的碳质砂岩中黄铁矿的 $\delta^{34}S$ 最大,一般大于等于 60‰,渗漏喷溢口中心附近的 $\delta^{34}S$ 一般大于 60‰,最高可达 67‰。同时,菱锰矿的 $\delta^{13}C$ 负偏值最大,尤其是被沥青充填的气泡状构造菱锰矿石,一般为 $\delta^{13}C$ 为 −9‰～−10‰;四是中心相菱锰矿体厚度最大(最厚可达 12～13 m),品位最富,Mn 品位一般大于 25%。以块状菱锰矿石为主,局部夹被沥青充填的气泡状菱锰矿石,矿体上部及顶部出现有少量条带状菱锰矿;五是含锰岩系的厚度最大,一般为 25～40 m,最厚可达 80～100 m。

过渡相。介于中心相和边缘相之间的区域,围绕中心相呈狭长环状分布,单侧宽为 600～1 000 m。长度可大于 10 000 m。该相带一是不发育各种渗漏沉积构造,多为水平层理。以块状和条带状菱锰矿石为特征;二是主要为一层菱锰矿体,一般未见凝灰岩透镜体分布,矿体厚度、品位明显低于中心相区,Mn 品位一般为 15%～18%;三是菱锰矿体、碳质页岩中黄铁矿的 $\delta^{34}S$ 开始降低,一般为 45‰～55‰。同时,菱锰矿的 $\delta^{13}C$ 较中心相区的菱锰矿的 $\delta^{13}C$ 略高,一般为 −8‰～−9‰;四是含锰岩系的厚度明显较中心相区变薄,一般为 15～25 m。

边缘相。围绕过渡相呈狭长环状分布,单侧宽为 500～800 m,长度可大于 10 000 m。该相带同样不发育各种渗漏沉积构造,均为水平层理。一是以条带状菱锰矿石为主,偶夹薄层块状菱锰矿体。越靠盆地边缘,锰矿体越来越薄,碳质页岩夹层越来越多、厚度越来越大,直至菱锰矿体尖灭;二是菱锰矿体厚度较薄,一般为 0.5～1.0 m,Mn 品位较低,一般为 10%～15%;三是菱锰矿体、碳质页岩中黄铁矿的 $\delta^{34}S$ 又较过渡相区降低,一般为 35‰～45‰。同时,菱锰矿的 $\delta^{13}C$ 又较过渡相区菱锰矿的 $\delta^{13}C$ 略高,一般为 −7‰～−8‰;四是含锰岩系的厚度明显变薄,一般为 10～15 m。

第四节　古天然气渗漏与锰矿成矿作用

一、华南南华纪锰矿不是外生沉积成锰作用形成

关于华南黔湘渝地区南华纪锰矿成矿作用机制,近年张飞飞等(2013a,b,c)和朱祥坤等(2013)提出锰是以氧化物或氢氧化物的形式沉淀的,在盆地边缘或表层较为氧化性的水体条件下,Mn^{2+} 以氧化物或氢氧化物形式沉淀,锰的氧化物或氢氧化物沉淀之后被掩埋在缺氧带之下,在成岩过程中与有机物质相互作用,锰的氧化物或氢氧化物被还原而释放出 Mn^{2+},有机物质被氧化而释放出大量 CO_3^{2-}(有机物质被铁的氧化物或氢氧化物和硫酸盐氧化,以及在细菌的参与下发生发酵作用也可产生部分 CO_3^{2-}),Mn^{2+} 与 CO_3^{2-} 结合,沉淀形成了菱锰矿。

这是传统的外生沉积成锰作用机制,对于解释锰质来自大陆风化、传统的海相沉积型锰矿床是可行的,与 Maynard(2003)、Force 和 Cannon(1988)和 Roy(2006)等提出的"氧化模式"(oxic model)及"分带模式"(zone model)、"浴缸边模型"(bathtub-ring model)等十分相似(详见第一章)。这些锰矿成矿作用模式大同小异,其核心强调外生沉积成锰作用,没有考虑锰质主要来自深源(内源)的情况。均无法解释黔湘渝地区南华纪锰矿床是在断陷(地堑)盆地中心成矿,而盆地边缘却无菱锰矿沉积等独特特征。

按照有机质或细菌参与成矿作用的判别标志,$\delta^{13}C$ 至少应小于 30‰(戴金星 等,2008),而研究区菱锰矿石 $\delta^{13}C$(7‰～10‰)却与地幔的 $\delta^{13}C$ 十分吻合,应属于无机成因范畴(周琦 等,2013b)。

南华纪锰矿具有异常高 $\delta^{34}S$(可大于60‰)。张飞飞等(2013b)认为是细菌硫酸盐还原作用所致,在Sturtian冰期期间,全球海洋表层被冰川覆盖,阻断了海洋和大气之间的物质交换,陆源风化的硫酸盐矿物不能输入到海洋中。海洋中硫酸盐通过细菌硫酸盐还原作用不断消耗,但是缺乏供给,海水中硫酸盐浓度不断降低,按照瑞利分馏模式海洋中残余的硫酸盐越来越富集 $\delta^{34}S$。但这一解释与客观实际不符,即包括菱锰矿在内的含锰岩系中黄铁矿均出现在Sturtian冰期消融之后。Sturtian冰期的沉积物(铁丝坳组)中几乎没有黄铁矿出现,当然就不存在所谓的细菌硫酸盐还原作用。

二、华南南华纪锰矿是古天然气渗漏沉积成矿

(一)菱锰矿的形成与热化学硫酸盐还原反应密切相关

细菌硫酸盐还原作用和热化学硫酸盐还原反应发生在两个不同的温度范围内,分别对应低温和高温成岩环境。细菌硫酸盐还原作用普遍发生在0℃以上至60~80℃,高于该温度范围,几乎所有参与硫酸盐还原作用的微生物都停止了代谢作用,只有极少数嗜高温的微生物能在较高温度形成 H_2S(Machal,2001)。热化学硫酸盐还原反应并没有一个精确定义,其发生需要一个最小的温度下限,已确定的热化学硫酸盐还原反应最低温度是127℃,但只有超过175℃时,才能在实验室完成热化学硫酸盐还原反应;只有当温度高于250℃时才能用实验方法再现地质过程中热化学硫酸盐还原反应的反应速度(Machal,2001),显示热化学硫酸盐还原反应对温度的强烈依赖性。

目前,各方研究并未在锰矿石中找到微生物、细菌参与锰矿成矿的证据。提示南华纪锰矿形成机理不是传统的外生沉积成矿机理,而是另外一套形成机制。南华纪锰矿中出现异常高 $\delta^{34}S$ 的原因,应是古天然气渗漏喷溢成矿作用过程中发生了热化学硫酸盐还原反应。

(二)古天然气渗漏喷溢成锰作用

(1)来自深部的锰与烃类气体、流体沿深断裂上升到地壳近浅部逐步聚集,形成规模巨大的、高压富锰和烃类流体藏。该流体藏内温度较高、压力较大、富含 SO_4^{2-} 等,因热化学硫酸盐还原反应,使甲烷等烃类气体发生一系列的缺氧氧化(Machel,2001):

① $CH_4+SO_4^{2-}\longrightarrow HCO^{3-}+H_2S(HS^-)$+热量;

② 烃类+$SO_4^{2-}\longrightarrow HCO^{3-}+H_2S(HS^-)$+(有机酸、轻质油气)+固态沥青+水+热量。其结果致使体系中富含 HCO^{3-}、$H_2S(HS^-)$ 和 CO_2 等化学型体。

(2)因裂谷盆地进一步裂解和火山活动触发,使同沉积断层向下垂向发育,沟通了富锰和烃类流体藏,致使流体藏中高压富锰的气体、流体沿同沉积断层迅速上升至海底的断陷(地堑)盆地中,发生大规模的喷溢、渗漏作用。因 CO_2 等气体逸失,使体系化学平衡发生向右移动:$Mn^{2+}+2HCO_3^-\longrightarrow Mn(HCO_3)_2\longrightarrow MnCO_3\downarrow+H_2O+CO_2\uparrow$,生成菱锰矿并沿同沉积断层通道上升到断陷(地堑)盆地中心发生沉积。同时,体系中的 Fe^{2+} 与还原硫(HS^-、S^{2-})反应,生成细粒状及草莓状黄铁矿(FeS_2)等。

深部隐伏锰矿找矿预测模型 第七章

前已述及，研究区南华纪大塘坡早期“大塘坡式”锰矿是一种新的矿床类型，即古天然气渗漏沉积型锰矿床。因此，不同的锰矿矿床类型，其成矿理论与成矿模式不同，找矿模型也不相同。尤其是古天然气渗漏沉积型锰矿床，其成矿系统是地内子系统(超大陆裂解背景下，构造、壳幔气体、火山等)与表层子系统[同沉积断层、裂谷盆地与断陷(地堑)盆地、封闭缺氧的强还原环境]联合作用形成的一个统一的古天然气渗漏沉积成矿系统而成矿。因此，在该成矿理论指导下，探索建立的该类型锰矿床的找矿模型也是十分独特的。

第一节　深部隐伏锰矿地质找矿模型

一、同沉积断层

同沉积断层属伸展构造系统，它产于裂谷、裂陷槽等拉张构造环境，是这些构造的重要组成因素和一种形成机制(翟裕生 等，1997)。同沉积断层是与沉积、火山、地震、流体及锰矿成矿作用同时发生、持续进行的一种重要而特殊的控矿构造类型。研究区南华纪早期同沉积断层十分发育，控制和形成了南华纪早期不同序次的次级裂谷盆地，同沉积断层的垂向发育形成了锰矿成矿通道，在断陷盆地底部出露地段是富锰气液上涌的喷口和锰矿石堆积场所。故同沉积断层是该类型锰矿床地质找矿的关键标志。具体通过以下主要标志进行判别。

(1) 南华纪早期沉积岩相古地理的突变带。

(2) 南华系各组段地层厚度突变带：如松桃西溪堡 IV 级断陷盆地中，大塘坡组第一段(Nh_1d^1)黑色含锰岩系厚度、大塘坡组第二段(Nh_1d^2)地层厚度及南沱组(Nh_2n)地层厚度突变带的两侧地层厚度相差一倍以上(张遂 等，2015)。

(3) 线状展布的快速堆积(两界河组)沉积相的边界线。

(4) 在 IV 级断陷盆地中古天然气渗漏喷溢中心相的连线和串珠状 IV 级断陷盆地的连线等。

研究区南华纪早期同沉积断层沿 65°～70°方向，大致平行展布，具较明显的等距性分布规律，大约为 5 km。与地表北东—北北东向燕山期主体构造线方向存在 30°～50°夹角。

在研究区运用同沉积断层进行南华纪锰矿找矿预测，还需特别注意以下两点：

(1) 现研究区地表所表现出的北东、北北东方向的构造线，主要是燕山期构造运动的所形成的构造线方向，不代表南华纪早期同沉积断层及锰矿带、锰矿体的方向。研究区南华纪早期同沉积断层展布方向为 60°～70°,可能南华纪早期同沉积断层的原始方向为东西向,现表现出的 60°～70°方向,应是受燕山运动改造后的方向。这对研究区深部隐伏锰矿床找矿预测和锰矿床的勘查工作部署十分重要。

(2) 研究区南华纪早期同沉积断层具有一定的等距性,其间距大约为 5 km(图 3.4)。

二、IV 级断陷(地堑)盆地

研究区锰矿床形成分布严格受南华纪早期裂谷盆地形成演化过程控制。即南华裂谷盆地(I 级)控制锰矿成矿区,次级裂谷盆地(II 级)控制锰矿成矿带,III 级断陷盆地控制形成锰矿成矿亚带。锰矿床则分布在 IV 级断陷盆地中,而在隆起区域则无锰矿体分布。因此,IV 级断陷盆地是该类型锰矿床的关键地质找矿标志(图 3.8(b))。

三、两界河组标志

南华系底部的两界河组沉积是罗迪尼亚超大陆裂解背景下,第二次裂陷作用开始时(约 725 Ma)(Zhang et al.,2008),最早充填于武陵次级裂谷盆地中心的沉积。断线状展布的两界河组沉积是判断南华纪早期同沉积断层和断陷盆地存在的主要标志之一。例如,松桃大塘坡两界河和松桃西溪堡地区,两界河组厚度在 130～400 m;松桃道坨-李家湾地区,从南东侧缺失两界河组,往北西则出现两界河组沉积,并迅速增厚。因此,两界河组存在与否是该类型锰矿地质找矿预测的主要标志[图 3.8(a)]。

四、古天然气成因的白云岩透镜体标志

该标志是指两界河组中的古天然气渗漏成因的白云岩透镜体。根据裂谷盆地古天然气渗漏锰矿成矿系统与成矿模式(周琦 等,2013b;周琦,2008),两界河组快速堆积的碎屑岩中的白云岩透镜体与上覆的菱锰矿体成因一样,是裂谷盆地古天然气渗漏锰矿成矿系统中不同期次渗漏的古天然气成因的碳酸盐岩。即裂解初期(两界河期)来自深源的无机成因气、热裂解气等沿同沉积断层发生小规模的上涌至两界河期断陷盆地中形成,同样具有独特的渗漏沉积构造,它与菱锰矿体构成“二位一体”的关系(图 6.27)。因此,两界河组中古天然气成因的白云岩透镜体存在与否,是该类型锰矿床找矿预测的主要标志。

五、含锰岩系厚度标志

大塘坡早期的黑色含锰岩系沉积是两界河期形成的系列同沉积断层的基础上,在大塘坡早期继续伸展拉张、断陷沉积而成。断陷越深则大塘坡早期黑色含锰岩系沉积越厚,同时伴随以同沉积断层为通道,在断陷盆地中心发生大规模的古天然气渗漏喷溢沉积成锰作用。因此,大塘坡组黑色含锰岩系是锰矿地质找矿预测的主要地质标志之一。厚度

越大证明裂陷作用越强烈，越有利于渗漏喷溢成矿[图 3.8(b)]，并与菱锰矿体的厚度、品位成正比。

但含锰岩系厚度标志的具体运用，需注意以下三点。

(1) 要综合分析判断区分 III 级断陷(地堑)盆地中的黑色页岩和 IV 级断陷(地堑)盆地中的含锰岩系。因在 III 级断陷(地堑)盆地中的黑色页岩厚度一般较薄，无菱锰矿体产出。下伏地层中普遍无两界河组沉积物分布(因随着裂解的深入，已使大塘坡早期的断陷盆地分布范围超过了早期的两界河期断陷盆地分布范围)。而 IV 级断陷(地堑)盆地中的含锰岩系厚度较大，有菱锰矿体产出，下伏地层中有两界河组分布，即含锰岩系的厚度中心与下伏两界河组地层的厚度中心在空间上是重叠的[图 3.8(a)，(b)]。

(2) 因持续裂解作用，大塘坡早期的断陷盆地分布范围超过了较早的两界河期断陷盆地分布范围，III 级断陷(地堑)盆地中的黑色页岩中 Mn/Cr 微量元素比值一般小于 5；而 IV 级断陷盆地中的锰矿成矿地质体(含锰岩系)厚度较大，有菱锰矿体产出，锰矿成矿地质体底部(即成锰期)Mn/Cr 微量元素比值约为 40。

(3) 有时含锰岩系的厚度在 IV 级或更次级的断陷(地堑)盆地中也较大，但却无菱锰矿体产出。反映在古天然气渗漏喷溢沉积成锰期之后再发生断陷沉积的，尽管沉积了较厚的碳质页岩，却无菱锰矿体产出。例如，大塘坡 IV 级断陷(地堑)盆地北西侧存在一个更次级的断陷盆地，该次级断陷盆地中，贵州省地质矿产勘查开发局 103 地质大队先后施工的 ZK501、ZK13、ZK103 和 ZK602 孔的含锰岩系厚度分别达到 24.90 m、20.02 m、32.33 m和 17.99 m，但均未见到菱锰矿体的分布。

六、上覆层厚度标志

因控制锰矿成矿的同沉积断层继续发生作用，在大塘坡中、晚期，乃至更晚的地层中，导致位于断陷盆地中的大塘坡组第二、三段、南沱组乃至震旦系—下寒武统等地层厚度较隆起(地垒)区明显增厚。因此，含锰岩系上覆地层厚度异常增厚的地段，是隐伏锰矿床找矿预测重要的间接标志[图 3.8(c)]。

(一) 大塘坡组厚度标志

成锰期结束后，但沿同沉积断层继续伸展拉张、断陷，故 IV 级地堑盆地中大塘坡组第二、三段的厚度也是继续受到其影响的。在 IV 级地堑盆地的中心，大塘坡组第二、三段的厚度最大可达 600 m(如西溪堡矿区)，往盆地两侧则迅速变薄。大塘坡组第二、三段的厚度中心与黑色含锰岩系(大塘坡组第一段)的厚度中心，在空间上也是大致重合的。因此，大塘坡组第二、三段的厚度(黔东地区至少大于 150 m，且越厚越好)可作为圈定隐伏的 IV 级地堑盆地的重要标志。

(二) 南沱组厚度标志

近年在松桃西溪堡锰矿区进行整装勘查过程中，通过钻探发现：西溪堡(普觉)IV 级地堑盆地（成锰沉积盆地）中心，除发现含锰岩系厚度接近 100 m，大塘坡组第二、三段厚度达 600 余米之外，发现之上的南沱组的厚度较盆地边缘地区竟然也增厚近一倍，约 400 m（盆地边缘地区南沱组厚度一般不足 200 m）。因此，黔东地区南沱组厚度明显变厚的区域，也是圈定隐伏 IV 级地堑盆地非常重要的标志。

这是同沉积断层在大塘坡期以后仍在继续伸展拉张、断陷的结果，使 IV 级断陷（地堑）盆地中南沱组厚度明显增厚。

（三）其他上覆地层厚度

根据松桃西溪堡（普觉）、桃子坪、高地和道坨等隐伏世界级超大型锰矿典型矿床特征的研究，同沉积断层在大塘坡期以后继续伸展拉张、断陷，至少一直持续到寒武纪早期，致使南沱组以上的如震旦系地层、下寒武统的清虚洞组、杷郎组等地层也明显大于周边的正常厚度，可作为判断断陷盆地和进行间接找矿预测的标志。

七、渗漏喷溢沉积相标志

根据锰矿裂谷盆地古天然气渗漏沉积成矿系统与成矿模式（图 6.27），富锰的气液沿同沉积断层上涌到 IV 级断陷盆地底部，发生渗漏喷溢沉积成锰作用。从渗漏喷溢口向外，形成中心相、过渡相和边缘相三个渗漏喷溢相带，三个相带沿同沉积断层大致呈狭长带状展布（周琦 等，2013b）。这一标志对于隐伏锰矿体的找矿预测与空间定位非常关键。

（一）中心相标志

（1）普遍发育各种渗漏沉积构造，如底辟构造、渗漏管构造、被沥青充填的气泡状构造、系列软沉积变形纹理等。

（2）出现透镜状菱锰矿体，且为多层分布（主要为上下两层），有时出现 3～5 层菱锰矿体不等。

（3）上下两层主要菱锰矿体之间，一般分布或断续分布厚 2～10 cm 的凝灰岩或凝灰质粉砂岩透镜体。

（4）菱锰矿体以块状构造夹被沥青充填的气泡状菱锰矿石为标志，条带状菱锰矿石很少，一般仅出现在上层矿的上部或顶部。

（5）菱锰矿体之间的碳质页岩夹层少而薄。菱锰矿体厚度大，一般大于 2.5 m，最厚可达 16 m。Mn 品位高，一般大于 23%，最高可大于 30%；锰矿成矿地质体厚度大，一般为 25～40 m，最厚可大于 90 m。

（二）过渡相标志

（1）一般不发育古天然气渗漏沉积构造，多为水平层理。

（2）菱锰矿体形态主要为似层状、层状。虽也可出现 1～3 层菱锰矿体，但因菱锰矿体之间所夹的碳质页岩厚度达不到夹石剔除厚度，往往为一层矿，矿体厚度较中心相区薄。

(3) 菱锰矿体之间未见凝灰岩或凝灰质粉砂岩透镜体分布。

(4) 菱锰矿体以块状和条带状菱锰矿石为主,未见被沥青充填的气泡状菱锰矿石。

(5) 菱锰矿体之间碳质页岩夹层逐渐增多,夹层厚度逐渐增大。菱锰矿体厚度中等,一般为 1.5～2.0 m。Mn 品位中等,一般为 16%～22%。

(6) 含锰岩系厚度中等,一般为 15～25 m。

(三) 边缘相标志

(1) 不发育古天然气渗漏沉积构造,水平层理。

(2) 矿体形态主要为层状、似层状,但菱锰矿体内部所夹的碳质页岩层数较多,出现矿体与碳质页岩互层产出,且越靠近断陷盆地边缘,碳质页岩厚度、层数逐渐增加,菱锰矿体厚度、层数逐渐减少,直至尖灭。

(3) 菱锰矿体内部未见凝灰岩或凝灰质粉砂岩透镜体分布。

(4) 主要为条带状菱锰矿石,块状菱锰矿石少,无被沥青充填的气泡状菱锰矿石。

(5) 菱锰矿体厚度较薄,一般小于 1.5 m,品位较低,一般为 10%～16%。

(6) 锰矿成矿地质体厚度较薄,一般为 10～15 m。

刘雨等(2015)根据古天然气渗漏喷溢构造的空间分布特征,对松桃大塘坡锰矿床进行恢复分析,首次识别出该矿床在南华纪成锰期存在三个古天然气渗漏喷溢口,沿 65°～70°展布(图 6.26),与南华纪早期同沉积断层展布方向一致。

第二节 深部隐伏锰矿地球物理找矿模型

一、物性特征及地球物理前提分析

(一) 物性特征

锰矿成矿地质体[大塘坡组第一段(Nh_1d^1),即含锰岩系]主要由碳质、粉砂质黏土岩夹条带状、块状菱锰矿等组成。其综合电性特征表现为低电阻率与高极化率组合特征,其上覆的大塘坡组第二段(Nh_1d^2)、南沱组(Nh_2n)含砾粉砂岩和下伏铁丝坳组(Nh_1t)含砾砂岩同为中高电阻率、低极化率组合特征。故含锰岩系与上覆、下伏地层岩性差异明显,具备音频大地电磁法(AMT)测深条件。

在归纳分析以往物性资料基础上,采用小四极法在研究区不同层位不同岩性露头上进行测量,针对典型钻孔采用“泥团法”进行采集,包括白云岩、灰岩、砂岩、粉砂岩、碳质页岩、硅质岩、氧化锰矿石、块状锰矿石、冰碛砾岩、板岩、变余砂岩等不同岩矿石。铜仁松桃锰矿整装国家勘查区主要岩矿石物性特征见表 7.1。

表 7.1　主要岩矿石物性特征统计表

岩矿石名称	地层代号	样点数	电阻率平均值/(Ω·m)	极化率平均值/%
黏土	Q	28	135.71	1.62
白云岩	$\epsilon_{2+3}ls$、ϵ_1q、Z_1d	52	3 203.29	1.86
灰岩	ϵ_1q	38	5 121.47	1.67
砂岩、粉砂岩	ϵ_1p、ϵ_1b	40	1 677.38	1.88
页岩	Nh_1d^2、ϵ_1jm	35	540.98	2.30
碳质页岩	Nh_1d^1	33	25.44	21.10
冰碛砾岩	Nh_2n	37	1 714.64	2.63
硅质岩	Z_1l	40	4 050.97	1.77
板岩	$QbBx$	41	1 725.38	2.26
氧化锰矿石	Nh_1d^1	30	49.86	8.27
块状锰矿石	Nh_1d^1	31	20.31	11.62

（二）地球物理前提

1. 构造特征分析

锰矿床形成以后的后期保存条件(即后生构造)的分析与研究，对整装勘查区开展大比例尺找矿预测区圈定和钻孔布设十分关键。例如，普觉(西溪堡)超大型锰矿床 F1 犁式正断层特征对锰矿体保存与破坏作用研究，对开展该锰矿床开展大比例尺找矿预测、圈定有利的找矿靶区、发现该隐伏超大型锰矿床也十分关键，故对构造特征模型的分析尤为重要。铜仁松桃锰矿整装国家勘查区断层异常特征总体是二维板状体形态特征，向下延伸较深。相对于围岩介质的电阻率，断层可表现为低阻断层或高阻断层，决定于断层的物质成分、胶结程度、破碎带宽度、含水性、岩脉侵入等特性和围岩电阻率特性。一般来说，新活动断层电阻率值较低，断层越老，胶结程度越强，电阻率值越高；压性断层少水，则为高阻；张性断层富水，则为低阻，判断断层最直接的依据是视电阻率断面图的横向电性是否连续。横向电性即横向的视电阻率曲线发生了较明显的下陷或上凸，使其两侧的电性差异明显，表现为一个很明显的不连续性。另外，当断层带不发育或断层电阻率与两侧岩层电阻率差异不明显时，如果断层两侧岩性不同，断层将表现为岩性分界面。

2. 含锰岩系分析

含锰岩系即大塘坡组(Nh_1d)第一段，空间上它仅分布在次级断陷(地堑)盆地的中心。主要由碳质页岩、碳质菱锰矿、白云岩、凝灰质粉砂质页岩、黏土岩等组成。其综合电性特征为低电阻率、高极化率特征，与其他岩性差异明显，具备电法物探勘测条件。上覆南沱组(Nh_2n)冰碛砾岩和下伏铁丝坳组(Nh_1t)冰碛砾岩同样为高电阻率低极化率特征，是判断大塘坡组(Nh_1d)含锰岩系地层存在的间接标志。含锰岩系在垂向上由于上覆粉砂质页岩等低阻层及下伏含砾砂岩、变质砂岩、变质粉砂岩等高阻层的综合影响，电性剖面特征表现为低阻至高阻的渐变特征，即在高低阻层状过渡区表现明显。

二、数据采集及数据处理

按照“从已知到未知”“由浅入深”的原则，结合铜仁松桃锰矿国家整装勘查区物性资料、地质、成矿模式及钻孔资料，选择具有代表性的松桃李家湾-高地-道坨重点工作区，确定并检验锰矿床地质-地球物理模型。具体采用 V8 电法工作站开展音频大地电磁法测深工作，采集频带 0.35～10 400 Hz，布设剖面 3 条(图 7.1)，测线长度共计 12.45 km，点距 50 m，合计 254 个音频大地电磁法测深点，质检点 8 个，质检率 3.15%(表 7.2)。

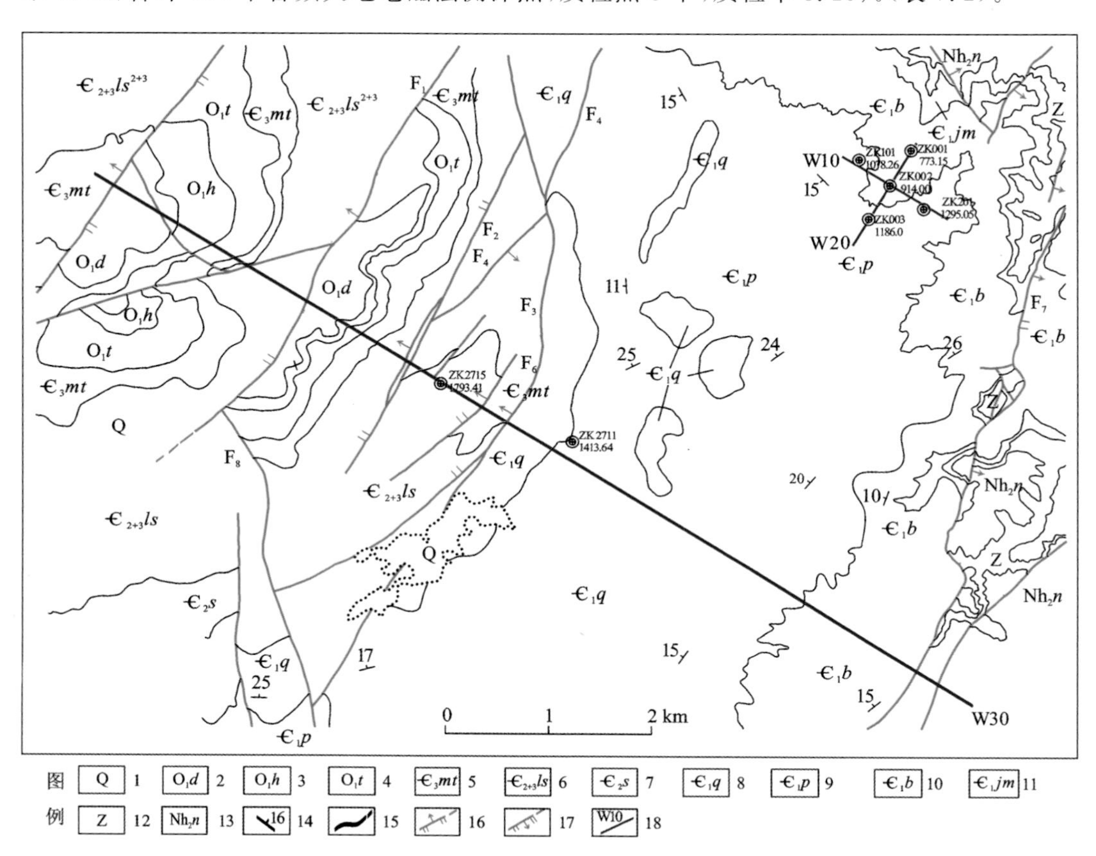

图 7.1　李家湾—高地—道坨重点工作区音频大地电磁法测深剖面布置简图

1. 第四系；2. 下奥陶统大湾组；3. 下奥陶统红花园组；4. 下奥陶统桐梓组；5. 上寒武统毛田组；6. 上寒武统娄山关群；7. 中寒武统石冷水组；8. 下寒武统清虚洞组；9. 下寒武统杷榔组；10. 下寒武统变马冲组；11. 下寒武统九门冲组；12. 震旦系；13. 上南华统南坨组；14. 地层产状；15. 地层界线；16. 正断层；17. 逆断层；18. 物探线

表 7.2　实测工作量统计表

测线	线长/m	方向/(°)	点距/m	设计点	实际完成数	检查点
L10	1 200	121	50	25	25	1
L20	1 200	31	50	25	25	1
L30	10 050	122	50	204	204	6
合计	12 450			254	254	8

(一) 数据采集

采用加拿大凤凰公司生产的 V8 电法工作站,该系统族包括一系列适应野外观测的轻便多道采集盒子和配套的数据查看、处理、编辑的软件。采集盒子能够记录两道通过不极化电极测量的电道及三个利用探头测量的磁道数据。记录单元之间通过全球卫星定位系统(GPS)与世界通用协调时间(UTC)同步。音频大地电磁法的野外数据采集工作过程包括选点、测点的布置和观测等内容。

1. 选点

测点设置在人为干扰少,且远离高压线,地表浅部的介质电阻率均匀的地区,以确保所得到的野外第一手资料能正确反映该地区地下电性分布特征。施工中用 GPS 测出该点的经纬度,并在地形图上确定测点的具体位置。具体要求如下:

(1) 尽量保证测点布置在地势开阔的地方,避免如山沟、山坡等起伏地形以使南北或东西向接地电极间高差和距离之比小于 1/10。

(2) 使测点尽量远离电磁干扰源,如高压线、电台和大型用电设施;会影响采集的电磁信号。

(3) 测点应该尽可能布置在均匀地表,如避开河流、湖泊、沼泽等地段。

(4) 测点应选在僻静之处,以免受到人为干扰。

2. 测点的布置和观测

(1) 野外施工测量 E_x、E_y、H_x、H_y、H_z 五个分量,采用张量观测方式。E_x、H_x 方向要求沿正北方向布设,E_y、H_y 要求沿正东向布设(图 7.2)。布极采用森林罗盘仪测量角度,方位误差不应超过 1°,同一测线保持 E_x 方向一致。

(2) 测点应按照设计点位布置,如果遇到不利的地形时,测点的点位可适当调整,但实际点位与设计点位的偏差不能大于 50 m。

(3) 测点应选择在开阔、平坦、土质均匀的地方。

(4) 电极一般采用标准"十"字形布设,在地形不利、无法采用"十"字形布设时可采用"L"字形或"T"字形方式布设,但要控制好电极距,如图 7.3 所示。

(5) 电极线布设时全部压实,大线可分段压实。

(6) 在布置水平和垂直磁棒时,水平磁棒应埋入地下至少 0.3 m,磁棒的方位误差小于 1°,埋设前用水平尺量水平,保持水平倾斜小于 1.5°;垂直磁棒垂直向下误差小于 1°。

(7) 对每个测点周围的相关的地形和干扰情况进行相应的描述,并及时由操作员记

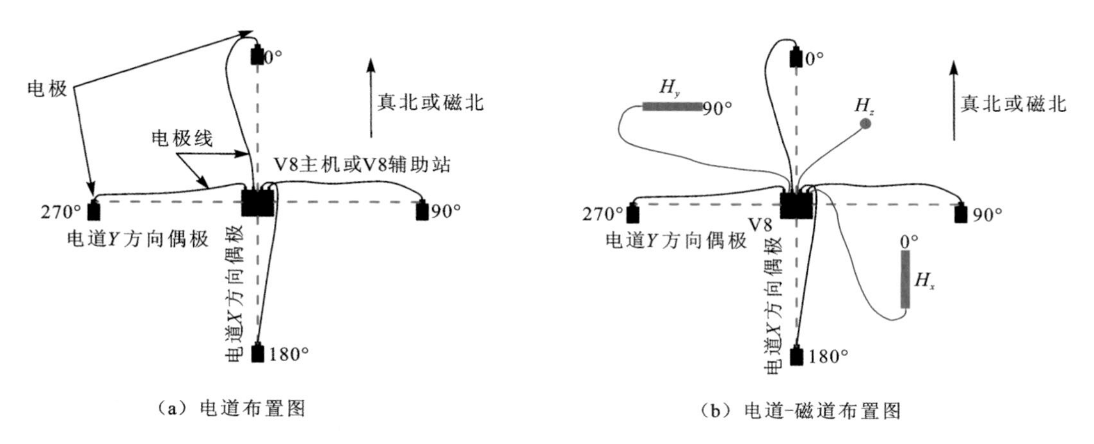

图 7.2　野外工作布置示意图

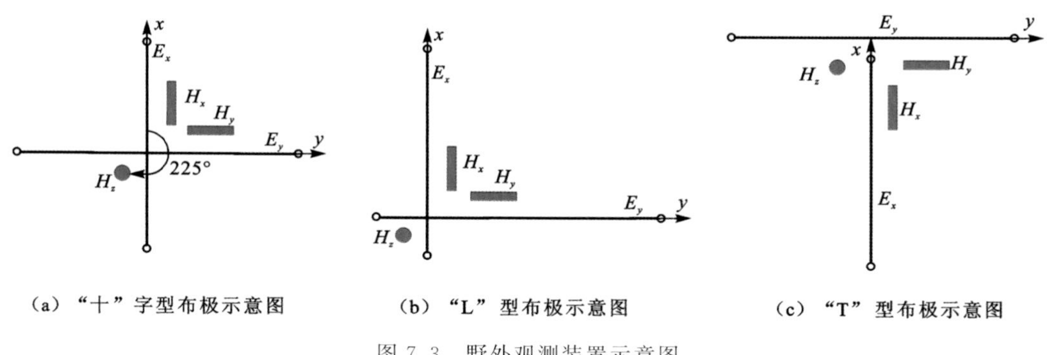

图 7.3　野外观测装置示意图

录到当日的班报中，以免遗忘。

(8) 所使用的电极要浸泡湿润，电极电位差不大于 2 mV。

(9) 不论在何种地形采集电磁数据，都应使该测点的接地电阻小于 2 000 Ω。通过加深电极坑、注盐水、用泥土包裹不极化电极等方式减小接地电阻。

(10) 电极距设计为 50 m，可以有效地增强信号强度并减小静态效应，当测点位于不利地形时可适当缩短。

(11) 有效观测记录频带为 10 400～0.35 Hz。观测时间和有效叠加次数要根据实际情况确定，最低频点的叠加次数不能少于三次，并要保证所测曲线衔接良好，不出现脱节或跳越现象。

(二) 数据处理

音频大地电磁法野外资料记录的是电场和磁场分量的时间序列，通过对资料整理处理可以获得测点的视电阻率和相位等音频大地电磁法参数的响应，通过预处理计算的数据才能用于后期反演的计算和解释，音频大地电磁法数据预处理工作主要包括：对时间域的地磁场记录进行频谱分析、计算主轴方位上阻抗张量元素及视电阻率相位信息、最佳主轴方向判断、远参考处理技术、功率谱挑选、极化方式判别，介质维数性判别、静位移校正等工作。音频大地电磁法资料的整个处理与解释流程如图 7.4 所示。

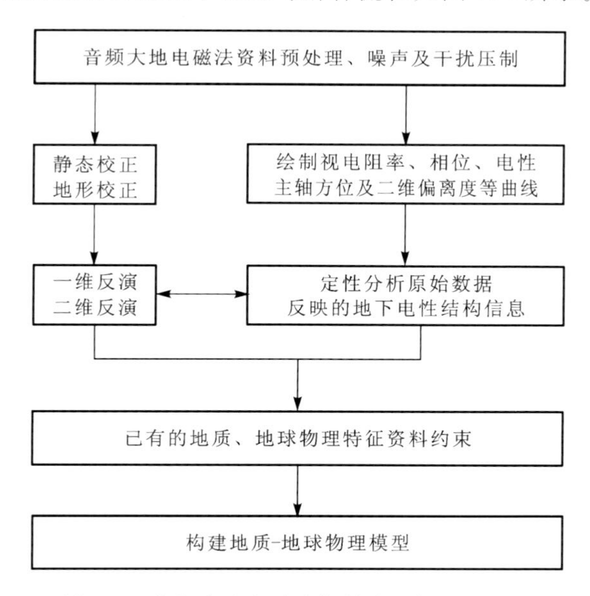

图 7.4　音频大地电磁法资料处理解释流程图

使用凤凰公司的 SSMT2000 软件，实现对宽频数据的处理。首先要更改每个测点的参数信息是否符合野外班报的记录，然后对原始的时间序列的音频大地电磁法记录进行傅里叶变换，之后用 Robust 功能模块对每个测点的数据进行再处理，或者进行远参考之后再处理，这样就可以得到用于编辑的互功率谱。技术原理是对时间域的电场和磁场进行频谱分析，求出相应的频谱信息之后，就可以估算阻抗张量元素和视电阻率等数据。

1．频谱分析

音频大地电磁法的频谱分析就是提取电磁场在不同频率的谐变成分，普遍用的都是傅里叶变换。注意在提取频谱信息时，往往还会出现截断效应、假频效应等问题，必须采取一些相应的处理手段来压制干扰。

假频效应是对真实信号频谱的一种歪曲，为了避免假频效应，必须在选定采样的时间间隔之后，在采样前进行去假频滤波。

对时间序列的音频大地电磁法记录进行傅里叶变换后，获得的频谱和真实的频谱不一样，截断效应就是因截断近似造成频谱受到歪曲的现象，解决办法有改变时窗函数和修改原始信号的频谱。

2．Robust 估计处理技术

Robust 估计作为新兴起的一种统计学计算方法，在多个领域得到广泛应用，并取得很好的效果。

音频大地电磁资料处理以往使用的传统方法为最小二乘法，然而，有研究者通过研究证明，音频大地电磁测深资料的误差分布特征不满足高斯误差分布的假定条件，因此须将

Robust 估计引入到音频大地电磁测深的阻抗张量计算中,以改善这一情况。

对于音频大地电磁资料处理,阻抗估算可以表示为

$$X=U\beta+\gamma \tag{7.1}$$

式中:矩阵 X 为水平电场分量的 n 次观测值;β 为待求的阻抗张量;U 为水平磁场分量;γ 为未知误差或残差。

式(7.1)式的最小二乘解为

$$\beta=(U^{\mathrm{T}}U)^{-1}U^{\mathrm{T}}X \tag{7.2}$$

而 Robust 估计为

$$\beta^{(m+1)}=(U^{\mathrm{T}}W^{(m)}U)^{-1}U^{\mathrm{T}}W^{(m)}X \tag{7.3}$$

式中:m 为迭代次数;W 为权函数。通过多种权函数试算,使用可以达到较好的加权效果。即对误差较大的观测值用较小的权,而对误差小的观测值用较大的权,也即注重高质量的数据,从而得到高质量的大地电磁阻抗计算结果。

Robust 估计处理中的迭代算法可表示为

$$\bar{Z}^{n+1}=[E^{n+1}H^{*}][H^{n+1}H^{*}]^{-1} \tag{7.4}$$

$$E_{ai}^{(n+1)}=E_{ai}^{(n)}+g(r_{ai}^{(n)}/\sigma_{ai}^{(n)})r_{ai}^{(n)} \tag{7.5}$$

式中:$[EH^{*}]$、$[HH^{*}]$为测点处电磁场间的互功率谱矩阵,依此来计算阻抗张量估计值;$r_{ai}^{(n)}$ 为残差,即电磁场分量的实际测量值与估计值之差的函数;$g(r_{ai}^{(n)}/\sigma_{ai}^{(n)})$为残差的分段函数,当存在有较大误差时采用 L1 范数,当误差较小时采用 L2 范数;σ_a 为最小二乘拟合方差;$E_{ai}^{(n)}$ $(a=x,y)$为在进行 n 次迭代后所获得的水平电场分量估算值,即:

$$E_{xi}^{(n)}=Z_{xx}^{(n)}H_{xi}+Z_{xy}^{(n)}H_{yi} \tag{7.6}$$

$$E_{yi}^{(n)}=Z_{yx}^{(n)}H_{xi}+Z_{yy}^{(n)}H_{yi} \tag{7.7}$$

与常规最小二乘法相比,Robust 估计方法表现出更多的优越性,不但可以用来减小音频大地电磁测深资料中的非高斯分布噪声,还可以有效地提高视电阻率和相位的聚合度,目前已被广泛应用于音频大地电磁测深资料处理领域。须注意的是,应用该方法有着必需的前提条件:所采集数据中的大部分都不存在较大干扰,只有少量数据较差,这样才能保证获取高质量的阻抗估计结果。

3. 远参考道技术

从观测资料的角度来说,噪声可以分为两类:一类为不相关噪声,即噪声与信号无关,各道之间的噪声也无关;另一类为相关噪声。可采用互功率谱法和近参考道法等来克服不相关噪声的影响,但要减少存在于自功率谱中的相关噪声的影响就要尽量避免使用自功率谱,于是 Gamble 等(1979)提出了远参考道电磁阵列观测方法,其基本思想是:在同步的情况下,在基站张量阻抗的计算中利用另一个与其有一定距离的不受干扰的测点的磁信号,达到压制相关噪声的目的。

假设噪声不存在大地电磁观测里,则任一频率的大地电磁场分量满足:

$$\begin{cases}E_x=Z_{xx}H_x+Z_{xy}H_y\\E_y=Z_{yx}H_x+Z_{yy}H_y\end{cases} \tag{7.8}$$

式中：E_x、E_y 为水平电场分量；H_x、H_y 为水平磁场分量；Z_{xx}、Z_{xy} 为阻抗张量元素。根据式(7.8)，如果有两组观测值非线性相关，联立方程，即可解得张量阻抗值。然而，野外时获音频大地电磁法资料通常为噪声干扰与真实信号叠加的结果：

$$\begin{cases} E_x = E_{xs} + E_{xn} \\ E_y = E_{ys} + E_{yn} \\ H_x = H_{xs} + H_{xn} \\ H_y = H_{ys} + H_{yn} \end{cases} \tag{7.9}$$

式中：s 和 n 分别为真实信号(signal)和干扰噪声(noise)。这时，仅真实信号能满足阻抗张量关系，实际观测值因包含噪声，而满足不了阻抗张量关系。所以阻抗张量值是不能利用实际测量的资料精确算出的，只能利用较多组的数据求得平均近似解。利用功率谱，得到求解张量阻抗的公式如下：

$$\begin{cases} Z_{xx} = \dfrac{\langle E_x H_x^* \rangle \langle H_y H_y^* \rangle - \langle E_x H_y^* \rangle \langle H_y H_x^* \rangle}{\langle H_x H_x^* \rangle \langle H_y H_y^* \rangle - \langle H_x H_y^* \rangle \langle H_y H_x^* \rangle} \\ Z_{xy} = \dfrac{\langle E_x H_y^* \rangle \langle H_x H_x^* \rangle - \langle E_x H_x^* \rangle \langle H_x H_y^* \rangle}{\langle H_x H_x^* \rangle \langle H_y H_y^* \rangle - \langle H_x H_y^* \rangle \langle H_y H_x^* \rangle} \\ Z_{yx} = \dfrac{\langle E_y H_x^* \rangle \langle H_y H_y^* \rangle - \langle E_y H_y^* \rangle \langle H_y H_x^* \rangle}{\langle H_x H_x^* \rangle \langle H_y H_y^* \rangle - \langle H_x H_y^* \rangle \langle H_y H_x^* \rangle} \\ Z_{yy} = \dfrac{\langle E_y H_y^* \rangle \langle H_x H_x^* \rangle - \langle E_y H_x^* \rangle \langle H_x H_y^* \rangle}{\langle H_x H_x^* \rangle \langle H_y H_y^* \rangle - \langle H_x H_y^* \rangle \langle H_y H_x^* \rangle} \end{cases} \tag{7.10}$$

式中：* 为复数的共轭；$\langle H_x H_x^* \rangle$、$\langle H_y H_y^* \rangle$ 为平均自功率谱，$\langle E_x H_y^* \rangle$ 等为互功率谱。相关噪声和不相关噪声是野外测量信号中的噪声的两种类型，在计算阻抗张量元素时，可利用多组数据谱平均值对不相关噪声进行抑制，但仍然无法抑制相关噪声。因为相关噪声大部分是在自功率谱中，如果要达到减小相关噪声影响的目的，就必须在式(7.10)的计算中减少自功率谱参与的概率——这正是研究者提出远参考道观测方式的理由：通过另设信号观测道与实测数据做相关处理，从而求取真正的大地电磁响应。

设远参考点测量的磁场分量为 H_{xr} 和 H_{yr}，乘以式(7.10)得

$$\begin{cases} \langle E_x H_{xr}^* \rangle = Z_{xx} \langle H_x H_{xr}^* \rangle + Z_{xy} \langle H_y H_{xr}^* \rangle \\ \langle E_x H_{yr}^* \rangle = Z_{xx} \langle H_x H_{yr}^* \rangle + Z_{xy} \langle H_y H_{yr}^* \rangle \\ \langle E_y H_{xr}^* \rangle = Z_{yx} \langle H_x H_{xr}^* \rangle + Z_{yy} \langle H_y H_{xr}^* \rangle \\ \langle E_y H_{yr}^* \rangle = Z_{yx} \langle H_x H_{yr}^* \rangle + Z_{yy} \langle H_y H_{yr}^* \rangle \end{cases} \tag{7.11}$$

以上四组方程中不包含自功率谱，根据本地测点和远参考点的磁场分量，可以求得互功率谱平均值。从而唯一确定 4 个未知量。

对互功率谱采用远参考道技术进行计算时，一般均采用本地测点的电磁分量和远参考点的磁场分量，避免自功率谱所含噪声产生影响，并且远参考点信号不能存在较大干扰信息。该方法技术前提应该是假设地球表面磁场分布在一个适当范围内，并且是相对稳定(该范围与磁场的频率有关)，即假定本地测点与远参考点之间噪声是非相关的，而磁场信号是相关的。

4. 人工资料筛选

Phoenix 采集的电磁信号的功率谱是经由对各段时间序列的子功率谱加权叠加而得到的统计平均值。由于数据采集的时间在 60 min 左右，不同时间段的子功率谱受干扰的程度不同，个别时段受到的干扰可能会十分强烈，最终影响整个频点的响应值。人工资料筛选是通过人机交互的方式对子功率谱进行筛选，剔除那些严重受干扰的功率谱，而将质量高的功率谱保留下来参与统计计算，这样就能使数据质量得到改善。通过大量的大地电磁数据处理，可以发现在进行子功率谱挑选时，1 000 Hz 附近的数据最容易受到噪声的干扰，因为该频段是音频大地电磁信号的弱信号段，磁场振幅较低，在功率谱计算式尽量多设子功率谱的个数来提高该频段的数据质量，为人机交互子功率谱的挑选提供更多的选择空间。

5. 静态效应校正

由电磁理论可知，若层状介质中电磁场沿水平方向极化，那么感应电流则沿水平方向流动，如果有浅层不均匀体存在则会改变介质中水平方向电流密度的均匀性，从而在浅层不均匀体周围引起电流密度的密集或稀疏分布的畸变现象，导致地表观测的电场分量增强或减弱。在频率域电磁测深中，静态效应是比较麻烦的问题，这种效应总是与二维或三维构造有关。当地表存在不均匀体时，在外电场作用下，不均匀体界面上会形成积累电荷，导致电场观测值的偏移。由于这种偏移与电场频率无关，因此称为静态偏移。一个测点的静态偏移量虽然与频率无关，但不同测点的静态偏移量不同，其大小与近地表局部电性不均匀体的大小、形状、埋深及相对于观测点的位置有关。静位移是相邻测点的视电阻率曲线，或同一测点两条视电阻率曲线之间的垂向移动，而视电阻率曲线的形态及相位曲线的位置不变，但是这是有条件的，条件是浅层电性不均匀接近地表，而且尺寸不大，以至于在大地电磁所用的低频范围内，表层不均匀体的感应作用已不复存在。可以设想，如果使用的频率继续升高，视电阻率和相位曲线都会受到浅层不均匀体的影响，这种影响已不再称为静位移。由此看来，静态效应是由于音频大地电磁法在时间上和空间上采样不足造成的。

通过资料的收集和总结，可以得出静态效应几个典型的特征。浅部的小规模的电性不均匀体在音频大地电磁测深过程中会产生静态效应；在双对数坐标系中，视电阻率曲线会沿视电阻率轴上下整体偏移，不改变曲线形态，而相位曲线不受影响；静态效应只影响电场数据的观测，而不影响磁场数据的观测；静态效应容易与异常混淆。

笔者主要采用曲线平移法来消除静态效应，首先查看原始数据的拟断面图，找出等值线密集且直上直下的位置，即有明显“挂面条”的位置是着重进行静态校正的地方；然后参考相邻曲线，对该点进行曲线平移至合适位置。L30_102、L30_104、L30_106 为相邻的三个点，曲线形态很接近，但中间点 104 两条曲线分离，且 xy 曲线向下平移距离很大，因此参考 L30_102 和 L30_106 点对 L30_104 点进行曲线平移，校正后的曲线如图 7.5 所示。

6. 地形校正

地形影响主要指地形起伏大于电磁波的趋肤深度时对音频大地电磁测深的影响。测点受各种因素的限制，大多数测点只能布在山沟，垂直山体方向受高电阻体对电场的排斥作用的影响，造成垂直山体方向与平行山体方向的电磁场分布不均匀，从而引起 TE(电场平行于构造走向)、TM(磁场平行于构造走向)极化的两条视电阻率曲线出现差异。当

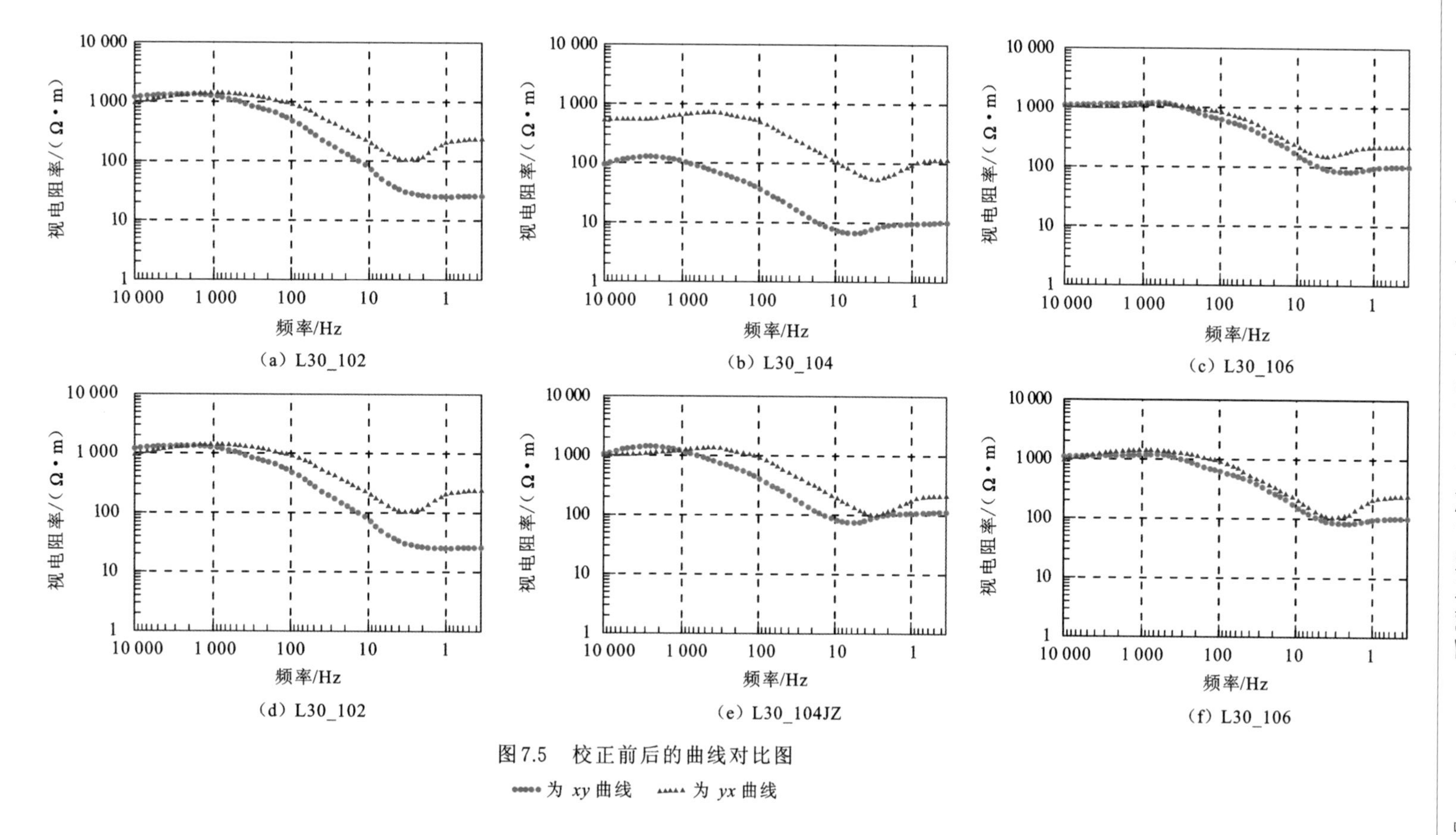

(a) L30_102 (b) L30_104 (c) L30_106

(d) L30_102 (e) L30_104JZ (f) L30_106

图7.5 校正前后的曲线对比图

•••• 为 xy 曲线 ▲▲▲▲ 为 yx 曲线

山体不规则时，影响就更复杂。由于研究区地形极其复杂，起伏较大，地形对音频大地电磁法观测数据的影响很大，必须予以消除。采用带地形反演的手段来消除地形的影响。

根据同一测线不同测点的实际高程，按一定比例对每一测点分割成不同网格，构成符合实际地形的网格模型，结合表层电阻率构成一个带地形的二维地电模型，再对该模型作二维正演、反演计算，达到间接地消除地形影响的目的。

三、定性分析

（一）二维偏离度

Swift 提出的二维偏离度 S 是利用阻抗张量旋转不变量来定义的，可用来进行介质维数判别，其定义为

$$S=\frac{|Z_1|}{|Z_4|}=\frac{|Z_{xx}+Z_{yy}|}{|Z_{xy}-Z_{yx}|} \tag{7.12}$$

式中：Z_4 对于三维介质是 $Z_{xy}(\theta)$ 和 $Z_{yx}(\theta)$ 轨迹椭圆的中心，对于二维介质是 $Z_{xy}(\theta)$ 和 $Z_{yx}(\theta)$ 轨迹直线的中心；Z_1 对于三维介质是 $Z_{xx}(\theta)$ 和 $Z_{yy}(\theta)$ 轨迹椭圆的中心，对于二维介质是在坐标原点，$Z_1=0$。Z_1 和 Z_4 都是与坐标方位无关的不变量，故 S 也是不变量，可以用来表示地电结构的特性。二维构造中，$S=0$；三维构造中，$S>0$。S 越小，相应的构造就越接近二维；反之，S 越大，则偏离标准二维构造程度越大，越接近三维构造。一些文献指出，当 $S\leqslant0.2$ 时，地下介质可以近似看作是二维介质。图 7.6 是测区内三条剖面的二维偏离度随频率变化的影像图，从图中可以看出，大部分测点大部分频点的二维偏离度都小于 0.5，也就是说研究区剖面下方的电性结构近似为二维构造，可应用二维反演剖面来进行解释。

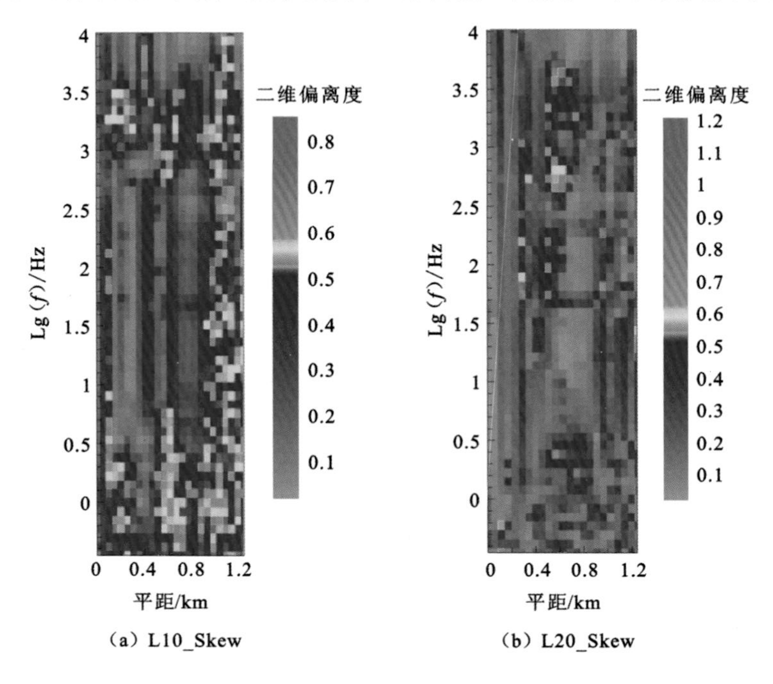

(a) L10_Skew　　(b) L20_Skew

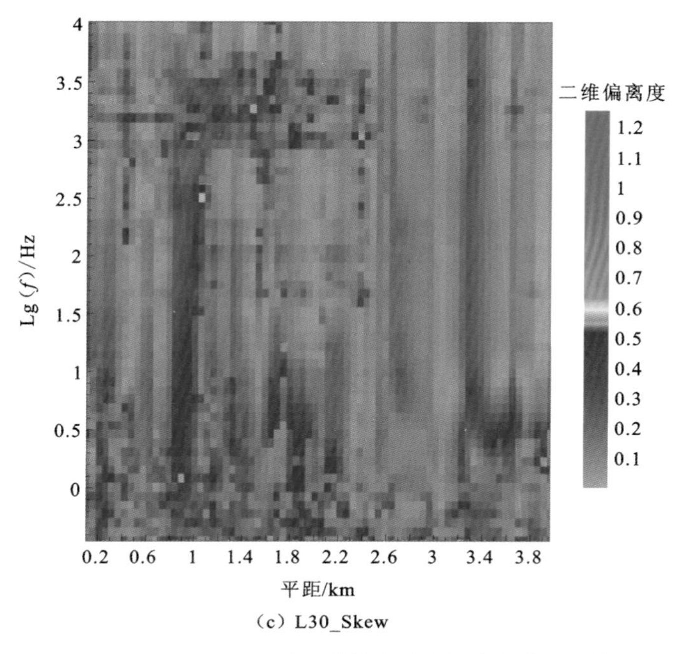

(c) L30_Skew

图 7.6　L10、L20、L30 线二维偏离度随频率变化的影像图

（二）电性主轴特征分析

在地下为二维地电情况时，阻抗张量显然是和布极方向有关的。如果 E_x、H_x 的方向和构造方向平行或者垂直，根据 Maxwell 方程组可知 $Z_{xx}=Z_{yy}=0$，$T_{zx}=0$（平行）或 $T_{zy}=0$（垂直）。但野外布极时并不知道地下构造的准确走向，所以无法在布极时就使布极坐标系和构造坐标系一致，所以在野外的布极方式统一是正南正北"十"字形布极。图 7.7 和图 7.8 为 L10_02 点和 L10_40 点玫瑰花瓣图和坐标系旋转示意图。

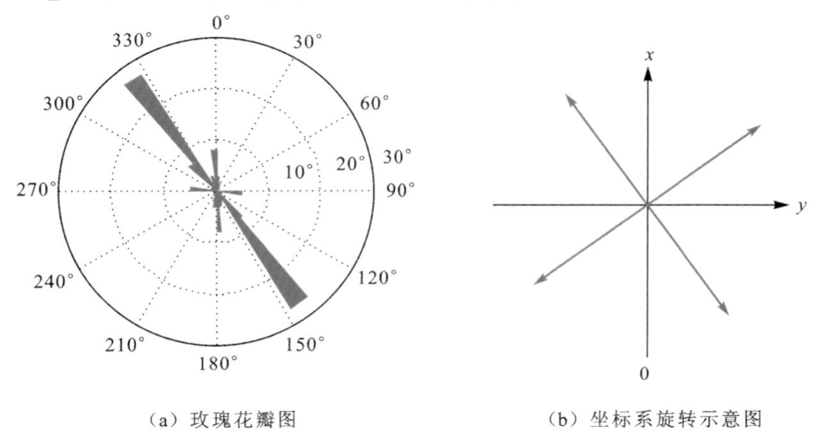

(a) 玫瑰花瓣图　　(b) 坐标系旋转示意图

图 7.7　L10_02 点玫瑰花瓣图和坐标系旋转示意图

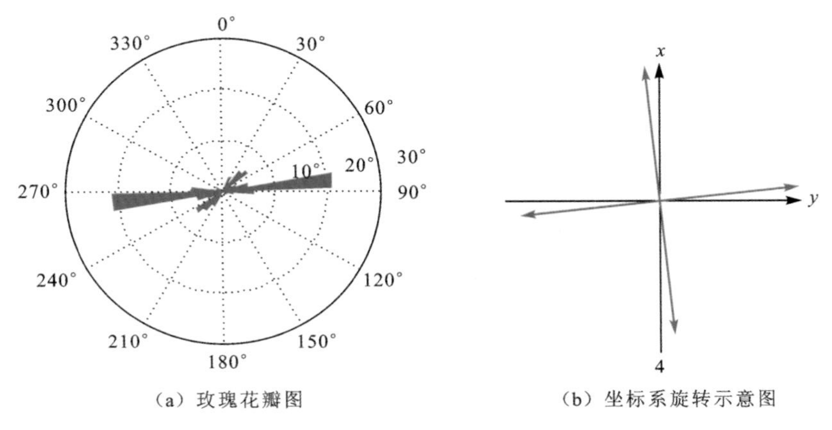

（a）玫瑰花瓣图　　（b）坐标系旋转示意图

图 7.8　L20_46 点玫瑰花瓣图和坐标系旋转示意图

（三）极化特征分析

在音频大地电磁测深中二维地形下 TE 和 TM 方向的视电阻率存在着差异，视电阻率和相位需要用阻抗张量旋转到电性主轴上求取，地下介质电性主轴并非与地质构造走向平行，为了便于后续的处理解释能够统一，必须进行极化模式的判别。一般情况下极化模式的判别通常在知道当地构造走向时，如果 x 轴和测区内的构造倾向垂直，则 ρ_{xy} 为 TE 极化模式，ρ_{yx} 为 TM 极化模式；反之则 ρ_{xy} 为 TM 极化模式，ρ_{yx} 为 TE 极化模式（图 7.9）。由于研究区地形复杂，各期次构造运动叠加，构造复杂多变，而且物探工作开展很少，没有相应的资料。所以就要依托于别的判别方法，如应用二维正演模拟曲线进行分析、根据倾子走向分析、根据同一构造单元内相邻测点间极化模式相类似分析、根据 TE 和 TM 两条视电阻率曲线的相关性进行分析等。

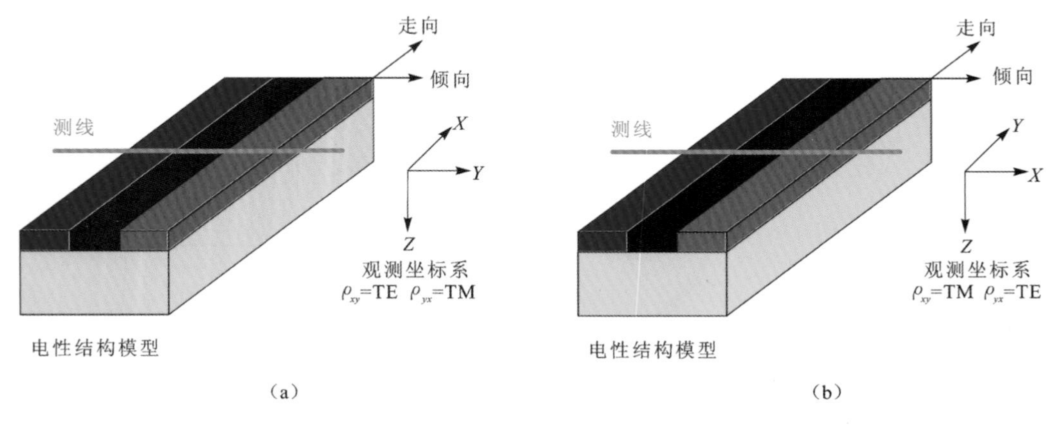

（a）　　（b）

图 7.9　TE、TM 极化模式判别示意图

如图 7.10 所示，给出了 L10 剖面均匀分布的 3 个测点部分频率的极化图，其中红色

为主阻抗 Z_{xy}，绿色为辅阻抗 Z_{xx}，根据旋转以后的极化图可以准确快速地判断出极化模式，L10_06 和 L10_36 两个点主阻抗最大值更加接近于 Y 轴，则 ρ_{yx} 曲线为 TE 极化曲线，ρ_{xy} 曲线为 TM 极化曲线；L10_24 点主阻抗最大值更加接近于 X 轴，则 ρ_{xy} 曲线为 TE 极化曲线，ρ_{yx} 曲线为 TM 极化曲线。其他测线各测点以同样的方法逐一判别极化模式。

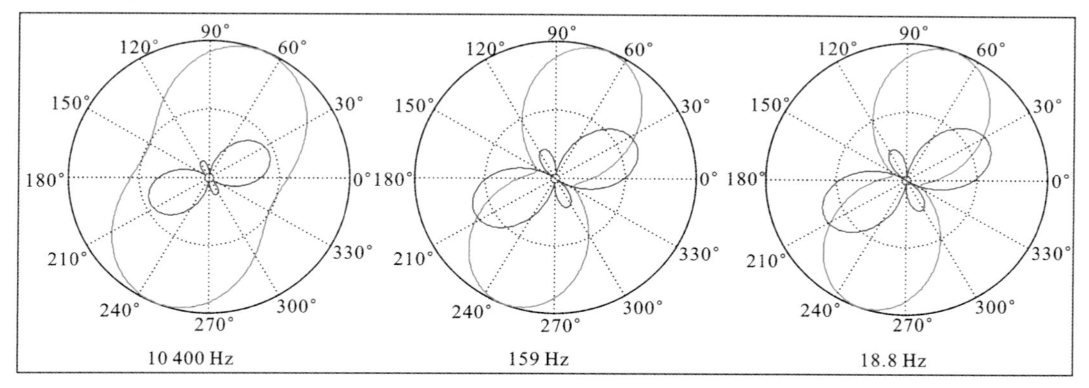

(a) L10_6 号点部分频率极化图

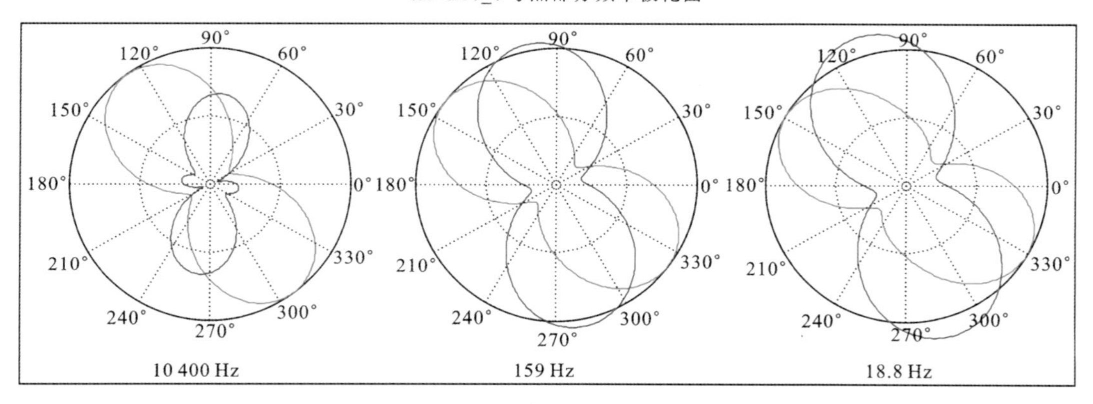

(b) L10_24 点部分频率极化图

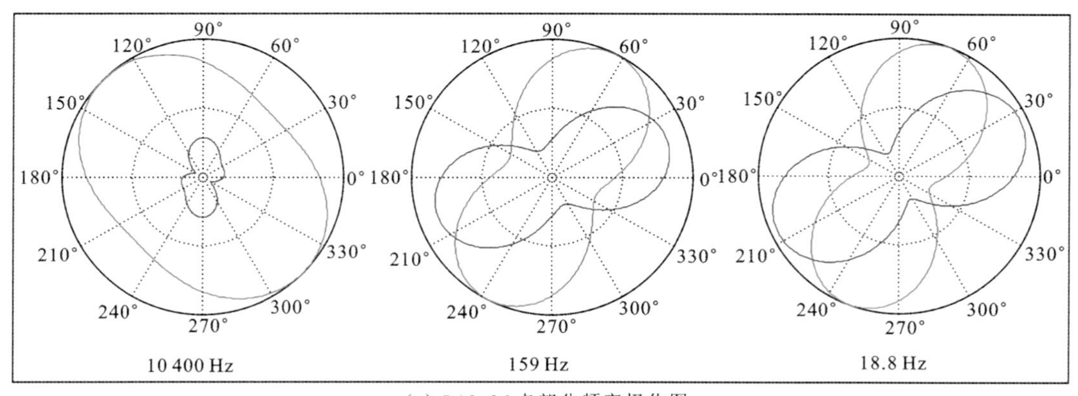

(c) L10_36 点部分频率极化图

图 7.10 L10 剖面部分测点频率极化图

（四）磁感应矢量特征分析

感应矢量是地磁测深所得的主要参数之一，用于研究地下结构的电性特征。图 7.11～图 7.13 分别为 L10、L20、L30 线的磁感应矢量实部矢量图。图 7.11 上整体上可以看出 24～48 号点的磁感应实部矢量的幅值比 00～22 号点的要大，分布也比较凌乱，说明 L10 线后半部分(24～48)较前半部分(0～22)地下构造要复杂一些；大部分磁感应矢量的箭头方向都指向大号点，说明从小号点到大号点，10 线整体的电阻率在逐渐减小；在 1 000～10 000 Hz，00～14 号点以 8 000 Hz 为界，磁感应矢量的箭头方向反转，说明在 00～14 号点下方浅部电性不均匀，构造较复杂，而 24～36 号点磁感应矢量的箭头方向近乎平行，说明 24～36 号点下方浅部电性较均匀，构造简单；在 10～1 000 Hz，26～38 号点磁感应矢量的箭头方向指向斜上方，说明 24～38 号点下方中深部有一低阻带斜向上延伸至浅层；小于 10Hz 的频率段，磁感应矢量的箭头方向指向斜上方，说明深部电阻率较中部有所增大。

如图 7.12 中 00～16 号点的磁感应实部矢量的幅值较 20～48 号点之间的要大，说明 00～16 号点下方的电性变化较大，构造较 20～48 号点下方的要复杂一些；整体上，大部分测点磁感应实部矢量的方向从大号点指向小号点，说明从小号点到大号点，20 线整体的电阻率在逐渐增大；02～04 号点与 06～16 号点磁感应矢量的指向相对，且平行或者反平行，说明在 02～16 号点下方存在大范围的低阻。

从图 7.13 上可以看出，00～68 号点的磁感应实部矢量的幅值较 70～152 号点的要大，并且分布凌乱，说明 00～68 号点下方的电性变化较大，构造较 70～152 号点下方的要复杂一些；在 1 000～10 000 Hz，06～22 号点、38～74 号点如图上黑色椭圆 1、2 位置所示，磁感应矢量的方向均指向斜左下方，说明椭圆位置为高阻体，电阻率随深度的增加在减小；1 000 Hz 以下的频段，在 14～56 号点的磁感应矢量指向斜右下方，说明有一低阻带向右下方延深至深部，而 58～152 号点磁感应矢量的方向由指向斜右下方慢慢转为指向右方，说明低阻带从深部开始向右上方延伸；如图 7.13 上黑线所示，在 30～34 号点，磁感应矢量的指向相对，说明在中深部有可能存在断层。

（五）拟断面图特征分析

图 7.14～图 7.19 是三条测线两种不同模式 TE 和 TM 的实测视电阻率和相位拟断面图。从整体的视电阻率拟断面图来看，随着频率的减小，电阻率开始减小，整体表现为浅部高阻、深部低阻的电性特征，具有明显的分层特征，大致可分为“高阻-中阻-低阻”三层；从整体的相位拟断面图来看，与电阻率拟断面图对应较好，基本上相位的高值圈闭对应着电阻率由大变小的界面位置，低值圈闭对应着电阻率由小变大的界面位置，同样具有明显的分层特征，大致可分为“低相-中相-高相-中相”四层。

四、音频大地电磁法反演模式与参数优选

（一）反演模式的选取

为了选出更适合实际情况的反演结果，分别对 10 线剖面进行了 TE 模式反演、TM 模式反演和 TE&TM 联合模式反演，如图 7.20 所示，从图中我们可以看出，三种模式的

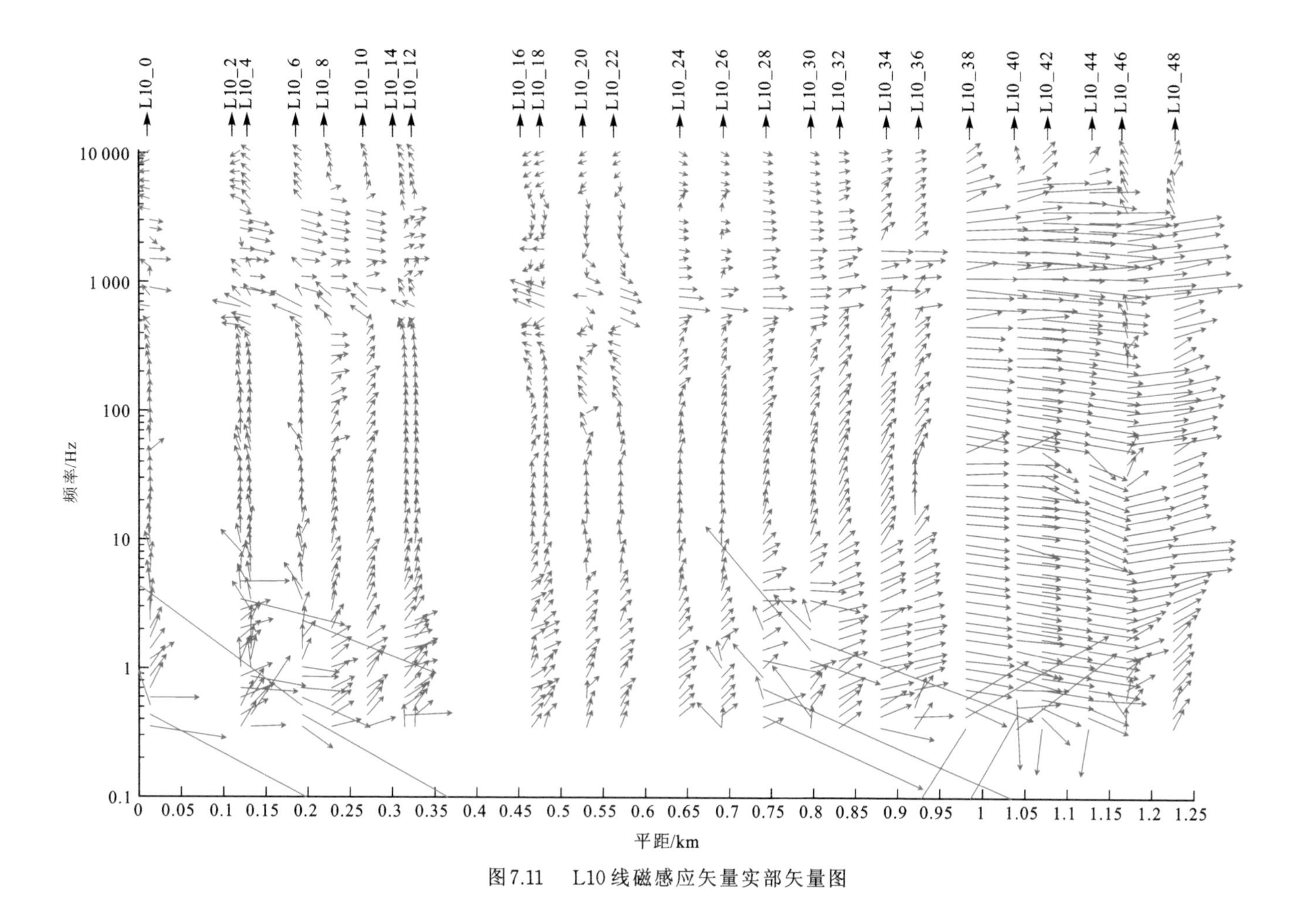

图7.11　L10线磁感应矢量实部矢量图

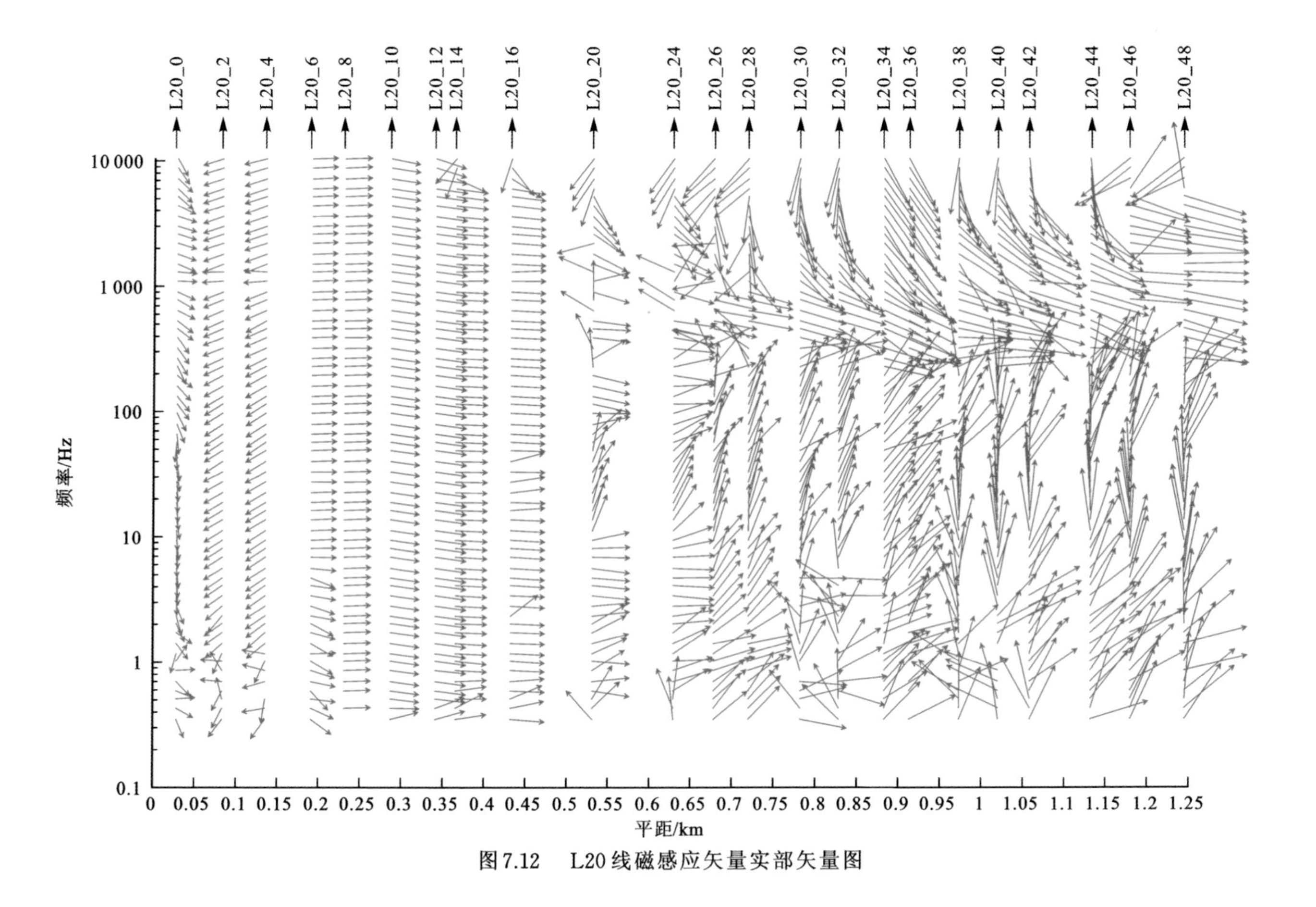

图 7.12　L20线磁感应矢量实部矢量图

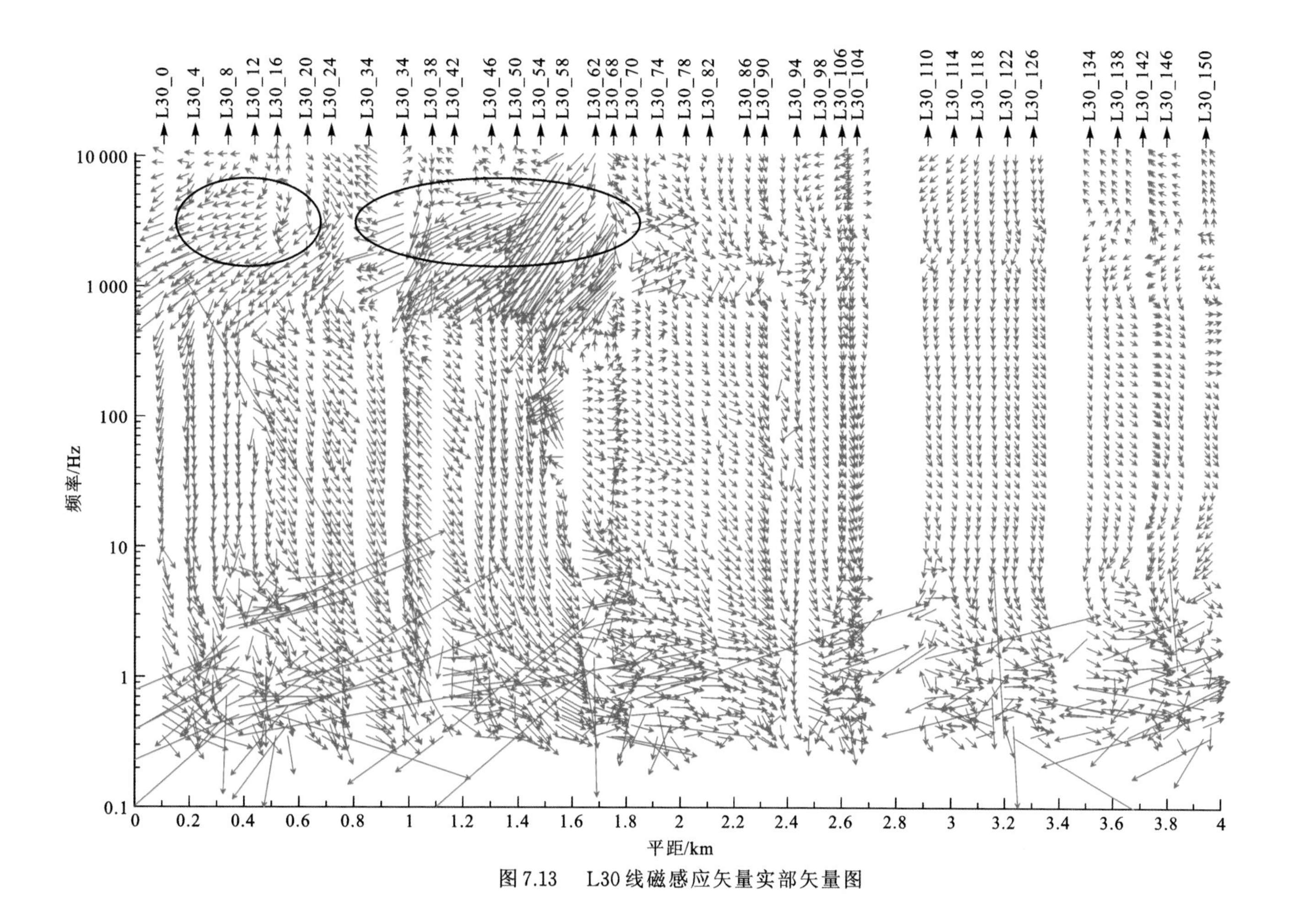

图7.13　L30线磁感应矢量实部矢量图

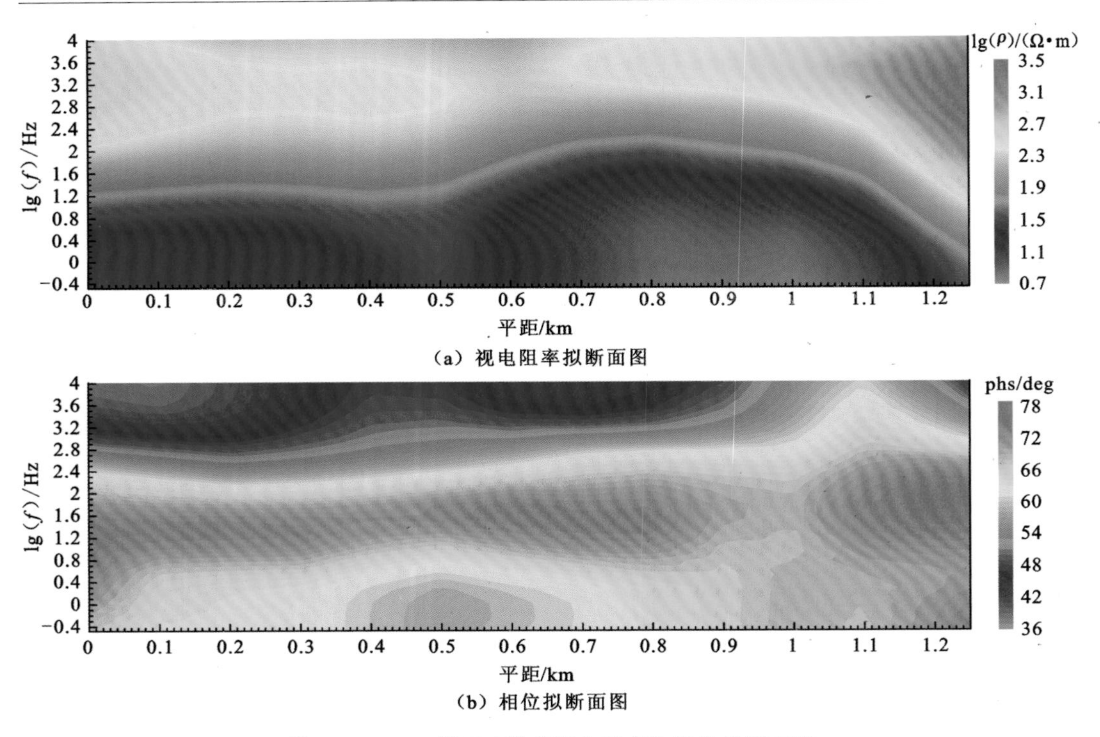

(a) 视电阻率拟断面图

(b) 相位拟断面图

图 7.14　L10 线 TE 模式视电阻率和相位拟断面图

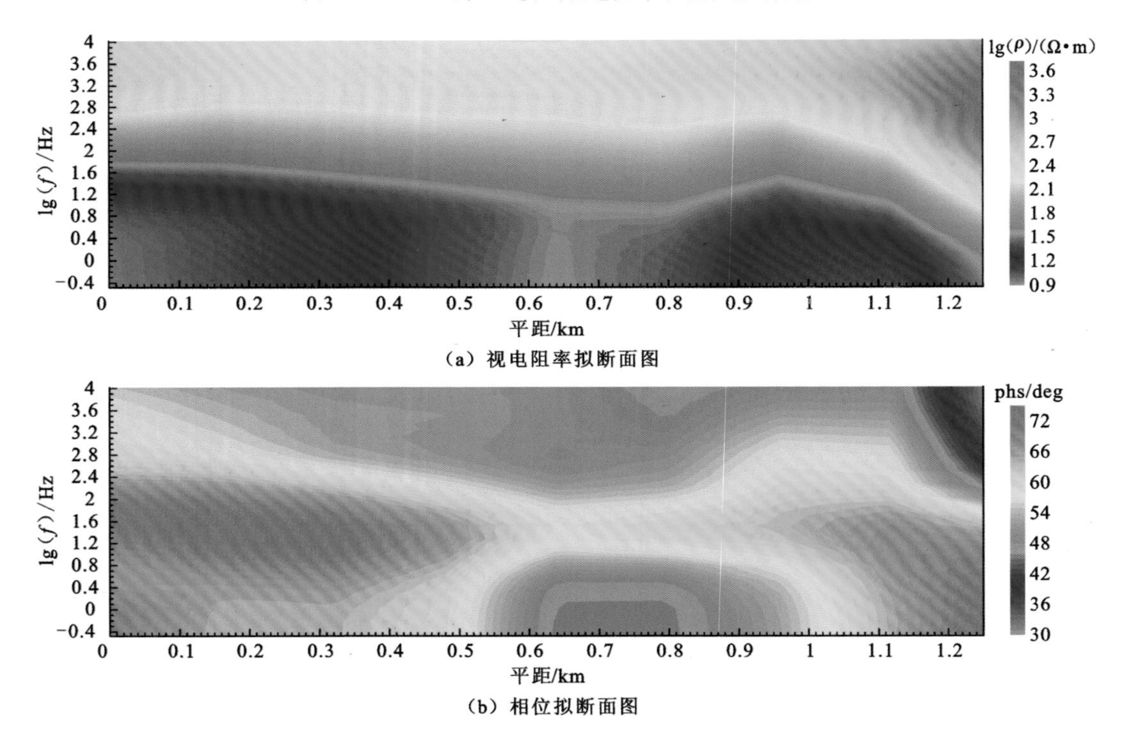

(a) 视电阻率拟断面图

(b) 相位拟断面图

图 7.15　L10 线 TM 模式视电阻率和相位拟断面图

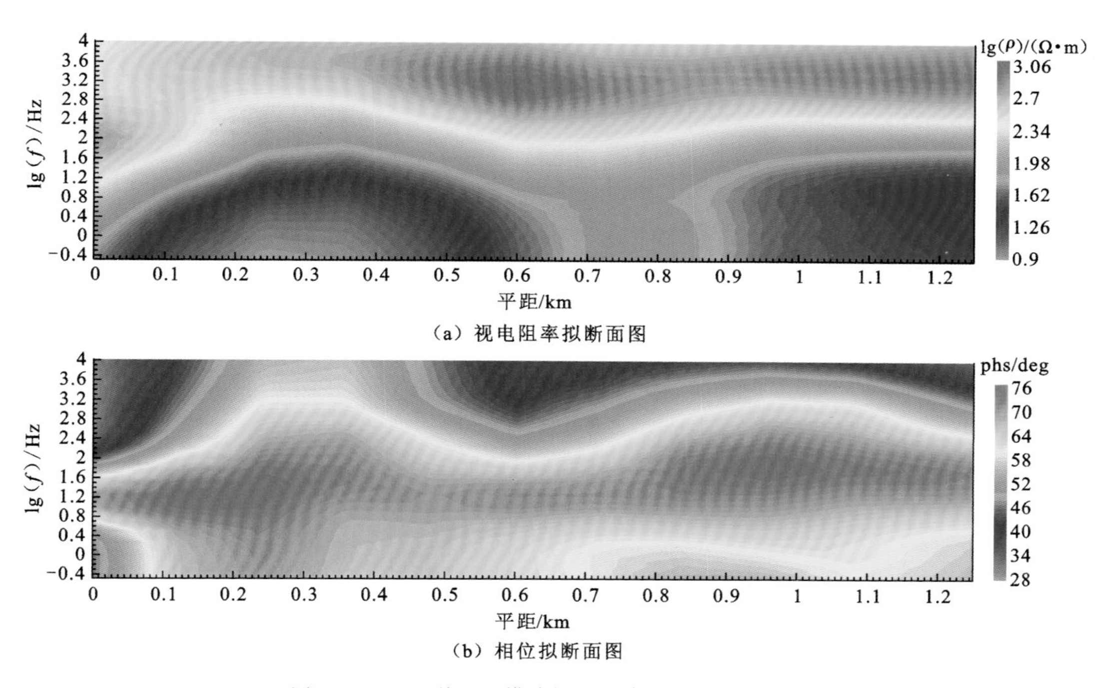

(a) 视电阻率拟断面图

(b) 相位拟断面图

图 7.16 L20 线 TE 模式视电阻率和相位拟断面图

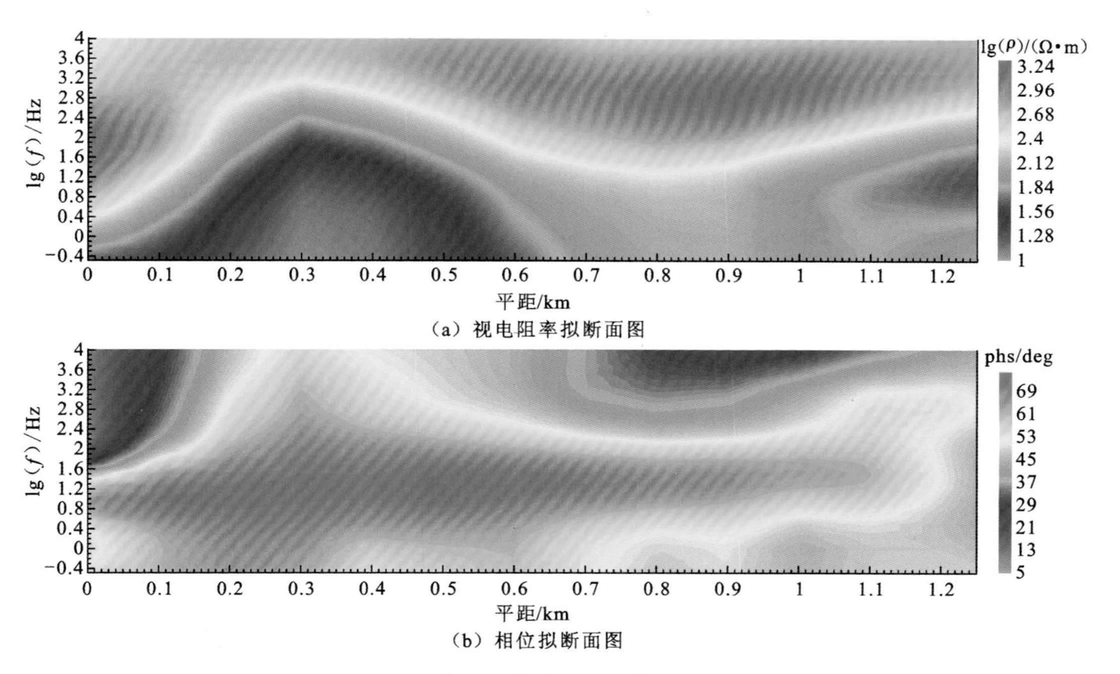

(a) 视电阻率拟断面图

(b) 相位拟断面图

图 7.17 L20 线 TM 模式视电阻率和相位拟断面图

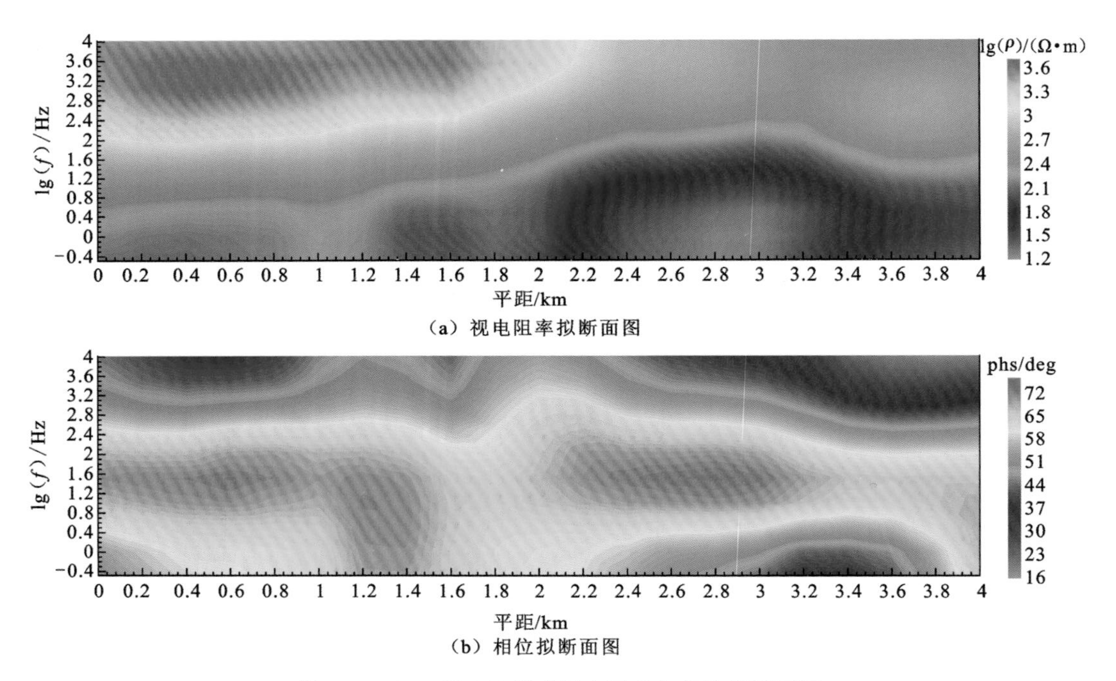

(a) 视电阻率拟断面图

(b) 相位拟断面图

图 7.18　L30 线 TE 模式视电阻率和相位拟断面图

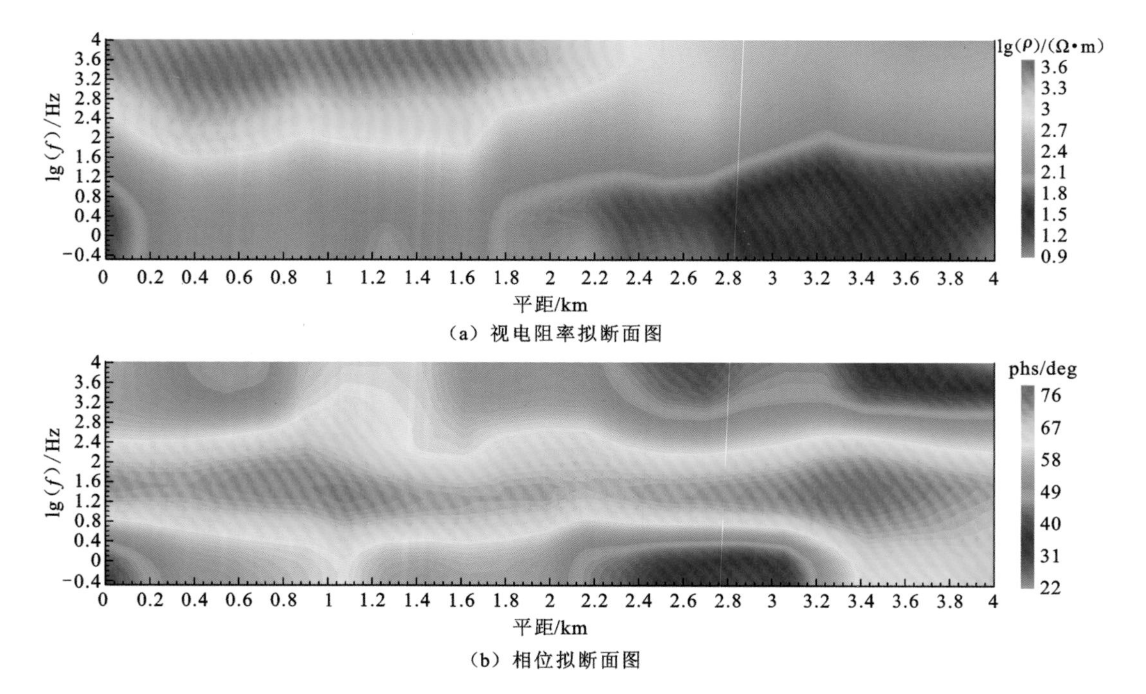

(a) 视电阻率拟断面图

(b) 相位拟断面图

图 7.19　L30 线 TM 模式视电阻率和相位拟断面图

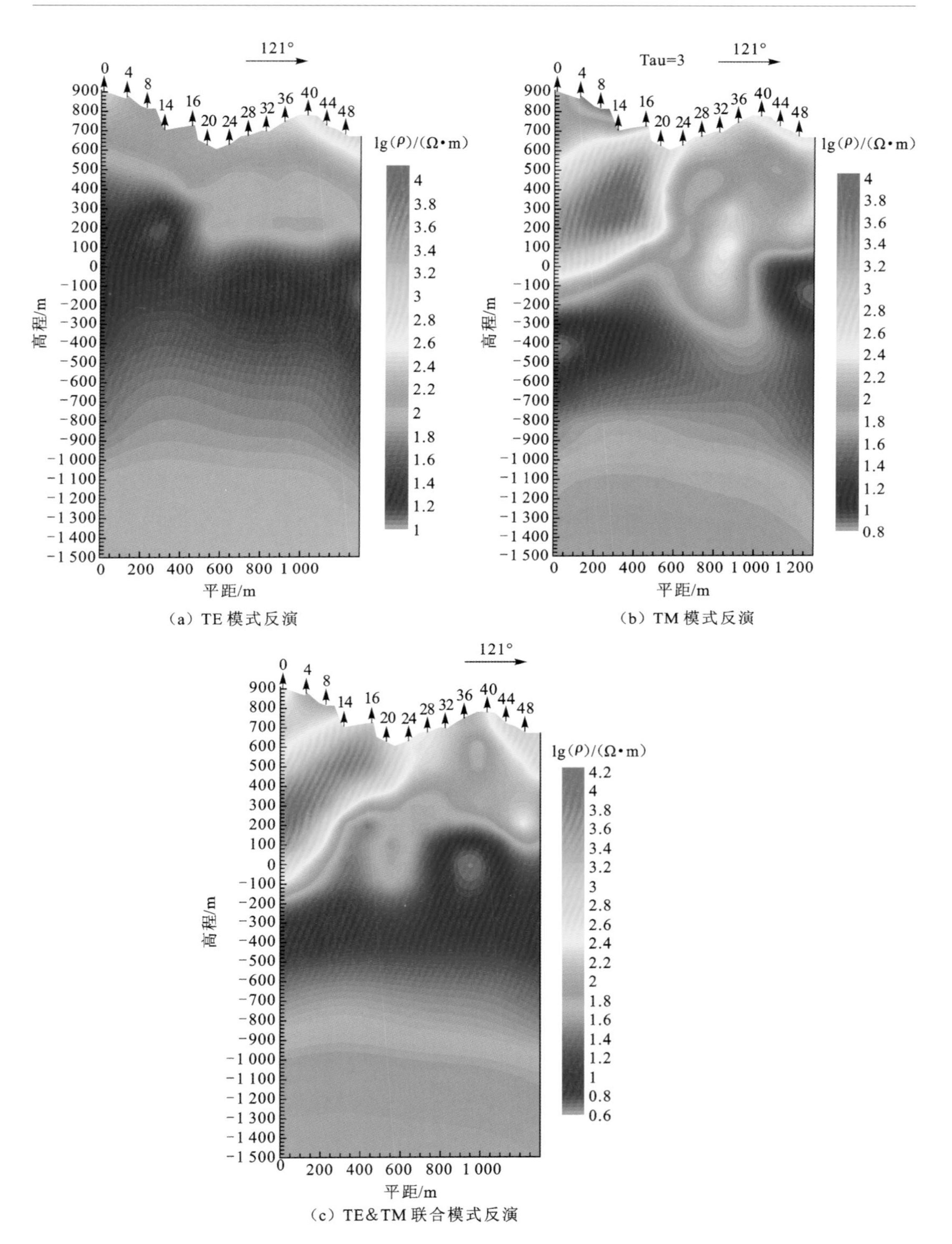

图 7.20 L10线三种反演模式非线性共轭梯度二维反演对比图

反演结果很接近，TE 模式反演结果分层性好，对横向电性的变化反应不敏感，无法对地下构造断裂特征进行分析；TM 模式反演结果浅部横向变化明显，深部分层性较好，并结合实际的地质资料，其反应的地下结构与钻孔资料具有较好的对应性，有利于我们对地下介质的电性特征进行分析和解释；TE&TM 联合反演模式与 TM 模式相似性很高，但计算时间大大加长，综合以上分析认为选取 TM 模式进行反演具有较大的参考价值。

（二）反演参数的选取

选取了非线性共轭梯度(NLCG)二维反演的 TM 模式。首先对反演网格进行设置，针对工区地形起伏较大，音频大地电磁观测资料受地形影响较大的问题，在测点附近及地形变化处加密网格，以保证能准确地还原实际地形，进行带地形的二维反演，以达到间接消除地形影响。确定最佳的反演参数，对于不同的反演参数，反演结果将会有较大的差异，因此对于 10 线选取了不同的圆滑参数正则化因子 Tua 值进行反演(Tua＝1、3、5、7、10、15、20、30)，并对反演结果进行对比分析，选出最佳的圆滑参数。反演过程中保持其他参数不变，加权参数为 1.5，门槛误差为 5%，同时对每次反演的拟合差 RMS 进行判别，RMS 也是对反演结果评判的一个重要参数。最终选取 Tua＝3 是最佳的正则化因子。不同 Tua 对应的 L10 线 TM 模式 NLCG 二维反演结果如图 7.21 所示，不同反演参数中迭代次数和拟合差统计表见表 7.3。

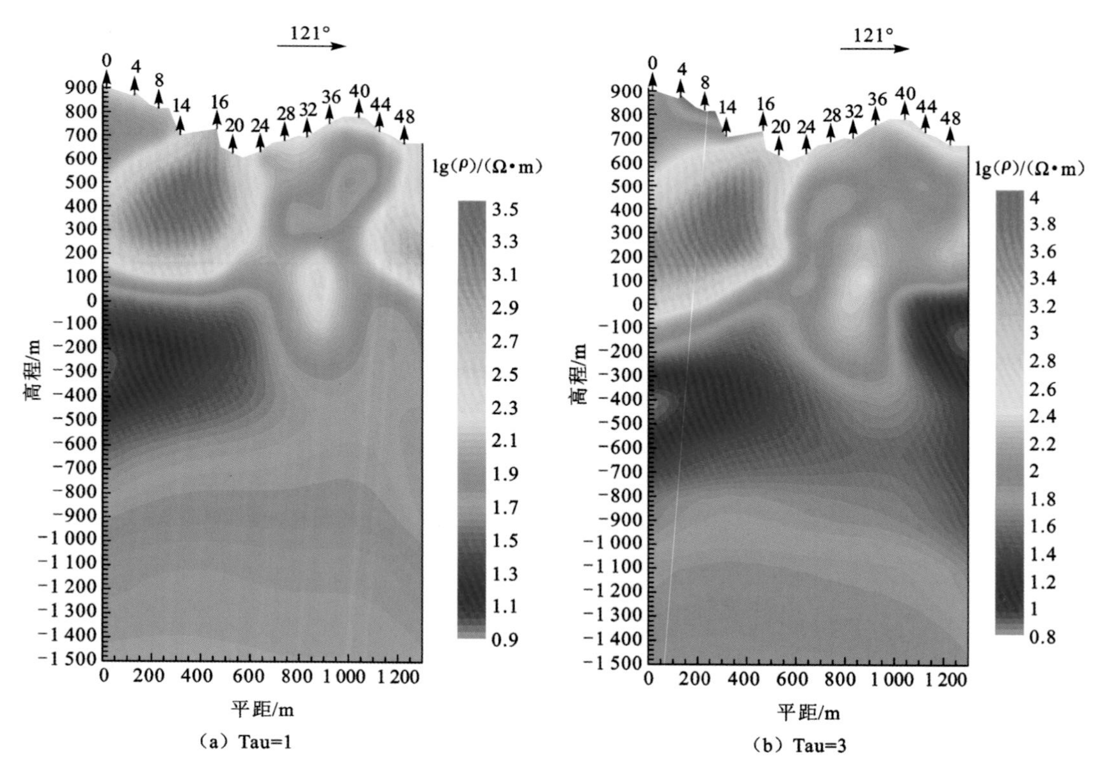

(a) Tau=1　　(b) Tau=3

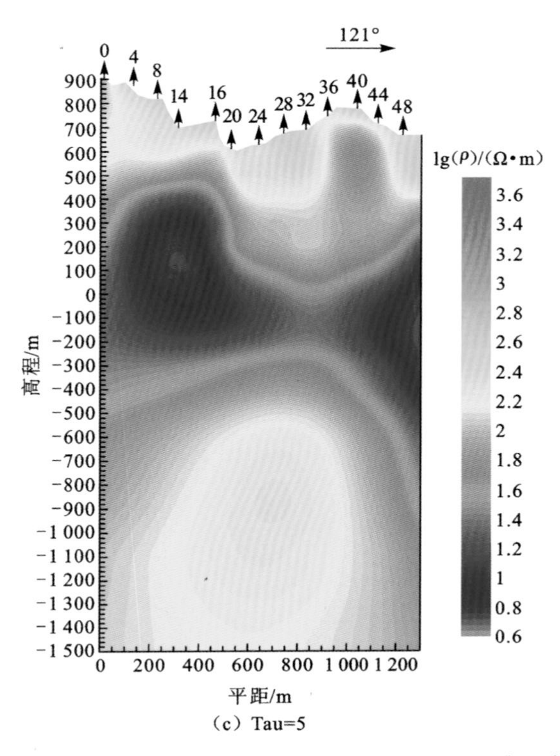

(c) Tau=5

图 7.21　不同 Tua 对应的 L10 线 TM 模式 NLCG 二维反演结果

表 7.3　L10 线不同反演参数中迭代次数和拟合差统计表

Tua	Iter	RMS
1	45	5.993
3	45	5.109
5	40	5.516

五、地质-地球物理找矿模型

在贵州铜仁松桃锰矿整装勘查区已知矿体上运用音频大地电磁法对锰矿成矿地质体(含锰岩系)进行试验研究(图 7.22),利用研究区电性结构圈定了区内存在的构造和对含锰岩系的破坏程度,结合大塘坡组横向相对低阻和下伏板溪群相对高阻的延伸展布,相应识别出大塘坡组空间展布形态。根据钻孔、地质剖面、岩性资料及电阻率等值线连续的原则,对下述三个剖面进行了电性分层,鉴于岩性的物性差异和音频大地电磁法的分辨率,对相关层位进行了合并。根据 L30 剖面南东段大塘坡组整体的低阻带电性突变至高阻的特征,结合区内构造古地理地质背景分析结果,可以推测在 L30 线 238、514 点附近存在控制李家湾-高地-道坨 IV 级断陷(地堑)盆地南侧和尚坪隆起(地垒)的同沉积断层,为南华纪早期同沉积断层和 IV 级断陷(地堑)盆地控制形成锰矿床提供了地球物理依据(图 7.23)。

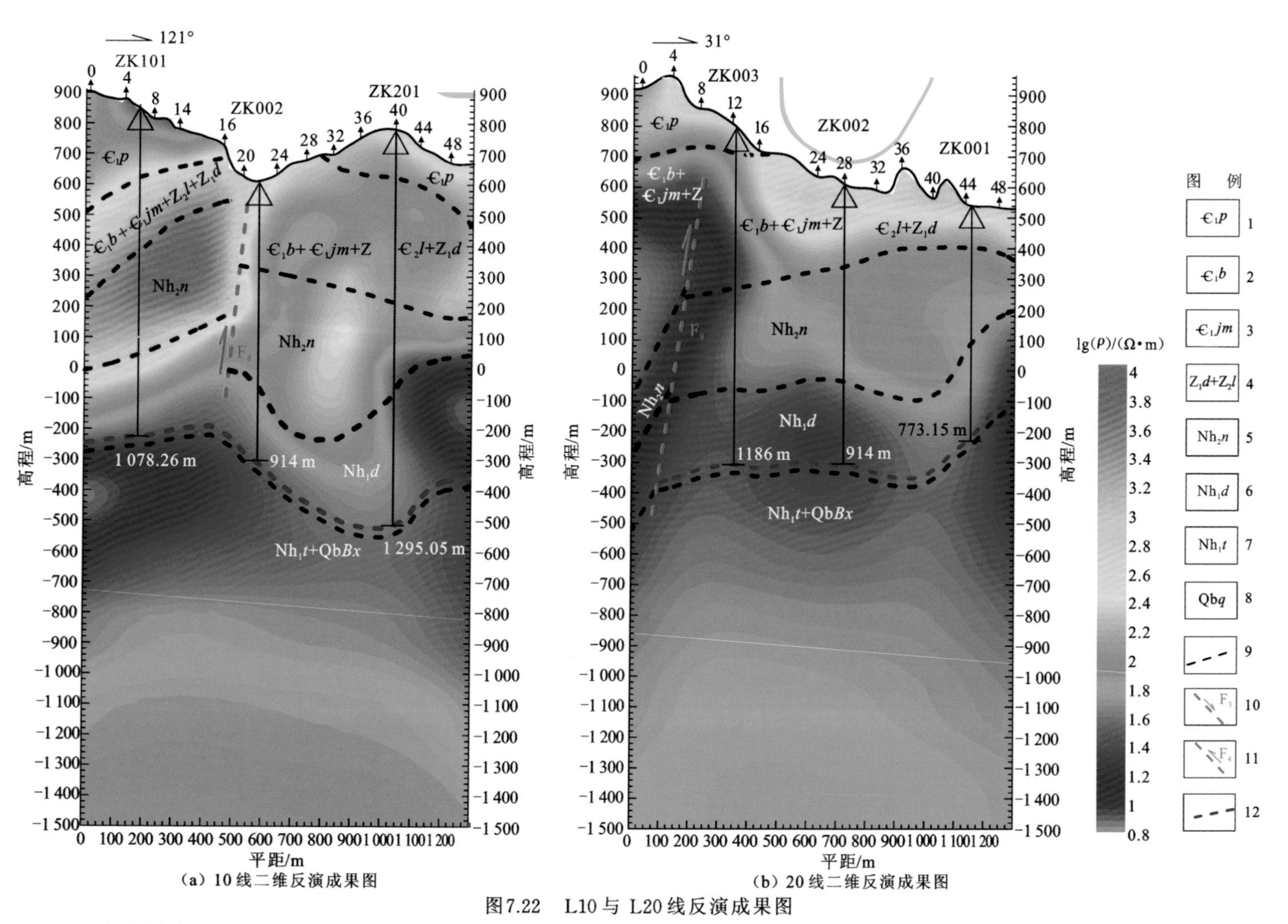

(a) 10线二维反演成果图

(b) 20线二维反演成果图

图7.22　L10与L20线反演成果图

1. 下寒武统杷榔组；2. 下寒武统变马冲组；3. 下寒武统九门冲组；4. 上震旦统留茶坡组+陡山沱组；5. 上南华统南沱组；6. 下南华统大塘坡组；7. 下南华统铁丝坳组；8. 青白口系清水江组；9. 推测地层界线；10. 推测正断层及编号；11. 推测逆断层及编号；12. 推测锰矿体

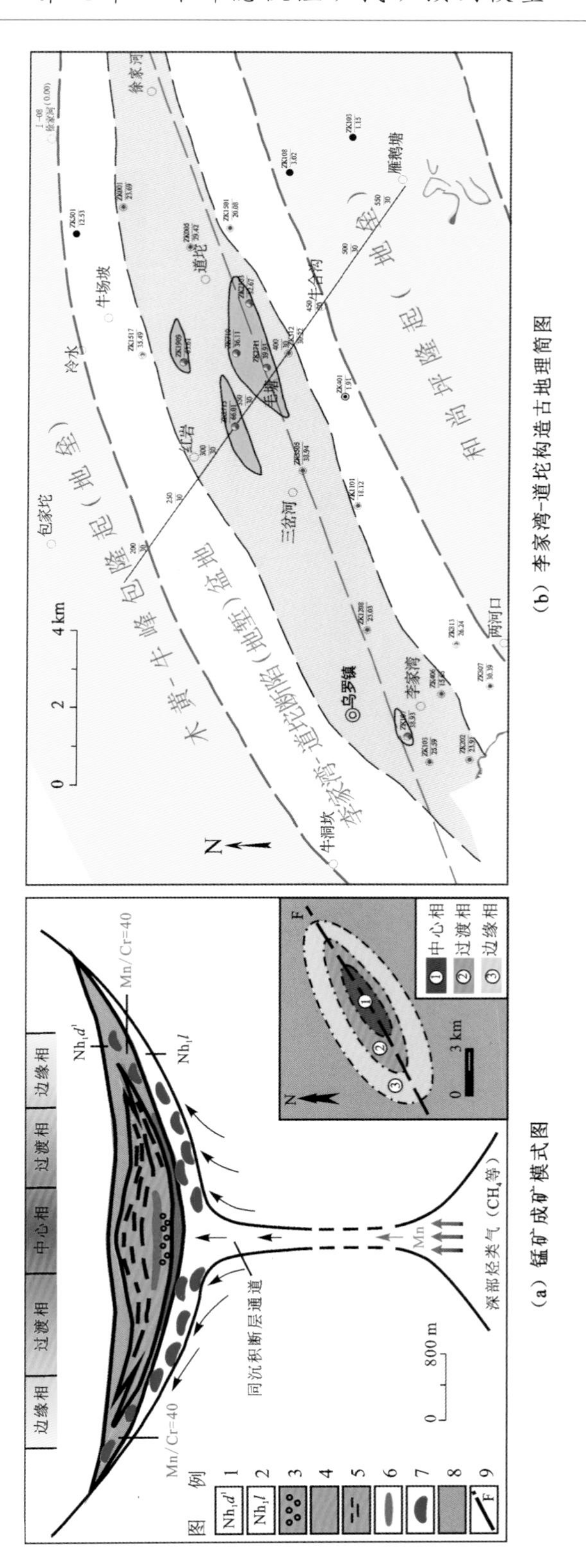

（a）锰矿成矿模式图

（b）李家湾-道坨构造古地理简图

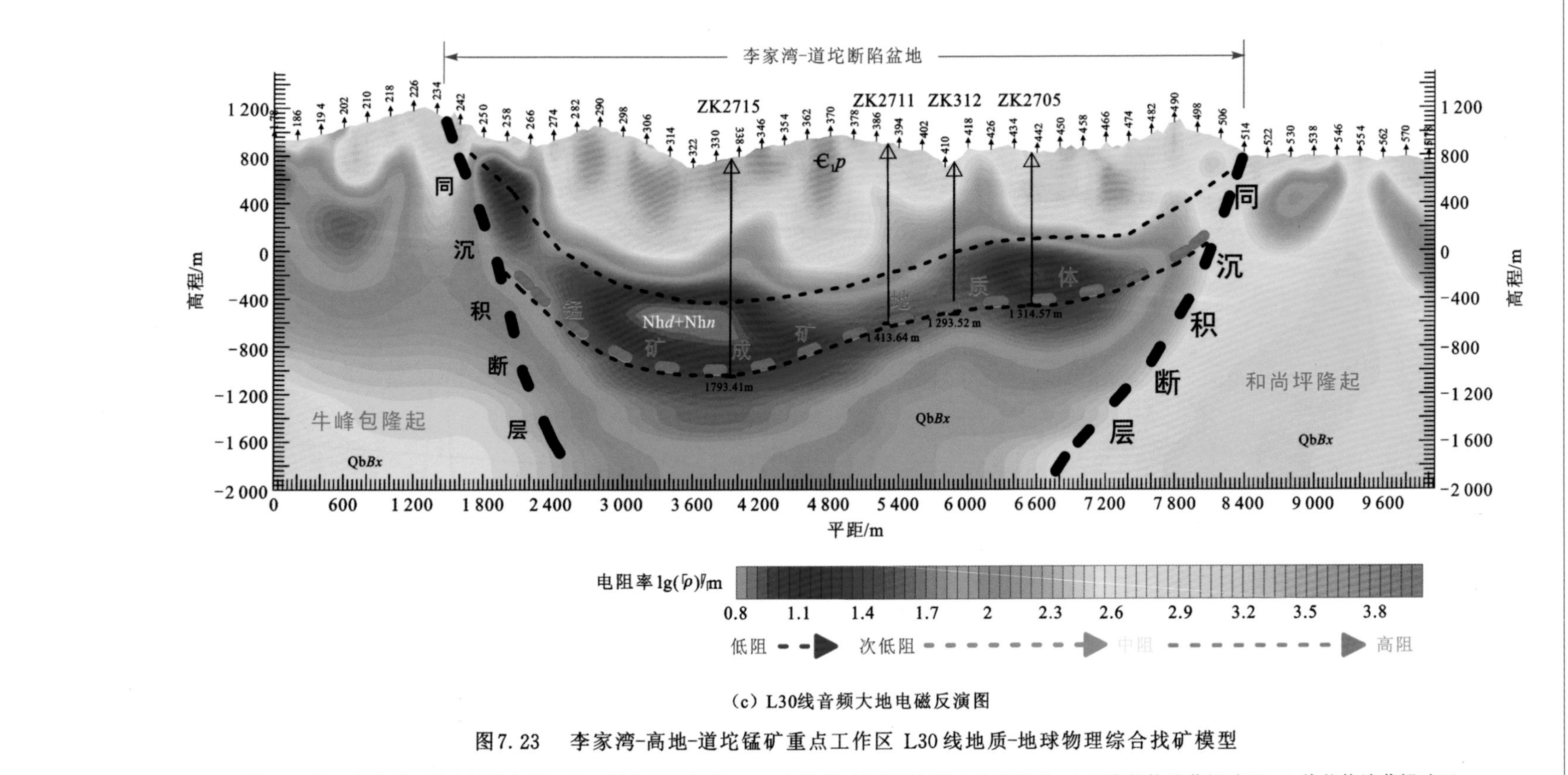

(c) L30线音频大地电磁反演图

图7.23　李家湾-高地-道坨锰矿重点工作区 L30线地质-地球物理综合找矿模型

图 (a) 中1.南华系下统大塘坡组第一段（黑色含锰岩系）；2.南华系下统两界河组＋铁丝坳组；3.气泡状构造菱锰矿石；4.块状构造菱锰矿石；5.条带状构造菱锰矿石；6.凝灰岩或凝灰质砂岩透镜体；7.白云岩透镜体；8.碳质页岩；9.同沉积断层

综合物性和地质资料，进行地质解译，分析其找矿意义，通过松桃李家湾—道坨重点工作区音频大地电磁法测深工作，建立了“古天然气渗漏沉积型锰矿”的音频大地电磁法地球物理模型，含锰岩层位于南华系大塘坡组下段底部，电阻率的范围为 25～40 Ω · m，电阻率变化不大，属于次低阻，圈定了含锰岩系的展布范围。

第三节　深部隐伏锰矿地球化学找矿模型

一、Mn/Cr 微量元素比值预测模型

周琦(2008)，周琦等(2012a)在 20 世纪 80 年代中期，通过统计分析研究大塘坡、大屋、杨立掌、黑水溪等锰矿床和区内南华系早期实测地层剖面大量微量元素地球化学分析数据时，发现了 Mn/Cr 比值规律，并在 21 世纪初至 2016 年运用该规律进行隐伏、半隐伏锰矿床的找矿预测得到充分验证。即古天然气渗漏沉积型锰矿成矿系统中，其“含锰岩系”下部的碳质页岩、含锰碳质页岩中过渡元素微量元素组中 Mn 与 Cr 平均含量的比值(Mn/Cr)几乎均在 40 左右(图 7.24)。

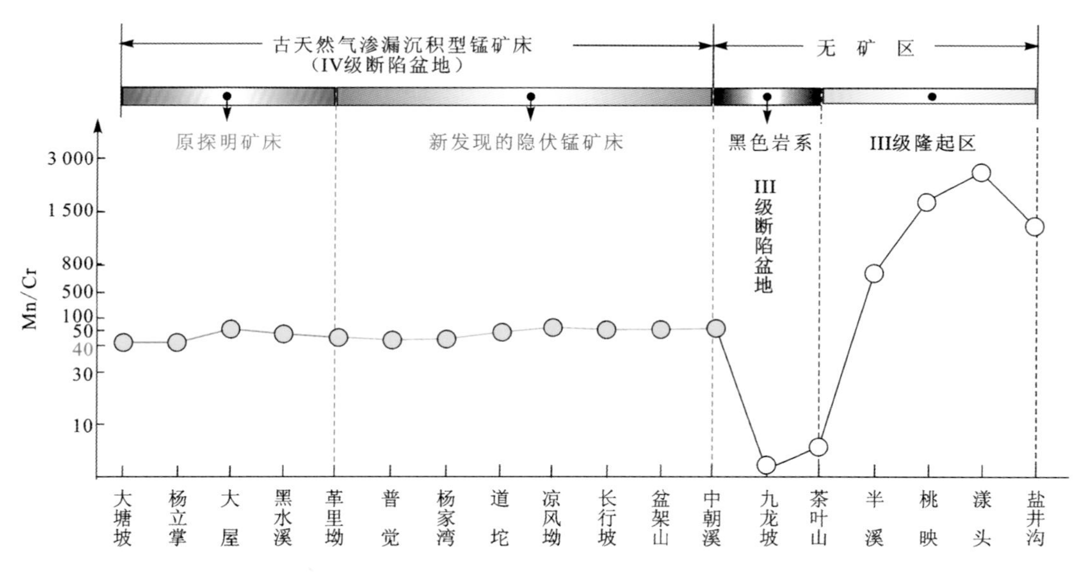

图 7.24　华南南华纪古天然气渗漏沉积型锰矿床 Mn/Cr 找矿预测模型

进一步结合研究区南华纪早期构造古地理背景特征分析发现以下规律。

(1) IV 级断陷(地堑)盆地中含锰岩系下部 Mn/Cr 均在 40 左右，如松桃大塘坡 40.74、杨立掌 39.61、大屋 49.13、西溪堡 40.09、黑水溪 47.17、秀山革里坳 40.79、万山盆架山 44.84 等。

(2) III 级断陷盆地中黑色页岩中的 Mn/Cr 一般小于 5，如松桃九龙坡 0.93、茶叶山 4.87 等。

(3) III 级隆起(地垒)区相应层位的 Mn/Cr 一般大于 600，如江口桃映 1 638.30、铜

仁半溪 634.13、秀山盐井沟 926.37 等。

Mn/Cr 微量元素比值规律是构建古天然气渗漏沉积型锰矿床定量地球化学预测模型的核心，是判定是否进入 IV 级断陷盆地，发现隐伏锰矿体的定量预测指标。

2000 年以来，运用 Mn/Cr 地球化学找矿预测模型进行南华纪早期的锰矿找矿预测中，均取得了成功。特别是该模型对于科学圈定找矿重点靶区，具体指导发现亚洲最大、世界第五的超大型锰矿床——松桃西溪堡（普觉）锰矿床为代表的一批大型-超大型锰矿床发挥了重要作用。

（1）贵州松桃西溪堡地区大塘坡组第一段黑色碳质页岩中，经详细取样测试 Mn 与 Cr 平均含量，计算其 Mn/Cr 为 40.09，显示了该区域深部应存在隐伏的"大塘坡式"锰矿床。结合区域地层构造和岩相古地理特征分析，笔者率领的团队 2000 年 9 月大胆布钻，结果发现了松桃西溪堡锰矿床（浅表部分——冷水溪矿段）。经过团队 2003～2004 年、2008 年至 2016 年的整装勘查，该矿床已成为亚洲最大的超大型锰矿床（详查锰矿石资源量大于 2 亿 t）。

（2）2004～2006 年，团队在具体实施贵州省地质矿产勘查开发局 103 地质大队承担的自有的贵州省万山特区盆架山锰矿探矿权普查找矿时，特别是在预查初期所施工 5 个钻孔均不见矿的极端困难条件下，没有选择放弃，而是运用 Mn/Cr 地球化学找矿模型，通过对施工的 5 个钻孔中所揭露的大塘坡组第一段黑色碳质页岩岩心进行采样，分析测试其 Mn 与 Cr 的平均含量，计算其 Mn/Cr 为 44.84，显示该区域应存在"大塘坡式"锰矿床，从而进一步坚定了找矿信心。进一步分析研究后期构造破坏等因素后，再次施工钻孔，终于发现了贵州万山盆架山隐伏锰矿床。进而推动了位于同一成锰沉积盆地中的万山中朝溪隐伏锰矿床（盆架山锰矿床南侧）、铜仁长行坡隐伏锰矿床（盆架山锰矿床北侧）的相继发现。截至 2012 年底，贵州万山盆架山、万山中朝溪和铜仁长行坡锰矿床（三个锰矿床实为一个锰矿床）已控制的锰矿石资源量超过了 2 000 万 t，达大型锰矿床规模。

（3）2007～2008 年，团队在具体实施贵州省地质矿产勘查开发局 103 地质大队承担的贵州省松桃县杨家湾锰矿探矿权普查找矿时，一是与该探矿权毗邻的黑水溪剖面是含锰岩系的 Mn/Cr 为 47.17，已经显示了该区域深部应存在隐伏的"大塘坡式"锰矿床；二是结合构造古地理分析研究，杨家湾地区应正位于 IV 级断陷（地堑）盆地位置。通过钻探验证，发现了隐伏的杨家湾锰矿床，2008 年提交了 332＋333 锰矿石资源量 1 444 万 t。2013 年，经过补充勘查，又新增锰矿石资源量约 500 万 t，使杨家湾锰矿床资源量突破 2 000 万 t，达大型锰矿床规模。

二、S 同位素预测模型

在裂谷盆地古天然气渗漏锰矿成矿系统中，锰矿成矿地质体中的黄铁矿具有异常高的 $\delta^{34}S$ 正值（朱祥坤 等，2013；周琦 等，2013b，2012a，2007c；李任伟 等，1996；唐世瑜，1990；王砚耕 等，1985）。周琦等（2013b）和王萍等（2016）发现在不同的渗漏沉积相带，黄铁矿 $\delta^{34}S$ 正值具有明显的分布规律，可作为找矿预测重要的地球化学标志（图 4.18）。

（1）中心相：$\delta^{34}S > 55‰ \sim 60‰$，渗漏喷溢口附近，$\delta^{34}S$ 最高可达 67‰（周琦 等，2013）。

（2）过渡相：$\delta^{34}S$ 为 45‰～55‰。

（3）边缘相：$\delta^{34}S$ 为 35‰～45‰。

（4）III 级断陷盆地：$\delta^{34}S$＜25‰～35‰，位于 IV 级断陷盆地之外的 III 级断陷盆地中，不具备锰矿成矿的地质条件。

因该类型锰矿床是古天然气渗漏喷溢的事件沉积成矿，成矿时限很短。故应用黄铁矿 $\delta^{34}S$ 进行锰矿找矿预测时，应注意限定在锰矿成矿地质体底部，即锰矿成矿期的黄铁矿样品。因为在剖面上，含锰岩系由下往上，异常高的黄铁矿 $\delta^{34}S$ 正值逐渐减小。

华南南华纪锰矿潜力预测与找矿方向 第八章

南华纪古天然气渗漏沉积型锰矿床已成为我国最重要的锰矿床类型。华南是我国探获该类型锰矿资源量最多的地区。本章详细分析研究并预测武陵锰矿成矿带各成矿亚带和雪峰锰矿成矿带资源潜力、找矿方向,为区内锰矿下步深部找矿和勘查工作部署提供依据与建议。

第一节 武陵锰矿成矿带潜力预测与找矿方向

南华纪武陵锰矿成矿带是新发现的一条世界级的巨型锰矿成矿带,是我国最重要的锰矿资源富集区,目前已探明的锰矿资源储量近 10 亿 t,约占我国锰矿总资源储量的 60%。分布的超大型锰矿床数约占全球的 1/3,锰矿资源潜力巨大。地理位置横跨黔东-渝东南-湘西-湘中地区,大致呈近东西向展布。前已述及,武陵锰矿带的形成、分布和规模受控于华南南华裂谷盆地中的武陵次级裂谷盆地,根据武陵次级裂谷盆地内部结构、深部地球物理资料、同沉积断层分布、构造古地理特征和大型-超大型锰矿床的分布规律,武陵锰矿成矿带由三个锰矿成矿亚带组成,各成矿亚带的锰矿资源潜力预测和找矿方向概述如下。

一、石阡—松桃—古丈锰矿成矿亚带

该锰矿成矿亚带以石阡—松桃—古丈为中心呈 65°~70°方向展布,宽约 50 km,长大于 300 km,是华南南华纪古天然气渗漏沉积型锰矿床的主要分布区,探明的锰矿资源量巨大。北西侧为秀山-甘龙隆起(地垒),南东侧为镇远-铜仁-凤凰隆起(地垒)。锰矿床主要集中分布在该成矿带的松桃—花垣一带,北东延至古丈等地,南西延至石阡和镇远以北地区,南西段因延入梵净山老地层区而被剥蚀,仅在石阡老岭、佛顶山一带有零星分布。

根据南华纪早期构造古地理恢复分析,石阡—松桃—古丈锰矿成矿亚带共恢复识别出 SF1、SF2、SF3、SF4、SF5、SF6、SF7、SF8、SF9、SF10、SF11 等 11 条同沉积断层,除 SF10、SF11 是控制石阡-松桃-古丈 III 级断陷盆地边界的同沉积断层外,其余同沉积断层均是具体控制锰矿床形成和分布的 IV 级断陷盆地。目前已恢复识别出 12 个 IV 级断陷盆地,依此圈定了 12 个锰矿成矿预测区或远景区(表 3.7)。

目前,该成矿亚带已提交备案的锰矿石资源储量近 9 亿 t,预测该成矿亚带 3 000 m 以

浅的锰矿总资源潜力为16亿t，主要分布在李家湾-高地-道坨-大路锰矿预测区、西溪堡（普觉）锰矿预测区、民乐锰矿预测区、杨家湾及外围等预测区。

二、玉屏—黔阳—湘潭锰矿成矿亚带

该锰矿成矿亚带以玉屏—芷江—黔阳—湘潭为中心，近东西方向展布，宽度约50 km，长度大于350 km，是华南南华纪古天然气渗漏沉积型锰矿床的重要分布区，已探明一批中-大型锰矿床。北西侧为镇远-铜仁-凤凰隆起（地垒），南东侧直接为武陵次级裂谷盆地和雪峰次级裂谷盆地之间的天柱-会同-隆回隆起（地垒）。锰矿床主要集中分布在贵州万山-芷江、黔阳-洞口、宁乡-湘潭三个区域。

根据南华纪早期构造古地理恢复分析，玉屏—黔阳—湘潭锰矿成矿亚带共恢复识别出SF12、SF14等同沉积断层和6个IV级断陷盆地，依此圈定了6个锰矿成矿预测区或远景区（表3.7）。

目前，该成矿亚带已提交备案的锰矿石资源储量约0.6亿t，预测该成矿亚带3 000 m以浅的锰矿总资源潜力为2亿t，主要分布在万山盆架山-芷江莫家溪锰矿预测区、黔阳-洞口锰矿预测区、宁乡棠甘山锰矿预测区、湘潭锰矿及外围等预测区。

三、溪口-小茶园锰矿成矿亚带

该锰矿成矿亚带以酉阳溪口—秀山小茶园为中心，以65°～70°方向展布。推测宽度大于20 km，长度大于100 km，是华南南华纪古天然气渗漏沉积型锰矿床的重要分布区，已探明一批大中型锰矿床。南东侧为甘龙-秀山隆起（地垒），北西侧边界为推测。锰矿床主要集中分布在秀山-酉阳地区。

根据南华纪早期构造古地理恢复分析，溪口—小茶园锰矿成矿亚带共恢复识别出SF13、SF15等同沉积断层和3个IV级断陷盆地，依此圈定了3个锰矿成矿预测区或远景区（表3.7）。

目前，该成矿亚带已提交备案的锰矿石资源储量约0.7亿t，预测该成矿亚带3 000 m以浅的锰矿总资源潜力为2亿t，主要分布在小茶园及外围锰矿预测区、獠牙盖锰矿预测区、楠木锰矿预测区等预测区。

第二节　雪峰锰矿成矿带潜力预测与找矿方向

南华纪雪峰锰矿成矿带是我国华南地区比较重要的锰矿成矿带。地理位置横跨黔东南-湘西南地区，大致呈近东西向展布。前已述及，雪峰锰矿成矿带的形成、分布和规模受控于华南南华裂谷盆地中的雪峰次级裂谷盆地。由于雪峰次级裂谷盆地内部结构研究程度明显较武陵次级裂谷盆地低，构造古地理特征还不够清晰，但从南华纪早期地层的空间展布特征、系列中小型锰矿床的空间分布规律进行分析，其规律性比较明显，与武陵次级裂谷盆地和所控制的武陵锰矿成矿带的特征非常相似。可大致划分为：①黎平冷水塘—靖州新厂锰矿成矿亚带；②城步锰矿成矿亚带；③从江高增—通道坪阳锰矿成矿亚带。

由于研究程度还较低、目前可初步圈定城步岩田-新家湾锰矿预测区、通道坪阳锰矿预测区、靖州照洞-文溪锰矿预测区、从江高增-八当锰矿预测区、黎平冷水塘等5个锰矿预测区，预测锰矿总资源潜力为0.5亿t。

第九章 锰矿国家整装勘查区找矿实践与示范

本章详细介绍依据锰矿裂谷盆地古天然气渗漏沉积成矿系统理论，如何转化为该类型锰矿勘查系统，实现科学技术成果转化，并在贵州铜仁松桃锰矿国家整装勘查区应用实践与勘查示范情况，以便能够为其他地区、其他时代的类似锰矿进行地质找矿时，提供借鉴和参考。

第一节 锰矿区专项填(编)图

一、新类型锰矿专项填(编)图指南

为更好地完成贵州铜仁松桃锰矿国家整装勘查区找矿工作，实现找矿突破。结合笔者承担的国土资源部公益性行业科研专项项目、中国地质调查局整装勘查区专项填图与找矿预测项目，编制完成了《古天然气渗漏沉积型锰矿专项填(编)图指南》。

(一) 范围

该指南规定了以古天然气渗漏沉积成锰作用为主的地区，矿产地质专项填图的目的任务、部署原则、工作程序、调查内容、技术方法、野外验收、成果编制、成果提交等方面要求。

该指南适用于1∶50 000～1∶10 000锰矿区矿产地质专项填图工作。

(二) 规范性引用文件

下列文件对于该指南的应用是必不可少的。凡是注日期的引用文件，仅所注日期的版本适用于该指南。凡是不注日期的引用文件，其最新版本(包括所有的修改单)适用于该指南。

《固体矿产资源/储量分类》(GB/T 17766—1999)

《矿产资源综合勘查评价规范》(GB/T 25283—2010)

《固体矿产勘查原始地质编录规程》(DZ/T 0078—2015)

《固体矿产勘查地质资料综合整理综合研究技术要求》(DZ/T 0079—2015)

《铁、锰、铬地质勘查规范》(DZ/T 0200—2002)

《地质岩心钻探规程》(DZ/T 0227—2010)

《区域地质图图例》(GB/T 958—2015)

《地质图用色标准及用色原则(1∶50 000)》(DZ/T 0179—1997)

《地质信息元数据标准》(DD 2006—05)

《数字地质图空间数据库》(DD 2006—06)

(三) 术语和定义

下列术语和定义适用于该指南。

1. 古天然气渗漏沉积型锰矿床

指锰质来自壳幔深部,并与同源的无机成因气相互作用,在裂谷或次级断陷盆地中心,通过渗漏、喷溢沉积作用形成的菱锰矿床。

2. 锰矿成矿区带

在地质构造、地质发展历史及锰矿成矿作用上具有共性的成矿有利地区。

3. 锰矿找矿远景区

锰矿成矿地质条件、物化探异常、蚀变信息及已有锰矿床(点)、矿化点分布反映锰矿成矿有利可能发现矿产资源的地区。

4. 锰矿整装勘查区

具有一定工作程度、资源潜力较大的成矿有利区,能建立多元投资机制,统筹中央、地方和企业各类勘查资金,集中力量开展勘查工作、快速实现锰矿找矿重大突破的区域。

5. 锰矿矿集区

锰矿床密集分布区,相当于一个或多个矿田,至少包含一个大型规模矿床。

6. 大型锰矿资源基地

以一处以上大型-超大型矿床为支撑的具有矿产资源勘查开发潜力的地区。

7. 锰矿点

具有一定的成矿条件,初步识别出含矿的锰矿建造(富锰页岩、贫锰页岩、含锰页岩、凝灰质层、白云岩透镜体等)和同沉积构造,取样分析确定有工业矿石存在,可作为进一步找矿线索的地点。

8. 锰矿化点

具有一定的成矿条件,初步识别出含矿的建造(贫锰页岩、含锰页岩、凝灰质层、白云岩透镜体等)和同沉积构造,取样分析确定有用组分含量达到一般工业指标边界品位的1/2,可作为进一步找矿线索的地点。

9. 成矿地质体

与锰矿床形成在时间、空间和成因上有密切联系的地质体(如含锰岩系、同沉积断层、凝灰质透镜体、古天然气渗漏喷溢口、古天然气渗漏成因白云岩透镜体等)。

10. 成矿结构面

赋存矿体的显性或隐性存在的岩石物理及化学性质不连续面,也就是赋存矿体的各类界面。

11. 成矿作用特征标志

能够直接指示矿体赋存位置的、对找矿预测具有特殊意义的标志。

12. 锰矿找矿靶区

通过矿产地质调查，依据地质、物探、化探、遥感、勘查、科研等资料，综合分析锰矿成矿地质条件和找矿标志，与古天然气渗漏沉积型锰矿床找矿模型吻合程度高，预测依据充分、成矿条件有利、资源潜力较大，预期可提交新发现锰矿矿产地的地区。

13. 数字地质调查技术

贯穿矿产地质调查全过程的野外数据获取及其成果一体化描述、组织、存储、集成、综合处理与发布等内容的数字化技术。

（四）总　则

1. 目的任务

大致查明与古天然气渗漏沉积成锰作用有关的地质体、同生与后生构造、渗漏喷溢沉积微相带等分布和特征，为物化探异常解释、成矿规律研究、找矿靶区圈定和潜力评价提供基础地质资料。

2. 部署原则

（1）突出锰矿重点成矿区带、亚带，围绕锰矿找矿远景区、整装勘查区、矿集区和大型资源基地，以1:50 000标准图幅或Ⅳ级断陷（地堑）盆地为基本调查单元，开展专项地质填（编）图。

（2）突出科技创新，鼓励进行产学研协同创新，实行调查、研究一体化。梳理制约找矿突破的理论和方法的重大问题，部署相应专题研究工作。

3. 工作程序

一般包括资料收集与整理分析、野外踏勘、工作方案编写、测制剖面、野外填图、综合整理与研究、原始资料数据库建设、野外验收、成果编制、成果提交等程序。上述程序之间是互为关联、密不可分的有机整体。

4. 工作内容

填编锰矿成矿期沉积建造构造图。在资料收集与整理分析、野外踏勘的基础上，实（修）测分层剖面，重点对成矿地质体及与沉积成锰作用有关的沉积岩，进一步划分其岩性及岩（矿）石组合，大致查明岩（矿）石类型、物质成分、沉积特征、含矿性、接触关系、时空分布变化，建立岩石地层层序，确定含矿建造和岩性组合，划分含矿建造填图单元，进行沉积建造构造填图。追索并圈定成矿地质体、特殊岩性层，与成矿有关的构造和矿化蚀变，分析研究渗漏喷溢沉积相、构造古地理环境、沉积作用与成矿的关系。

5. 基本要求

（1）以锰矿裂谷盆地古天然气渗漏沉积成矿理论为指导，以地质观察研究为基础，运用行之有效的锰矿找矿预测的新技术、新方法。

（2）分析和解剖各类沉积地质作用（含喷溢、喷流、热水等）与成矿关系，大致查明与成矿有关的各类地质要素分布特征和演化规律。

（3）开展与沉积成锰作用有关的地质体、同生与后生构造、渗漏喷溢沉积微相为重点的矿产地质专项填图，填（编）沉积建造构造图。追索并圈定含矿建造、特殊岩性层，与沉积成矿作用有关的构造和矿化蚀变分布范围。

(4) 根据沉积成锰作用地质背景、主攻矿种及主攻矿床类型，合理确定专项填图的主要内容，实测分层剖面，确定含矿建造和岩性组合，划分成锰期相关的建造构造填图单元。在成矿有利地段采取实测方式进行重点调查和研究，其他地段以利用原有资料为主，通过稀疏路线调查，了解地质矿产情况。

(5) 应采用数字地质调查技术。

（五）野外调查

1. 资料收集整理分析

1）收集区域地质调查资料

主要包括以下资料：①1∶50 000 等区域地质调查成果资料；②地质图、地质矿产图、构造纲要图、岩相古地理图等资料；③实测地层剖面图、实测地质构造剖面图等资料；④野外调查路线与野外记录等资料；⑤岩矿鉴定、岩矿分析、古生物鉴定及地层测年等成果资料。

2）收集区域矿产资料

主要包括以下资料：①工作区及邻区矿产资源调查评价成果资料；②已有矿床、矿（化）点地质勘查成果资料、原始资料（探矿工程素描图、矿区大比例尺地质填图实际材料图与野外记录等）；③矿产开发利用现状或矿产开发技术条件等相关资料。

3）收集科学研究资料

主要包括以下资料：①矿产资源潜力评价、区域成矿规律和典型矿床研究等成果资料；②涉及工作区及邻区的相关专题研究报告、专著及论文等资料。

4）对收集到的各类资料进行分析整理

分析研究调查区沉积成矿作用地质条件与成矿规律，确定研究区主要成矿地质体、成矿结构面和成矿作用特征标志。

5）初步确定重点调查区与一般工作区

根据研究区沉积成锰作用地质背景和成矿地质体、成矿结构面和成矿作用特征标志的空间分布特征，初步确定重点调查区和一般工作区。

6）编制沉积建造构造草图

对于1∶50 000 专项地质填图，以1∶25 000 地形图为底图，将1∶50 000 区域地质、区域矿产资料，结合相关专题研究资料信息进行套合分析，填制岩性花纹，编制沉积建造构造草图；对于1∶10 000 专项地质填图，则采用同比例尺地形图为底图，将1∶10 000 区域地质矿产资料、矿区勘查资料（尤其是深部钻孔资料），结合相关专题研究资料信息进行套合分析，填制岩性花纹，编制沉积建造构造草图。应突出表达与沉积成矿有关的地质体和地质现象（如与沉积成矿有关的沉积建造、含矿层、标志层和接触带等），布设踏勘路线与拟测剖面位置等。

原则上应同时编制研究区含锰岩系相应时期的构造古地理草图。

2. 野外踏勘

(1) 在1∶50 000 或1∶10 000 矿产地质专项填图实施方案编写前必须进行野外踏勘，为实施方案的编写提供第一手实际资料。

(2) 针对沉积成矿作用类矿产调查，踏勘路线应选择以穿越不同类型沉积成矿作用有关的地质体、构造、矿化蚀变地质体最多、地质构造复杂的路线为主。每幅图必须有一条贯穿全图幅的踏勘路线，同时应采集一些必要的岩矿样品，进行鉴定和测试分析。

（3）对初步确定的重点工作区应进行全面踏勘。对工作程度较高和矿产地分布较多的地区，应分别对不同类型的代表性矿产地进行全面踏勘，详细了解矿化特征、成矿地质背景、工作程度、以往评价存在问题等情况。适当采集关键地段有代表性矿化现象的岩矿标本，进行必要的岩矿鉴定或快速分析测试，了解矿化特征和成矿地质背景。

（4）确定拟实测或修测的地层剖面位置，要求代表性强、地层出露齐全、层序清楚。

3. 编写工作方案

编制锰矿等特殊沉积成矿作用类矿产地质专项填图工作方案和相关图件（包括沉积建造构造草图、工作程度图、工作部署图等），确定重点工作区与一般工作区；提出本次填图要解决的重大矿产地质问题。

在建造构造草图上，增加收集到的有效地质点与探矿工程，同时布设剖面、地质路线和地质观测点、采集位置等。

4. 测制剖面

（1）一个图幅应测制或修测 2～3 条地质剖面。对复杂的地质体可采用更大比例尺剖面进行实测。每个图幅至少应有 1 条贯穿全区的控制性地质构造剖面。

（2）结合锰矿等特殊沉积成矿作用类型，应测制多条用于专项填图、找矿预测的辅助性的矿化（体）带剖面、同沉积断层构造剖面、沉积相剖面等。

（3）沉积岩剖面：① 原则上在 1∶50 000 区域地质调查测制的地层剖面上进行修测和补充观察，了解沉积序列的岩石组成和结构构造，进一步建立调查区的岩石地层层序，合理划分正式和非正式岩石地层填图单位。②详细进行分层，逐层进行岩性描述。根据具体要求和需要，进一步补充采集岩矿、岩相、岩石地球化学样品。

（4）锰矿矿化（体）带剖面：①针对出露在地表及近地表的重要含锰地质体、蚀变带、矿（化）带、矿（化）体、前人采矿遗迹（采坑、老硐）布设剖面。②必要时，可施工轻型山地工程进行揭露。针对蚀变带、矿（化）带、矿（化）体要进行正规的刻槽取样，分析矿石质量，了解矿石的类型、矿体的规模、形态、产状、矿体与围岩的关系、蚀变特征、矿化类型及矿化标志等。③测制矿化（体）带剖面时，其测制、观察、描述、编录和取样工作参照相关矿产勘查规范要求执行。

（5）沉积相剖面：①系统收集研究剖面上的岩石成分、结构、构造、古生物组合和生态特点及遗迹化石等各种能够判别沉积环境的成因标志，并收集各种古流向数据，进而划分岩石的成因单元，综合分析剖面的层序结构特点，初步确定沉积相类型。②原则上须在野外确定沉积相，室内进行补充、修正和深化。以陆源碎屑岩为主的剖面，应注意砂岩的成熟度和砂体形态方面的特征。对于碳酸盐岩剖面的观察，重点放在结构、层理类型及厚度、生物组合的观察上。③应重点围绕发生主要沉积成矿作用的段（亚）段和同沉积断层、不同的构造古地理单元等测制岩相和同生构造剖面。

（6）划分填图单元：①沉积岩岩石地层的填图单位要划分到组，组内须划分到段并进行翔实填绘。原则上以 1∶50 000 区域地质调查划分的填图单元为基础，对主攻矿种含矿岩系及顶底板须划分到段或亚段，重点突出沉积成矿作用相关的成矿地质体。②在段内必须详细划分出与沉积成矿作用相关的特殊地质体、含矿层、喷溢口、蚀变带、特殊的化学沉积层（如岩盐层、铁质壳层、结核层等）、黑色页岩层（烃源岩层）、硅质岩层、微生物岩层、砾岩层、滑塌沉积层、生物礁、生物滩沉积层、岩舌、岩楔、火山岩夹层等标志层，作为非正式填图单位填绘在图上。③调查区地层区划归属原则上以相关省地质志的划分为依据，岩石地层序列以相关省岩石地层清理成果和全国各纪地层典为基础；在充分利用最新成果资料的基础上，可在填图过程中不断补充、完善、优化。

(7) 填(研)绘两界河期、大塘坡早期同沉积断层：①大塘坡组第一段（黑色含锰岩系）尖灭点。②两界河组最大厚度的延伸线。③大塘坡组第一段（黑色含锰岩系）、大塘坡组第二、三段、南沱组厚度变化线（突然增厚的拐点连线），实测＋推测线。④大塘坡早期地堑、地垒的分界线。

(8) 填(研)绘 IV 级断陷盆地渗漏喷溢中心相/过渡相/边缘相：①通过查阅资料、观察岩矿芯和野外实测等方法，填绘含锰岩系中近底部古天然气渗漏沉积构造分布点和区域，如软沉积变形纹理、底辟构造等。②填绘、标注具有气泡状（被沥青充填）菱锰矿石分布的钻孔、厚度、特征，分析研究其分布范围、方向等规律特征。③填绘两界河组中具有透镜状白云岩分布范围。

(9) 填(研)绘南华纪早期隆起（地垒）及分布范围：①填绘含锰岩系（大塘坡组第一段）缺失分布范围。②填绘大塘坡组（包括第一段）缺失分布范围。③填绘两界河组、铁丝坳组、大塘坡组缺失分布范围。④结合地球物理资料，进行分析判断和填绘。

(10) 收集整理岩相地层剖面资料并适当补测。对重点工作区内大量已有钻孔剖面观察编录整理，对大塘坡早期古构造及所控制的古盆地进行恢复分析[主要针对区域古构造所控制的 IV 级，甚至 V 级断陷（地堑）成锰沉积盆地]，填（编）制南华纪大塘坡早期岩相古地理图、控矿古构造-古盆地图、锰矿时空分布图等。

(11) 填绘成矿期后的后生断层及褶皱：①结合地球物理资料填绘。②重点判断和填绘犁式正断层的分布。③结合地球物理资料，填绘其空间产出分布特征。④填绘对菱锰矿体造成影响的后期褶皱，轴线、轴面特征。

5. 野外填图

(1) 重点调查区须采取实测方式进行重点调查和研究，布置系统观测路线，全面控制调查区所有地质体、矿化体和主要构造形迹的空间展布形态及其分布规律。路线应以垂直区域构造线方向的穿越路线为主，适当辅以追索路线。

具体布设要求如下：①穿越路线要尽量控制沉积成矿作用形成的地质体、矿（化）体及其间的重要接触关系或重要构造部位。②当岩性岩相变化较大，地质体、矿（化）体走向延伸关系不清，或为了解某些重要接触关系、矿化带边界的空间延伸情况等特征时，须布置追索路线。③路线线距应以有效控制各类地质体为原则，根据测区的地质矿产复杂程度、已有工作程度、基岩出露情况、自然地理条件、遥感解译标志的明显程度等，适当加密或放稀。④有实测剖面控制的地段，不必重复布置地质路线。

(2) 一般工作区以利用原有 1∶50 000 区域地质调查资料为主，通过稀疏路线调查，了解地质矿产情况。一般尽量以垂直各类地质体、矿化体界线和区域构造线方向布置，以穿越路线为主；对难以满足全面系统掌握区域地质矿产情况，或新发现的重要地质体和重要成矿带，采用穿越和追索路线相结合的方式进行调查。

(3) 结合整装勘查区、矿集区、找矿远景区中圈定的找矿靶区和需解决的科学问题，可按照“突出科技创新，鼓励产学研协同创新，实行调查、研究一体化”的原则部署专题研究工作，可局部开展 1∶2 5000～1∶10 000 的大比例尺地质或沉积建造构造填图。

6. 综合整理与分析

1）编制实际材料图

用与野外手图同版的、未折叠、无皱纹、无缺损的地形图作为底图，将手图中填绘的全部内容（地质点、路线地质、标本、样品、产状、已施工工程、各种地质界线、断层线等的位置、编号、代号）、收集到的有效地质点转绘到底图上，加上图框、图名、图例、比例尺、责任表等，形成实际材料图。

2）编制沉积建造构造图

沉积建造构造图的编制原则上应在主要沉积成矿期岩相古地理图的基础上进行编制。

沉积建造构造图主要内容包括：构造岩相古地理图中成矿有利地段、地层分区、沉积岩建造、特殊标志层、矿（床）点、柱状剖面点、断裂、褶皱、地质界线、产状要素、岩石化学采样点、地球化学采样点、同位素采样点、各类标注等。

(1) 填（编）图原则：①突出重点、兼顾一般。重点是成矿地质体沉积建造组合、特殊地质体和控制影响成矿地质的同沉积断层、后生构造等。②收集整理与野外实测相结合。系统收集整理 1∶50 000 区域地质调查，特别是矿区 1∶10 000～1∶2 000 的有效地质点、矿区代表性的钻孔资料，编制沉积建造构造草图；野外实际填绘沉积建造图，主要在重点工作区进行。在野外现场实测、补充、修改完善。代表性的地质点须绘制岩性柱状图。③宏观与微观相结合。在野外填（编）的沉积构造建造图，要详细采集岩石矿物样，进行岩矿鉴定，并根据微观鉴定结果修正建造构造图。

(2) 根据划分的填图单元、特别是沉积成矿作用形成的成矿地质体（可放大表示）和识别出的构造进行填（编）沉积建造构造图。采用岩性花纹＋构造进行表示。

(3) 重视后生断层构造填绘的同时，应重视识别和填（绘）古断裂系统、同沉积断层等。同沉积断层常是沉积成矿作用类矿产（特别是热水、喷流、喷溢沉积矿床和非岩浆热液矿床）形成和分布。

(4) 重点对成矿地质体及上覆、下伏地层、矿体追索调查和三维空间（钻孔、坑道）进行沉积建造构造填（绘）图调查工作。注意围绕成矿地质体与矿体相关研究测试工作采样点进行素描与观察，以柱状图进行表示。注意后期断层对成矿地质体的保存与破坏等调查工作。

(5) 要为围绕解决矿产地质重大地质问题，编制成矿地质体与上覆地层厚度等值线图、岩相古地理图、古构造图等提供基础资料。

3）野外工作总结

矿产地质专项填图工作结束时，须编写野外工作总结。

7. 野外验收

(1) 主要提交的资料：①野外工作总结；②实际材料图；③主沉积成矿期岩相古地理图④沉积建造构造图；⑤利用、采用的原有地质资料的有效地质观察点的记录簿（在收集描述地质内容的同时，应记录资料来源和原点号）；⑥剖面记录簿；⑦探矿工程记录簿和素描图等；⑧野外实测的野外记录簿；⑨剖面记录簿和实测剖面柱状图；⑩剖面图等。

（2）野外数据采集形成的数据库资料：①野外地质路线调查数据库；②实际材料图数据库；③实测地质剖面数据库。

8. 成果编制

1）建立原始资料数据库和成果资料数据库

原始资料数据库主要包括：①工作底图数据；②野外采集的数据包括实地记录的地质点、路线、剖面、柱状图、照片等数据；③测试数据包括各类测试数据及其数据质量分析数据；④资料文档包括收集到的各类区域地质、矿产地质、矿产勘查等数据。

成果资料数据库主要包括：①实际材料图；②沉积建造构造图；③野外工作总结及验收意见；④专题总结报告；⑤元数据。

2）编制专题总结报告

含重大矿产地质问题的创新性认识。

可采用构造解析方法与原理，分别就底板、含矿岩系和矿体进行精细研究和对比，特别是三者的相关性进行叠加比较研究，总结古地貌（古构造）-沉积环境-成矿条件对沉积成矿作用类矿产的控制规律。

（六）工作质量要求

1. 剖面测制质量要求

1）剖面测制比例尺

（1）沉积岩区地层剖面（第四系除外），比例尺控制在 1∶1 000～1∶5 000，剖面分层厚度一般控制在 1～5 m。

（2）第四系剖面，厚度巨大的粗碎屑沉积，比例尺一般为 1∶2 000～1∶5 000，剖面分层厚度一般控制在 2～5 m；厚度较小的细碎屑沉积，比例尺一般大于 1∶100～1∶1 000，剖面分层厚度一般控制在 0.1～1 m。

（3）岩相剖面和矿化（体）带剖面，比例尺一般大于 1∶500，剖面分层厚度一般控制在 0.1～1 m。

2）剖面线位置选择

（1）对于地质和岩相剖面，要注意露头的连续性，剖面线上的露头应大于 60%，顶底界齐全，有代表性，接触关系清楚。当难以选择露头连续性好的剖面时，可布置一些短剖面加以拼接，层位拼接要准确，防止层位重复和遗漏。

（2）对于矿化（体）带剖面，剖面要分别安排在：①含矿岩系最厚、最薄及过渡区；②含矿岩系底板最老、最新及过渡区；③矿体最厚、无矿及过渡区。

剖面须完整控制含矿岩系的底板、含矿岩系、含矿岩系的顶板。剖面线上如某些地段有掩盖，应使用剥土和探槽揭露。

3）实测剖面线方向

应基本垂直于地质体和矿化（体）或蚀变带走向，一般情况下两者之间的夹角不小于 60°。

4）实测剖面记录与整理

按规定的记录表格式详细逐层记录岩性、岩相、古生物、蚀变、矿化、构造、产状、各类样品采集、素描、照相等内容。

室内资料整理要完成计算表中要求的各项计算。

5）实测剖面图和柱状图制作

（1）沉积岩、沉积-火山岩一般要编制实测剖面图和柱状图。

（2）如为水平岩层（如第四系堆积物），可只编制柱状图。

（3）矿化（体）带剖面除编制详细的剖面图和柱状图外，还应编制详细的矿化（体）带的平面图。

2. 路线调查质量要求

1）路线控制程度

应以能较准确地圈定出地质构造、地质体和矿化带形态为原则，不能机械地按网格均匀地布置路线。路线间距视工作实际情况合理确定，采用穿越与追索相结合的方法。一个图幅内实测＋修测地质观察路线的总长度，原则上不少于 500 km/图幅，其中实测不少于 300 km/图幅。

2）地质点观测密度

以充分控制与沉积成矿有关的地质体、矿化蚀变带、重要地质界线等为原则，合理安排。原则上每个图幅不少于 1 200 个有效地质观测点（包括收集的有效地质点、探矿工程等）。

具体要求：①对区域性的主要构造带、地质体和矿化带，必须要有足够的地质路线控制。对成矿有利地段应视需要适当加密调查路线。②对地质界线、重要接触带、断层带、化石层、含矿层位、标志层、蚀变带、矿化体等重要地质现象均应有地质观测点控制。观测控制点的记录务必翔实，测量数据准确齐全，并附素描图和照片，采集相关样品和实物标本。③要着重查明不同地质体间的接触关系（包括地层间的整合、假整合和角度不整合接触）、不同岩性及岩相间的渐变过渡关系、矿化带与围岩的接触关系、各种构造接触关系等。

3）地质观测内容标绘要求

（1）野外手图采用 1∶25 000 数字化地形图。所有地质体、矿化体界线、正式填图单位和非正式填图单位、各种有意义的地质现象、各种构造形迹及各种有代表性的产状要素（含地层、岩层、面理、线理及原生构造产状及各类样品的采样位置等）均应准确标绘到野外手图上。

（2）一般地质点在野外手图上所标定的点位与实地位置误差不应大于 20 m。

（3）应标定直径大于 100 m 的闭合地质体；宽度大于 50 m、长度大于 250 m 的线状地质体；长度大于 250 m 的断层、褶皱构造。对矿化蚀变构造带及其他矿化地质体规模不论大小，均应在图上表示；厚度较小者，可用适当的花纹、符号放大或归并表示。

（4）基岩区内面积小于 1 km^2 和沟谷中宽度小于 100 m 的第四系，在地质图上不予表示，但类型特殊或含有重要矿产的第四纪沉积，其范围虽小，均应适当夸大表示。

3. 沉积建造构造图质量要求

图件编制应按照 GB 958—1999 和 DZ/T 0179—1997 中规定的图式、图例、符号、用色原则等进行表示；GB 958—1999 和 DZ/T 0179—1997 中未涉及的部分可自行设计有关花纹符号。

（七）成果提交要求

专题总结报告编写要求、提交图件要求和提交数据库要求等（略）。

二、1∶50 000 盘信幅专项填图示范

根据《古天然气渗漏沉积型锰矿专项填（编）图指南》，团队开展了 1∶50 000 盘信幅专项填图，其成果通过国土资源部中国地质调查局在全国进行示范。

（一）划分含锰建造填图单元

根据锰矿裂谷盆地古天然气渗漏沉积成矿系统模式和构造古地理单元特征，划分了 5 个相互关联的含锰建造填图单元（图 9.1）。

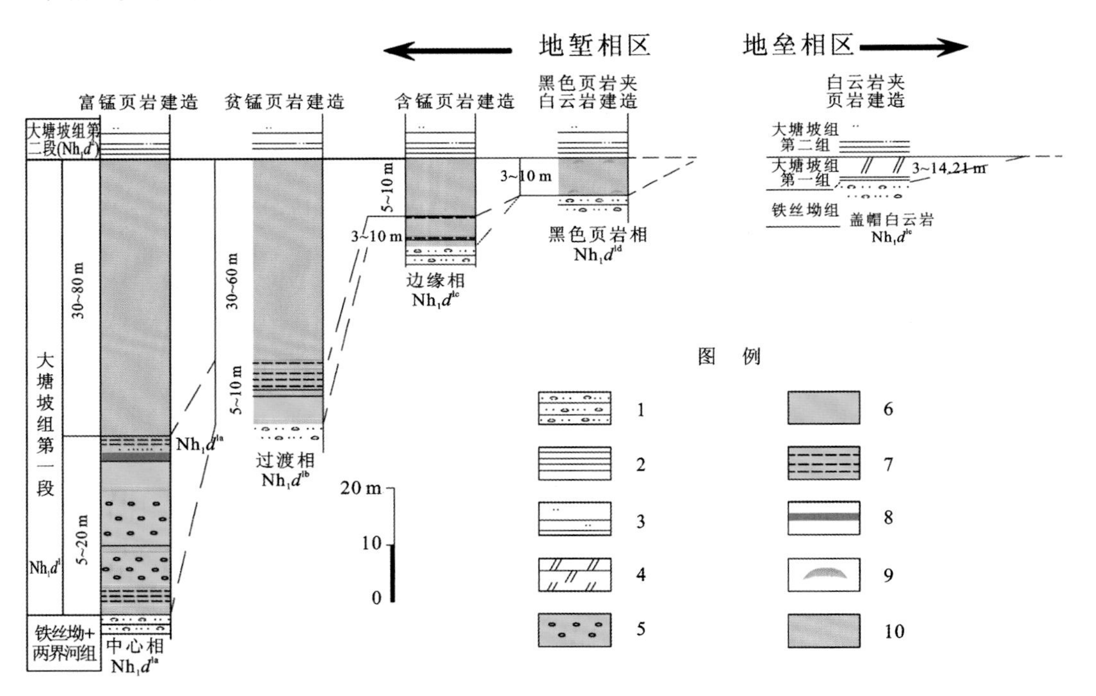

图 9.1　古天然气渗漏沉积型锰矿区含锰建造填图单元划分与空间分布图

1. 含砾砂岩；2. 页岩；3. 粉砂质页岩；4. 白云岩；5. 气泡状构造菱锰矿石；6. 块状构造菱锰矿石；7. 条带状构造菱锰矿石；8. 凝灰岩或凝灰质砂岩透镜体；9. 白云岩透镜体；10. 碳质页岩

（1）富锰页岩建造（Nh_1d^{1a}）：对应锰矿古天然气渗漏沉积成矿系统中心相的一套建造构造组合。以发育古天然气渗漏沉积构造、凝灰岩或凝灰质粉砂岩透镜体，特别是被沥青充填的气泡状及块状菱锰矿石类型为特征，夹富厚菱锰矿体的一套黑色碳质页岩建造构造组合。

（2）贫锰页岩建造（Nh_1d^{1b}）：对应锰矿古天然气渗漏沉积成矿系统过渡相的一套建

造构造组合。夹部分块状和条带状菱锰矿体的一套黑色碳质页岩建造构造组合。

(3) 含锰页岩建造(Nh_1d^{1c}):对应锰矿古天然气渗漏沉积成矿系统边缘相的一套建造构造组合。夹少量薄层条带状菱锰矿体的一套黑色碳质页岩建造构造组合。

(4) 黑色页岩夹白云岩透镜体建造(Nh_1d^{1d}):为一套黑色碳质页岩建造构造,无锰矿产出。相当于III级断陷(地堑)盆地黑色页岩相。

(5) 盖帽白云岩建造(Nh_1d^{1e}):对应隆起(地垒)区大塘坡组底部的盖帽白云岩,与锰矿成矿期同时的形成,即与锰矿是同时异相的沉积产物。

(二) 进行锰矿重点区专项填图

在1∶50 000盘信幅以锰矿为重点的专项填图工作中,除采用1∶50 000盘信幅区调的填图单元进行填(编)图外,重点围绕5个含锰建造填图单元、识别填绘锰矿成矿期同沉积断层和后期对锰矿保存条件产生影响的构造开展锰矿专项填图工作。因图幅中大部分南华系地层被震旦系、寒武系覆盖,仅老云盘-冷水溪地区出露部分南华系等地层,其锰矿建造构造图如图9.2所示。

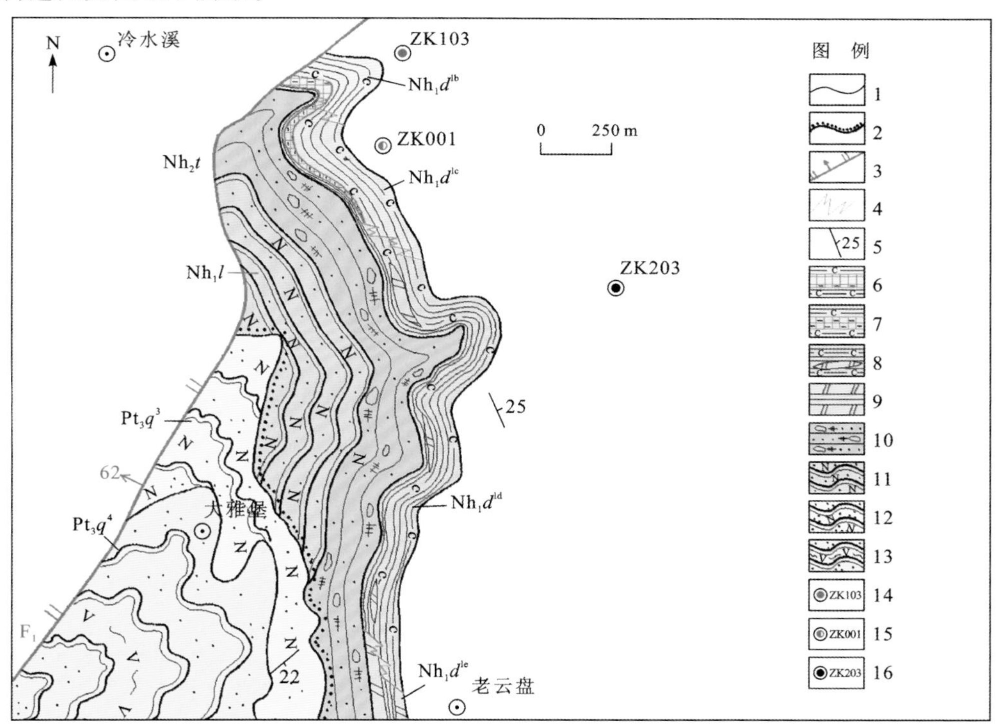

图9.2　1∶50 000盘信幅老云盘-冷水溪地区锰矿建造构造图

1. 地层界线;2. 角度不整合地层界线;3. 正断层及编号;4. 含矿建造岩性组合界线;5. 地层产状;6. 贫锰建造(Nh_1d^{1b});7. 含锰页岩建造(Nh_1d^{1c});8. 黑色页岩夹白云岩透镜体建造(Nh_1d^{1d});9. "盖帽"白云岩建造(Nh_1d^{1e});10. 冰碛砂砾岩建造(Nh_2t);11. 变余长石岩屑砂岩建造(Nh_1l);12. 变余长石石英砂岩建造(Pt_3q^4);13. 变余石英砂岩夹凝灰质板岩建造(Pt_3q^3);14. 见矿钻孔位置及编号;15. 见矿化钻孔位置及编号;16. 未见矿钻孔位置及编号

（三）编绘 1∶50 000 盘信幅构造古地理图

由于 1∶50 000 盘信幅中南华系地层仅局部出露地表，绝大部分均为南华系地层之上的震旦系、寒武系地层覆盖，含锰岩系或大塘坡组第一段地层隐伏在地下 1 000 m 以深。开展此类地区矿产专项地质填图，又必须以含矿建造构造单元进行填图，否则就与1∶50 000区域地质调查没有什么区别。如何开展此类图幅或地区以找矿预测为主要目的的矿产专项填图，重点应抓住以下两个重点：一是开展南华系地层出露区锰矿建造构造填图（图 9.2），为深部找矿预测提供依据；二是要充分收集研究深部钻孔揭露的相关地层、矿化情况资料，编绘锰矿成矿期构造古地理图，即将大塘坡组第一段地层之上的上覆地层全部“揭盖”以后的古地质图，在锰矿成矿期构造古地理图的基础上，编制锰矿成矿规律图（图 9.3）。

第二节　锰矿深部找矿示范

华南地区古天然气渗漏沉积型锰矿床这一新类型锰矿床，运用建立的锰矿裂谷盆地古天然气渗漏沉积成矿模式和研发的深部找矿预测模型，依托贵州铜仁松桃锰矿国家整装勘查区和贵州省整装勘查区实践检验平台，与相关企业合作，投入风险勘查资金，通过 8 年的艰苦努力，实现了我国锰矿地质找矿有史以来的最大突破，改变了我国锰矿勘查开发格局，并建立了松桃李家湾-高地-道坨、松桃西溪堡-桃子坪两个深部锰矿找矿示范基地。

一、松桃李家湾-高地-道坨示范基地

该锰矿深部找矿示范基地包括松桃县乌罗镇、冷水乡、大路乡和印江县木黄镇的相关地区，长约 35 km，宽 3～5 km，面积 150 km^2。它是依托贵州省地质矿产勘查开发局与中国地质大学（武汉）建设的“贵州省锰矿资源预测评价科技创新人才团队”的研究基地。

（一）查明了控制锰矿形成的断陷盆地空间展布规律

该示范基地南华纪大塘坡早期构造古地理背景清晰，区域上属于南华裂谷盆地、武陵次级裂谷盆地、石阡-松桃-古丈 III 级断陷（地堑）盆地中的李家湾-高地-道坨 IV 级断陷（地堑）盆地。该 IV 级断陷（地堑）盆地空间展布特征、形态特征和规模已基本查明（图 9.4），十分独特。由 SF5-1 和 SF5-2 两条南华纪早期同沉积断层所夹持呈狭长带状的成锰盆地，盆地北侧为牛峰包隆起（地垒），南侧为和尚坪隆起（地垒）。断陷盆地中心走向大致为 65°～70°，盆地展布长大于 35.0 km，盆地宽 3～5 km，在平面在呈现中部宽缓向北西凸出、两端向南东逐渐收敛，形成“新月形”的断陷（地堑）盆地。断陷盆地中心走向大致为 65°～70°。

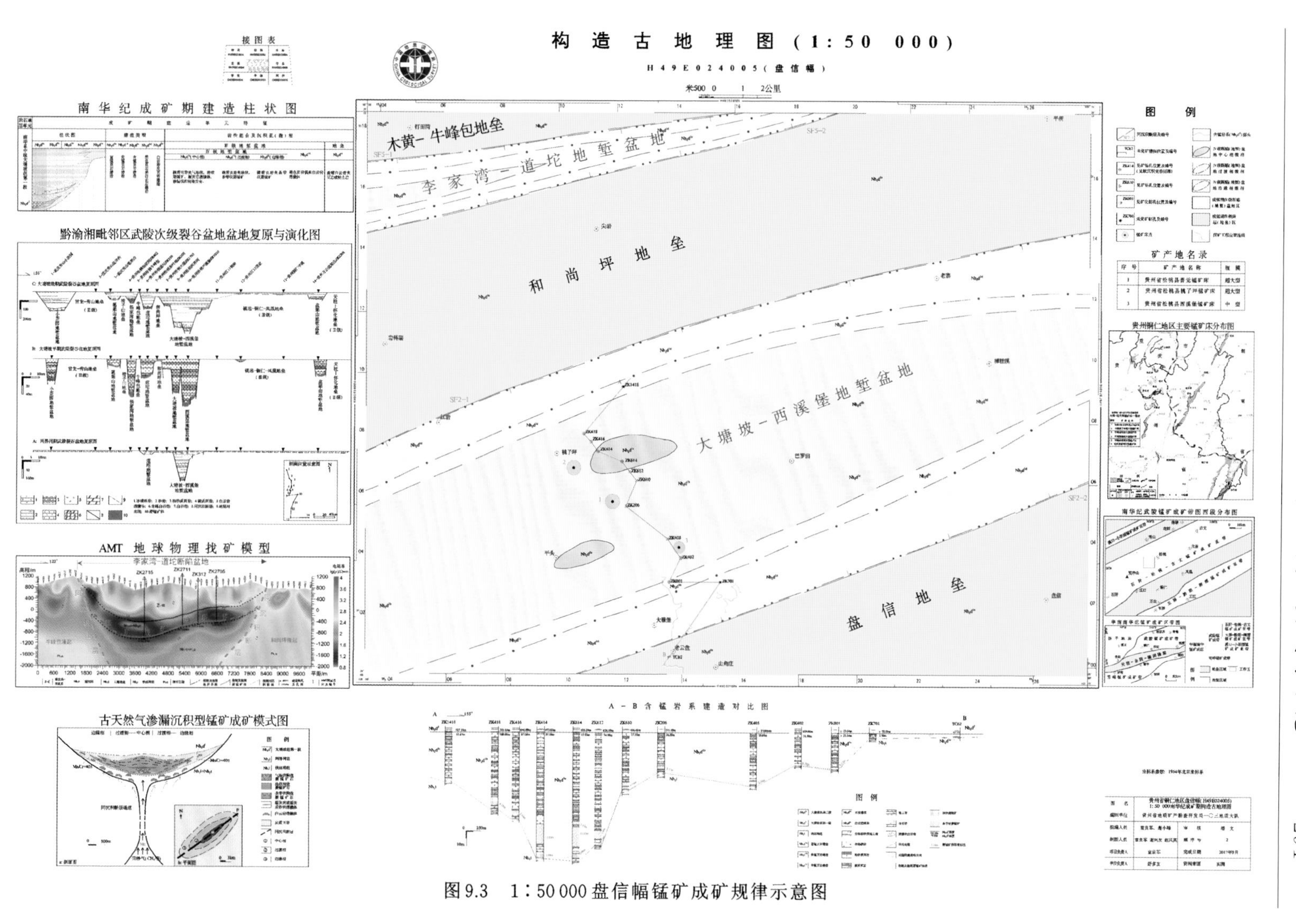

图9.3　1：50 000盘信幅锰矿成矿规律示意图

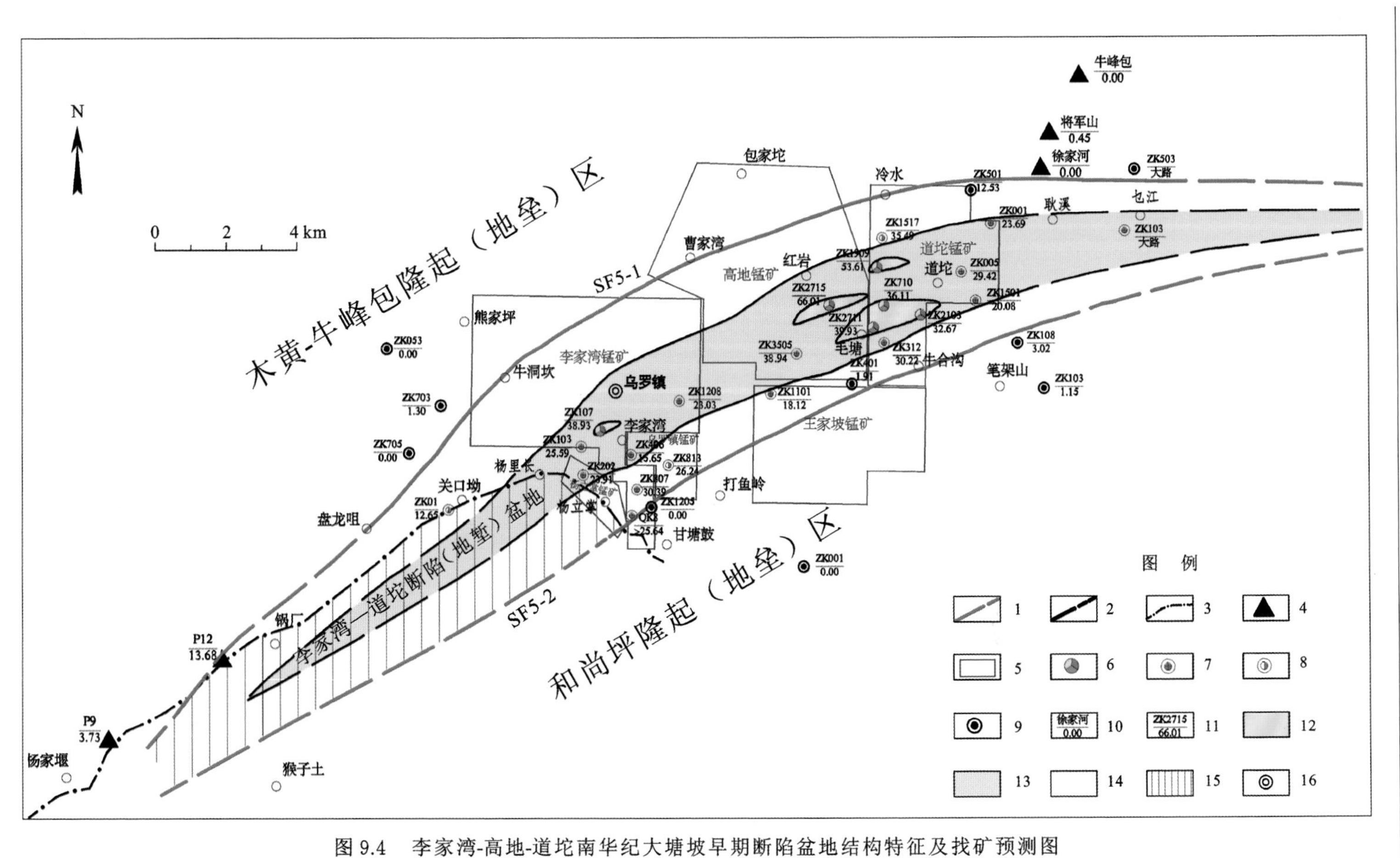

图 9.4 李家湾-高地-道坨南华纪大塘坡早期断陷盆地结构特征及找矿预测图

1. 实测及推测控制IV级断陷（地堑）的同沉积断层；2. 实测及推测岩相分带线；3. 剥蚀线；4. 剖面位置；5. 矿区范围；6. 见矿钻孔（含气泡状）；7. 见矿钻孔（不含气泡状）；8. 见矿厚度小于0.5 m钻孔；9. 未见矿钻孔；10. 剖面名称/含锰岩系厚度(m)；11. 钻孔编号/含锰岩系厚度(m)；12. 中心相（喷溢口）；13. 过渡相；14. 边缘相带；15. 剥蚀区；16. 同沉积断层编号

松桃高地超大型锰矿床位于盆地中部向北西凸出的中心位置，松桃道坨超大型锰矿床及松桃大路超大型锰矿床位于盆地东段，松桃李家湾、杨立掌锰矿床及印江关口坳锰矿床、锅厂锰矿床等位于盆地西段。

（二）具有典型的裂谷盆地古天然气渗漏沉积成矿系统特征

古天然气渗漏喷溢沉积成矿系统的中心相、过渡相、边缘相清晰、特征明显（图5.21）。特别是呈狭长带状中心相分布范围大，以致高地锰矿床的锰矿平均品位是该地区该类型所有锰矿床之最。它是古天然气渗漏喷溢沉积成矿系统十分宝贵和难得的示范基地。

中心相：大致以松桃李家湾ZK107孔至高地ZK2715孔一线为中心，主要分布在道坨—高地—毛塘—李家湾一带，呈狭长带状分布。该带宽950～2 800 m，长大于15 km。2017年提出了我国首个特大型富锰矿床，（332+333）类富锰矿石资源量7 166.84万t，矿床平均品位达25.75%。

过渡相：该相带以围绕中心相呈环带状分布为特征。主要分布在锅厂、关口坳、乌罗镇、红岩、耿溪、乜江及杨立掌、毛塘、大路等一带大致限定的区域，该带单侧宽150～1 500 m，长大于20 km。

边缘相：该相带以围绕过渡相呈环带状分布为特征。越靠近断陷（地堑）盆地边缘，菱锰矿体厚度越来越薄，直至尖灭。

（三）建立了新类型锰矿床深部找矿预测模型

该示范基地建立了新类型锰矿床深部找矿预测的地质找矿预测模型、地球物理找矿预测模型、地球化学找矿预测模型关键技术和锰矿床形成以后的地壳运动对其破坏的后生构造识别关键技术等模型，并在勘查实践中成功验证实现找矿突破的相关示范工作。

通过同沉积断层的识别、古天然气渗漏喷溢沉积成矿系统中中心相、过渡相、边缘相的地质特征判别标志、古天然气渗漏成因白云岩标志、盖帽白云岩标志、含锰岩系的特征标志，上覆层厚度异常等标志、建立了地质找矿预测模型等示范。

通过选择最佳反演模式、最佳反演组合参数，建立了该盆地音频大地电磁测量次级断陷盆地预测模型。可以比较清楚反映隐伏在地下2 000～3 000 m含锰断陷盆地结构与空间分布特征，为深部钻探验证工程提供了地球物理支撑等示范。

通过地质大数据挖掘，研发出含锰断陷盆地与隆起，Mn/Cr地球化学预测定量判别指标体系。例如，具有大型-超大型锰矿床分布的断陷盆地的Mn/Cr约为40。这对隐伏盆地锰矿含矿性判别是一个十分关键的定量预测指标。同时建立了古天然气渗漏喷溢口微相$\delta^{34}S$同位素判别标志等示范。

通过识别地下隐伏的665 Ma前形成的同沉积断层（即锰矿上升通道）和所控制形成的含锰盆地走向为70°，与地表燕山期构造30°走向至少存在40°夹角，即存在“地下地上”两套不同方向的构造体系。确定隐伏的新类型锰矿床探矿工程必须沿地下70°方向进行部署。而不能沿地表30°假象方向进行部署示范。同时对后生犁式断层系统对深部锰矿破坏与影响预测示范等。

（四）新发现一批大型-超大型锰矿床，资源量巨大

该示范基地分布有2010年以来新发现的松桃高地、松桃道坨两个隐伏世界级超大型锰矿床、高地中国首个特大型富锰矿床和松桃李家湾、大路大型锰矿床。20世纪60年代中期发现的松桃杨立掌锰中型矿床及印江锅厂锰矿床、关口坳小型锰矿床。备案的锰矿石资源量超3亿t，预测锰矿总资源潜力6亿t以上，至少还可以新增2～3亿t锰矿资源量。

（五）松桃李家湾锰矿床成功开发利用

贵州武陵锰业有限公司投资松桃李家湾锰矿矿山开发利用，新建年产锰矿石60万t的第一期工程已于2017年10月建成投产。李家湾锰矿是国内目前开采深度最深的锰矿，竖井深度达1 120 m。锰矿石主要供应该公司兴建的年产16万t电解金属锰精深加工企业。使松桃李家湾-高地-道坨示范基地实现了锰矿基础科研、综合找矿预测、深部勘查验证、深部锰矿开发利用的全过程示范。

中国恩菲工程技术有限公司（中国有色工程设计研究总院）已完成年产300万t锰矿石矿山建设可行性论证。届时松桃李家湾-高地-道坨地区不但成为我国深地锰矿勘查科研示范基地，同时也将成为我国深地锰矿智能化开采示范基地、创新基地。

二、松桃西溪堡-桃子坪示范基地

该锰矿深部找矿示范基地位于松桃县坪头乡、大坪镇，长约30 km、宽4～6 km，面积150 km^2。同时是依托贵州省地质矿产勘查开发局与中国地质大学（武汉）共同建设的“贵州省锰矿资源预测评价科技创新人才团队”的研究基地。

（一）控制锰矿形成的IV级断陷盆地空间展布规律基本清晰

该示范基地南华纪大塘坡早期构造古地理背景清晰，区域上属于南华裂谷盆地、武陵次级裂谷盆地、石阡-松桃-古丈III级断陷（地堑）盆地中的西溪堡-举贤IV级断陷（地堑）盆地①。该IV级断陷（地堑）盆地空间展布特征、形态特征和规模已基本查明（图9.5），十分独特。由SF2-1和SF2-2两条南华纪早期同沉积断层所夹持呈狭长带状的成锰盆地，盆地北侧为和尚坪隆起（地垒），南侧为盘信隆起（地垒）。断陷盆地中心走向大致为65°～70°，盆地展布长大于30 km，盆地宽4～5 km，盆地中心走向大致为65°～70°。

普觉（西溪堡）超大型锰矿床位于盆地的北东部，松桃桃子坪锰矿床分布在普觉（西溪堡）超大型锰矿床的北侧。松桃举贤锰矿床、寨英锰矿床分布在盆地的南西端中心位置。

---

① 该盆地实际由西溪堡IV级断陷（地堑）盆地、举贤IV级断陷（地堑）盆地组成，预测这两个盆地应是一个盆地，只是目前工作程度还达不到，故合并讨论。

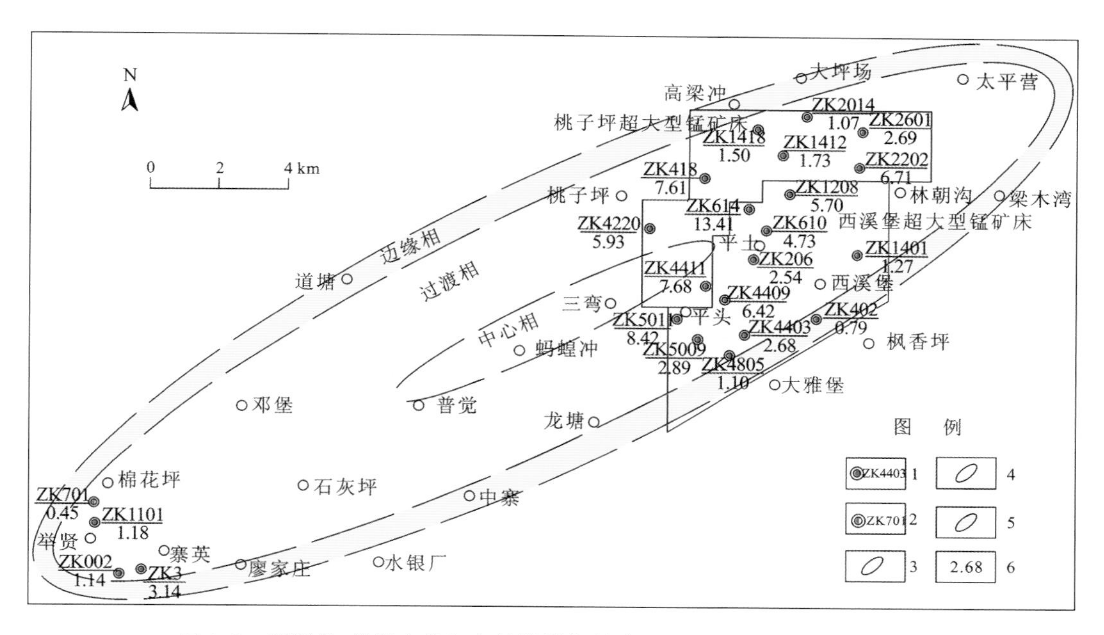

图 9.5　西溪堡-举贤南华纪大塘坡早期断陷(地堑)盆地锰矿找矿预测图

1. 见矿钻孔;2. 矿化钻孔;3. 成锰盆地中心相带;4. 成锰盆地过渡相带;5. 成锰盆地边缘相带;6. 锰矿体厚度(m)

(二) 裂谷盆地古天然气渗漏沉积成矿系统清晰

古天然气渗漏喷溢沉积成矿系统的中心相、过渡相和边缘相清晰、特征明显。

中心相:大致以松桃普觉(西溪堡)ZK1010、ZK614、ZK610 孔至三弯一线为中心,可能存在两个喷溢渗漏中心(图 5.11)呈北东东向狭长带状分布。

过渡相:该相带以围绕中心相呈环带状分布为特征。主要分布在平头、平土、桃子坪、龙塘、举贤、寨英等区域,该带单侧宽 150～1 500 m,长大于 30 km。

边缘相:该相带以围绕过渡相呈环带状分布为特征。主要分布在廖家庄、中寨、高梁冲、大坪场、梁木湾一带,宽度一般 500 m,围绕盆地过渡相分布,越靠近断陷(地堑)盆地边缘,菱锰矿体厚度越来越薄,直至尖灭。

(三) 建立了新类型锰矿床深部找矿预测模型

该基地建立了新类型锰矿床深部找矿预测的地质找矿预测模型、地球物理找矿预测模型、地球化学找矿预测模型关键技术和锰矿床形成以后的地壳运动对其破坏的后生构造识别关键技术等模型,并在勘查实践中成功验证实现找矿突破的相关示范工作。

通过同沉积断层的识别、古天然气渗漏喷溢沉积成矿系统中心相、过渡相、边缘相的地质特征判别标志、古天然气渗漏成因白云岩标志、盖帽白云岩标志、含锰岩系的特征标志,下伏两界河组特征标志、上覆层厚度异常等标志,建立了地质找矿预测模型等。

通过地质大数据挖掘,研发出含锰断陷盆地与隆起,Mn/Cr 地球化学预测定量判别指标体系。例如，具有大型-超大型锰矿床分布的断陷盆地的 Mn/Cr 约为 40，如普觉（西溪堡）超大型锰矿床含锰岩系底部 Mn/Cr 为 40.09。这对隐伏盆地锰矿含矿性判别是一个十分关键的定量预测指标。同时建立了古天然气渗漏喷溢口微相 $\delta^{34}S$ 同位素判别标志等示范。

通过识别地下隐伏的 665 Ma 前形成的同沉积断层（即锰矿上升通道）和所控制形成的含锰盆地走向为 70°方向，与地表燕山期构造 30°走向至少存在 40°夹角，即存在“地下地上”两套不同方向的构造体系。确定隐伏的新类型锰矿床探矿工程必须沿地下 70°方向进行部署。而不能沿地表 30°假象方向进行部署示范。同时对后生犁式断层系统（如西溪堡地区的冷水溪犁式断层）对深部锰矿破坏与影响预测示范等。

（四）成功发现两个超大型锰矿床，资源量巨大

该示范基地分布有新发现的松桃普觉（西溪堡）、松桃桃子坪两个隐伏世界级超大型锰矿床和松桃寨英、举贤中型锰矿床。备案的锰矿石资源量超 3 亿 t，预测锰矿总资源潜力 6 亿 t 以上，至少还可以新增 2 亿～3 亿 t 锰矿资源量。

（五）松桃西溪堡锰矿床成功开发利用

贵州地矿锦江工程公司投资松桃西溪堡锰矿矿山开发，新建年产锰矿石 20 万 t 的贵州西溪堡锰矿已于 2017 年 10 月建成投产。锰矿石主要供应松桃地区电解金属锰精深加工企业。使松桃西溪堡-桃子坪示范基地实现了锰矿基础科研、综合找矿预测、深部勘查验证、锰矿开发利用的全过程示范。

第三节　改变了我国锰矿勘查开发格局

在黔东地区南华纪古天然气渗漏沉积型锰矿床尚未实现重大突破的 2011 年，我国锰矿的保有资源量仅 5.48 亿 t，累计探明不足 8 亿 t。在长期探索实践的基础上，特别是经过 8 年多的艰苦努力，截至 2017 年底，黔东地区新发现松桃道坨、松桃普觉（西溪堡）、松桃桃子坪、松桃高地 4 个超大型锰矿床和中国首个超大型富锰矿床及 6 个大中型锰矿床（图 9.6），新增锰矿资源量超 6 亿 t，超过了 2011 年全国锰矿保有资源量的总和，特别是新发现的 4 个世界级超大型锰矿床，占全球超大型锰矿床总数的 1/3，实现了我国锰矿找矿有史以来的最大突破，改变了我国锰矿勘查开发格局和世界超大型锰矿床主要分布在南半球的格局，维护了国家锰矿资源安全。

鉴于黔东地区成为新的世界锰矿资源富集区，特别是我国锰矿这一战略紧缺矿产资源最丰富、禀赋最好的区域，是国务院颁布实施的《找矿突破战略行动纲要 2011—2020 年》以来代表性的突破成果。已纳入国民经济和社会发展规划。根据“国务院关于全国矿产资源规划（2016—2020 年）的批复”（国函〔2016〕178 号），黔东地区已成为国家规划建设 103 个能源资源基地之一，特别是成为国家“十三五”规划建设的锰矿资源安全供应战略

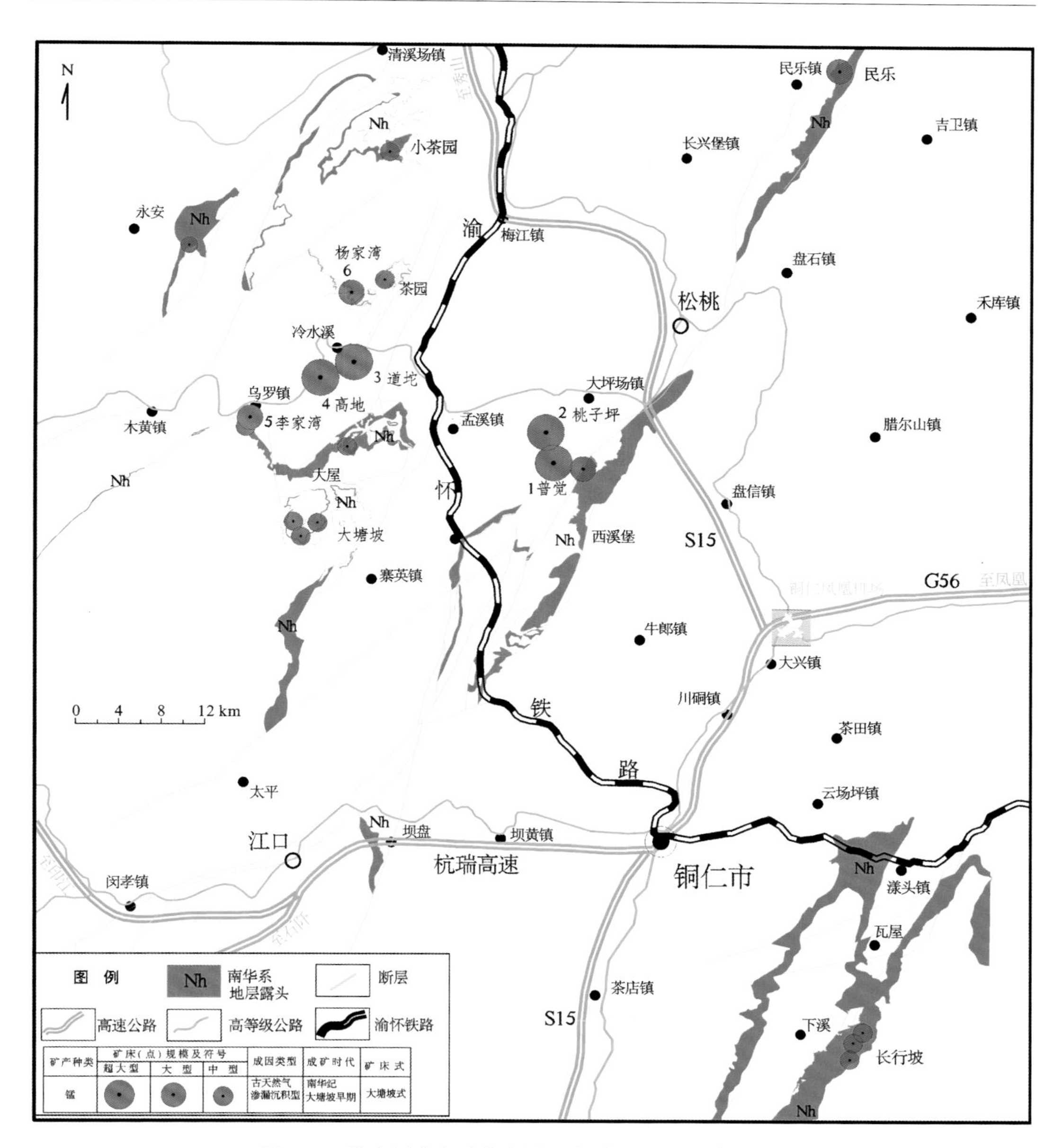

图 9.6 黔东国家锰矿资源基地新发现的锰矿床分布图

1. 松桃普觉(西溪堡)超大型锰矿床;2. 松桃桃子坪超大型锰矿床;3. 松桃道坨超大型锰矿床;4. 松桃高地超大型锰矿床;5. 松桃李家湾大型锰矿床;6. 松桃杨家湾大型锰矿床

核心区。要求相关部门、政府将在生产力布局、基础设施建设、资源配置、重大项目安排及相关产业政策方面要求重点支持和保障,明确要求要为矿产开发留出空间,以推进锰矿资源规模开发和产业集聚发展。彻底改变了我国锰矿勘查开发格局,古天然气渗漏沉积型锰矿床成为我国最重要的锰矿床类型,是继传统的海洋沉积型、沉积变质型锰矿床之后,全球三大主要锰矿床类型之一。

参考文献

安正泽,张仁彪,陈甲才,等,2014.贵州省松桃县道坨超大型锰矿床的发现及成因探讨.矿床地质,33(4):870-884.

蔡学林,朱介寿,曹家敏,等,2002.东亚西太平洋巨型裂谷体系岩石圈与软流圈结构及动力学.中国地质,29(3):234-245.

蔡学林,朱介寿,曹家敏,等,2004a.华南地区岩石圈三维结构类型与演化动力学.大地构造与成矿学,27(4):301-312.

蔡学林,朱介寿,曹家敏,等,2004b.四川黑水—台湾花莲断面岩石圈与软流圈结构.成都理工大学学报(自然科学版),31(5):441-451.

蔡学林,朱介寿,曹家敏,等,2005.中国东南大陆边缘带岩石圈三维结构-动力学型式.海洋地质与第四纪地质,25(3):25-34.

蔡学林,曹家敏,朱介寿,等,2008.中国大陆岩石圈壳幔韧性剪切带系统.地学前缘,15(3):36-54.

陈多福,2004.海底天然气渗漏系统水合物形成分解动力学及微生物作用.广州:中国科学院广州地球化学研究所.

陈多福,陈先沛,1992.贵州省松桃热水沉积锰矿的地质地球化学特征.沉积学报(4):35-43.

陈多福,陈先沛,陈光谦,2002.冷泉流体沉积碳酸盐岩的地质地球化学特征.沉积学报,20(1):34-40.

陈甲赋,马茁卉,朱欣然,等,2015.主要矿产品供需形势分析报告(2015年).北京:地质出版社.

陈发景,汪新文,陈昭年,等,2004.伸展断陷盆地分析.北京:地质出版社.

陈毓川,2007.中国成矿体系与区域成矿评价.北京:地质出版社.

陈毓川,王登红,等,2010.重要矿产和区域成矿规律研究技术要求.北京:地质出版社.

陈忠,颜文,陈木宏,等,2006.南海北部大陆坡冷泉碳酸盐结核的发现:天然气水合物新证据.科学通报,51(9):1065-1072.

程裕淇,1994.中国区域地质概论.北京:地质出版社.

储雪蕾,李任伟,张同钢,等,2001.大塘坡期锰矿层中黄铁矿异常高的$\delta^{34}S$值的意义.矿物岩石地球化学通报,20(4):320-322.

储雪蕾,黄晶,冯连君,2006.华南新元古代江口冰期新的U-Pb年龄限制//2006年全国岩石学与地球动力学研讨会论文摘要集.南京:南京大学.

戴传固,陈建书,卢定彪,等,2010a.黔东及邻区武陵运动及其地质意义.地质力学学报,16(1):78-84.

戴传固,张慧,王敏,等,2010b.江南造山带西南段地质构造特征及其演化.北京:地质出版社.

戴金星,2006.非生物天然气资源的特征与前景.天然气地球科学,17(1):1-6.

戴金星,宋岩,戴春森,1995.中国东部无机成因气及其气藏形成条件.北京:科学出版社.

戴金星,邹才能,张水昌,等,2008.无机成因和有机成因烷烃气的鉴别.中国科学,38(11):1329-1341.

邓宏文,钱凯,1993.沉积地球化学与环境分析.兰州:甘肃科学技术出版社.

董树文,李廷栋,高锐,等,2010.地球深部探测国际发展与我国现状综述.地质学报,84(6):743-770.

杜光映,周琦,袁良军,等,2013.黔东北地区松桃杨立掌锰矿床矿体分布特征及找矿方向探讨.贵州地质,30(3):177-184.

杜乐天,刘若新,邓晋福,1996.地幔流体和软流层(体)地球化学.北京:地质出版社.

杜秋定,汪正江,王剑,等,2013.湘中长安组碎屑锆石LA-ICP-MS U-Pb年龄及其地质意义.地质论评,59(2):334-344.

杜远生,徐亚军,2012.华南加里东运动初探.地质科技情报(5):43-49.

杜远生,周琦,余文超,等,2015. Rodinia超大陆裂解,Sturtian冰期事件和扬子地块东南缘大规模锰成矿作用.地质科技情报,34(6):1-7.

冯东,陈多福,苏正,等,2005.海底天然气渗漏系统微生物作用及冷泉碳酸盐岩的特征.现代地质,19(1):26-32.

冯连君,储雪蕾,张启锐,等,2004.湘西北南华系渫水河组寒冷气候成因的新证据.科学通报,49(12):1172-1178.

傅家漠,盛国英,许家友,等,1991.应用生物标志化合物参数判别古沉积环境.地球化学(1):11-12.

傅家漠,盛国英,1992.分子有机地球化学与古气候、古环境研究.第四纪研究(4):306-320.

高山,QIU Y M,凌文黎,2001.崆岭高级变质地体单颗粒锆石SHRIMP U-Pb年代学研究:扬子克拉通>3.2 Ga陆壳物质的发现.中国科学:D辑(1):27-35.

高兴基,朱育群,邓芳荼,等,1985.松桃地区早震旦世大塘坡早期锰矿成矿地质条件及找矿方向.贵阳:贵州省地矿局103地质大队.

广西壮族自治区地矿局,1985.广西壮族自治区区域地质志.北京:地质出版社.

贵州百科全书编辑委员会编,2005.贵州百科全书.北京:中国大百科全书出版社.

贵州省地质矿产局,1984.贵州省岩石分类命名原则.贵阳:贵州省地矿局.

贵州省地质矿产局,1987.贵州省区域地质志.北京:地质出版社.

郝杰,李曰俊,胡文虎,1992.晋宁运动和震旦系有关问题.中国区域地质(2):131-140.

何明华,1993.松桃及邻区早震旦世大塘坡早期岩相古地理及成锰条件.贵州地质(1):62-67.

何明华,2001.黔东北及邻区早震旦世成锰期岩相古地理及菱锰矿矿床.沉积与特提斯地质,21(3):39-47.

何志威,杨瑞东,高军波,等,2013a.贵州省松桃杨家湾锰矿含锰岩系地质地球化学特征.现代地质,27(3):593-602.

何志威,杨瑞东,高军波,等,2013b.贵州松桃西溪堡锰矿沉积地球化学特征.地球化学,42(6):576-588.

何志威,杨瑞东,高军波,等,2014.贵州松桃道坨锰矿含锰岩系地球化学特征和沉积环境分析.地质论评,60(5):1061-1075.

侯宗林,薛友智,1996.中国南方锰矿地质.成都:四川科学技术出版社.

侯宗林,薛友智,黄金水,等,1997.扬子地台周边锰矿.北京:冶金工业出版社.

胡瑞忠,毕献武,彭建堂,等,2007.华南地区中生代以来岩石圈伸展及其与铀成矿关系研究的若干问题.矿床地质,26(2):139-152.

湖南省地质矿产局,1988.湖南省区域地质志.北京:地质出版社.

湖南省地质矿产局四〇五队,湖南省地质矿产局实验测试中心,1984.湖南省花垣县民乐锰矿地质特征和成矿规律研究报告.长沙:湖南省地质矿产局.

黄道光,牟军,王安华,2010.贵州印江-松桃地区含锰岩系及南华系早期沉积环境演化.贵州地质,27(1):13-21.

黄晶,储雪蕾,张启锐,等,2007.新元古代冰期及其年代.地学前缘,14(2):249-256.

黄思静,2010.碳酸盐岩的成岩作用.北京:地质出版社.

蒋干清,史晓颖,张世红,2006,甲烷渗漏构造、水合物分解释放与新元古代冰后期盖帽碳酸盐岩.科学通报,51(10):1121-1138.

《矿产资源工业要求手册》编委会,2010.矿产资源工业要求手册.北京:地质出版社.

李任伟,张淑坤,雷加锦,等,1996.震旦纪地层黄铁矿硫同位素组成时-空变化特征及扬子地块与晚元古超大陆关系的论证.地质科学,31(3):209-217.

李献华，李武显，何斌，2012. 华南陆块的形成与 Rodinia 超大陆聚合-裂解：观察、解释与检验. 矿物岩石地球化学通报，31(6)：543-559.
林树基，肖加飞，卢定彪，等，2010. 湘黔桂交界区富禄组与富禄间冰期的再划分. 地质通报(2)：195-204.
刘宝珺，1980. 沉积岩石学. 北京：地质出版社.
刘宝珺，王剑，谢渊，等，2002. 当代沉积学研究的新进展与发展趋势：来自第三十一届国际地质大会的信息. 沉积与特提斯地质，22(1)：1-6.
刘兵，徐备，孟祥英，等，2007. 塔里木板块新元古代地层化学蚀变指数研究及其意义. 岩石学报，23(7)：1664-1670.
刘鸿允，1991. 中国震旦系. 北京：科学出版社.
刘鸿允，董榕生，李建林，等，1980. 论震旦系划分与对比问题. 地质科学，15(4)：307-321.
刘文均，1985. 湘黔断裂带的演化及其成矿作用特点. 地质论评，31(3)：224-231.
刘巽锋，胡肇荣，曾励训，等，1983. 贵州震旦纪锰矿沉积相特征及其成因探讨. 沉积学报，1(4)：106-116.
刘巽锋，王庆生，高兴基，1989. 贵州锰矿地质. 贵阳：贵州人民出版社.
刘雨，周琦，袁良军，等，2015. 黔东大塘坡锰矿区古天然气渗漏喷溢口群发现及地质意义. 贵州地质，32(4)：250-255.
刘志臣，颜佳新，陈登，等，2016. 贵州遵义深溪大型隐伏锰矿床的发现及成因探讨. 地质论评，62(S1)：217-218.
卢定彪，肖加飞，林树基，等，2010. 湘黔桂交界区贵州省从江县黎家坡南华系剖面新观察：一条良好的南华大冰期沉积记录剖面. 地质通报，29(8)：1143-1151.
陆红锋，刘坚，陈芳，等，2005. 南海台西南区碳酸盐岩矿物学和稳定同位素组成特征：天然气水合物存在的主要证据之一. 地学前缘，12(3)：268-276.
马国干，李华芹，薛啸峰，等，1980. 峡东地区震旦系同位素年龄及我国震旦系地质年表讨论//中国地质科学院院报宜昌地质矿产研究所文集(1). 北京：中国地质科学院：39-55.
毛景文，华仁民，李晓波，1999. 浅议大规模成矿作用与大型矿集区. 矿床地质，18(4)：291-299.
欧莉华，2013. 桂西南地区上泥盆统锰矿沉积特征与成矿机理研究. 成都：成都理工大学.
潘桂棠，肖庆辉，陆松年，等，2009，中国大地构造单元划分. 中国地质，36(1)：1-28.
齐靓，余文超，杜远生，等，2015. 黔东南华纪铁丝坳组—大塘坡组古气候的演变：来自 CIA 的证据. 地质科技情报，37(6)：47-57.
秦建华，吴应林，颜仰基，等，1996. 南盘江盆地海西—印支期沉积构造演化. 地质学报，70(2)：99-107.
秦元奎，张华成，姚敬劬，2010. 广西大新县下雷锰矿床的地球化学特征及其意义. 地质论评，56(5)：664-672.
全国地层委员会，2001. 中国区域年代地层(地质年代)表说明书. 北京：地质出版社.
饶家荣，王纪恒. 曹一中，1993. 湖南深部构造. 湖南地质，7(增刊)：1-100.
任纪舜，2002. 中国及邻区大地构造图. 北京：地质出版社.
任纪舜，王作勋，陈炳蔚，等，1998. 从全球看中国大地构造：中国及邻区大地构造图简要说明. 北京：地质出版社.
茹廷锵，韦灵敦，树皋，1992. 广西锰矿地质. 北京：地质出版社.
沙志斌，王宏斌，张光学，等，2005a. 底辟构造与天然气水合物的成矿关系. 地学前缘，12(3)：283-288.
沙志彬，张光学，梁金强，等，2005b. 泥火山：天然气水合物存在的活证据. 南海地质研究(1)：48-56.
苏相叙，1985. 广西锰矿资源特点及地质工作若干问题探讨. 中国锰业，2：21-25.
孙海清，陈俊，孟德保，等，2009. 湘东北地区冷家溪群大药菇组. 华南地质与矿产(4)：54-58.
孙海清，黄建中，郭乐群，等，2012. 湖南冷家溪群划分及同位素年龄约束. 华南地质与矿产(1)：20-26.

孙家富,1997.中国锰矿的现状与展望.地质与勘探,33(3):8-10.

孙瑞名,蔡学林,1991.湖南小龙门推覆构造的几何样式.成都地质学院学报(1):91-99.

覃英,周琦,张遂,2005.黔东北地区南华纪锰矿基本特征.贵州地质,22(4):246-251.

覃英,安正泽,王佳武,等,2013.贵州松桃锰矿整装勘查区道坨隐伏超大型锰矿床发现及地质特征.矿产勘查,4(4):345-355.

覃永军,杜远生,牟军,等,2015.黔东南地区新元古代下江群的地层年代及其地质意义.地球科学:中国地质大学学报,40(7):1107-1120.

谭满堂,鲁志雄,张嫣,2009.鄂西地区南华系大塘坡期锰矿成因浅析:以长阳古城锰矿为例.资源环境与工程,23(2):108-113.

唐世瑜,1990.湖南花垣民乐震旦系锰矿床同位素地质研究.沉积学报,8(4):77-88.

汪正江,许效松,杜秋定,等,2013.南华冰期的底界讨论:来自沉积学与同位素年代学证据.地球科学进展,28(4):477-489.

汪正江,王剑,江新胜,等,2015.华南扬子地区新元古代地层划分对比研究新进展.地质论评,61(1):1-22.

王剑,2000.华南新元古代裂谷盆地演化:兼论与Rodinia解体的关系.北京:地质出版社.

王剑,2005.华南"南华系"研究新进展:论南华系地层划分与对比.地质通报,24(6):491-495.

王剑,刘宝珺,潘桂棠,2001.华南新元古代裂谷盆地演化:Rodinia超大陆解体的前奏.矿物岩石,21(3):135-145.

王剑,潘桂棠,2009.中国南方古大陆研究进展与问题评述.沉积学报,27(5):818-825.

王剑,段太忠,谢渊,等,2012.扬子地块东南缘大地构造演化及其油气地质意义.地质通报,31(11):1739-1749.

王敏,戴传固,王雪华,等,2012.贵州梵净山群沉积时代:来自原位锆石U-Pb测年证据.岩石矿物学杂志,31(6):843-857.

王萍,周琦,杜远生,等,2016.黔东松桃地区南华系大塘坡组锰矿中黄铁矿硫同位素特征及其地质意义.地球科学:中国地质大学学报,41(12),2031-2040.

王先彬,吴茂炳,张铭杰,2000.地幔流体的稳定同位素地球化学综述.地质地球化学,28(3):69-74.

王小凤,李中坚,陈柏林,等,2000.郯庐断裂带.北京:地质出版社.

王砚耕,王来兴,朱顺才,等,1985.贵州东部大塘坡组地层沉积环境和成锰作用.贵阳:贵州人民出版社.

王自强,尹崇玉,高林志,等,2006.宜昌三斗坪地区南华系化学蚀变指数特征及南华系划分对比的讨论.地质论评,52(5):577-585.

王自强,尹崇玉,高林志,等,2009.黔南—桂北地区南华系化学地层特征.地球学报,30(4):465-474.

王自强,高林志,丁孝忠,等,2012."江南造山带"变质基底形成的构造环境及演化特征.地质论评,58(3):401-413.

吴道生,胡克昌,韦天蛟,1996.中国矿床发现史·贵州卷.北京:地质出版社.

肖克炎,邢树文,丁建华,等,2016.全国重要固体矿产重点成矿区带划分与资源潜力特征.地质学报,90(7):1269-1280.

谢家荣,1941.云南矿产概论.地质论评(Z1):1-42.

许效松,黄慧琼,刘宝珺,等,1991.上扬子地块早震旦世大塘坡期锰矿成因和沉积学.沉积学报,9(1):63-72.

严旺生,高海亮,2009.世界锰矿资源及锰矿业发展.中国锰业,27(3):6-11.

杨炳南,周琦,杜远生,等,2015.音频大地电磁法对深部隐伏构造的识别与应用:以贵州省松桃县李家湾锰矿为例. 地质科技情报,34(6):26-32.
杨瑞东,欧阳自远,朱立军,等,2002. 早震旦世大塘坡期锰矿成因新认识. 矿物学报,22(4):329-334.
杨绍祥,劳可通,2006. 湘西北锰矿床成矿模式研究:以湖南花垣民乐锰矿床为例. 沉积与特提斯地质,26(2):72-80.
叶连俊,等,1998. 生物有机质成矿作用和成矿背景. 北京:海洋出版社.
尹崇玉,刘敦一,高林志,等,2003. 南华系底界与古城冰期的年龄:SHRIMP II 定年证据. 科学通报,48(16):1721-1725.
尹崇玉,王砚耕,唐烽,等,2006. 贵州松桃南华系大塘坡组凝灰岩锆石 SHRIMP II U-Pb 年龄. 地质学报,80(2):273-278.
尹崇玉,高林志,2013. 中国南华系的范畴、时限及地层划分. 地层学杂志,37(4):534-541.
余文超,杜远生,周琦,等,2016a. 黔东松桃地区大塘坡组 LA-ICP-MS 锆石 U-Pb 年龄及其地质意义. 地质论评,80(2):273-278.
余文超,杜远生,周琦,等,2016b. 黔东松桃南华系大塘坡组锰矿层物源研究:来自 Sr 同位素的证据,地球科学,41(7):1110-1120.
袁见齐,朱上庆,翟裕生,1985. 矿床学. 北京:地质出版社.
袁良军,周琦,杜光映,等,2013. 贵州松桃西溪堡大兴锰矿床 F1 犁式断层特征及对锰矿体破坏与保存作用探讨. 贵州地质,30(3):170-176.
袁学诚,左愚,蔡学林,等,1989. 华南板块岩石圈构造与地球物理//地球物理学报编辑委员会. 八十年代中国地球物理学进展. 北京:学术书刊出版社:243-249.
袁学诚,宋宝春,寿嘉华,等,1990. 台湾—黑水地学断面//中国地球物理学会年刊(1990)编委会. 1990 年中国地球物理学会第六届学术年会论文集. 北京:地震出版社:70.
袁学诚,华九如,2011. 华南岩石圈三维结构. 中国地质,38(1):1-19.
曾友寅,1991. 广西下雷晚泥盆世锰矿床沉积学研究. 沉积学报,9(1):73-80.
翟裕生,张湖,宋鸿林,等,1997. 大型构造与超大型矿床. 北京:地质出版社.
翟裕生,邓军,彭润民,等,2010. 成矿系统论. 北京:地质出版社.
张飞飞,闫斌,郭跃玲,等,2013a. 湖北古城锰矿的沉淀形式及其古环境意义. 地质学报,87(2):245-258.
张飞飞,彭乾云,朱祥坤,等,2013b. 湖北古城锰矿 Fe 同位素特征及其古环境意义. 地质学报,87(9):1411-1418.
张飞飞,朱祥坤,高兆富,等,2013c. 黔东北西溪堡锰矿的沉淀形式与含锰层位中黄铁矿异常高 $\delta^{34}S$ 值的成因. 地质论评,59(2):274-286.
张国伟,郭安林,王岳军,等,2013. 中国华南大陆构造与问题. 中国科学:地球科学,43(10):1553-1582.
张景廉,2000. 论石油的无机成因. 北京:石油工业出版社.
张景廉,2014. 二论石油的无机成因. 北京:石油工业出版社.
张景廉,朱炳泉,张平中,等,1997. 克拉玛依乌尔禾沥青脉 Pb-Sr-Nd 同位素地球化学. 中国科学:D 辑,27(4):325-330.
张景廉,张平中,吕锡敏,等,1998. 油气无机成因学说的新进展. 地球科学进展,13(1):44-50.
张景廉,王先彬,2000. 热液烃的生成与深部油气藏. 地球科学进展,15(5):545-552.
张启锐,储雪蕾,2006. 扬子地区江口冰期地层的划分对比与南华系层型剖面. 地层学杂志,30(4):306-314.
张遂,周琦,张平壹,2015. 黔东松桃西溪堡超大型锰矿床地质特征与找矿预测. 地质科技情报,34(6):59-67.

张文佑,1986.中国及邻区海陆大地构造.北京:科学出版社.

赵东旭,1990.震旦纪大塘坡期锰矿的内碎屑结构和重力流沉积.地质科学(2):149-158.

赵小明,刘圣德,张权绪,等,2011.鄂西长阳南华系地球化学特征的气候指示意义及地层对比.地质学报,85(4):576-585.

赵彦彦,郑永飞,2011.全球新元古代冰期的记录和时限.岩石学报(2):545-565.

赵自强,张树森,丁启秀,等,1985.长江三峡地区生物地层学(1):震旦纪分册.北京:地质出版社.

郑光夏,刘巽锋,1987.贵州震旦纪沉积锰矿床的藻类成矿作用及其成岩序列.贵州地质(3):339-350.

郑永飞,2003.新元古代岩浆活动与全球变化.科学通报,48(16):1705-1720.

郑永飞,2004.新元古代超大陆构型中华南的位置.科学通报,49(8):715-717.

周琦,1989.松桃大塘坡菱锰矿床矿枕形成机理新探.贵州地质,6(1):1-7.

周琦,2008.黔东新元古代南华纪早期冷泉碳酸盐岩地质地球化学特征及其对锰矿的控矿意义.武汉:中国地质大学(武汉).

周琦,覃英,2002.黔东北地区优质锰矿找矿进展与前景展望.贵州地质,19(4):228-230.

周琦,杜远生,王家生,等,2007a.黔东北地区南华系大塘坡组冷泉碳酸盐岩及其意义.地球科学:中国地质大学学报,32(3):339-346.

周琦,杜远生,覃英,等,2007b.贵州省松桃县大塘坡南华纪早期古天然气渗漏构造的发现及其地质意义.地球科学:中国地质大学学报,32(增刊):33-40.

周琦,杜远生,颜佳新,等,2007c.贵州松桃大塘坡地区南华纪早期冷泉碳酸盐岩地质地球化学特征.地球科学:中国地质大学学报,32(6):845-852.

周琦,杜远生,2012a.古天然气渗漏与锰矿成矿:以黔东地区南华纪“大塘坡式”锰矿为例.北京:地质出版社.

周琦,杜远生,等,2012b.黔东地区南华纪锰矿成矿系统与深部找矿重大突破.贵阳:贵州省地质矿产勘查开发局103地质大队.

周琦,等,2013a.黔东地区大塘坡期锰矿成矿地质背景综合研究报告.贵阳:贵州省地质矿产勘查开发局.

周琦,杜远生,覃英,2013b.古天然气渗漏沉积型锰矿床成矿系统与成矿模式:以黔湘渝毗邻区南华纪“大塘坡式”锰矿为例.矿床地质,32(3):457-466.

周琦,杜远生,袁良军,等,2016.黔湘渝毗邻区南华纪武陵裂谷盆地结构及其对锰矿的控制作用.地球科学(2):177-188.

周琦,杜远生,袁良军,等,2017.古天然气渗漏沉积型锰矿床找矿模型:以黔湘渝毗邻区南华纪“大塘坡式”锰矿为例.地质学报,91(10):2285-2298.

朱介寿,蔡学林,曹家敏,等,2005.中国华南及东海地区岩石圈三维结构及演化.北京:地质出版社.

朱祥坤,彭乾云,张仁彪,等,2013.贵州省松桃县道坨超大型锰矿床地质地球化学特征.地质学报,87(9):1335-1348.

朱志澄,1992.构造地质学.北京:地质出版社.

《中国矿床发现史·综合卷》编委会,2001.中国矿床发现史·综合卷.北京:地质出版社.

《中国区域地质志·贵州志》编委会,2017.中国区域地质志·贵州志.北京:地质出版社.

《中国区域地质志·湖南志》编委会,2017.中国区域地质志·湖南志.北京:地质出版社.

AITKEN J D, 1991. Two late Proterozoic glaciations, Mackenzie mountains, northwestern Canada. Geology,19(5):445-448.

ALGEO T J, INGALL E, 2007. Sedimentary C_{org}: P ratios, paleocean ventilation, and Phanerozoic atmospheric PO_2. Palaeogeography, palaeoclimatology, palaeoecology, 256(3): 130-155.

AMAKAWA H, INGRI J, MASUDA A, et al., 1991. Isotopic compositions of Ce, Nd and Sr in ferromanganese nodules from the Pacific and Atlantic Oceans, the Baltic and Barents Seas, and the Gulf of Bothnia. Earth and planetary science letters, 105(4): 554-565.

ANSCHUTZ P, BLANC G, STILLE P, 1995. Origin of fluids and the evolution of the Atlantis II deep hydrothermal system, Red Sea: Strontium isotope study. Geochimica et cosmochimica acta, 59(23): 4799-4808.

BAROVICH K M, FODEN J, 2000. A Neoproterozoic flood basalt province in southern-central Australia: geochemical and Nd isotope evidence from basin fill. Precambrian research, 100(1): 213-234.

BELOUSOVA E A, GRIFFIN W L, O'REILLY S Y, et al., 2002. Lgneous zircon: trace element composition as an indicator of source rock type. Contributions to mineralogy and petrology, 143(5): 602-622.

BONATTI E, 1975. Metallogenesis at oceanic spreading centers. Annual review of earth and planetary sciences, 3: 401-431.

BOSTRÖM K, 1983. Genesis of ferromanganese deposits-diagnostic criteria for recent and old deposits. Hydrothermal processes at seafloor spreading centers: 473-489.

BOULTON G S, DEYÑOUX M, 1981. Sedimentation in glacial environments and the identification of tills and tillites in ancient sedimentary sequences. Precambrian research, 15(3/4): 397-422.

BRASIER M, MCCARRON G, TUCKER R, et al., 2000. New U-Pb zircon dates for the Neoproterozoic Ghubrah glaciation and for the top of the Huqf Supergroup, Oman. Geology, 28(2): 175-178.

BURKE I T, KEMP A E S, 2002. Microfabric analysis of Mn-carbonate laminae deposition and Mn-sulfide formation in the Gotland Deep, Baltic Sea. Geochimica et cosmochimica acta, 66(9): 1589-1600.

BUTUZOVA G Y, DRITS V A, MOROZOV A A, et al., 1990. Processes of formation of iron-manganese Oxyhydroxides in the Atlantis-II and Thetis Deeps of the Red Sea//Sediment-hosted mineral deposits: proceedings of a symposium held in Beijing, People's Republic of China, 30 July-4 August 1988. New Jersey: Blackwell Publishing Ltd.: 57-72.

BÜHN B, STANISTREET I G, 1997. Insight into the enigma of Neoproterozoic manganese and iron formations from the perspective of supercontinental break-up and glaciation. Geological society, London, special publications, 119(1): 81-90.

CALVERT S E, PEDERSEN T F, 1996. Sedimentary geochemistry of manganese: implications for the environment of formation of manganiferous black shales. Economic geology, 91(1): 36-47.

CHEN J, JAHN B, 1998. Crustal evolution of southeastern China: Nd and Sr isotopic evidence. Tectonophysics, 284(1): 101-133.

CHEN X, LI D, LING H F, et al., 2008. Carbon and sulfur isotopic compositions of basal Datangpo Formation, northeastern Guizhou, South China: implications for depositional environment. Progress in natural science, 8(4): 421-429.

CHU X L, ZHANG Q R, ZHANG T G, et al., 2003. Sulfur and carbon isotopic variations in Neoproterozoic sedimentary rocks from southern China. Progress in natural science, 13(11): 875-880.

COCHERIE A, CALVEZ J Y, OUDIN-DUNLOP E, 1994. Hydrothermal activity as recorded by Red Sea sediments: Sr-Nd isotopes and REE signatures. Marine geology, 118(3): 291-302.

CONDON D, ZHU M, BOWRING S, et al., 2005. U-Pb ages from the neoproterozoic Doushantuo

Formation, China. Science, 308(5718): 95-98.

CORKERON M, 2007. 'Cap carbonates' and Neoproterozoic glacigenic successions from the Kimberley region, north-west Australia. Sedimentology, 54: 871-903.

CORSETTI F A, LORENTZ N J, 2006. On Neoproterozoic cap carbonates as chronostratigraphic markers//XLAO S H, KAUFMANA J. Neoproterozoic geobiology and paleobiology. Berlin: Springer Netherlands: 273-294.

DALZIEL I W, 1991. Pacific margins of Laurentia and East Antarctica-Australia as a conjugate rift pair: evidence and implications for an Eocambrian supercontinent. Geology, 19(6): 598-601.

DE VRIES, S T, PRYER L L, FRY N, 2008. Evolution of Neoarchaean and Proterozoic basins of Australia. Precambrian research, 166(1/4): 39-53.

DEHLER C M, FANNING C M, LINK P K, et al., 2010. Maximum depositional age and provenance of the Uinta Mountain Group and Big Cottonwood Formation, northern Utah: paleogeography of rifting western Laurentia. Geological society of America bulletin, 122(9/10): 1686-1699.

DOBRZINSKI N, BAHLBURG H, 2007. Sedimentology and environmental significance of the Cryogenian successions of the Yangtze Platform, South China block. Palaeogeography, palaeoclimatology, palaeoecology, 254(1): 100-122.

DOE B R, AYUSO R A, FUTA K, et al., 1996. Evaluation of the sedimentary manganese deposits of Mexico and Morocco for determining lead and strontium isotopes in ancient seawater//BASU A, HART S. Earth processes: reading the Isotopic code. Washingdon D. C.: American Geophysical Union: 391-408.

DOWNES H, 1990. Shear Zone in the upper mantle-Relation between geochemical enrichment and deformation in mantle peridotions. Geology, 18: 374-377.

FAIRCHILD I J, 1993. Balmy Shores and Icy Wastes: The Paradox of Carbonates Associated with Glacial Deposits in Neoproterozoic Times, Sedimentology Review/1. New Jersey: Blackwell Publishing Ltd.: 1-16.

FAIRCHILD I J, SPIRO B, 1990. Carbonate minerals in glacial sediments: geochemical clues to palaeoenvironment. Geological society, London, special publications, 53(1): 201-216.

FANNING C M, LINK P K, 2004. U-Pb SHRIMP ages of Neoproterozoic(Sturtian) glaciogenic Pocatello Formation, southeastern Idaho. Geology, 32(10): 881-884.

FEDO C M, NESBITT H W, YOUNG G M, 1995. Unraveling the effects of potassium metasomatism in sedimentary rocks and paleosols, with implications for paleoweathering conditions and provenance. Geology, 23(10): 921-924.

FENG L J, CHU X L, HUANG J, et al., 2010. Reconstruction of paleo-redox conditions and early sulfur cycling during deposition of the Cryogenian Datangpo Formation in South China. Gondwana research, 18(4): 632-637.

FORCE E R, CANNON W F, 1988. Depositional model for shallow-marine manganese deposits around black shale basins. Economic geology, 83(1): 93-117.

GAMBLE T, GOUBAU W, CLARKE J, 1979. Magnellurics with a remote magnetic reference. Geophysic, 44(1): 53-68.

GAO S, LUO T C, ZHANG B R, et al., 1998. Chemical composition of the continental crust as revealed by studies in East China. Geochimica et cosmochimica acta, 62(11): 1959-1975.

GIDDINGS J A, WALLACE M W, 2009. Sedimentology and C-isotope geochemistry of the 'Sturtian' cap carbonate, South Australia. Sedimentary geology, 216(1): 1-14.

GLASBY G P, 1988. Manganese deposition through geological time: dominance of the post-Eocene deep-sea environment. Ore geology reviews, 4(1): 135-143.

GORJAN P, VEEVERS J J, WALTER M R, 2000. Neoproterozoic sulfur-isotope variation in Australia and global implications. Precambrian research, 100(1): 151-179.

GORJAN P, WALTER M R, SWART R, 2003. Global Neoproterozoic (Sturtian) post-glacial sulfide-sulfur isotope anomaly recognised in Namibia. Journal of African earth sciences, 36(1): 89-98.

GREINERT J, BOLLWERK S M, DERKACHEV A, et al., 2002, Massive barite deposits and carbonate mineralization in the Derugin Basin, Sea of Okhotsk; precipitation processes at cold seep sites. Earth and planetary science letters, 203(1): 165-180.

HALVERSON G P, DUDÁS F Ö, MALOOF A C, et al., 2007. Evolution of the $^{87}Sr/^{86}Sr$ composition of Neoproterozoic seawater. Palaeogeography, palaeoclimatology, palaeoecology, 256(3/4): 103-129.

HARNOIS L, 1988. The CIW index: a new chemical index of weathering. Sedimentary Geology, 55(3): 319-322.

HARTMANN M, SCHOLTEN J C, STOFFERS P, et al., 1998. Hydrographic structure of brine-filled deeps in the Red Sea — new results from the Shaban, Kebrit, Atlantis II, and Discovery Deep. Marine geology, 144(4): 311-330.

HAYES J M, LAMBERT I B, STRAUSS H, 1992. The sulfur-isotopic record//SCHOPF J W, KLEIN, C. The Proterozoic biosphere: a multidisciplinary study. Cambridge: Cambridge University Press: 129-132.

HEIN J R, HSUEH-WEN Y, GUNN S H, et al., 1994. Composition and origin of hydrothermal ironstones from central Pacific seamounts. Geochimica et cosmochimica acta, 58(1): 179-189.

HOFFMAN P F, 1991. Did the breakout of Laurentia turn Gondwanaland inside-out. Science, 252(5011): 1409-1412.

HOFFMAN P F, SCHRAG D P, 2000. Snowball earth. Scientific American, 282: 68-75.

HOFFMAN P F, SCHRAG D P, 2002. The snowball Earth hypothesis: testing the limits of global change. Terra nova, 14(3): 129-155.

HOFFMAN P F, KAUFMAN A J, HALVERSON G P, et al., 1998. A Neoproterozoic snowball earth. Science, 281: 1342-134.

HOFFMAN P F, LI Z X, 2009. A palaeogeographic context for Neoproterozoic glaciation. Palaeogeography, palaeoclimatology, palaeoecology, 277(3): 158-172.

HOFFMAN P F, MACDONALD F A, HALVERSON G P, 2011. Chemical sediments associated with Neoproterozoic glaciation: iron formation, cap carbonate, barite and phosphorite//ARNAUD E, HALVERSON G P, SHIELDS-ZHOU G. The geological record of Neoproterozoic glaciations. London: Geological Society: 67-80.

HUANG J, FENG L, LU D, et al., 2014. Multiple climate cooling prior to Sturtian glaciations: evidence from chemical index of alteration of sediments in South China. Scientific eports, 4: 6868.

HUCKRIEDE H, MEISCHNER D, 1996. Origin and environment of manganese-rich sediments within black-shale basins. Geochimica et cosmochimica acta, 60(8): 1399-1413.

HURTGEN M T, ARTHUR M A, SUITS N S, et al., 2002. The sulfur isotopic composition of

Neoproterozoic seawater sulfate: implications for a snowball Earth? Earth and planetary science letters, 203(1): 413-429.

HURTGEN M T, ARTHUR M A, HALVERSON G P, 2005. Neoproterozoic sulfur isotopes, the evolution of microbial sulfur species, and the burial efficiency of sulfide as sedimentary pyrite. Geology, 33(1): 41-44.

JIANG G, KENNEDY M J, CHRISTIE-BLICK N, 2003a. Stable isotopic evidence for methane seeps in Neoproterozoic postglacial cap carbonates. Nature, 426: 822-826

JIANG G, SOHL L E, CHRISTIE-BLICK N, 2003b. Neoproterozoic stratigraphic comparison of the Lesser Himalaya(India) and Yangtze Block(South China): paleogeographic implications. Geology, 31: 917-920.

JOHNSTON D T, MACDONALD F A, GILL B C, et al., 2012. Uncovering the Neoproterozoic carbon cycle. Nature, 483(7389): 320-323.

KENDALL B, CREASER R A , SELBY D, 2006. Re-Os geochronology of postglacial black shales in Australia: constraints on the timing of "Sturtian" glaciation. Geology, 34(9): 729-732.

KENNEDY M J, 1996. Stratigraphy, sedimentology, and isotopic geochemistry of Australian Neoproterozoic postglacial cap dolostones: deglaciation, delta ^{13}C excursions, and carbonate precipitation. Journal of sedimentary research, 66(6): 1050-1064.

KENNEDY M J, RUNNEGAR B, PRAVE A R, et al., 1998. Two or four Neoproterozoic glaciations? Geology, 26(12): 1059-1063.

KENNEDY M J, CHRISTIE-BLICK N, SOHL L E, 2001. Are Proterozoic cap carbonates and isotopic excursions a record of gas hydrate destabilization following Earth's coldest intervals? Geology, 29(5): 443-446.

KENNEDY M, MROFKA D, VON DER BORCH C, 2008. Snowball Earth termination by destabilization of equatorial permafrost methane clathrate. Nature, 453(7195): 642-645.

LAN Z, LI X, ZHU M, et al., 2014. A rapid and synchronous initiation of the wide spread Cryogenian glaciations. Precambrian research, 255(1): 401-411.

LAN Z, LI X H, ZHANG Q, et al., 2015a. Global synchronous initiation of the 2nd episode of Sturtian glaciation: SIMS zircon U-Pb and O isotope evidence from the Jiangkou Group, South China. Precambrian research, 267: 28-38.

LAN Z, LI X H, ZHU M, et al., 2015b. Revisiting the Liantuo Formation in Yangtze Block, South China: SIMS U-Pb zircon age constraints and regional and global significance. Precambrian research, 263: 123-141.

LI X, MCCULLOCH M T, 1996. Secular variation in the Nd isotopic composition of Neoproterozoic sediments from the southern margin of the Yangtze Block: evidence for a Proterozoic continental collision in southeast China. Precambrian research, 76(1): 67-76.

LI R W, CHEN J, ZHANG S, et al., 1999. Spatial and temporal variations in carbon and sulfur isotopic compositions of Sinian sedimentary rocks in the Yangtze platform, South China. Precambrian research, 97(1): 59-75.

LI X, LI Z X, ZHOU H, et al., 2002. U-Pb zircon geochronology, geochemistry and Nd isotopic study of Neoproterozoic bimodal volcanic rocks in the Kangdian Rift of South China: implications for the initial rifting of Rodinia. Precambrian research, 113(1): 135-154.

LI C, LOVE G D, LYONS T W, et al., 2012. Evidence for a redox stratified Cryogenian marine basin,

Datangpo Formation, South China. Earth and planetary science letters, 331: 246-256.

LI Z X, EVANS D A D, HALVERSON G P, 2013. Neoproterozoic glaciations in a revised global palaeogeography from the breakup of Rodinia to the assembly of Gondwanaland. Sedimentary geology, 294: 219-232.

LING W, GAO S, ZHANG B, et al., 2003. Neoproterozoic tectonic evolution of the northwestern Yangtze craton, South China: implications for amalgamation and break-up of the Rodinia Supercontinent. Precambrian research, 122(1): 111-140.

LIU T B, MAYNARD J B, ALTEN J, 2006. Superheavy S isotopes from glacier-associated sediments of the Neoproterozoic of south China: oceanic anoxia or sulfate limitation? Geological society of America memoir, 198: 205-222.

LIU P, LI X, CHEN S, et al., 2015. New SIMS U-Pb zircon age and its constraint on the beginning of the Nantuo glaciation. Science bulletin, 60(10): 958-963.

LOGAN G A, HAYES J M, HIESHIMA G B, et al., 1995. Terminal Proterozoic reorganization of biogeochemical cycles. Nature, 376(6535): 53-56.

MACHEL H G, 1987. Some aspects of diagenetic sulphate-hydrocarbon redox-reactions//MARSHALL J D. Diagenesis of Sedimentary Sequences. Geological society London special publications, 36: 15-28.

MACHEL H G, 2001. Bacteriral and thermochemical sulfate reduction in diagenetic settings-old and new insights. Sedimentary geology, 140: 143-175.

MARCHIG V, GUNDLACH H, MÖLLER P, et al., 1982. Some geochemical indicators for discrimination between diagenetic and hydrothermal metalliferous sediments. Marine geology, 50(3): 241-256.

MAYNARD J B, 2003. Manganiferous sediments, rocks, and ores. Treatise on geochemistry, 7: 407.

MAYNARD J B, 2010. The chemistry of manganese ores through time: a signal of increasing diversity of earth-surface environments. Economic geology, 105: 535-552.

MAYNARD J B, 2014. Manganiferous sediments, rocks, and ores//HOLLAND H D, TUREKIAN KK. Treatise of geochemistry. 2nd ed. Oxford: Elsevier Pergamon: 327-349.

MCLENNAN S M, 1993. Weathering and global denudation. Journal of geology, 101(2): 295-303.

MCLENNAN S M, 2001. Relationships between the trace element composition of sedimentary rocks and upper continental crust. Geochemistry, geophysics, geosystems, 2(4): 203-206.

MISCH P, 1942. Sinian stratigraphy of central castern Yunnan. Acta Nat. Univ. Peking, Contr. Cull. of Sci., 4.

MOORES E M, 1991. Southwest U S-East Antarctic(SWEAT) connection: a hypothesis. Geology, 19(5): 425-428

NESBITT H W, YOUNG G M, 1982. Early Proterozoic climates and plate motions inferred from major element chemistry of lutites. Nature, 299(5885): 715-717.

NESBITT H W, YOUNG G M, 1984. Prediction of some weathering trends of plutonic and volcanic rocks based on thermodynamic and kinetic considerations. Geochimica et cosmochimica acta, 48(7): 1523-1534.

NESBITT H W, MARKOVICS G, 1997. Weathering of granodioritic crust, long-term storage of elements in weathering profiles, and petrogenesis of siliciclastic sediments. Geochimica et cosmochimica acta, 61(8): 1653-1670.

NEUMANN T, HEISER U, LEOSSON M A, et al., 2002. Early diagenetic processes during Mn-carbonate formation: evidence from the isotopic composition of authigenic Ca-rhodochrosites of the

Baltic Sea. Geochimica et cosmochimica acta,66(5):867-879.

NICHOLSON K,1992. Contrasting mineralogical-geochemical signatures of manganese oxides:guides to metallogenesis. Economic geology,87(5):1253-1264.

PANCOST R D, BOULOUBASSI I, ALOISI G, et al., 2001. Three series of non-isoprenoidal dialkyl glycerol diethers in cold-seep carbonatecrusts. Organic geochemistry,32:695-707.

PECKMANN J, WALLISER O H, RIEGEL W, et al., 1999. Signatures of hydrocarbon venting in a Middle Devonian carbonate monnd (Hallard Mound) at the Hamar Laghdad (Antiatlas Morocco). Fades,40:281-296

PECKMANN J,REIMER A,LUTH U,et al.,2001. Methane-derived carbonates and authigenic pyrite from the northwestern Black Sea. Marine geology,177:129-150.

PECKMANN J, THIEL V, 2004. Carbon cycling at ancient methane-seeps. Chemical geology, 205: 443-467.

PETER J M, GOODFELLOW W D, 1996. Mineralogy, bulk and rare earth element geochemistry of massive sulphide-associated hydrothermal sediments of the Brunswick Horizon,Bathurst Mining Camp, New Brunswick. Canadian journal of earth sciences,33(2):252-283.

PETTIJOHN E J ,1975. Sedimentary Rocks. 3nd ed. New York:Harper and Row.

PIERREHUMBERT R T, ABBOT D S, VOIGT A, et al., 2011. Climate of the Neoproterozoic. Annual review of earth and planetary sciences,39(1):417-460.

PREISS W V,2000. The Adelaide Geosyncline of South Australia and its significance in Neoproterozoic continental reconstruction. Precambrian research,100(1/3):21-63.

PRUSS S B,BOSAK T,MACDONALD F A,et al.,2010. Microbial facies in a Sturtian cap carbonate,the Rasthof Formation,Otavi Group,northern Namibia. Precambrian research,181(1):187-198.

RIES J B,FIKE D A,PRATT L M,et al.,2009. Superheavy pyrite($\delta^{34}S_{pyr} > \delta^{34}S_{CAS}$) in the terminal Proterozoic Nama Group, southern Namibia: a consequence of low seawater sulfate at the dawn of animal life. Geology,37(8):743-746.

ROGERS N,MACDONALD R,FITTON J G,et al.,2000. Two mantle plumes beneath the East African rift system: Sr, Nd and Pb isotope evidence from Kenya Rift basalts. Earth and planetary science letters,176(3):387-400.

ROONEY A D,MACDONALD F A,STRAUSS J V,et al.,2014. Re-Os geochronology and coupled Os-Sr isotope constraints on the Sturtian snowball Earth. Proceedings of the national academy of sciences,111(1):51-56.

ROONEY A D,STRAUSS J V,BRANDON A D,et al.,2015. A Cryogenian chronology:two long-lasting synchronous Neoproterozoic glaciations. Geology,43(5):459-462.

ROSE C V, MALOOF A C, 2010. Testing models for post-glacial'cap dolostone'deposition: nuccaleena formation,South Australia. Earth and planetary science letters,296(3):165-180.

ROSE C V,SWANSON-HYSELL N L,HUSSON J M,et al.,2012. Constraints on the origin and relative timing of the Trezona $\delta^{13}C$ anomaly below the end-Cryogenian glaciation. Earth and planetary science letters,319:241-250.

ROY S, 1992. Environments and processes of manganese deposition. Economic geology, 87 (5): 1218-1236.

ROY S,1988. Manganese metallogenesis:a review. Ore geology review,4(1/2):155-170.

ROY S,2006. Sedimentary manganese metallogenesis in response to the evolution of the Earth system. Earth-science reviews,77(4):273-305.

RUDNICK R,GAO S,2003. Composition of the continental crust. Treatise on geochemistry,3:1-64.

SHEN B,XIAO S,KAUFMAN A J,et al.,2008. Stratification and mixing of a post-glacial Neoproterozoic ocean:evidence from carbon and sulfur isotopes in a cap dolostone from northwest China. Earth and planetary science letters,265(1):209-228.

SHIELDS G A,DEYNOUX M,STRAUSS H,et al.,2007. Barite-bearing cap dolostones of the Taoudéni Basin,northwest Africa:sedimentary and isotopic evidence for methane seepage after a Neoproterozoic glaciation. Precambrian research,153(3):209-235.

SHIELDS-ZHOU G A,HILL A C,MACGABHANN B A,2012. The cryogenian period//GRADSTEIN F M,SCHMITZ J G,OGG M D,et al. The geologic time scale. Boston:Elsevier.

SMITH L H, KAUFMAN A J, KNOLL A H, et al., 1994. Chemostratigraphy of predominantly siliciclastic Neoproterozoic successions: a case study of the Pocatello Formation and lower Brigham Group,Idaho,USA. Geological magazine,131(3):301-314.

SPENCE G H, LE HERON D P, FAIRCHILD I J, 2016. Sedimentological perspectives on climatic, atmospheric and environmental change in the Neoproterozoic Era. Sedimentology,63(2):253-306.

STILLE P,CLAUER N,ABRECHT J,1989. Nd isotopic composition of Jurassic Tethys seawater and the genesis of Alpine Mn-deposits: evidence from Sr-Nd isotope data. Geochimica et cosmochimica acta, 53(5):1095-1099.

STRAUSS H,BENGTSON S,MYROW,P M,et al.,1992. Stable isotope geochemistry and palynology of the late Precambrian to Early Cambrian sequence in Newfoundland. Canadian journal of earth sciences, 29(8):1662-1673.

SUMNER D Y, GROTZINGER J P, 1993. Numerical modeling of ooid size and the problem of Neoproterozoic giant ooids. Journal of sedimentary research,63(5):974-982.

SWANSON-HYSELL N L,ROSE C V,CALMET C C,et al.,2010. Cryogenian glaciation and the onset of carbon-isotope decoupling. Science,328(5978):608-611.

TANG S,LIU T,1999. Origin of the early Sinian Minle manganese deposit,Hunan Province,China. Ore geology reviews,15(1):71-78.

TAYLOR S R,MCLENNAN S M,1985. The continental crust:its composition and evolution. Geochimica et cosmochimica acta,59:2919-2940.

THOMSON D, RAINBIRD R H, KRAPEZ B, 2015. Sequence and tectonostratigraphy of the Neoproterozoic (Tonian-Cryogenian) Amundsen Basin prior to supercontinent (Rodinia) breakup. Precambrian research,263:246-259.

TROWER E J,GROTZINGER J P,2010. Sedimentology,diagenesis,and stratigraphic occurrence of giant ooids in the Ediacaran Rainstorm Member, Johnnie Formation, Death Valley region, California. Precambrian research,180(1):113-124.

VIEIRA L C, TRINDADE R I F, NOGUEIRA A C R, et al., 2007. Identification of a Sturtian cap carbonate in the Neoproterozoic Sete Lagoas carbonate platform,Bambuí Group,Brazil. Comptes rendus geoscience,339(3):240-258.

WALTER M R,VEEVERS J J,CALVER C R,et al.,1995. Neoproterozoic stratigraphy of the centralian superbasin,Australia. Precambrian research,73(1):173-195.

WANG J,LI Z X,2003. History of Neoproterozoic rift basins in South China:implications for Rodinia break-up. Precambrian research,122(1):141-158.

WANG X L, ZHOU J C, QIU J S, et al., 2006. LA-ICP-MS U-Pb zircon geochronology of the Neoproterozoic igneous rocks from Northern Guangxi,South China:implications for tectonic evolution. Precambrian research,145(1/2):111-130.

WANG X L,ZHOU J C,GRIFFIN W L,et al.,2007. Detrital zircon geochronology of Precambrian basement sequences in the Jiangnan orogen:dating the assembly of the Yangtze and Cathaysia Blocks. Precambrian research,159(1):117-131.

WANG J,JIANG G,XIAO S,et al.,2008. Carbon isotope evidence for widespread methane seeps in the ca. 635 Ma Doushantuo cap carbonate in south China. Geology,36(5):347-350.

WANG X C,LI Z X,LI X H,et al.,2011. Geochemical and Hf-Nd isotope data of Nanhua rift sedimentary and volcaniclastic rocks indicate a Neoproterozoic continental flood basalt provenance. Lithos,127(3):427-440.

WANG X C,LI X,LI Z X,et al.,2012. Episodic Precambrian crust growth:evidence from U-Pb ages and Hf-O isotopes of zircon in the Nanhua Basin,central South China. Precambrian research,222:386-403.

WEBER F, 1997. Evolution of lateritic manganese deposits, soils and sediments. Berlin: Springer Heidelberg.

XU X, HUANG H, LIU B, 1990. Manganese deposits of the Proterozoic Datangpo Formation, South China:genesis and palaeogeography//Sediment-Hosted Mineral Deposits:Proceedings of a Symposium Held in Beijing,People's Republic of China,30 July-4 August 1988. New Jersey:Blackwell Publishing Ltd. :39-49.

YANG J, TAO X, XUE Y, 1997. Nd isotopic variations of Chinese seawater during Neoproterozoic through Cambrian. Chemical geology,135(1):127-137.

YOUNG G M, NESBITT H W, 1999. Paleoclimatology and provenance of the glaciogenic Gowganda Formation(Paleoproterozoic), Ontario, Canda: a chemostratigraphic approach. GSA Bullenin, 111:264-274.

YU W, ALGEO T J, DU Y, et al., 2016. Genesis of Cryogenian Datangpo manganese deposit: hydrothermal influence and episodic post-glacial ventilation of Nanhua Basin, South China. Palaeogeography,palaeoclimatology,palaeoecology,459:321-337.

ZHANG S,JIANG G,HAN Y,2008. The age of the Nantuo Formation and Nantuo glaciation in South China. Terra nova,20(4):289-294.

ZHAO J H,ZHOU M F,YAN D P,et al.,2011. Reappraisal of the ages of Neoproterozoic strata in South China:no connection with the Grenvillian orogeny. Geology,39(4):299-302.

ZHENG Y F,ZHANG S B,2007. Formation and evolution of Precambrian continental crust in South China. Chinese science bulletin,52(1):1-12.

ZHOU C,TUCKER R,XIAO S,et al.,2004. New constraints on the ages of Neoproterozoic glaciations in south China. Geology,32(5):437-440.

ZHOU J C,WANG X L,QIU J S,2009. Geochronology of Neoproterozoic mafic rocks and sandstones from northeastern Guizhou, South China: coeval arc magmatism and sedimentation. Precambrian research,170(1):27-42.